高等学校机电工程类系列教材

可编程控制器原理及应用

主　编　姜久超　刘振方　沈　敏

副主编　李爱宁　李　凯　栗梦媛　王吉平

西安电子科技大学出版社

内容简介

本书以应用能力培养为主线，注重体现“可编程控制器原理及应用”课程在专业培养中的作用，力求满足学生后续课程的学习和专业能力培养的需要。全书内容包括可编程控制器概述、西门子 S7-200 PLC 的硬件系统、S7-200 PLC 编程工具、S7-200 PLC 的基本指令及应用、S7-200 PLC 步进指令及应用、S7-200 PLC 功能指令及应用、PLC 控制系统的设计、西门子其他型号 PLC 简介、可编程控制系统通信等。书中的每个例子都是从实践中提炼形成的，既能突出本门学科的实践应用性，又能训练学生的动手能力，充分体现了理论与实践相结合，满足了应用性和技能培养的要求。

本书可作为自动化、电气工程及其自动化、机械电子工程等专业课程的教材，同时也可作为相关技术人员的自学书籍。

图书在版编目(CIP)数据

可编程控制器原理及应用 / 姜久超，刘振方，沈敏主编. —西安：西安电子科技大学出版社，2021.8

ISBN 978–7–5606–6169–8

Ⅰ. ①可…　Ⅱ. ①姜…　②刘…　③沈…　Ⅲ. ①可编程序控制器—高等学校—教材
Ⅳ. ①TP332.3

中国版本图书馆 CIP 数据核字(2021)第 153517 号

策划编辑　李鹏飞　杨航斌
责任编辑　张　媛　李鹏飞
出版发行　西安电子科技大学出版社(西安市太白南路 2 号)
电　　话　(029)88202421　88201467　　邮　　编　710071
网　　址　www.xduph.com　　电子邮箱　xdupfxb001@163.com
经　　销　新华书店
印刷单位　陕西天意印务有限责任公司
版　　次　2021 年 8 月第 1 版　　2021 年 8 月第 1 次印刷
开　　本　787 毫米×1092 毫米　1/16　印　张　17
字　　数　402 千字
印　　数　1～3000 册
定　　价　49.00 元
ISBN 978-7-5606-6169-8 / TP

XDUP 6471001-1

前　言

可编程控制器原理及应用是本科自动化、电气工程及其自动化、机械电子工程等专业及高职高专电气自动化、机电一体化、电气工程等专业的一门必修专业核心课程。该课程内容的实践性较强，并且与中、高级维修电工职业资格等级证书考试紧密相关。本书是遵照国家“十四五”规划，根据当前应用型地方本科院校及职业院校对应用型人才培养的需求，为满足现代企业发展对一线电气控制应用型人才的需求而编写的。

本书理论联系实际，详尽地介绍了 PLC 的工作原理、系统构成、S7-200 系列 PLC 指令及其应用、系统设计及通信方式等知识，具体内容包括可编程控制器概述、西门子 S7-200 PLC 的硬件系统、S7-200 PLC 编程工具、S7-200 PLC 的基本指令及应用、S7-200 PLC 步进指令及应用、S7-200 PLC 功能指令及应用、PLC 控制系统的设计、西门子其他型号 PLC 简介、可编程控制系统通信等。书中内容循序渐进，既包含一定的理论知识，又包含大量的训练内容，书中采用的例子或设计应用，其内容都是从实践中提炼而成的，都是在实践中能够应用的，这样既能突出本门学科的实践应用性，又能训练学生的动手能力，充分做到了理论与实践相结合，满足了应用性和技能培养的要求。为便于学生复习和自学，每章末均附有练习题。

河北水利电力学院姜久超担任本书主编并负责统稿工作，刘振方担任第二主编，北京交通大学海滨学院（沧州交通学院）沈敏担任第三主编，河北水利电力学院李爱宁、李凯、栗梦媛和南京理工大学紫金学院王吉平担任副主编。

由于编者水平有限，书中难免存在一些欠妥之处，敬请读者批评指正。

编　者

2021 年 5 月

目　录

第 1 章　可编程控制器概述

可编程逻辑控制器(Programmable Logic Controller，PLC)简称可编程控制器。在工业控制领域，PLC 的应用具有非常重要的意义，在发展初期，PLC 主要用来取代继电器-接触器控制系统(简称继电接触控制系统)，即用作开关量的逻辑控制系统。发展到今天，可编程控制器除了具有逻辑控制功能外，还具有运动控制、过程控制、数据处理、通信联网等多种功能，是一种可以和计算机媲美的、可在工业环境下应用的多功能控制装置。虽然现在市场上可编程控制器的生产厂家众多，品牌、型号也有很多，但其工作原理、基本结构和特点、工作方式等基本相似。本章主要介绍可编程控制器的产生、特点、应用、分类、性能指标等，重点介绍可编程控制器的结构和工作原理。

1.1　PLC 的产生

1.1.1　PLC 的由来

20 世纪 60 年代，传统的由继电器、接触器等低压电器按生产控制要求组成的控制系统，由于其工作可靠、线路简单、价格便宜等特点，在工业控制中占据了主导地位。在美国，汽车流水线上的自动控制系统基本上都是由继电器控制装置构成的。由于汽车行业的竞争激烈，汽车不断翻新改型，导致其生产线的继电接触控制系统每次都要重新设计和安装，费时、费工、费料，甚至影响汽车的更新速度。1968 年，美国最大的汽车制造商通用汽车公司(GM)为了适应汽车型号的不断翻新，想寻求一种新方法，用新的控制装置取代原继电器控制装置，并将这个设想归纳成如下 10 个功能指标，公开招标。

(1) 编程简单，可在现场修改程序；

(2) 维护方便，最好是插件式；

(3) 可靠性高于继电器控制柜；

(4) 体积小于继电器控制柜；

(5) 可将数据直接送入管理计算机；

(6) 在成本上可与继电器控制柜竞争；

(7) 输入可以是交流 115 V(即美国的电网电压)；

(8) 输出为交流 115 V、2 A 以上，能直接驱动电磁阀；

(9) 在扩展时，原有系统只需要很小的变更；

(10) 用户程序存储器的容量至少能扩展到 4 KB。

1969 年，美国数字设备公司(DEC)中标并研制成功世界上第一台可编程控制器，型号为 P-DP-14，在美国通用汽车公司的一条汽车自动装配线上试用成功。这种新型控制装置具有操作灵活、可靠性高、体积小、抗干扰能力强、编程简单等特点，在很短的时间内就获得了认可并在美国其他工业控制领域推广应用。

1971 年，日本从美国引进了这项新技术，日立公司很快研制出了日本第一台可编程控制器。1973 年，德国西门子公司也研制出了西欧国家的第一台可编程控制器。我国从 1974 年开始研制，1977 年研制成功第一台能应用于工业控制中的可编程控制器。从 20 世纪 80 年代开始，随着从日本、德国、美国等引进可编程控制器技术，我国可编程控制器有了快速的发展。到 20 世纪 90 年代，我国可编程控制器有了比较广泛的应用。

早期的可编程控制器是为取代继电接触控制线路而设计的，其主要用于逻辑控制。随着微电子技术的发展，可编程控制器采用了通用微处理器，其功能不断增强，到 20 世纪世纪 80 年代，随着大规模和超大规模集成电路的发展，16 位和 32 位微处理器应用到可编程控制器上，不仅使其控制功能增强，功耗和体积减小，成本下降，可靠性提高，编程和故障检测更为灵活方便，而且随着远程 I/O 和通信网络、数据处理以及图像显示等技术的发展和应用，可编程控制器的应用几乎遍及所有现代工业领域，可编程控制器成为现代工业生产自动化中的一大技术支柱。

1.1.2 PLC 的定义

可编程控制器早期叫作可编程逻辑控制器。随着信息技术的发展，其应用早已超出了逻辑控制的范围。目前人们把这种装置称作可编程控制器(Programmable Controller)。但为了避免与个人计算机(Personal Computer)的简称 PC 混淆，可编程控制器仍简称为 PLC。

1980 年，美国电气制造商协会(NEMA)给可编程控制器命名。国际电工委员会曾先后于 1982 年、1985 年、1987 年分别颁布了可编程控制器的标准草案，1987 年 2 月颁布的草案中对可编程控制器的定义如下：

可编程控制器是一种用数字运算来操作的电子系统，是专为在工业环境下应用而设计的工业控制器。它采用了可编程序的存储器，用来在其内部存储执行逻辑运算、顺序控制、定时、计数和算术等运算的操作指令，并通过数字式、模拟式输入和输出，控制各种类型的机械设备和生产过程。可编程控制器及相关的外部设备都按照易于与工业控制系统集成、易于扩展其功能的原则设计。

从定义中可以看出，可编程控制器具有计算机的特征，而实际上，PLC 从结构、工作原理等方面看，实质上就是一台计算机，它是为工业环境应用设计出来的计算机，所以其抗干扰能力非常强，能在高噪声、强电磁干扰、强振动及高温高湿等情况下稳定工作，这是一般个人计算机无法做到的。另外，它还易于与工业控制系统连成一个整体，易于扩展其功能，所以具有更强的适应性和灵活性。

1.1.3 PLC 的发展状况

20 世纪 70 年代中末期，可编程逻辑控制器进入实用化发展阶段，计算机技术被全面引入可编程控制器中，使其功能发生了飞跃。更高的运算速度、超小型体积、更可靠的工业抗干扰设计、模拟量运算、PID 功能及极高的性价比奠定了它在现代工业中的地位。

20 世纪 80 年代初，可编程逻辑控制器在先进工业国家中已获得广泛应用。世界上生产可编程控制器的国家日益增多，产量日益上升。这标志着可编程逻辑控制器已步入成熟阶段。

20 世纪 80 年代至 90 年代中期，是可编程逻辑控制器发展最快的时期，其产量年增长率一直保持为 30%～40%。在这个时期，PLC 的模拟量处理能力、数字运算能力、人机接口能力和网络能力得到大幅度提高，可编程逻辑控制器逐渐进入过程控制领域，在某些应用上取代了在过程控制领域处于统治地位的 DCS 系统。

20 世纪末期，可编程逻辑控制器的发展特点是更加适应于现代工业的需要。这个时期发展了大型机和超小型机，诞生了各种各样的特殊功能单元，生产了各种人机界面单元、通信单元，使应用可编程逻辑控制器的工业控制设备的配套更加容易。

随着大规模和超大规模集成电路等微电子技术的发展，近年来，PLC 技术发展迅速。PLC 已由最初一位机发展到现在的以 16 位和 32 位微处理器构成的微机化 PLC，而且实现了多处理器的多通道处理。如今，PLC 技术已非常成熟，不仅控制功能增强，功耗和体积减小，成本下降，可靠性提高，编程和故障检测更为灵活方便，而且随着远程 I/O 和通信网络、数据处理以及图像显示的发展，PLC 向用于连续生产过程控制的方向发展，成为实现工业生产自动化的一大支柱。现在，世界上有 200 多家 PLC 生产厂家，400 多个品种的 PLC 产品，按地域可分成美国 PLC、欧洲 PLC 和日本 PLC 三大流派产品，各流派 PLC 产品都各具特色。美国是 PLC 生产大国，有 100 多家 PLC 厂商，著名的有罗克韦尔(Rockwell)公司、通用电气(GE)公司、莫迪康(MODICON)公司。欧洲 PLC 产品制造商主要有德国的西门子(SIEMENS)公司、AEG 公司，法国的 TE 公司。日本有许多 PLC 制造商，如三菱、欧姆龙、松下、富士等。此外，还有韩国的三星(SAMSUNG)、LG 等。这些生产厂家的产品占 PLC 市场份额的 80%以上。经过多年的发展，国内 PLC 生产厂家约有 30 家，国内 PLC 应用市场仍然以国外产品为主。国内公司在开展 PLC 业务时有较大的竞争优势，如需求优势、产品定制优势、成本优势、服务优势、响应速度优势等。

随着 PLC 技术及其产品结构的不断发展和更新，PLC 产品的性价比越来越高，PLC 应用领域日益扩大，其功能也越来越强。PLC 的发展趋势主要表现在以下几个方面：

(1) 向超小型和极大型两极发展。在产品规模方面，一是向体积更小、速度更快、性价比更高的小型和超小型方向发展，实现真正取代继电器及满足小型自动控制的需要；二是向高速度、大容量、更多功能及通信联网方向发展，以满足现代大规模、复杂控制系统的需求。

(2) 向通信网络化方向发展。随着互联网技术的发展和普及，PLC 的网络通信功能成为了 PLC 产品的必备功能之一。在工业用控制设备中，很多设备都具备了联网通信功能，PLC 与 PLC 之间的联网通信，PLC 与上位计算机的联网通信，PLC 与变频器、软起动器等设备的联网通信已得到广泛应用。目前，由于 PLC 制造商不同，因此各种具有通信联网功能的产品其通信协议并不统一，不同的产品之间往往不能互换使用。

(3) 向模块化、智能化方向发展。为了实现工业控制系统中各种功能的需要， PLC 大多采用模块化的结构，一方面增强 PLC 的灵活性和适应性，另一方面也使 PLC 的使用和维护更加方便。现在 PLC 的各种智能模块也非常丰富，如智能 I/O 模块(模拟量 I/O、高速计数输入模块、中断输入模块)、温度控制模块(热电偶输入模块、热电阻输入模块)、专用模块(机械运动控制模块、模糊控制模块)和专门用于检测 PLC 外部故障的专用智能模块等。这些模块本身具有很强的信息处理功能，使 PLC 在应用中不仅增强了功能，扩展了应用范围，还提高了整个 PLC 应用控制系统的可靠性。

(4) 向软件标准化方向发展。现在 PLC 编程软件和编程语言有很多种，包括梯形图、顺序功能图、与计算机相适应的高级语言(如 C 语言、汇编语言等)，但由于 PLC 的生产厂家不同，因此不同型号的 PLC 编程软件和编程语言不能通用。从目前来看，每种型号的 PLC 的编程软件都能对 PLC 实现硬件组态，在线或离线编程，能实现对程序的调试、监控、故障查找、远程传送接收等功能。各种型号的 PLC 其工作原理都一样，不同之处是它们内部的编程元件及指令代码不同，但执行的功能有时候是一样的。现在各制造商也日益向 MAP(制造自动化协议)靠拢，使 PLC 的基本部件(包括输入/输出模块、通信协议、编程语言和编程工具等方面)的技术规范化和标准化。

1.2　PLC 的特点及应用

1.2.1　PLC 的主要特点

PLC 的主要特点如下：

(1) 可靠性高，抗干扰能力强。

工业现场的环境条件一般都比较恶劣，如电磁干扰、电源波动、机械振动、温度和湿度的变化等都会对现场设备的工作造成影响。针对这些问题，PLC 从系统设计、硬件结构和软件等方面采取了多种抗干扰措施。从实际使用情况来看，PLC 控制系统的平均无故障时间一般可达几万小时，故障修复时间短。具体措施如下：

① 硬件措施方面：为防止外界电磁干扰，对电源变压器、CPU、编程器等主要部件，采用导电、导磁良好的材料进行屏蔽；为消除或抑制高频干扰，减少各种模块之间的相互影响，对各输入端及供电系统均采用滤波电路；为有效地隔离 I/O 接口与 CPU 之间、I/O 接口与 I/O 接口之间电的联系，I/O 接口电路均采用光电隔离；为防止电网电压波动对 CPU 的影响，电源模块采用性能良好的开关电源并具备多级滤波和调整电路；采用模块式结构，以便在故障情况下短时修复。

② 软件措施方面：软件定期检测外界环境，如掉电、欠电压、锂电池电压过低及强干扰信号等，实现自诊断功能；当偶发性故障条件出现时，不破坏 PLC 内部的信息，一旦故障条件消失，就可恢复正常，继续原来的程序工作。所以，PLC 在检测到故障条件时，立即把现状态存入存储器，软件配合对存储器进行封闭，禁止对存储器的任何操作，以防存储信息被冲掉，从而实现信息的保护和恢复。

(2) 硬件接口丰富，功能齐全，通用性强。

PLC 针对各种工业控制系统，都有与之相配套的各种硬件模块。PLC 的硬件模块都是标准化的，功能模块品种很多，可以灵活组成各种不同规模、不同功能的控制系统。在 PLC 构成的控制系统中，PLC 既能控制开关量，又能控制模拟量。一台 PLC 主机就能组成一个控制系统，多台 PLC 也能联网组成一个大型控制系统。在 PLC 构成的控制系统中，只需在 PLC 的端子上接入相应的输入/输出信号线，当控制系统的功能改变时，用编程器在线或离线修改程序，而硬件连接不需要太大的修改，即同一个 PLC 装置用于不同的控制对象，变化的只是输入/输出信号和用户应用程序。

PLC 的接口按工业控制的要求设计，有较强的带负载能力，其输入/输出可直接与交流 220 V 或直流 24 V 等电源相连。

(3) 编程简单，容易掌握。

PLC 的梯形图编程语言来源于继电器控制线路，这种图形化的编程语言继承了传统继电接触控制线路的优点，清楚直观，沿用了继电接触控制系统的一些术语和设计方法，即使不具备专门的计算机编程知识的一般工程技术人员，也能读懂和掌握，深受他们的欢迎。大多数 PLC 的编程均提供了常用的梯形图方式和面向工业控制的简单指令方式。

(4) 体积小，功耗小，性价比高。

PLC 是将微电子技术应用于工业设备的产品，其结构紧凑、坚固，体积小，重量轻，功耗低。PLC 由于其强抗干扰能力，易于装入设备内部，是实现机电一体化的理想控制设备。以西门子公司的 S7-200 型 PLC 为例，其外形尺寸仅为 120 mm × 80 mm × 62 mm，重量为 360 g，功耗为 7 W，具有很好的抗振动、适应环境温湿度变化的能力。由于 PLC 的体积小，易于与机械设备相结合，因此它是机电一体化理想的控制设备。

(5) 设计、施工、调试周期短。

设计传统的继电接触控制系统时，首先根据控制要求画出电气原理图，然后画出设备布置和接线图，最后进行安装调试；而采用 PLC 控制，由于其靠软件实现控制，硬件线路非常简洁，并为模块化积木式结构，且已商品化，因此仅需按性能、容量(输入/输出点数、内存大小)等选用并组装，大量具体的程序编制工作也可在 PLC 到货前进行，从而缩短了设计周期，使设计和施工可同时进行。由于用软件编程取代了硬接线来实现控制功能，因此大大减轻了繁重的安装接线工作，缩短了施工周期。PLC 是通过程序完成控制任务的，采用了方便用户的工业编程语言，且都具有监控和仿真功能，故程序的设计、修改和调试都很方便，这样可大大缩短设计和投运周期。

1.2.2 PLC 的应用

PLC 可广泛应用于冶金、化工、机械、电力、建筑、交通、环保、矿业等有控制需要的行业，可用于开关量逻辑控制、模拟量控制、数字控制、闭环控制、工业过程控制、运动控制、机器人控制、模糊控制、智能控制以及分布式控制等领域。

1. 开关量逻辑控制

开关量逻辑控制是 PLC 最基本的应用，主要用于取代传统的继电接触控制电路，实现逻辑控制、顺序控制，既可用于单台设备的控制，也可用于多机群控及自动化流水线。PLC 控制开关量的输入/输出点数从十几点到几百点，甚至几千点都是能实现的，在冶金、机械、轻工、化工、纺织等行业都有大量的应用，如注塑机、印刷机、订书机、组合机床、磨床、包装生产线、电镀流水线等。

2. 工业过程控制

在工业生产过程中存在一些连续变化的量(即模拟量，如温度、压力、流量、液位和速度等)，PLC 采用相应的 A/D 和 D/A 转换模块及各种各样的控制算法程序来处理模拟量，完成闭环控制。A/D 转换模块把外电路的模拟量转换成数字量，然后送入 PLC；D/A 转换模块则把 PLC 的数字量转换成模拟量，再送给外电路。模拟信号大多为电流或电压信号，变化范围多为 0～5V，0～10V，4～20mA；数字量多为 8 位或 12 位二进制数。在过程控制中，PID 调节是一般闭环控制系统中用得较多的一种调节方法，在冶金、化工、热处理、锅炉控制等场合有非常广泛的应用。

3. 运动控制

PLC 可以用于圆周运动或直线运动的控制，一般使用专用的运动控制模块，如可驱动步进电机或伺服电机的单轴或多轴位置控制模块，广泛用于各种生产线、机床、机器人、电梯等场合。

4. 数据处理

PLC 具有数学运算(含矩阵运算、函数运算、逻辑运算)、数据传送、数据转换、排序、查表、位操作等功能，可以完成数据的采集、分析及处理。随着 PLC 技术的发展，其数据存储区的容量也越来越大，在造纸、冶金、食品工业中的一些大型控制系统中，利用 PLC 的数据处理功能完全能满足系统的需求。

5. 联网及通信

现在 PLC 的通信及联网能力很强，PLC 与 PLC 之间、PLC 与个人计算机之间及 PLC 与其他智能设备之间，都能实现联网通信，完成信息交换。联网、通信适应了当今工厂自动化网络的发展需求，使工业控制的智能化水平得到大大提升。

1.3　PLC 的分类及性能指标

1.3.1　PLC 的分类

PLC 有多种形式，而且功能也不尽相同。分类时，一般按 PLC 的 I/O 点数、结构形式、功能及生产厂家进行分类。

1. 按 I/O 点数分类

按 PLC 的输入、输出点数的多少可将 PLC 分为小型机、中型机和大型机三类。

(1) 小型机。小型 PLC 输入、输出点数一般在 256 点以下，用户程序存储器容量在 4KB 左右。小型 PLC 的功能一般以开关量控制为主，具有逻辑运算、定时、计数、移位和步进等功能，现在的高性能小型 PLC 还具有一定的通信能力和少量的模拟量处理能力。小型机的特点是价格低、体积小，适合于控制单台设备和开发机电一体化产品。

(2) 中型机。中型 PLC 的输入、输出总点数在 256 到 1024 点之间，用户程序存储器容量达到 8KB。中型 PLC 不仅具有开关量和模拟量的控制功能，还具有更强的数字计算能力，既能完成逻辑控制，又能实现复杂的模拟量控制，同时它的通信功能也很强大。中型机的特点是功能强、配置灵活，更适用于一些如温度、压力、液位等模拟量的复杂控制场合，能实现更复杂的机械系统的逻辑控制以及连续生产过程的模拟控制。

(3) 大型机。大型机总点数在 1024 点以上，用户程序储存器容量达到 16KB。大型 PLC 的性能已经与工业控制计算机相当，它具有数据计算、模拟调节、联网通信、监视记录等功能，有些还具有冗余能力。大型 PLC 监视系统采用 CRT 显示，能够表示过程的动态流程，记录各种曲线、PID 调节参数等。它配备多种智能板，可实现系统的智能控制。大型 PLC 还能和其他型号的控制器互联，实现对系统的集中和分散控制。大型机更适用于设备自动化控制、过程自动化控制和过程监控系统。大型机的特点是点数特别多，控制规模大，网络通信能力强。

2. 按结构形式分类

根据 PLC 结构形式的不同，PLC 可分为整体式和模块式两类。

(1) 整体式。整体式 PLC 把电源、CPU、I/O 模块等紧凑地安装在一个标准的箱体中，构成一个整体。图 1-1 所示为西门子 S7-200 外观结构图。整体式 PLC 的基本单元上设有扩展接口，通过扩展电缆与扩展单元相连。

(2) 模块式。模块式 PLC 是由一些具有独立功能的模块单元(如 CPU 模块、I/O 模块、电源模块和各种功能模块等)构成的，一般将这些模块安装在框架上的基板上即可(有些 PLC 没有底板，模块直接安装在导轨上)。模块式 PLC 的模块功能是独立的，外形尺寸是统一的，可根据需要灵活配置。目前大、中型 PLC 都采用这种方式。图 1-2 所示为西门子 S7-300 外观结构图。

图 1-1　S7-200 外观结构

图 1-2　S7-300 的外观结构

3. 按功能分类

按 PLC 的功能可将 PLC 分为低档、中档、高档三类。

(1) 低档 PLC。低档 PLC 具有逻辑运算、定时、计数、移位、自诊断及监控等功能，有的还具有算术运算、数据传送、通信及少量模拟量输入/输出等功能。其主要用于逻辑控制、顺序控制的单机系统。低档机的点数一般在 256 点以下，结构形式为整体式。

(2) 中档 PLC。中档 PLC 除具有低档 PLC 的功能外，还具有较强的模拟量 I/O、算术运算、数据传送和比较、数制转换、远程 I/O、子程序、通信联网等功能。有些还可增设中断控制、PID 控制等功能，适用于复杂控制系统。中档机的点数一般为 256～1024 点，结构形式为模块式。

(3) 高档 PLC。高档 PLC 除具有中档 PLC 的功能外，还增加了带符号算术运算、矩阵运算、位逻辑运算、平方根运算、其他特殊功能函数的运算、制表及表格传送等功能。高档 PLC 具有更强的通信联网功能，可用于大规模过程控制或构成分布式网络控制系统，实现工厂自动化。高档机的点数一般在 1024 点以上，结构形式为模块式。

4. 按生产厂家分类

目前生产 PLC 的厂家很多，每个厂家生产的 PLC 在结构形式、点数、主要功能上都存在差异，但都自成系列。各生产厂家能同时配套生产大、中、小型机的不算太多，在中国市场上较有影响的产品主要有以下几个系列。

(1) 德国系列。德国系列的主要生产公司为西门子，它有 S5 系列的产品，包括 S5-95U、S5-100U、S5-115U、S5-135U 及 S5-155U，其中 S5-135U、S5-155U 为大型机，控制点数可达 6000 多点，模拟量可达 300 多路，还有 S7 系列机，包括 S7-200(小型)、S7-300(中型)及 S7-400(大型)，性能比 S5 大有提高。

(2) 日本系列。日本 OMRON 公司有 CPM1A 型、P 型、H 型、F 型、Ha 型、CQM1 型、CVM 型、CV 型等，大、中、小型均有，特别在中、小型机方面更具特长；日本三菱公司的 PLC 也是较早推到我国来的，其小型机 FI 前期在国内用得很多，后又推出 FXZ 型，它的中、大型机为 A 系列；日本日立公司也生产 PLC，其 E 系列为整体式，有 E-20、E-28、E-40、E-64 等型号；日本东芝公司也生产 PLC，其 EX 小型机及 EX-PLUS 小型机在国内也用得很多，其 EX100 系列模块式 PLC 的点数较多；日本松下公司生产的 PLC 小型机为 FPI 系列，模块式中大型机为 FP3 系列；日本富士公司生产的是 NB 系列小型 PLC。

(3) 美国系列。GE 公司和日本 FANAC 合资的 90-70 机型有 914、781/782、771/772、731/732 等多种型号，中型机 90-30 系列有 344、331、323、321 多种型号，还有 90-20 系列小型机；美国莫迪康公司(施奈德)的 984 机型的应用也很多，其中 E984-785 可安 31 个远程站点，总控制规模可达 63535 点；美国 AB(Alien-Bradley)公司生产的 PLC-5 系列有 PLC-5/10，PLC-5/11，…，PLC-5/250 多种型号；美国 IPM 公司的 IP1612 系列小型机，由于自带模拟量控制功能，自带通信口，集成度高，性价比高，因此很适合于系统不大的控制场合。

(4) 国内系列。国内 PLC 生产厂家大多规模不大，比较有影响的是无锡华光。该厂家能生产多种型号与规格的 PLC，如 SU、SG 等系列，在价格上很有优势。

1.3.2 PLC 的性能指标

1. 扫描速度

扫描速度是指 PLC 的 CPU 执行指令的速度，即执行一条指令所需要的时间。PLC 的指令有很多条，不同型号 PLC 的指令条数也不同，而衡量扫描速度的快慢通常指 PLC 执行一条基本指令的时间，时间越短，执行速度越快。例如，西门子 S7-200 系列 PLC 执行一条基本逻辑布尔指令所需要的时间为 0.22 μs。

2. 输入/输出点数(I/O 点数)

输入/输出点数是指 PLC 外部输入/输出端子的总数及对多少路模拟进行控制。输入/输出点数与 PLC 的控制规模有关，因为点数越多，外部可接的控制设备数量越多，控制规模也越大。输入/输出点数一般有数字量点数和模拟量点数之分，当 PLC 基本单元的点数不够用时，可以通过扩展单元来扩展 I/O 点数。扩展单元一般不配置 CPU，仅对数字量 I/O 和模拟量 I/O 点数进行扩展，但扩展的 I/O 点数受基本单元 CPU 寻址能力的限制。

3. 存储容量

PLC 的存储容量指用户可存储的用户程序区的容量。PLC 的存储容量一般从几 KB 至一百多 KB，以 KB 为单位来进行计算。

4. 指令系统

PLC 指令条数的多少和各条指令的功能也是 PLC 的重要指标。PLC 的指令越多，其功能就越丰富。一般 PLC 的指令类型有基本逻辑指令、数据处理指令、数据运算指令、流程控制指令、状态监控指令等。西门子 S7-200 系列 PLC 有 16 类指令，共 160 余条指令。

5. 功能模块

PLC 的模块种类多少也是反映其性能指标高低的一个指标。一般中高档 PLC 模块种类多且丰富，小型 PLC 模块种类和规格相对较少。除了基本单元构成的模块外，PLC 还有特殊功能模块，如 A/D 模块、D/A 模块、高速计数模块、位控模块、温度模块、通信模块等。这些模块有自己的 CPU，可对信号作预处理或后处理，以简化 PLC 的 CPU 对复杂过程控制量的控制。

1.4　PLC 与其他控制系统的比较

1. PLC 与继电接触控制系统的比较

(1) 从控制方式上看，继电接触控制系统采用逻辑控制，通过继电器触点串联或并联的硬件接线来实现。其连线多且复杂，体积大，功耗大，系统构成后，想再改变或增加功能较为困难。另外，继电器的触点数量有限，所以该控制系统的灵活性和可扩展性受到很大限制。而 PLC 采用了计算机技术，其控制逻辑是以程序的方式存放在存储器中的，要改变控制逻辑，只需改变程序，因而很容易改变或增加系统功能。PLC 系统连线少，体积小，功耗小，而且其中的软继电器实质上是存储器单元的状态，所以软继电器的触点数量是无限的，PLC 系统的灵活性和可扩展性好。

(2) 从工作方式上看，在继电接触控制系统中，当电源接通时，电路中所有继电器都处于受制约状态，即该吸合的继电器都同时吸合，不该吸合的继电器受某种条件限制而不能吸合，这种工作方式称为并行工作方式；而 PLC 的用户程序按一定顺序循环执行，所以各软继电器都处于周期性循环扫描接通中，受同一条件制约的各个继电器的动作次序取决于程序扫描顺序，这种工作方式称为串行工作方式。

(3) 从控制速度上看，继电接触控制系统依靠机械触点的动作来实现控制，工作频率低，机械触点还会出现抖动问题；而 PLC 是通过程序指令控制半导体电路来实现控制的，速度快，程序指令执行时间在微秒级，且不会出现触点抖动问题。

(4) 从定时和计数控制上看，继电接触控制系统采用时间继电器的延时动作进行时间控制，时间继电器的延时时间易受环境温度和温度变化的影响，定时精度不高；而 PLC 采用半导体集成电路作定时器，时钟脉冲由晶体振荡器产生，精度高，定时范围宽，用户可根据需要在程序中设定定时值，修改方便，不受环境的影响。另外，PLC 具有计数功能，而继电接触控制系统一般不具备计数功能。

(5) 从可靠性和可维护性上看，由于继电接触控制系统使用了大量的机械触点，其存在机械磨损、电弧烧伤等风险，寿命短，系统的连线多，所以可靠性和可维护性较差；而 PLC 大量的开关动作由无触点的半导体电路来完成，其寿命长，可靠性高。PLC 还具有自诊断功能，能查出自身的故障，随时显示给操作人员，并能动态地监视控制程序的执行情况，为现场调试和维护提供了方便。

2. PLC 与单片机控制系统的比较

(1) PLC 是应用单片机构成的比较成熟的控制系统，是已经调试成熟稳定的单片机应用系统的产品，有较强的通用性；而单片机可以构成各种各样的应用系统，使用范围更广。单就单片机而言，它只是一种集成电路，必须与其他元器件及软件构成系统才能应用。

(2) 对单项工程或重复数极少的项目，采用 PLC 快捷方便，成功率高，可靠性好，但成本较高。

(3) 采用单片机系统具有成本低、效益高的优点，但需要相当的研发力量和行业经验才能使系统稳定。

(4) 从本质上说，PLC 其实就是一套已经做好的单片机系统。PLC 广泛使用梯形图代替计算机语言，对编程有一定的优势。梯形图与汇编语言一样，是一种编程语言。

3. PLC 与微型计算机控制系统的比较

(1) 应用范围。微型计算机除用在控制领域之外，还大量用于科学计算、数据处理、计算机通信等方面；而 PLC 主要用于工业控制。

(2) 工作环境。微型计算机对工作环境要求较高，一般要在干扰小且具有一定温度和湿度要求的室内使用；而 PLC 是专门为适应工业控制的恶劣环境而设计的，适用于工程现场。

(3) 编程语言。微型计算机具有丰富的程序设计语言，其语法关系复杂，要求使用者必须具有一定水平的计算机软硬件知识；而 PLC 采用面向控制过程的逻辑语言，以继电器逻辑梯形图为表达方式，形象直观，编程操作简单，可在较短时间内掌握它的使用方法和编程技巧。

(4) 工作方式。微型计算机一般采用等待命令方式，运算和响应速度快；PLC 采用循环扫描的工作方式，其输入/输出存在相应滞后，速度较慢。对于快速系统，PLC 的使用受扫描速度的限制。另外，PLC 一般采用模块化结构，可针对不同的对象和控制需要进行组合和扩展，比起微型计算机来有很大的灵活性和很好的性能价格比，维修更简便。

(5) 价格。微型计算机是通用机，功能完备，价格较高；而 PLC 是专用机，功能较少，价格相对较低。

1.5　PLC 的硬件组成

1.5.1　PLC 的基本结构

PLC 的生产厂家众多，其型号、种类也多种多样，但从其结构上看主要分成整体式和模块式两种。虽然两种 PLC 的结构不同，但其工作原理和内部组成基本相同，它们都包括中央处理器(CPU)、存储器、输入单元/输出单元(I/O 接口)、通信接口、扩展接口、电源等部分。其中，CPU 是 PLC 的核心，I/O 接口是连接现场输入/输出设备与 CPU 的接口电路，扩展接口用于连接扩展单元，通信接口用于与编程器、上位计算机等外设连接。图 1-3 所示为整体式 PLC 的结构图，图 1-4 为模块式 PLC 的结构图。

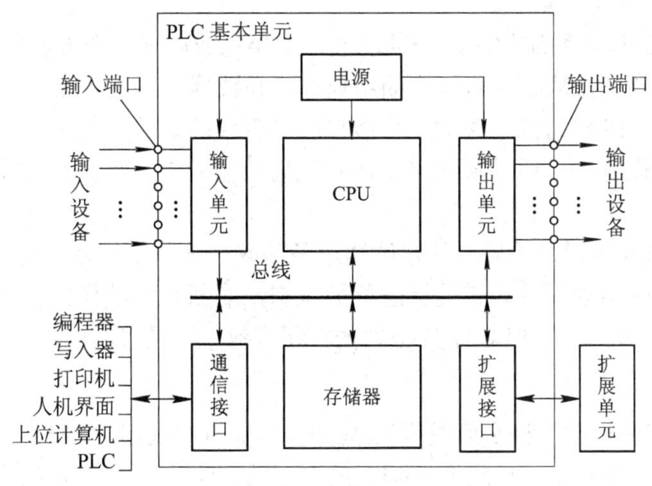

图 1-3　整体式 PLC 的结构图

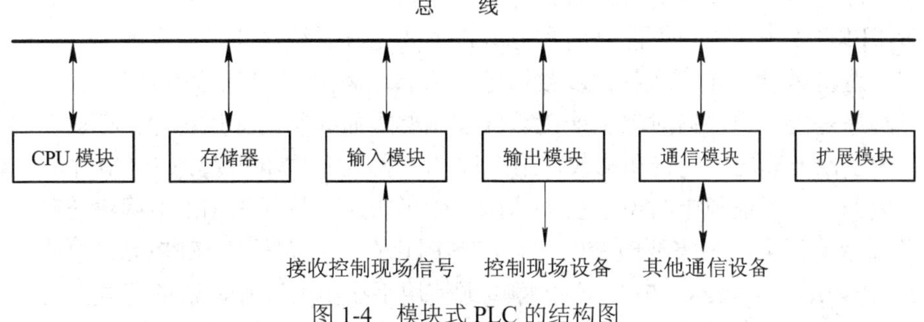

图 1-4　模块式 PLC 的结构图

1.5.2　PLC 各组成部分的功能

尽管整体式与模块式 PLC 的结构不太一样，但各部分的功能是相同的。

1. 中央处理器(CPU)

同一般的计算机一样，CPU 是 PLC 的控制核心，由控制器、运算器和寄存器组成并集成在一个芯片内。PLC 中所配置的 CPU 随机型不同而不同，常用的有三类：通用微处理器(如 Z80、Z80A、8085、8086、80286 等)、单片微处理器(如 MCS8031、MCS8096 等)和位片式微处理器(如 AM2900、AM2901、AM2903、AMD29W 等)。整体式 PLC 大多采用 8 位通用微处理器和单片微处理器，其 CPU 数量为 1 个，这种通用微处理器一般具有集成度高、体积小、价格低、可靠性高、指令格式短等优点；中型 PLC 大多采用 16 位通用微处理器或单片微处理器；大型 PLC 大多采用高速位片式微处理器。中、大型 PLC 大多为双 CPU 系统，甚至有些 PLC 中有多达 8 个 CPU。对于双 CPU 系统，一般一个为字处理器(采用 8 位或 16 位处理器)，另一个为位处理器(采用由各厂家设计制造的专用芯片)。字处理器为主处理器，用于执行编程器接口功能，监视内部定时器，监视扫描时间，处理字节指令，对系统总线和位处理器进行控制等。位处理器为从处理器，主要用于处理位操作指令和实现 PLC 编程语言向机器语言的转换。位处理器的采用提高了 PLC 的速度，使 PLC 更好地满足实时控制要求。

在 PLC 中，CPU 按系统程序赋予的功能，主要完成以下几个方面的任务。

(1) 接收与存储用户从编程器输入的用户程序和数据。

(2) 诊断电源、PLC 内部电路的工作故障和编程中的语法错误等。

(3) 用扫描工作方式，通过输入接口接收现场的输入信号，并存入输入映像寄存器或数据寄存器中。

(4) 在 PLC 进入运行方式后，从存储器逐条读取用户程序指令，经过解释后执行。

(5) 根据执行的结果，更新有关标志位的状态，刷新输出映像寄存器的内容，通过输出单元实现输出控制。有些 PLC 还具有制表打印或数据通信等功能。

2. 存储器

存储器主要有两种：一种是可进行读/写操作的随机存储器 RAM，另一种是只读存储器 ROM、PROM、EPROM 和 EEPROM。PLC 的存储器主要用于存放系统程序、用户程序及工作数据。

系统程序是由 PLC 的制造厂家编写的，由制造厂家直接固化在只读存储器 ROM、PROM 或 EPROM 中，用户不能访问和修改，主要完成系统诊断、命令解释、功能子程序调用管理、逻辑运算、通信及各种参数设定等功能，提供 PLC 运行的平台。

用户程序是由用户根据对象生产工艺的控制要求而编制的应用程序，存放在用户程序存储区。为了便于读出、检查和修改，用户程序一般存于 CMOS 静态 RAM 中，用锂电池作为后备电源，以保证掉电时不会丢失信息。为了防止干扰对 RAM 中程序的破坏，当用户程序经过运行正常，不需要改变时，可将其固化在只读存储器 EPROM 中或直接采用 EEPROM 作为用户存储器。PLC 产品样本或使用手册中所列存储器的形式及容量是指用户程序存储器的形式及容量。

工作数据是 PLC 运行过程中经常变化、经常存取的一些数据，存放在数据存储区 RAM 中，以适应随机存取的要求。在 PLC 的工作数据存储器中，有存放输入/输出继电器、辅助继电器、定时器、计数器等逻辑器件的存储区，部分数据在掉电时用后备电池维持其现有的状态，这部分在掉电时可保存数据的存储区域称为保持数据区。

3. 输入/输出接口

输入/输出接口通常也称 I/O 单元或 I/O 模块，是 PLC 与工业生产现场之间的连接通道。PLC 通过输入接口接收被控对象的各种检测信号，并把这些信号转换成 PLC 能接收和存储的标准信号，存入相应的输入映像寄存器中；PLC 运行时，CPU 从输入映像寄存器中读取所需要的输入信息，根据用户程序的运行产生的控制结果存入相应的输出映像寄存器中，通过输出接口将输出映像寄存器中的处理结果转换成被控制对象能接收的信号送出去，以实现控制目的。

由于外部输入设备和输出设备所需的信号电平是多种多样的，而 PLC 内部 CPU 的处理信息只能是标准电平，所以 PLC 的 I/O 接口都具有这种电平转换功能。同时，I/O 接口还具有光电隔离和滤波功能，以提高 PLC 的抗干扰能力，防止外部信号对 PLC 内部信号的干扰。另外，I/O 接口上通常还有状态指示，工作状况直观，便于维护。

1) 输入接口

根据现场的输入信号是模拟量还是数字量(开关量)，输入接口分为模拟量输入接口和数字量输入接口；根据现场的输入信号是直流还是交流，输入接口分为直流输入接口和交流输入接口。

常用的开关量输入接口按其使用的电源不同有三种类型：直流输入接口、交流输入接口和交/直流输入接口。其基本原理电路如图 1-5 所示。常用的模拟量输入接口如图 1-6 所示。

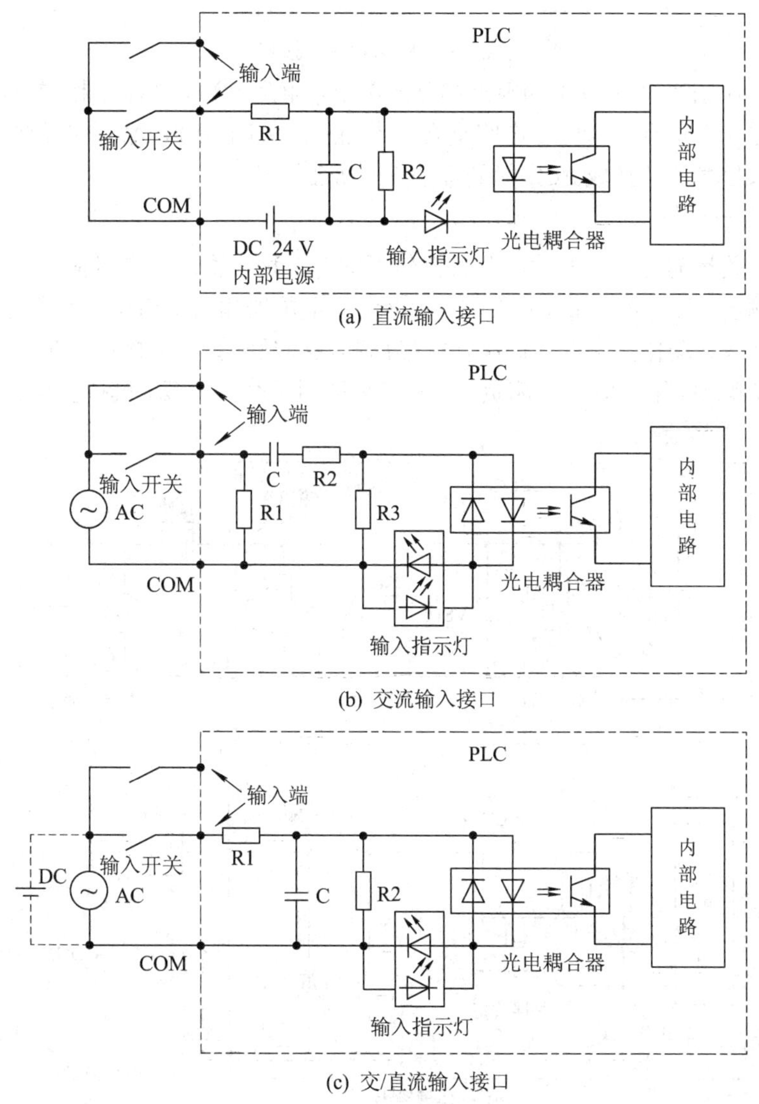

图 1-5　开关量输入接口

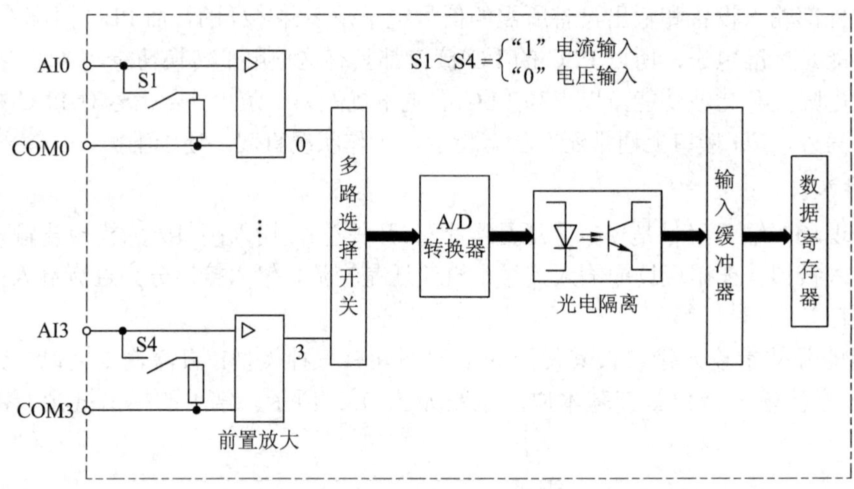

图 1-6　模拟量输入接口

以图 1-5(a)为例，图中 R1 为限流和分压电阻，电阻 R2 和电容 C 构成滤波电路，滤波后的信号通过光电耦合器与内部电路耦合。当输入开关闭合时，输入端导通，发光二极管被点亮，输入信号被转换成 PLC 能处理的 5 V 标准信号。

2) 输出接口

常用的开关量输出接口按输出开关器件不同有三种类型：继电器输出、晶体管输出和双向晶闸管输出。其基本原理电路如图 1-7 所示。继电器输出接口可驱动交流或直流负载，但其响应时间长，动作频率低；而晶体管输出和双向晶闸管输出接口的响应速度快，动作频率高，但前者只能用于驱动直流负载，后者只能用于交流负载。模拟量输出接口如图 1-8 所示。

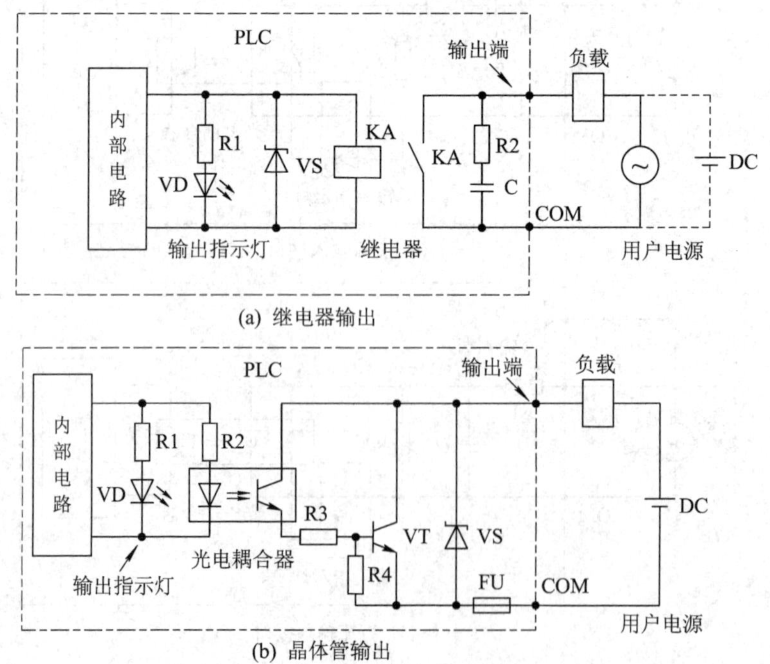

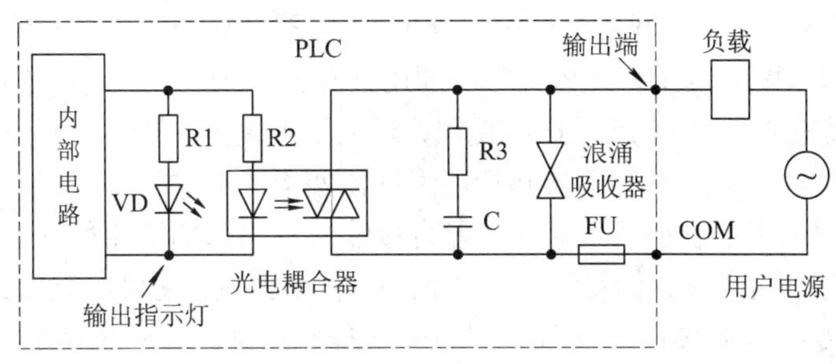

(c) 双向晶闸管输出

图 1-7　开关量输出接口

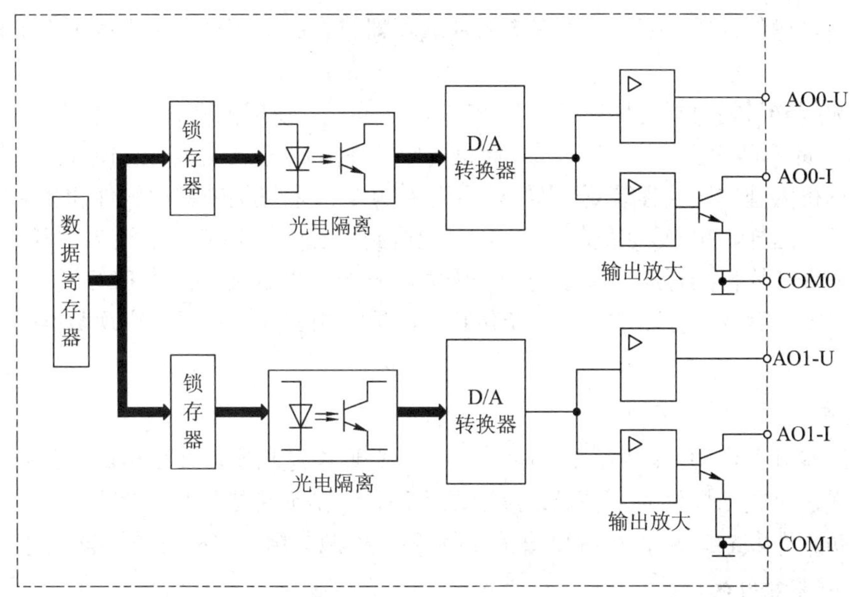

图 1-8　模拟量输出接口

4. 通信接口

PLC 配有各种通信接口，这些通信接口一般都带有通信处理器。PLC 通过这些通信接口可与监视器、打印机、其他 PLC、计算机等设备实现通信。PLC 与打印机连接，可将过程信息、系统参数等输出打印；与监视器连接，可将控制过程图像显示出来；与其他 PLC 连接，可组成多机系统或连成网络，实现更大规模的控制；与计算机连接，可组成多级分布式控制系统，实现控制与管理相结合。

远程 I/O 系统也必须配备相应的通信接口模块。

5. 智能接口模块

智能接口模块是一个独立的计算机系统，它有自己的 CPU、系统程序、存储器以及与 PLC 系统总线相连的接口。它作为 PLC 系统的一个模块，通过总线与 PLC 相连，进行数据交换，并在 PLC 的协调管理下独立地进行工作。PLC 的智能接口模块种类很多，如高速计数模块、闭环控制模块、运动控制模块、中断控制模块等。

6. 编程装置

编程装置的作用是编辑、调试、输入用户程序，也可在线监控 PLC 内部状态和参数，与 PLC 进行人机对话。它是开发、应用、维护 PLC 不可缺少的工具。编程装置可以是专用编程器，也可以是配有专用编程软件包的通用计算机系统。专用编程器是由 PLC 厂家生产的，专供该厂家生产的某些 PLC 产品使用，它主要由键盘、显示器和外存储器接插口等部件组成。专用编程器有简易编程器和智能编程器两类。

简易型编程器只能联机编程，而且不能直接输入和编辑梯形图程序，需将梯形图程序转化为指令表程序才能输入。简易编程器体积小，价格便宜，它可以直接插在 PLC 的编程插座上，或者用专用电缆与 PLC 相连，以方便编程和调试。有些简易编程器带有存储盒，可用来储存用户程序。智能编程器又称图形编程器，本质上它是一台专用便携式计算机，它既可联机编程，又可脱机编程，可直接输入和编辑梯形图程序，使用更加直观、方便，但价格较高，操作也比较复杂。大多数智能编程器带有磁盘驱动器，提供录音机接口和打印机接口。

专用编程器只能对指定厂家的几种 PLC 进行编程，使用范围有限，价格较高。同时，由于 PLC 产品不断更新换代，所以专用编程器的生命周期也十分有限。现在的趋势是使用以个人计算机为基础的编程装置，用户只要购买 PLC 厂家提供的编程软件和相应的硬件接口装置即可。这样，用户只用较少的投资就能得到高性能的 PLC 程序开发系统。

基于个人计算机的程序开发系统功能强大，它既可以编制、修改 PLC 的梯形图程序，又可以监视系统运行、打印文件、系统仿真等，配上相应的软件还可实现数据采集和分析等功能。

7. 电源

PLC 配有开关电源，以供内部电路使用。与普通电源相比，PLC 电源的稳定性好，抗干扰能力强，对电网提供的电源稳定度要求不高，一般允许电源电压在其额定值±15%的范围内波动。许多 PLC 还向外提供直流 24 V 稳压电源，用于对外部传感器供电。

8. 其他外部设备

除了上述部件和设备外，PLC 还有许多外部设备，如 EPROM 写入器、外存储器、人/机接口装置等。

EPROM 写入器是用来将用户程序固化到 EPROM 存储器中的一种 PLC 外部设备。为了使调试好的用户程序不易丢失，经常用 EPROM 写入器将 PLC 内的 RAM 保存到 EPROM 中。

PLC 内部的半导体存储器称为内存储器。有时可用外部的磁带、磁盘和用半导体存储器做成的存储盒等来存储 PLC 的用户程序，这些存储器件称为外存储器。外存储器一般通过编程器或其他智能模块提供的接口，实现与内存储器之间相互传送用户程序。

人/机接口装置用来实现操作人员与 PLC 控制系统的对话。最简单、最普遍的人/机接口装置由安装在控制台上的按钮、转换开关、拨码开关、指示灯、LED 显示器、声光报警器等器件构成。对于 PLC 系统，还可采用半智能型 CRT 人/机接口装置和智能型终端人/机接口装置。半智能型 CRT 人/机接口装置可长期安装在控制台上，通过通信接口接收来自 PLC 的信息并在 CRT 上显示出来；智能型终端人/机接口装置有自己的微处理器和存储器，能够与操作人员快速交换信息，并通过通信接口与 PLC 相连，也可作为独立的节点接入 PLC 网络。

1.6　PLC 的工作原理

1.6.1　PLC 的工作原理

PLC 的结构从实质上看与计算机是一样的，但其工作方式和计算机又不完全一样。PLC 在工作时，其 CPU 与计算机一样是采用分时操作的，每一时刻执行一个操作，按照时间的延伸一个动作接着一个动作顺序地进行，执行完最后一个动作后就会重新从头执行。这种分时操作进程称为 CPU 对程序的扫描，每次扫描所需的时间称为扫描时间或扫描周期。PLC 的用户程序由若干条指令组成，指令在存储器中按序号顺序排列。CPU 从第一条指令开始，顺序逐条地执行用户程序，直到用户程序结束。然后，返回第一条指令开始新的一轮扫描。PLC 就是按照周期性地循环扫描的方式进行工作，这也是 PLC 的一个显著特点。扫描周期的长短，首先与每条指令执行时间长短有关，这取决于 CPU 执行速度的快慢，与硬件配置有关；其次与指令类型及包含指令条数的多少有关，这取决于被控系统的复杂程度及编程人员的水平。一般 PLC 扫描周期典型值为 1～100ms。

PLC 工作时的另一个特点就是集中输入，集中输出。由于 PLC 的输入/输出点数较多，为适应工业环境下的控制要求，提高系统工作的可靠性，PLC 对输入和输出信号采取集中处理的方式，即在特定的时间段集中完成输入信号的采集和输出信号的刷新。

一般地，一个完整的 PLC 扫描周期包括内部处理、通信处理、输入采用、程序执行、输出刷新几个阶段，如图 1-9 所示，详细工作过程参看图 1-10。PLC 上电后基本上有两种工作状态，即运行(RUN)状态与停止(STOP)状态。在停止状态时，一般在前两段循环，在运行状态时以一个完整的扫描周期进行循环。根据图 1-9 所示，PLC 的工作过程分为 5 个阶段。

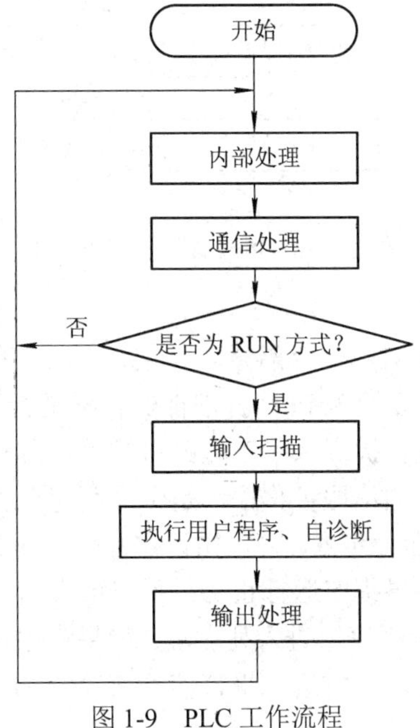

图 1-9　PLC 工作流程

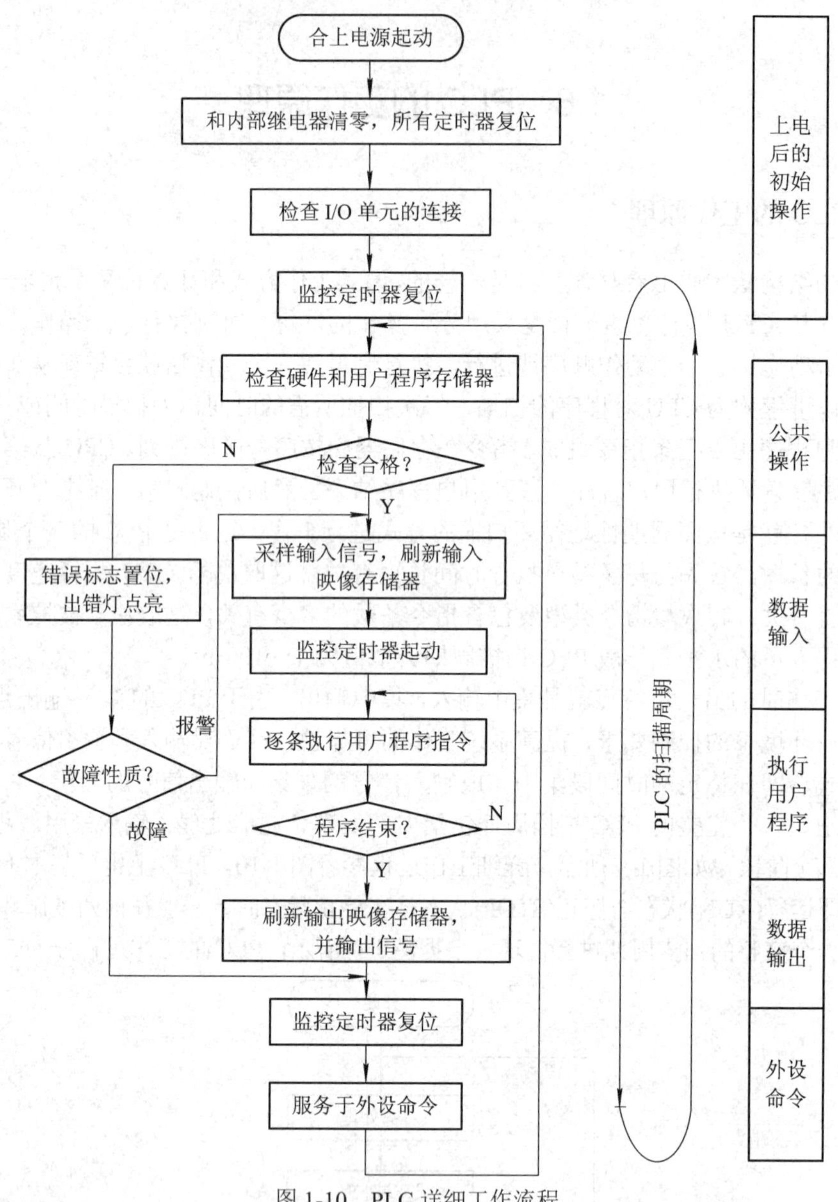

图 1-10　PLC 详细工作流程

1. 公共处理扫描阶段

此阶段包括内部处理和通信处理两部分，主要完成 PLC 的自检、通信服务及看门狗监视定时器清零等工作。自检主要检测 PLC 各部件的状态是否正常，如出现异常，通过诊断后给出故障信号或相应的处理，提高系统工作的可靠性。自检结束后要处理是否有外部设备的通信要求，是否需要进入通信服务程序，是否需要起动外部设备等。监视定时器是为了监视 PLC 的每次扫描时间而设定的，它预先设定好规定的时间，每个扫描周期都要监视扫描时间是否超过规定值。如果程序运行正常，则在每次扫描周期的公共处理阶段对定时器进行清零，避免 PLC 在执行程序中进入死循环。如果程序运行失常进入死循环，则监视定时器不能按时清零而造成溢出，将给出报警信号或停止 PLC 运行。

2. 输入采样阶段

输入采样阶段是一个集中批处理阶段，这个阶段 PLC 以扫描方式依次地读入所有输入端子的状态和数据，并将它们存入输入映像区中相应的单元内。输入采样结束后，转入用户程序执行和输出刷新阶段。在这两个阶段中，即使输入状态和数据发生变化，输入映像区中的相应单元的状态和数据也不会改变，所以在这个周期内程序执行过程中用到的输入信号，是从输入映像区中读取。因此，如果输入是脉冲信号，则该脉冲信号的宽度必须大于一个扫描周期，才能保证在任何情况下，该输入均能被读入。对于 PLC 的这种集中输入采样，虽然每个信号被采集的时间有先后，但由于 PLC 的扫描周期很短，这种差异在工程中可以忽略，认为信号的采集是同时完成的。

3. 用户程序执行阶段

输入采样阶段结束后进入用户程序执行阶段，PLC 对用户程序(梯形图)的执行总是按由上而下的顺序依次地扫描。在扫描每一条梯形图时，又总是先扫描梯形图左边的由各触点构成的控制线路，并按先左后右、先上后下的顺序对由触点构成的控制线路进行逻辑运算，然后根据逻辑运算的结果，刷新该逻辑线圈在系统 RAM 存储区中对应位的状态，或者刷新该输出线圈在 I/O 映像区中对应位的状态，或者确定是否要执行该梯形图所规定的特殊功能指令。

在用户程序执行过程中，只有输入点在对应 I/O 映像区内的状态和数据不会发生变化，而其他输出点和软设备在 I/O 映像区或系统 RAM 存储区内的状态和数据都有可能发生变化，并且排在上面的梯形图，其程序执行结果会对排在下面的凡是用到这些元件的梯形图起作用。相反，排在下面的梯形图，其被刷新的逻辑线圈的状态或数据只能到下一个扫描周期才能对排在其上面的程序起作用。

在程序执行的过程中，如果使用立即 I/O 指令则可以直接存取 I/O 点，即使用立即 I/O 指令的话，输入过程映像寄存器的值不会被更新，程序直接从 I/O 模块取值，输出映像寄存器会被立即更新，这和立即输入有些区别。

如果在程序中使用了中断，优先执行中断程序。在此阶段，CPU 还须处理从通信端口接收到的任何信息，执行通信处理过程。

4. 输出刷新阶段

输出刷新阶段也是一个集中批处理阶段，当扫描用户程序结束后，PLC 就进入输出刷新阶段。PLC 的 CPU 直接驱动负载，程序的执行结果先存放在输出映像寄存器中，等到程序执行完毕，进入输出刷新阶段，CPU 按照输出映像寄存器对应的状态和数据刷新所有的输出锁存器，再经输出电路驱动相应的外部负载，这才是可编程逻辑控制器的真正输出。

输出映像寄存器每周期刷新一次，刷新后的输出状态一直保持到下一次刷新。由于 PLC 扫描周期很短，决定两次输出之间的间隔时间很短，一般仅几十毫秒，对一般控制场合被控电器而言，输出刷新可以认为是“连续”进行的，不会影响对现场的控制速度。

输出刷新阶段结束后，PLC 进入下一个扫描周期。

PLC 一个完整的输入/输出过程参看图 1-11。

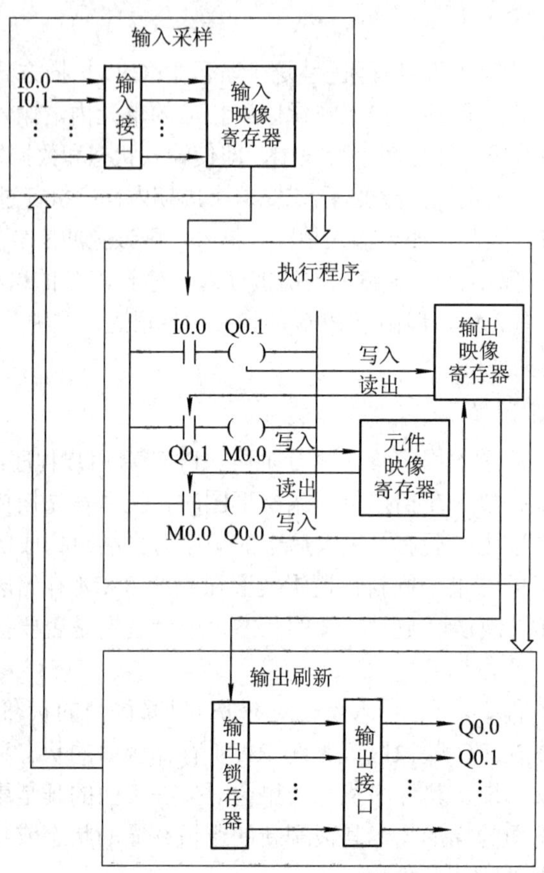

图 1-11　PLC 的输入/输出过程

1.6.2　PLC 输入/输出的滞后问题

PLC 的 I/O 滞后时间又称为系统响应时间，是指可编程控制器外部输入信号发生变化的时刻起至它控制的有关外部输出信号发生变化的时刻之间的间隔。

PLC 是根据输入的情况以及程序的内容，来决定输出。从 PLC 的输入信号发生变化到 PLC 输出端对该输入变化作出反应，需要一段时间，PLC 的这种输入/输出响应滞后主要的产生原因是：循环扫描的工作方式；PLC 硬件中的输入滤波电路和输出继电器触点机械运动；程序编写的不当。

为了改善和减少 PLC 输出的滞后问题，有些 PLC 生产厂家对 PLC 的工作过程做了改进，增加每个扫描周期中的输入采样和输出刷新的次数，或是增加立即读和立即写的功能，直接对输入和输出接口进行操作；另外，设计专用的特殊模块，用于运动控制等对时延要求苛刻的场合，也是一种很好的方案。由于 PLC 输出滞后的存在，PLC 用于顺序控制系统、过程控制系统或运动控制系统时，滞后时间是设计 PLC 控制系统时应注意把握的一个参数。

图 1-12 所示为 PLC 输入/输出滞后的一个示例。图中从 I0.0 端子输入的外部信号的变化是在扫描周期的程序执行阶段(波形图中 A 代表输入采样阶段，B 代表程序执行阶段，C 代表输出刷新阶段)，而 I0.0 的状态在第一周期不能改变，因为已经过了输入采样阶段，

所以 I0.0 的状态变化只能等到第二个周期的输入采样阶段，在这个阶段，把外部的输入信号变化通过 I0.0 采集进来。而在程序执行过程中，梯形图是从上到下执行的，Q0.0 的输出刷新必须等到第三个周期才能完成。所以从执行过程来看，输出的滞后与 PLC 的工作方式有关，也与程序的排列结构有关。

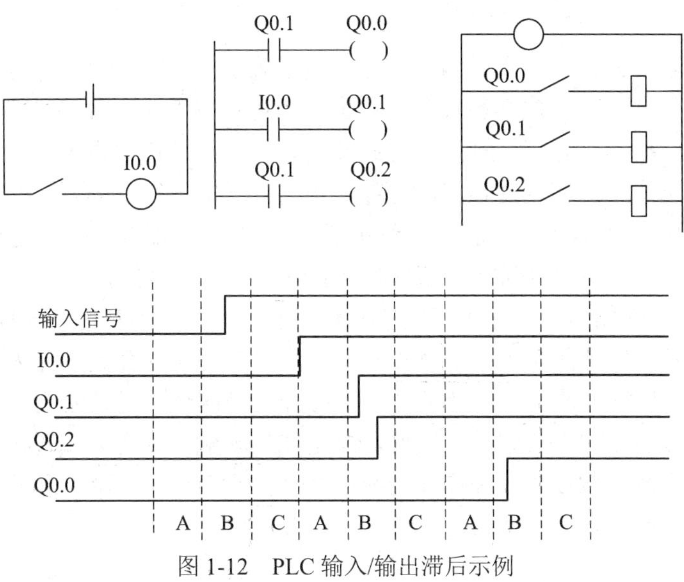

图 1-12　PLC 输入/输出滞后示例

1.7　PLC 的编程语言

PLC 的用户程序是设计人员根据控制系统的控制要求而编写的。为了便于编写 PLC 的用户程序，多数 PLC 厂家都开发有相关的计算机支持软件。从本质上讲，PLC 所能识别的只是机器语言。它之所以能使用一些助记符语言、梯形图语言、流程图语言，以至高级语言，全靠为使用这些语言而开发的种种软件。助记符语言是最基本也是最简单的 PLC 语言，它类似计算机的汇编语言，PLC 的指令系统就是用这种语言表达的。这种语言仅使用文字符号，所使用的编程工具简单，用简易编程器即可。所以，多数 PLC 都配备有这种语言。

根据国际电工委员会制定的工业控制编程语言标准(IEC1131-3)， PLC 编程语言有 5 种形式：梯形图语言(Ladder Diagram，LAD)，语句表语言(Statement List，STL)，功能块图语言(Function Block Diagram，FBD)，顺序功能图语言(Sequential Function Chart，SFC)和结构化文本语言(Structured Text，ST)。

1. 梯形图语言

梯形图语言是 PLC 程序设计中最常用的编程语言，也是一种图形语言，与继电器线路类似的一种编程语言。不同品牌的 PLC 有不同的梯形图语言，但所有 PLC 的梯形图都来源于一般的继电接触控制电路。因此，理解梯形图的前提是对继电接触控制电路有较好的理解。

梯形图语言沿用传统继电接触控制电路图中的继电器触点、线圈、串联、并联等术语和一些图形符号。从结构上看像梯子一样，左右的竖线称为左右母线，右边的母线经常省去。梯形图中左母线可以理解为提供能量的电源，与左母线连接的是触点，触点可以串并联，最后是线圈。一个梯形图被分成小的容易理解的部分，称为“梯级”“网络”或“段”。程序一次执行一个段，从左至右，从上至下执行。当 CPU 执行到程序结尾，又从上到下重新执行程序。

梯形图中触点分为常开和常闭两种。触点可以属于 PLC 的输入继电器，也可以属于 PLC 的内部继电器或其他继电器。梯形图中的触点可以任意串、并联，但线圈是并联的。触点的逻辑运算结果，作为驱动触点后面线圈的条件，即触点的逻辑运算结果为“1”时，可以理解为从左母线有能流流过触点，线圈带电。梯形图中的线圈是指 PLC 中内部继电器的线圈，PLC 的内部继电器是一种“软继电器”，这些继电器并不是真正的物理继电器，它们对应的是 PLC 内部程序存储区中数据存储区中的元件映像寄存器的一个存储单元，当存储单元为“1”时，相当于与这个存储单元对应的继电器线圈带电。与线圈关联的触点，当线圈带电时，常开触点闭合，常闭触点断开。当线圈对应的存储单元为“0”，动作了的触点立刻复位。所以梯形图中继电器的触点是打开还是闭合，也是通过与之对应的继电器存储单元是“1”还是“0”决定的。因此，继电器的软触点会有无数对可以使用。另外，梯形图中除了继电器线圈以外，还有指令盒(方框)，当能流到达指令盒时，执行一定的功能，如定时、计数或数学运算等。

梯形图(LAD)主要有以下特点：

(1) 梯形图编程语言与电气原理图相对应，具有直观性和对应性，与原有继电器控制相一致，易于电气技术人员掌握。

(2) 图形表示易于理解，而且各种型号，不同厂家生产的 PLC 都有梯形图编程语言。

(3) 可以使用语句表(STL)显示所有 LAD 程序。

(4) 梯形图中的能流不是实际意义的电流，内部的继电器也不是实际存在的继电器，触点也不是真实存在的触点，应用时需要与原有继电器控制的概念区别对待。

图 1-13 为电动机连续运行的继电接触控制电路原理图和梯形图。图中，I0.0 相当于起动按钮 SB1，当触点 I0.0 闭合时(按下控制按钮 SB1)，可以理解为能流流过该器件，流到下一个触点 I0.1(I0.1 相当于停止按钮 SB2)，若 I0.1 是闭合状态，能流流过输出继电器 Q0.0(相当于接触器线圈 KM)，Q0.0 线圈带电，并使继电器 Q0.0 常开触点闭合(接触器常开触点闭合)，起到自锁的作用，Q0.0 和 I0.0 两条支路的能流并联一起流到 I0.1 干路上。这时，若断开 I0.0(松开起动按钮 SB1)，不会使能流断开，继电器 Q0.0 继续接通，实现电机的连续运行控制。当触点 I0.1 打开(按下停止按钮 SB2)，继电器 Q0.0 线圈断电，相当于接触器 KM 线圈断电，电动机停止运行。

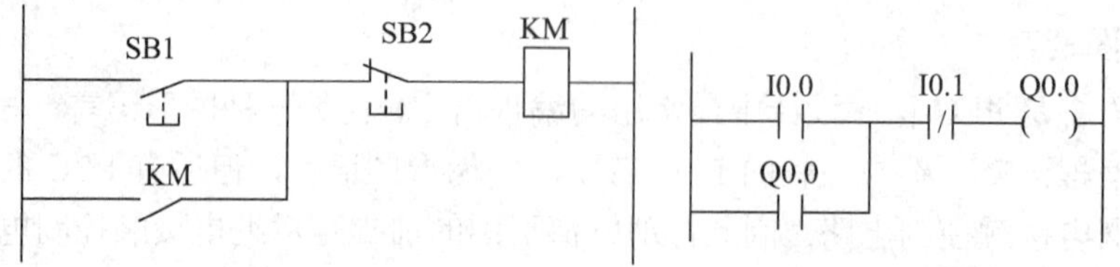

图 1-13　电动机连续运行的继电接触控制电路原理图和梯形图

2. 语句表语言

语句表编程语言是与汇编语言类似的一种助记符编程语言，和汇编语言一样由操作码和操作数组成。在无计算机的情况下，适合采用 PLC 手持编程器对用户程序进行编制。同时，语句表编程语言与梯形图编程语言一一对应，在 PLC 编程软件下一般可以相互转换。与图 1-13 梯形图对应的语句指令表如下：

```
LD   I0.0
O    Q0.0
AN   I0.1
=    Q0.0
```

语句表编程语言的特点是：采用助记符来表示操作功能，容易书写，但不够形象，不容易掌握；在手持编程器的键盘上采用助记符表示，便于操作，可在无计算机的场合用手持编程器进行编程设计；语句表与梯形图有对应关系。语言表的使用需要较长时间的培训和练习，但有时可以实现某些梯形图不能实现的功能。

3. 功能块图语言

功能块图语言是与数字逻辑电路类似的一种 PLC 编程语言。功能块图使用类似于布尔代数的图形逻辑符号来表示控制逻辑，一些复杂的功能用指令框表示，适合于有数字电路基础的编程人员使用。功能块图用类似于与门、或门的框图来表示逻辑运算关系，方框的左侧为逻辑运算的输入变量，右侧为输出变量，输入、输出端的小圆圈表示“非”运算，方框用“导线”连在一起，信号自左向右。采用功能块图的形式来表示模块所具有的功能，不同的功能模块有不同的功能。

功能模块图程序设计语言的特点是：以功能模块为单位，分析理解控制方案简单容易；功能模块是用图形的形式表达功能，直观性强，对于具有数字逻辑电路基础的设计人员很容易掌握编程；对规模大、控制逻辑关系复杂的控制系统，由于功能模块图能够清楚表达功能关系，使编程调试时间大大减少。图 1-14 所示为与图 1-13 对应的功能块图语言。

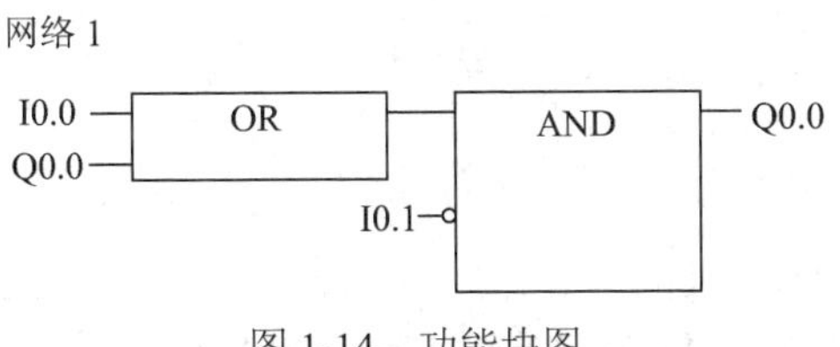

图 1-14　功能块图

4. 顺序功能图语言

顺序功能流程图语言是为了满足顺序逻辑控制而设计的编程语言。编程时将顺序流程动作的过程分成步和转换条件，根据转换条件对控制系统的功能流程顺序进行分配，一步一步地按照顺序动作。每一步代表一个控制功能任务，用方框表示。在方框内含有用于完成相应控制功能任务的梯形图逻辑。这种编程语言使程序结构清晰，易于阅读及维护，大大减轻编程的工作量，缩短编程和调试时间，用于系统规模较大，程序关系较复杂的场合。图 1-15 是一个简单的顺序功能流程图编程语言的示意图。

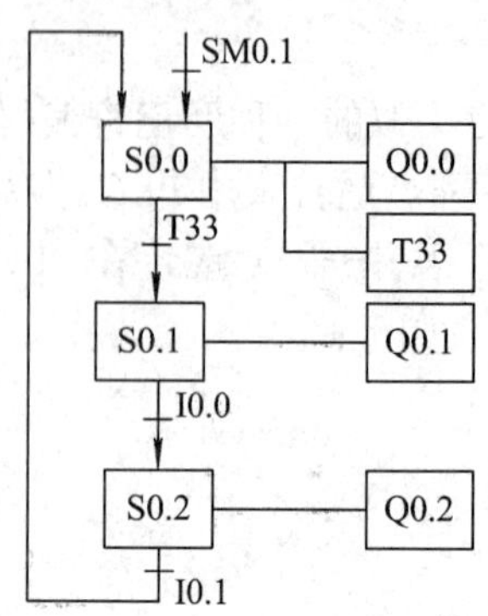

图 1-15　顺序功能流程图编程语言

顺序功能流程图编程语言的特点：以功能为主线，按照功能流程的顺序分配，条理清楚，便于用户理解程序；避免梯形图或其他语言不能顺序动作的缺陷，同时也避免了用梯形图语言对顺序动作编程时，由于机械互锁造成用户程序结构复杂、难以理解的缺陷；用户程序扫描时间也可能会缩短。

5. 结构化文本语言

结构化文本语言是用结构化的描述文本来描述程序的一种编程语言。它是类似于高级语言的一种编程语言，常采用结构化文本来描述控制系统中各个变量的关系，主要用于其他编程语言较难实现的用户程序编制。

大多数 PLC 制造商采用的结构化文本编程语言与 BASIC 语言、PASCAL 语言或 C 语言等高级语言相类似，但为了应用方便，在语句的表达方法及语句的种类等方面都进行了简化。

结构化文本编程语言的特点：采用高级语言进行编程，可以完成较复杂的控制运算；需要有一定的计算机高级语言的知识和编程技巧，对工程设计人员要求较高；直观性和操作性较差。

一个起保停梯形图，用语句表表示如下：

```
LD    START
O     LAMP
AN    STOP
=     LAMP
```

用 ST(结构化文本)表示就是：

```
LAMP:=(START OR LAMP) AND NOT(LAMP)
```

练　习　题

1. 什么是可编程控制器？
2. 可编程控制器是如何产生的？
3. 可编程控制器是如何分类的？
4. 可编程控制器的应用领域有哪些？

5. 可编程控制器的特点是什么？与继电接触控制系统相比，它们的优缺点是什么？
6. 可编程控制器的主要性能指标有哪些？
7. 可编程控制器由哪几部分组成？各部分作用是什么？
8. 可编程控制器输入/输出接口有几种？
9. 可编程控制器的工作方式是什么？试述可编程控制器的工作过程。
10. 可编程控制器的输出为什么会有滞后现象？
11. 可编程控制器的梯形图语言有什么特点？
12. 可编程控制器的发展方向是什么？

第 2 章　西门子 S7-200 PLC 的硬件系统

2.1　西门子 PLC 简介

德国的西门子(SIEMENS)公司是欧洲最大的电子和电气设备制造商，是世界上著名的研发和制造 PLC 的公司。该公司在 1973 年就研制成功了欧洲第一台 PLC。第一代 SIMATIC S3 系列 PLC 控制系统于 1975 年成功投放市场。1979 年，微处理器技术被应用到可编程控制器中，产生了 SIMATIC S5 系列，取代了 S3 系列，之后在 20 世纪末又推出了 S7 系列产品。

西门子公司的 PLC 系列产品以其可靠性高，功能强大的优势在我国得到了十分广泛的应用。无论是单机控制还是复杂系统的控制，在各个行业中，都能从西门子系列 PLC 产品中选到满足生产需求或符合自动控制要求的型号。另外，近年来随着信息技术的迅速发展，西门子公司的 PLC 产品在功能模板、人机界面、工业网络、软件应用等方面也迅速发展，使 PLC 控制系统的智能化越来越高，设计和操作越来越简单。

最新的 SIMATIC 产品为 SIMATIC S7、M7 和 C7 等几大系列。SIMATIC S7-200 系列属于小型可编程控制器，发展至今，大致经历了两代。第一代产品的 CPU 模块为 CPU 21X，主机都可进行扩展，它具有四种不同结构配置的 CPU 单元：CPU212，CPU214，CPU215 和 CPU216，本书对第一代 PLC 产品不作具体介绍。第二代产品的 CPU 模块为 CPU22X，是在 21 世纪初投放市场的，速度快，具有较强的通信能力。它具有四种不同结构配置的 CPU 单元：CPU221，CPU222，CPU224 和 CPU226。其中，除 CPU221 之外，其他都可加扩展模块。

2.2　S7-200 系统的基本构成

西门子 S7-200 是一款整体结构式小型 PLC，具有性能价格比高、功能丰富的特点，可以根据控制规模大小选择主机 CPU 的型号。主机本身包含一定数量的 I/O 端口，当主机功能不够用时还可以进行扩展，扩展模块包括数字量扩展模块、模拟量扩展模块、通信模块、网络设备模块、人机界面等。图 2-1 所示为 S7-200 的基本构成。S7-200 系列 PLC 主机可以单机运行，也可以连接扩展功能模块后运行，对于复杂系统也可以组成上下位机联网运行。

S7-200 的 CPU 单元包括中央处理器、存储器、集成电源和输入/输出(I/O)点等，它们被封装在一个紧凑的外壳内，如图 2-2 所示。图 2-2 中，顶部端子盖内是电源及输出端子；底部端子盖内是输入端子及直流 24 V 电源；中部右侧前盖内是模式选择开关(RUN/STOP)、模拟调节电位器和扩展 I/O 接口(PLC 主机与输入、输出扩展模块的接口，用于扩展系统，主机与扩展模块之间由导轨固定，并用扩展电缆连接，如图 2-3 所示)；左侧是运行状态指示灯 LED(显示 CPU 的工作方式、本机 I/O 的状态、系统错误状态)、存储卡及通信接口(PLC

主机实现人机对话、机机对话的通道，实现 PLC 与上位计算机的连接，以及 PLC 与 PLC、编程器、彩色图形显示器、打印机等外部设备的连接)。

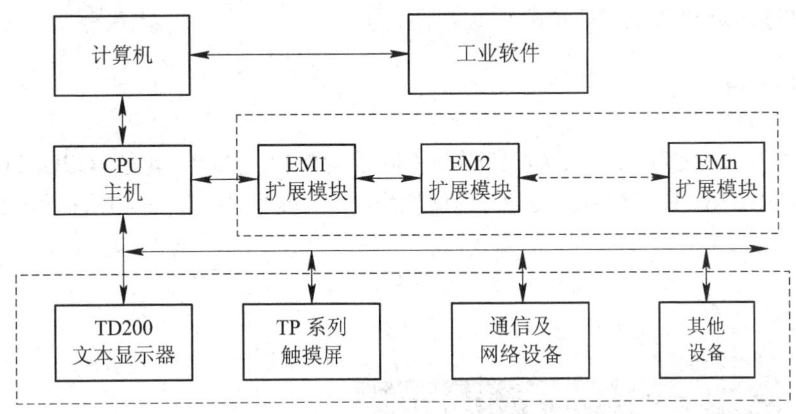

图 2-1　S7-200 的基本构成

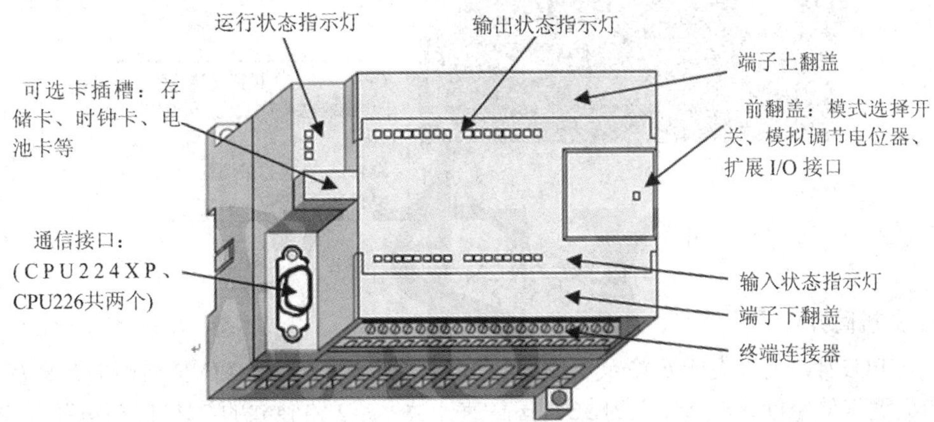

图 2-2　S7-200 外观示意图

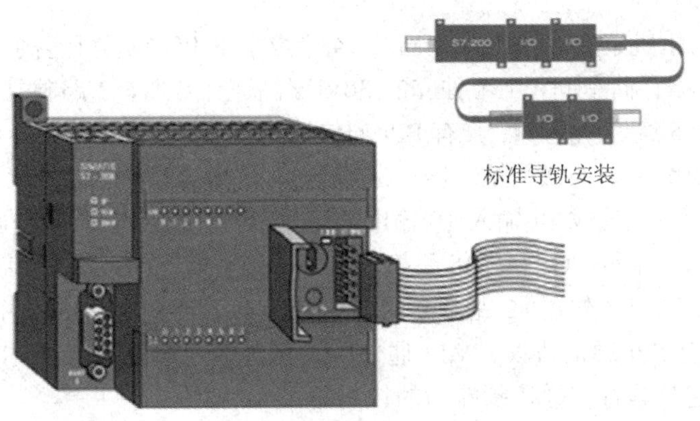

图 2-3　扩展单元安装

S7-200 的工作方式有 3 种，即运行(RUN)、停止(STOP)和软件控制(TERM)，通过模式选择开关来进行选择切换。模式选择开关在 RUN 位置时，CPU 执行用户程序；在 STOP 位置时，不能执行用户程序，可以装载用户程序或进行 CPU 设置；在 TERM 位置时，允许使用编程软件 STEP7 来控制 CPU 的工作方式。PLC 上电或断电后重新上电，如果模式选择开关在 STOP 或 TERM 位置，则 CPU 自动进入 STOP 方式；如果模式选择开关在 RUN 位置，则 CPU 自动进入 RUN 方式。

2.2.1 主机单元

西门子 CPU 模块为 CPU 22X，有四种不同结构配置的 CPU 单元：CPU221、CPU222、CPU224 和 CPU226。除 CPU221 之外，其他都可加扩展模块。图 2-4 所示为 CPU224 主机单元外形。

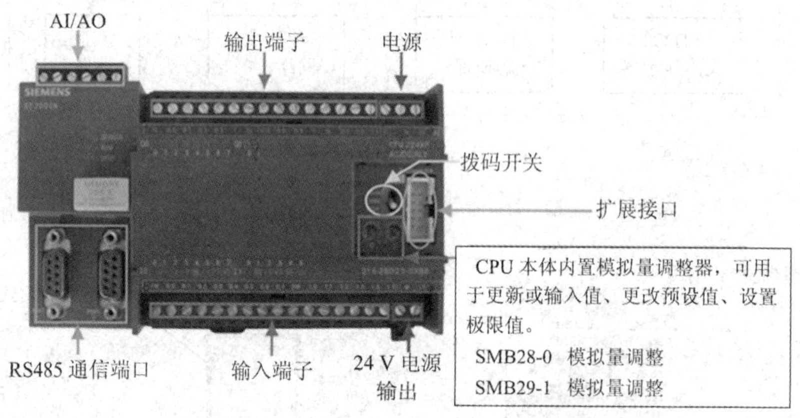

图 2-4　CPU224 主机单元外形

1. 主机简介

(1) CPU221：主机集成 6 输入/4 输出共 10 点数字量 I/O，无 I/O 扩展能力；具有 6KB 程序和数据存储空间，4 个独立的 30kHz 高速计数器，2 路独立的 20kHz 高速脉冲输出；1 个 RS485 通信/编程口；具有 PPI 通信协议、MPI 通信协议和自由方式通信能力。CPU221 适合于小点数控制的微型控制器。

(2) CPU222：主机集成 8 输入/6 输出共 14 个数字量 I/O 点，可连接 2 个扩展模块；具有 6KB 程序和数据存储空间，4 个独立的 30kHz 高速计数器，2 路独立的 20kHz 高速脉冲输出，1 个 RS485 通信/编程口；具有 PPI 通信协议、MPI 通信协议和自由方式通信能力。它非常适合于小点数控制的微型控制器。

(3) CPU224：主机集成 14 输入/10 输出共 24 个数字量 I/O 点，可连接 7 个扩展模块，最大扩展至 168 路数字量 I/O 点或 35 路模拟量 I/O 点；具有 13KB 程序和数据存储空间，6 个独立的 30kHz 高速计数器，2 路独立的 20kHz 高速脉冲输出，PID 控制器，1 个 RS485 通信/编程口；具有 PPI 通信协议、MPI 通信协议和自由方式通信能力；I/O 端子排可很容易地整体拆卸。它是具有较强控制能力的控制器。

(4) CPU224XP：主机集成 14 输入/10 输出共 24 个数字量 I/O 点，2 输入/1 输出共 3 个模拟量 I/O 点，可连接 7 个扩展模块，最大扩展至 168 路数字量 I/O 点或 38 路模拟量 I/O 点；具有 20KB 程序和数据存储空间，6 个独立的高速计数器(100kHz)，2 个 100kHz 的高速脉冲输出，2 个 RS485 通信/编程口；具有 PPI 通信协议、MPI 通信协议和自由方式通信能力；新增了多种功能，如内置模拟量 I/O，位控特性，自整定 PID 功能，线性斜坡脉冲指令，诊断 LED，数据记录及配方功能等。它是具有模拟量 I/O 和强大控制能力的新型 CPU。

(5) CPU226：主机集成 24 输入/16 输出共 40 个数字量 I/O 点，可连接 7 个扩展模块，最大扩展至 248 路数字量 I/O 点或 35 路模拟量 I/O 点；具有 13 KB 程序和数据存储空间，6 个独立的 30 kHz 高速计数器，2 路独立的 20 kHz 高速脉冲输出，PID 控制器，2 个 RS485 通信/编程口；具有 PPI 通信协议、MPI 通信协议和自由方式通信能力；I/O 端子排可很容易地整体拆卸。CPU226 用于有较高要求的控制系统，具有更多的输入/输出点、更强的模块扩展能力、更快的运行速度和更强的内部集成特殊功能，适应于一些复杂的中小型控制系统。

2. 性能指标

S7-200 的性能指标主要包括外形、功耗、输入/输出特性、指令系统、执行速度、存储容量等，具体参见表 2-1，订货号参见表 2-2。

表 2-1　S7-200 CPU22X 系列的主要性能指标

指标	CPU221	CPU222	CPU224	CPU224XP	CPU226
外形尺寸 /(mm×mm×mm)	90×80×62	90×80×62	120.5×80×62	140×80×62	190×80×62
存储容量					
用户程序	4 KB	4 KB	8 KB	8 KB	16 KB
用户数据	2 KB	2 KB	5 KB	5 KB	10 KB
数据后备	50 h	50 h	50 h	100 h	50 h
输入/输出特性					
本机 I/O	6DI/4DO	8DI/6DO	14DI/10DO	14DI/10DO	24DI/16DO
数字量 I/O 映像区	256 点	256 点	256 点	256 点	256 点
模拟量 I/O 映像区	无	16 入/16 出	32 入/32 出	32 入/32 出	32 入/32 出
扩展模块数量	无	2 个	7 个	7 个	7 个
指令系统					
布尔指令执行速度	0.22 μs/条	0.22 μs/条	0.22 μs/条	0.22 μs/条	0.22 μs/条
整数/实数指令	有	有	有	有	有
主要内部继电器					
I/O 映像寄存器	128I/128Q	128I/128Q	128I/128Q	128I/128Q	128I/128Q
内部辅助继电器	256 点	256 点	256 点	256 点	256 点
定时器	256 点	256 点	256 点	256 点	256 点
计数器	256 点	256 点	256 点	256 点	256 点
状态器	256 点	256 点	256 点	256 点	256 点

续表

指标	CPU221	CPU222	CPU224	CPU224XP	CPU226
附 加 功 能					
高速计数器	4H/W(20kHz)	4H/W(20kHz)	6H/W(20kHz)	4H/W(30kHz)	6H/W(20kHz)
模拟电位器	1	1	2	2	2
脉冲输出	2(20kHz DC)	2(20kHz DC)	2(20kHz DC)	2(20kHz DC)	2(100kHz DC)
通信中断	1 发送/2 接收	1 发送/2 接收	1 发送/2 接收	3 发送/3 接收	2 发送/4 接收
硬件输入中断	4，输入滤波器	4，输入滤波器	4，输入滤波器	4，输入滤波器	4，输入滤波器
定时器中断	2(1～255ms)	2(1～255ms)	2(1～255ms)	2(1～255ms)	2(1～255ms)
实时时钟	有(时钟卡)	有(时钟卡)	有(内置)	有(内置)	有(内置)
口令保护	有	有	有	有	有
通 信 功 能					
通信口数量	1(RS485)	1(RS485)	1(RS485)	2(RS485)	2(RS485)
支持协议 0 号口 1 号口	PPI，DP/T 自由口 N/A	PPI，DP/T 自由口 N/A	PPI，DP/T 自由口 N/A	PPI，DP/T 自由口 N/A	PPI，DP/T 自由口 N/A
PPI 主站点对点	NETR/NEYW	NETR/NEYW	NETR/NEYW	NETR/NEYW	NETR/NEYW

表 2-2　S7-200 系列产品的订货号

订货号	CPU	供电电源	数字量输入	数字量输出	通信口	模拟量输入	模拟量输出
6ES 7211-0AA23-0XB0	CPU221	24V DC	6/DC 24V	4/DC 24V	1	否	否
6ES 7211-0BA23-0XB0	CPU221	120～240V AC	6/DC 24V	4/继电器	1	否	否
6ES 7212-1AB23-0XB0	CPU222	24V DC	8/DC 24V	6/DC 24V	1	否	否
6ES 7211-1BB23-0XB0	CPU222	120～240V AC	8/DC 24V	6/继电器	1	否	否
6ES 7214-1AD23-0XB0	CPU224	24V DC	14/DC 24V	10/DC 24V	1	否	否
6ES 7214-1BD23-0XB0	CPU224	120～240V AC	14/DC 24V	10/继电器	1	否	否
6ES 7214-2AD23-0XB0	CPU224XP	24V DC	14/DC 24V	10/DC 24V	2	2	1
6ES 7214-2AS23-0XB0	CPU224XPSi	24V DC	14/DC 24V	10/DC 24V	2	2	1
6ES 7214-2BD23-0XB0	CPU224XP	120～240V AC	14/DC 24V	10/继电器	2	2	1
6ES 7216-2AD23-0XB0	CPU226	24V DC	24/DC 24V	16/DC 24V	2	否	否
6ES 7216-2BD23-0XB0	CPU226	120～240V AC	24/DC 24V	16/继电器	2	否	否

3. 输入/输出端子接线

S7-200 主机 CPU22X 系列 PLC 的输入/输出主要有两种类型：一种是 CPU22X AC/DC/继电器，其中，AC 表示供电电源为交流 220V，DC 表示输入端子的电压为直流 24V，提供给传感器的电源也是直流 24V，继电器是指输出模块的结构形式；另一种是 CPU22X

DC/DC/DC，其中第一个 DC 表示供电电源为直流 24 V，第二个 DC 表示输入端子的电压为直流 24 V，第三个 DC 输出端子的电压为直流 24 V(输出模块的结构形式为晶体管)。主机单元数字量输入/输出端子的接线方式一般有两种：分组式和隔离式。分组式接线中，各端子有一个公共端 COM，共用一个电源和公共端，或是把端子分成几组，每组有一个公共端和单独的电源。隔离式接线中每个端子有单独的 COM 端和独立电源。

数字量输入与直流电源的接线如图 2-5 所示。图 2-5 中，1M 为输入的公共端，输入信号可以与电源正相接，也可以与电源负相接。

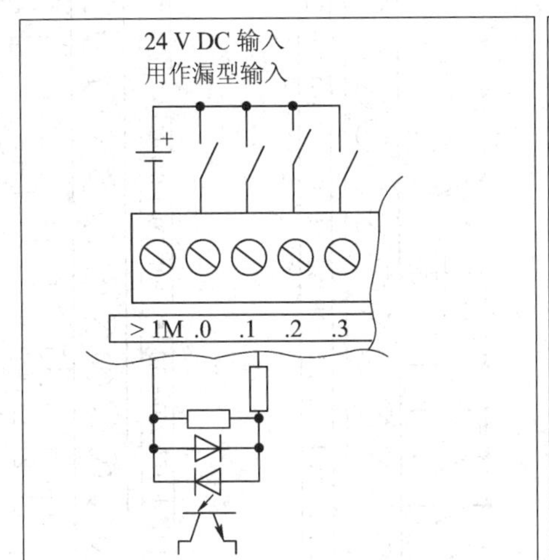

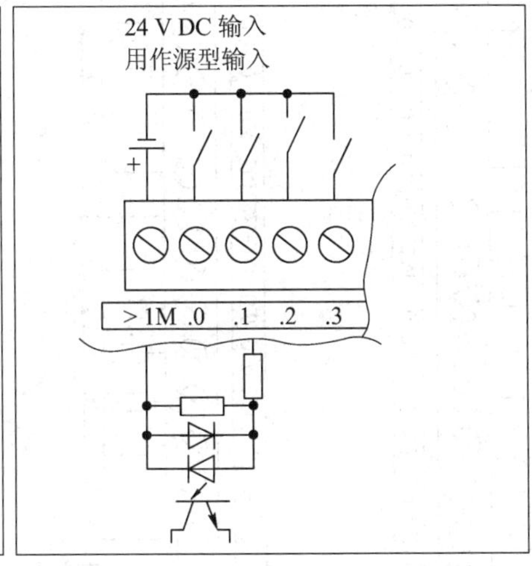

图 2-5　数字量输入与电源之间的接线

输出端子和负载电源之间的连接与输出模块的类型有关。图 2-6 为晶体管类型输出模块端子接线，电源极性只能按图中那样接线，不能更改。图 2-7 为 CPU224XPSi 晶体管类型的接线图，输出的为负极，电源极性不能相反。图 2-8 为继电器类型输出模块端子接线，交直流电源都可以，其电源极性与端子连接时没有要求，采用直流电源时可以正极连接，也可以负极连接。

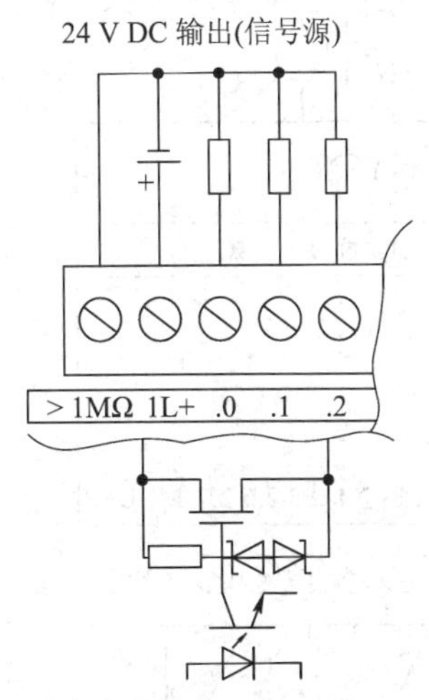

图 2-6　晶体管类型输出模块端子接线

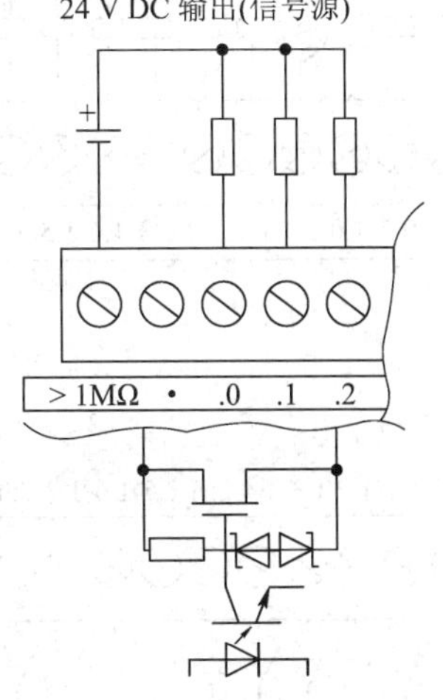

图 2-7　CPU224XPSi 晶体管类型输出模块端子接线

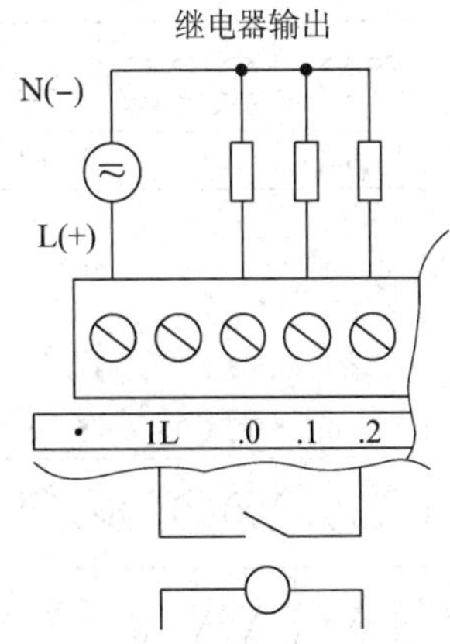

图 2-8　继电器类型输出模块端子接线

图 2-9 为 CPU224 端子接线图，图 2-10 为 CPU226 端子接线图。下面以图 2-10 为例介绍端子接线情况。

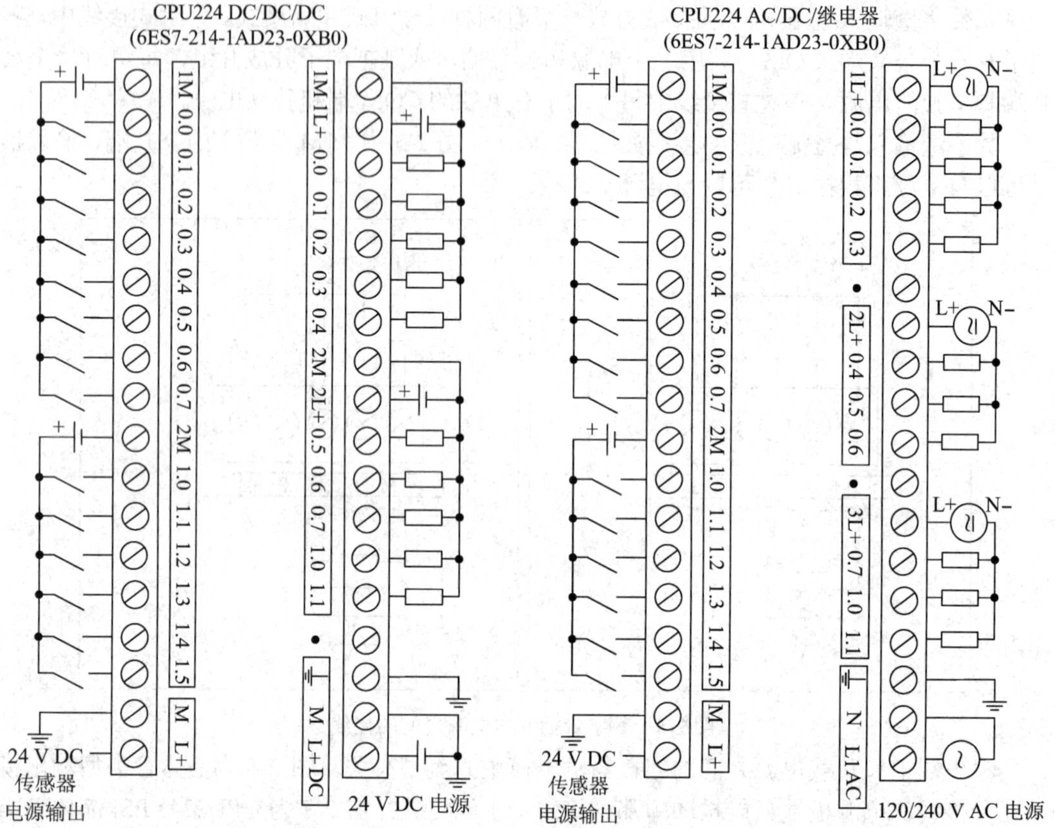

CPU224 DC/DC/DC
(6ES7-214-1AD23-0XB0)

24 V DC 传感器电源输出

24 V DC 电源

(a) 直流电源/直流输入/直流输出

CPU224 AC/DC/继电器
(6ES7-214-1AD23-0XB0)

24 V DC 传感器电源输出

120/240 V AC 电源

(b) 交流电源/直流输入/继电器输出

图 2-9　CPU224 端子接线图

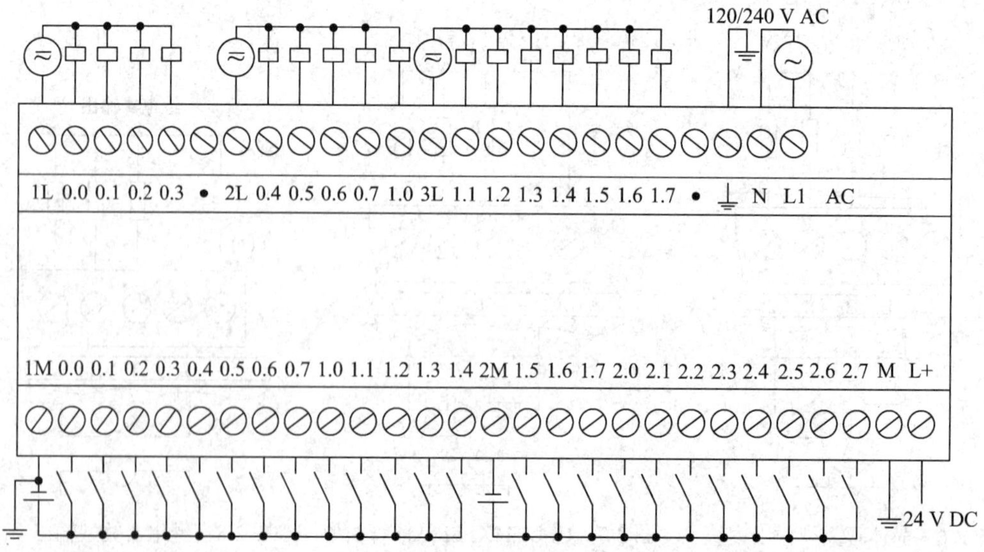

图 2-10　CPU226 端子接线图

CPU226 主单元模块 I/O 总点数为 40 点(24 点输入/16 点输出)，可带 7 个扩展模块。如图 2-10 所示，其输入端子采用分组式连接，共分 2 组：第一组由输入端子 I0.0～I0.7、I1.0～I1.4 共 13 个输入点组成，每个外部输入的开关信号均由各输入端子接入，经一个直流电源终至公共端 1M；第二组由输入端子 I1.5～I1.7、I2.0～I2.7 共 11 个输入点组成，各输入端子的接线与第一组类似，公共端为 2M。由于是直流输入模块，所以采用直流电源作为检测各输入接点状态的电源(用户提供)。M、L+两个端子提供 24 V DC/400 mA 传感器电源，可以为传感器提供电源，也可以作为输入端的检测电源使用。

其输出端子也采用分组式连接，16 个数字量输出点分成三组：第一组由输出端子 Q0.0～Q0.3 共四个输出点与公共端 1L 组成，第二组由输出端子 Q0.4～Q0.7、Q1.0 共 5 个输出点与公共端 2L 组成，第三组由输出端子 Q1.1～Q1.7 共 7 个输出点与公共端 3L 组成。每个负载的一端与输出点相连，另一端经电源与公共端相连。对于继电器输出方式，既可带直流负载，也可带交流负载。负载的激励源由负载性质确定。输出端子排的右端 N、L1 端子是供电电源 120/240 V AC 输入端，该电源电压允许范围为 85～264 V AC。

2.2.2 扩展模块

S7-200 系列 PLC 可以连接的扩展模块(除 CPU221 外)主要有数字量输入/输出(DI/DO)模块、模拟量输入/输出(AI/AO)模块、通信模块和特殊功能模块等 4 类。扩展单元没有 CPU，作为基本单元输入/输出点数的扩充，只能与基本单元连接使用，不能单独使用。连接时 CPU 模块放在最左侧，扩展模块用扁平电缆与左侧的模块相连。用户可根据不同的控制需求选用具有不同功能的扩展模块。CPU221 不能连接扩展模块，CPU222 最多连接两个扩展模块，CPU224/CPU226 最多连接 7 个扩展模块。

1. 扩展模块(DI/DO)

数字量扩展模块主要有数字量输入扩展模块 EM221、数字量输出扩展模块 EM222 和数字量输入/输出扩展模块 EM223，如表 2-3 所示。

表 2-3　数字量扩展模块

类 型	型　号	组数/各组点数
数字量输入扩展模块 EM221	EM221 24 V DC 输入	2/4，4
	EM221 24 V AC 输入	8 点相互独立，分隔式
	EM221 24 V DC 输入	4/4，4，4，4
数字量输出扩展模块 EM222	EM222 24 V DC 输出	4 点相互独立，分隔式
	EM222 24 V DC 输出	2/4,4
	EM222 10 A 继电器输出	4 点相互独立，分隔式
	EM222 230 V 继电器输出	8 点相互独立，分隔式
	EM222 230 V AC 晶闸管输出	8 点相互独立，分隔式

续表

类　型	型　号	组数/各组点数
数字量输入/输出扩展模块 EM223	EM223 24 V DC 输入/24 V DC 输出	2/4 /4
	EM223 24 V DC 输入/24 V DC 输出	4/4，4/4，4
	EM223 24 V DC 输入/24 V DC 输出	5/8，8/4，4，8
	EM223 24 V DC 输入/继电器输出	2/4/4
	EM223 24 V DC 输入/继电器输出	4/4，4/4，4
	EM223 24 V DC 输入/继电器输出	5/8，8/4，4，8

数字量输入扩展模块 EM221 有 3 种：8 点直流数字量 24 V 输入，16 点直流数字量 24 V 输入，8 点交直流通用输入。直流输入时电源可接 24 V，交流输入时电源可直接接 220 V。图 2-11(a)所示为 8 数字量直流输入端子接线图。图中 8 个数字量输入端子分成 2 组，1M、2M 分别是 2 组输入点内部电路的公共端，每组需用户提供一个 24 VDC 电源。图 2-11(b)所示为 16 数字量直流输入端子接线图。图 2-11(c)所示为 8 交流量输入模块端子接线图，图中有 8 个分隔式数字量输入端子，每个输入点都占用 2 个接线端子，它们各自使用 1 个独立的交流电源(由用户提供)，这些交流电源的电压等级可以不同。

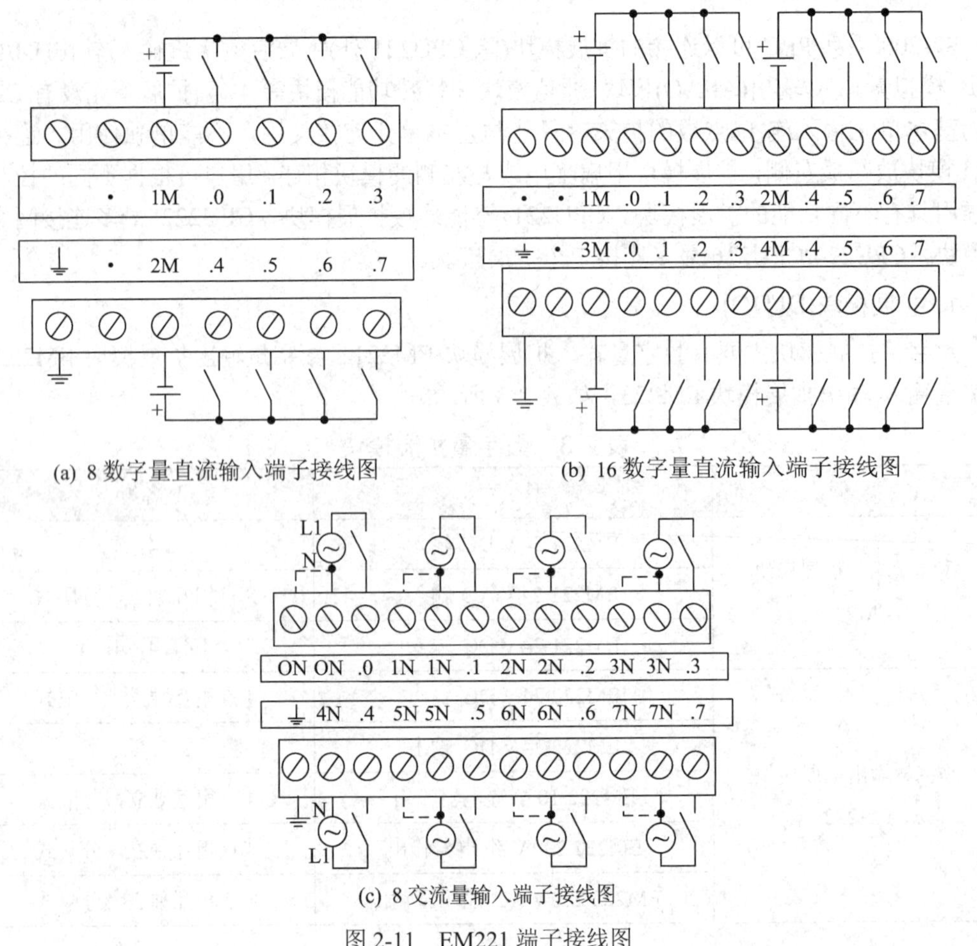

图 2-11　EM221 端子接线图

数字量输出扩展模块 EM222 有 5 种，即 4 点直流 24 V 数字量输出，4 点继电器输出，8 点直流 24 V 数字量输出，8 点继电器输出，8 点光电隔离晶闸管输出，其接线图如图 2-12 所示。

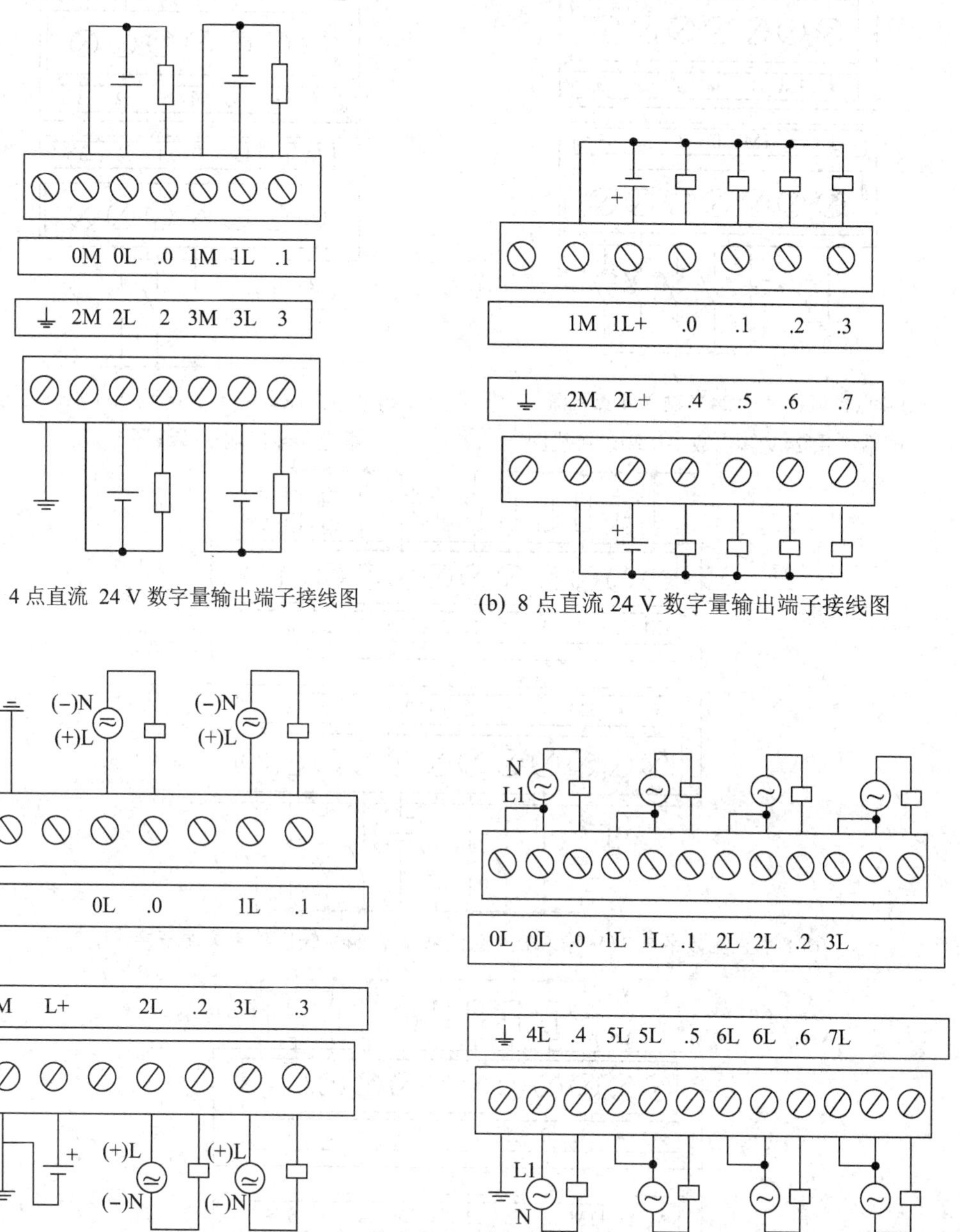

(a) 4 点直流 24 V 数字量输出端子接线图

(b) 8 点直流 24 V 数字量输出端子接线图

(c) 4 点继电器输出端子接线图

(d) 8点继电器(光电隔离晶闸管)输出端子接线图

图 2-12　EM222 端子接线图

数字量输入/输出模块 EM223 有 6 种，即 4 点、8 点、16 点直流数字量 24 V 输入/4 点、8 点、16 点直流数字量 24 V 输出，4 点、8 点、16 点直流数字量 24 V 输入/4 点、8 点、16 点继电器输出，如图 2-13 所示。

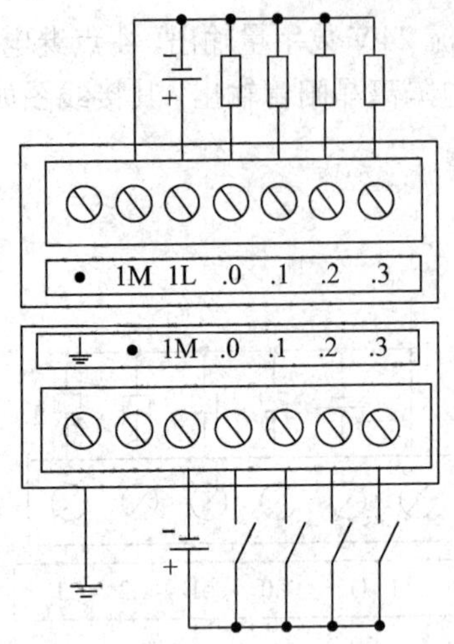

(a) 4 点直流数字量 24 V 输入/4 点直流数字量 24 V 输出数字量端子接线图

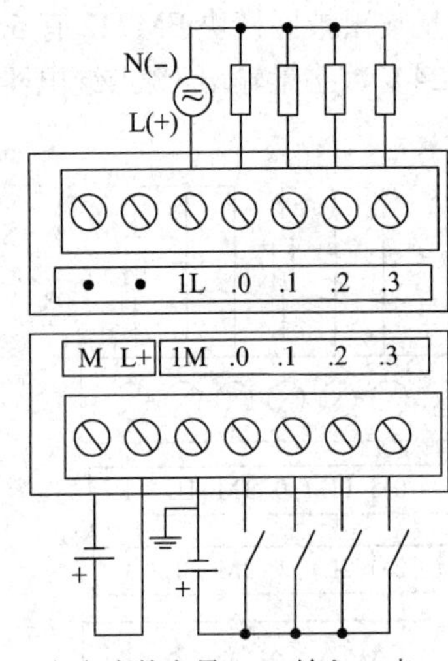

(b) 4 点直流数字量 24 V 输入/4 点继电器输出端子接线图

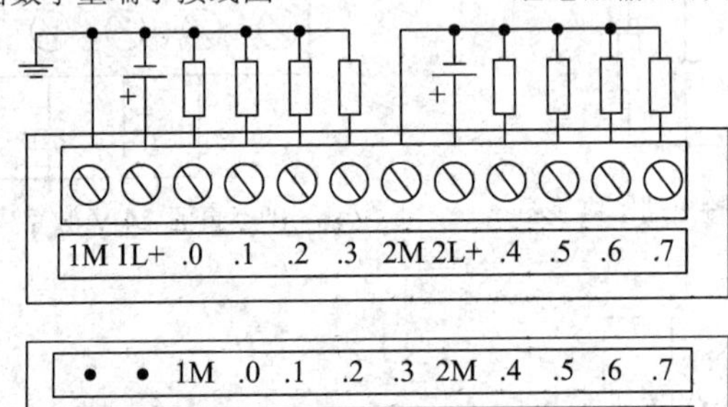

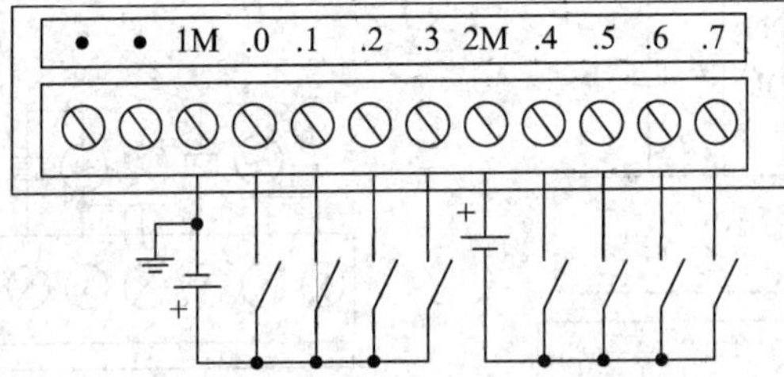

(c) 8 点直流数字量 24 V 输入/8 点直流数字量 24 V 输出数字量端子接线图

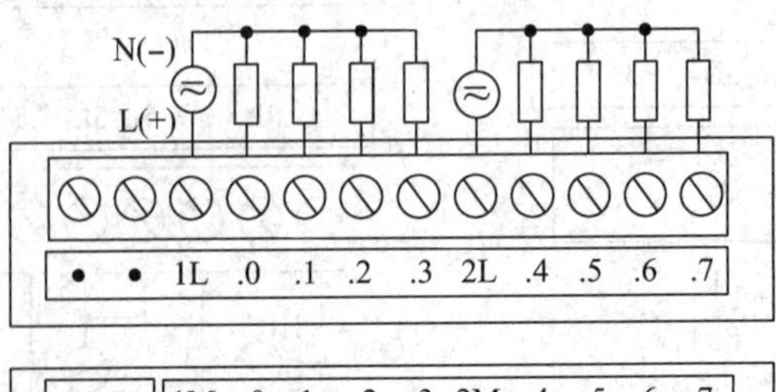

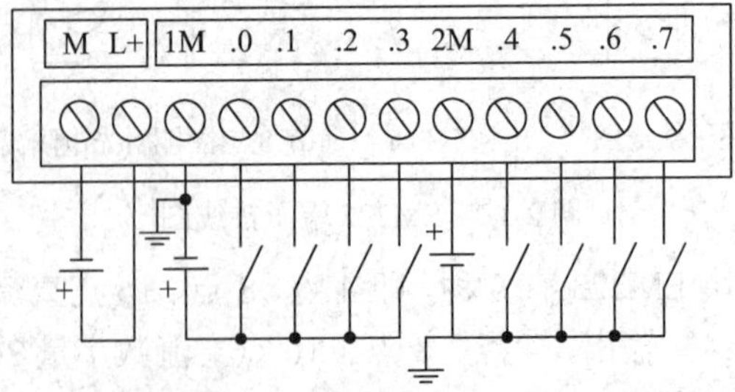

(d) 8 点直流数字量 24 V 输入/8 点继电器输出端子接线图

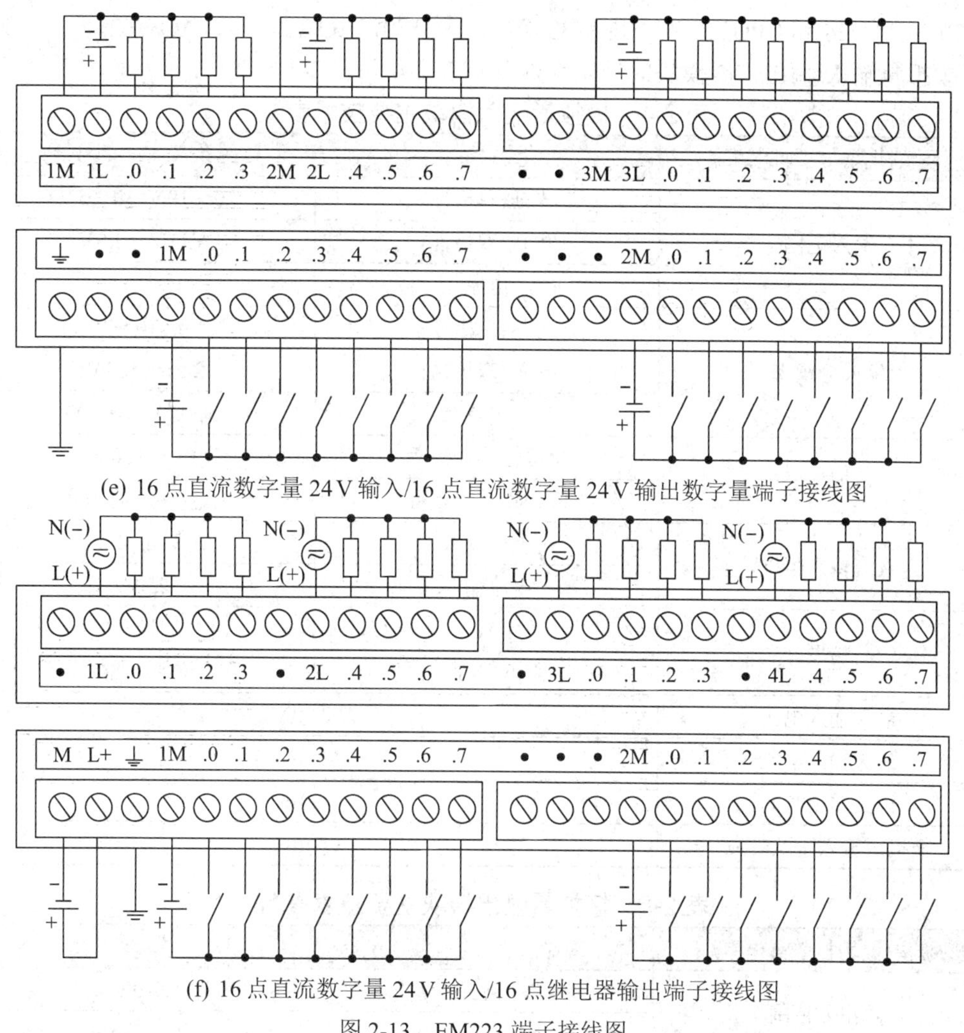

(e) 16 点直流数字量 24 V 输入/16 点直流数字量 24 V 输出数字量端子接线图

(f) 16 点直流数字量 24 V 输入/16 点继电器输出端子接线图

图 2-13　EM223 端子接线图

2. 模拟量扩展模块

当被控对象是模拟量时，如温度、压力、流量、液位等，就需要将模拟量采集后通过 PLC 的模拟量扩展模块将模拟信号转换成数字信号送给 PLC，PLC 处理后的结果再通过模拟量扩展模块将数字量转换成模拟量送给控制对象。模拟量扩展模块主要有：模拟输入模块 EM231、模拟量输出模块 EM232 和模拟量输入/输出模块 EM235。

1) *模拟量扩展模块的地址和技术参数*

PLC 主机单元的 I/O 地址是固定的，进行扩展后扩展模块 I/O 地址由扩展模块在主机单元右侧的位置决定。模拟量扩展模块是按偶数分配地址。S7-200 PLC 模拟量输入映像区是为模拟量输入开辟的一个存储区，模拟量输入标识符用 AI 表示，数据长度为字(16 位)，地址以字节的起始地址表示，CPU221 和 CPU222 中一共有 16 个字：AIW0，AIW2，…，AIW30。CPU224 和 CPU226 中一共有 32 个字：AIW0，AIW2，…，AIW62。S7-200 PLC 模拟量输出映像区是为模拟量输出开辟的一个存储区，模拟量输出标识符用 AQ 表示，数据长度为字(16 位)，地址以字节的起始地址表示，CPU221 和 CPU222 中一共有 16 个字：AQW0，AIQ2，…，

AIQ30。CPU224 和 CPU226 中一共有 32 个字：AQW0，AQW2，…，AQW62。

模拟量输入/输出扩展模块的技术参数参见表 2-4 和表 2-5。

表 2-4　模拟量输入模块主要技术参数

隔离(现场与逻辑电路)	无	
输入范围	电压(单极性)	0～10 V，0～5 V
	电压(双极性)	±5 V，±2.5 V
	电流	0～20 mA
输入分辨率	电压(单极性)	2.5 mV(0～10 V)
	电压(双极性)	2.5 mV(±5 V)
	电流	5 μA(0～20 mA)
数据格式	单极性，全量程	0～+32 000
	双极性，全量程	−32 000～+32 000
直流输入阻抗	电压输入	≥10 MΩ
	电流输入	250 Ω
精度	单极性	12 位
	双极性	11 位加 1 位符号
最大输入电压	DC 30 V	
最大输入电流	32 mA	
模数转换时间	<250 μs	
模拟量输入阶跃响应	1.5 ms	

表 2-5　模拟量输出模块主要技术参数

隔离(现场与逻辑电路)	无	
输出入范围	电压	±10 V
	电压(双极性)	0～20 mA
分辨率	电压	12 位加 1 位符号
	电流	11 位
数据格式	电压	−32 000～+32 000
	电流	0～+32 000
精度(最差情况 0～55℃)	电压输出	±2%满量程
	电流输出	±2%满量程
精度(典型情况 25℃)	电压输出	±0.5%满量程
	电流输出	±0.5%满量程
设置时间	电压输出	100 μs
	电流输出	2 ms
最大驱动	电压输出	最小 5000 Ω
	电流输出	最大 500 Ω
DC 24 V 电压范围	DC 20.4～28.8 V	

2) 模拟量输入模块

模拟输入模块 EM231 有 3 种类型：4 点 12 位模拟量输入，输入量程可以是电流 4～20 mA、电压 0～5 V、0～10 V、±5 V、±10 V 等；2 点 12 位热电阻输入，4 点 12 位热电偶输入。

(1) 模拟量输入模块数据格式。模拟量输入模块的输入信号经模数(A/D)转换后的数字量数据值是 12 位二进制数。数据值的 12 位在 CPU 中的存放格式如图 2-14 所示。在单极性格式中，最低位开始连续 3 个无效数据位，均为 0，这样使得 A/D 转换数值每变化 1 个单位，则数据的变化是以 8 为单位变化的。双极性格式中最低位开始连续 4 个无效数据位，均为 0，这样使得 A/D 转换数值每变化 1 个单位，则数据的变化是以 16 为单位变化的。

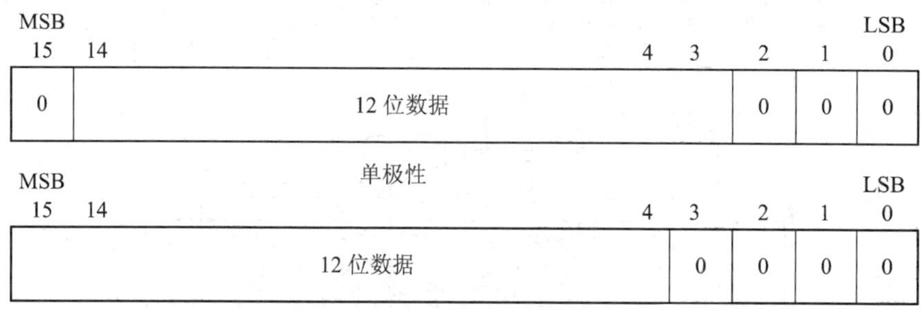

图 2-14　模拟量输入数据格式

(2) EM231 模拟量输入模块。EM231 端子接线图如图 2-15 所示，上部输入端子共有 12 个，每 3 个点为一组，共 4 组。每组可作为一路模拟量的输入通道(电压信号或电流信号)，电压信号用两个端子(A+、A−)，电流信号用 3 个端子(RC，C+，C−)，其中 RC 与 C+

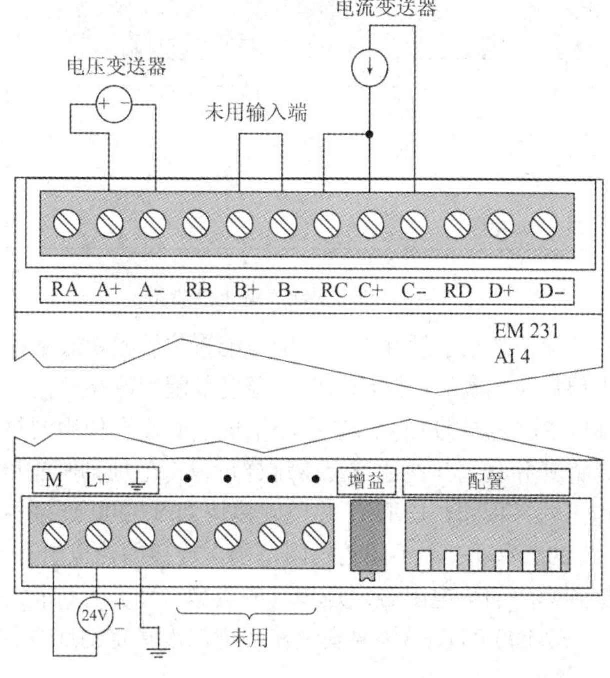

图 2-15　EM231 端子接线图

端子短接。未用的输入通道应短接(B+、B−)。该模块需要直流 24 V 供电(M、L+端)。可由 CPU 模块的传感器电源 24 V DC/400 mA 供电，也可由用户提供外部电源。下部右端分别是校准电位器和配置 DIP 设定开关。模拟量的输入量程可以由 DIP 开关来进行设置。

(3) EM231 热电偶输入模块。EM231 热电偶模块提供了 7 种连接和使用方便且带隔离的热电偶接口，可接热电偶类型有 J、K、E、N、S、T 和 R。它可以使 S7-200 能连接低电平模拟信号，测量范围为±80 mV。所有连接到该模块的热电偶都必须是同一类型的。热电偶输入模块接线如图 2-16 所示。

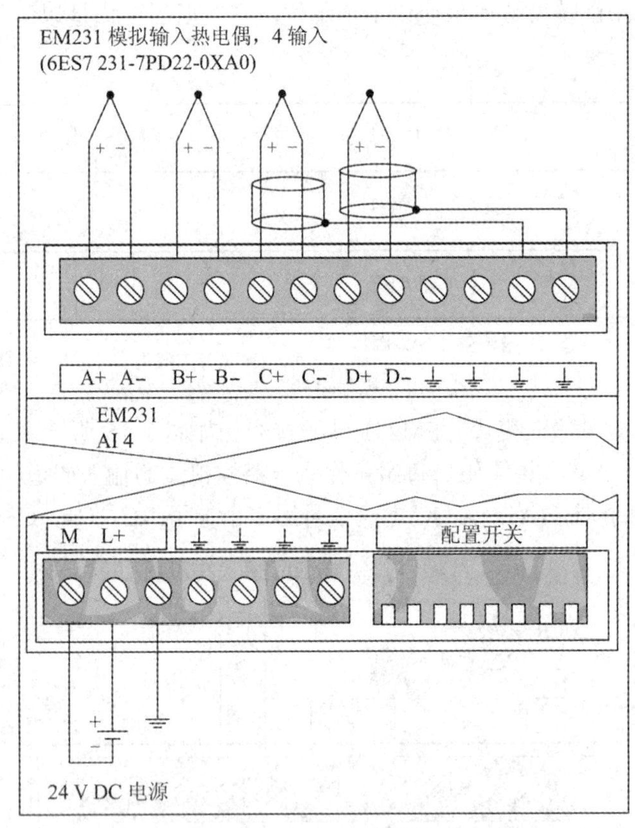

图 2-16　热电偶输入端子接线图

在使用热电偶模块前，必须了解并能够正确地配置位于模块底部的 DIP 开关。通过一定设置可以选择热电偶模块的类型、断线检测、温度范围和冷端补偿。要使 DIP 开关设置起作用，需要循环地给 PLC 或用户的 24 V 电源上电。对没有使用的热电偶输入，则短接未使用的通道，或者将其并联到其他通道上，这样可以有效地抑制噪声。

(4) EM231 热电阻输入模块。EM231 热电阻模块为 S7-200 连接各种型号的热电阻提供了接口，它允许 S7-200 测量三个不同的电阻范围，连接的热电阻有 4 种类型(Pt、Cu、Ni、和电阻)，但连接到模块的热电阻必须是相同的类型。为了达到最大的测量精度和重复性，西门子公司建议，S7-200 RTD 模块要安装在环境温度稳定的地方。热电阻输入模块接线如图 2-17 所示。

EM231 热电阻模块使用 DIP 开关，可以选择热电阻的类型、接线方式、温度测量范围。DIP 开关位于模块底部，如图 2-17 所示。

EM231 模拟输入 RTD，2 输入
(6ES7 231-7PD22-0XA0)
A+ A− a+ a− B+ B− b+ b−
EM231
AI 2 × RTD
M L+
配置开关
+
−
24 V DC 电源

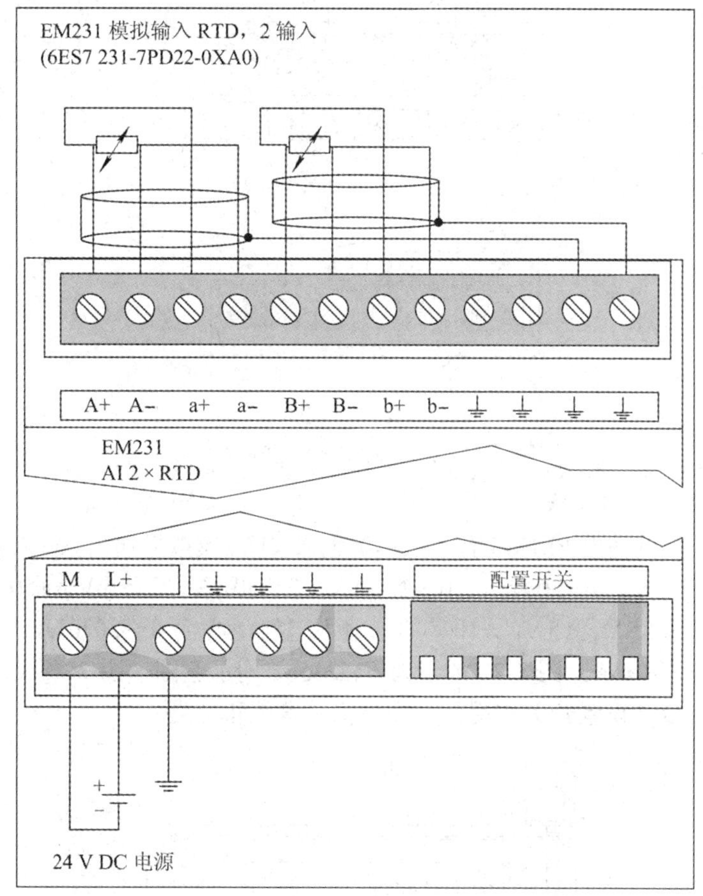

图 2-17　热电阻输入模块接线图

3) 模拟量输出模块

模拟输出模块 EM232 是 2 点 12 位模拟量输出，输出电压为 0～10 V，电流为 0～20 mA。模拟量输出模块数据格式如图 2-18 所示，端子接线图如图 2-19 所示。

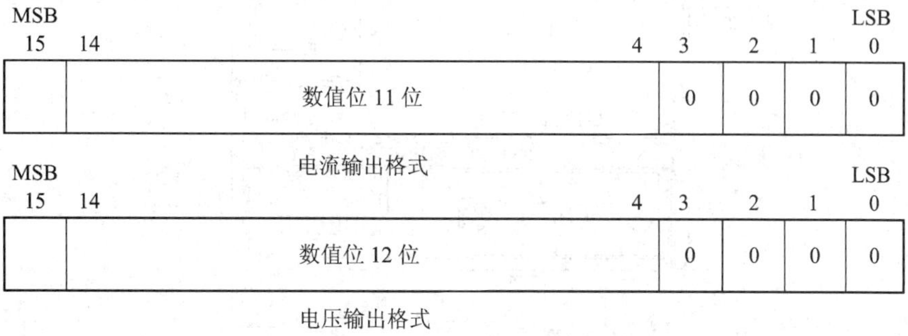

MSB
15 14 4 3 2 1 0
LSB
数值位 11 位
0 0 0 0
电流输出格式
MSB
15 14 4 3 2 1 0
LSB
数值位 12 位
0 0 0 0
电压输出格式

图 2-18　模拟量输出数据格式

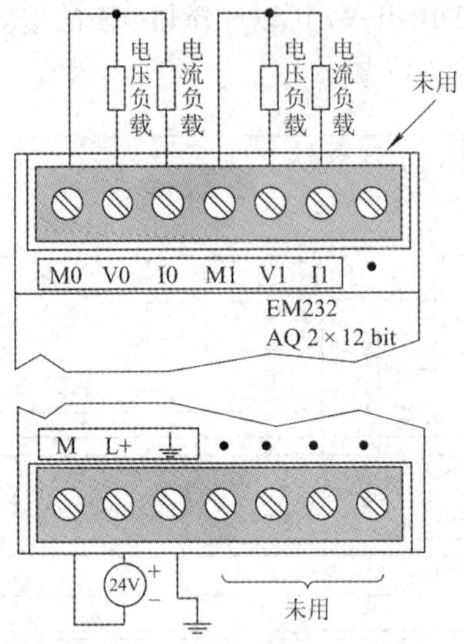

图 2-19　EM232 端子接线图

4) 模拟量输入/输出模块

模拟输入/模拟量输出 EM235 有 4 点模拟输入，1 点模拟量输出。输入电压量程为 0～1 V、0～5 V、0～10 V、0～500 mV、0～100 mV、0～50 mV、±25 mV、±50 mV、±100 mV、±500 mV、±1 V、±2.5 V、±5 V、±10 V 等，输入电流量程为 0～20 mA。模拟量输出电压 0～10 V，电流 0～20 mA。图 2-20 所示为 EM235 结构示意图，图 2-21 为 EM235 端子接线图。EM235 的 DIP 设置开关作用是选择模拟量量程和精度。

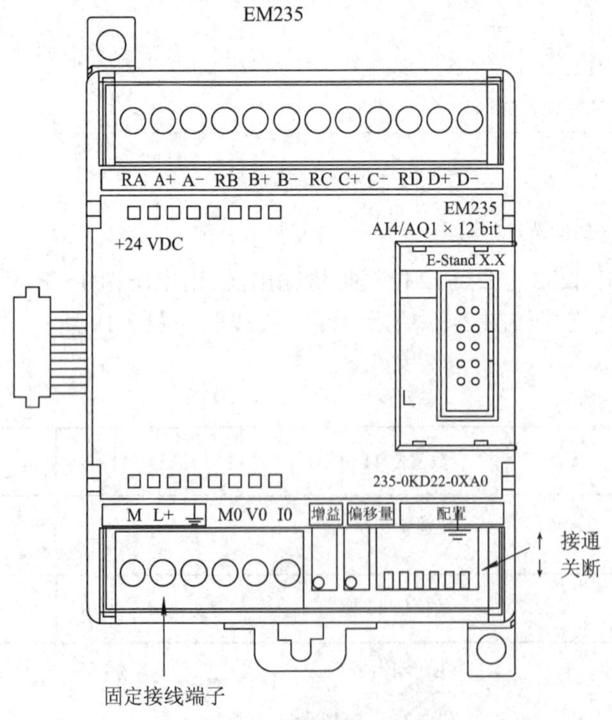

图 2-20　EM235 结构示意图

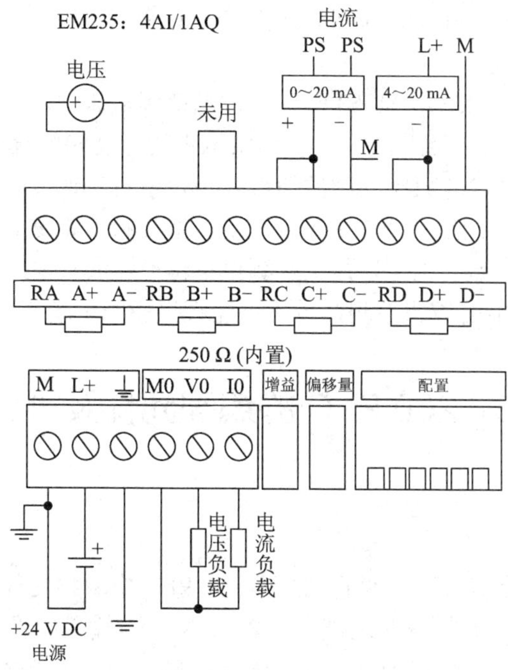

图 2-21　EM235 端子接线图

3. 其他特殊功能模块

(1) 调制解调器 EM241 模块。EM241 是一个支持 V.34 标准(33.6 kb/s)的 10 位调制解调器，作为扩展模块挂在 S7-200 CPU 上。EM241 必须用在模拟的音频电话系统中，可以是公共电话网，也可以是小交换机系统。EM241 上设置了标准的 RJ11 电话接口，通过电话网与 CPU 进行远程通信。EM241 不支持与 11 位调制解调器通信，也不支持数字系统(如 ISDN)。

(2) PROFIBUS-DP　EM277 模块。EM277 是一个支持 PROFIBUS-DP 从站协议的通信扩展模块，必须挂在 S7-200 CPU 后任意扩展槽位中，用于将 S7-200 系统接入 PROFIBUS-DP 网络。S7-200 CPU 可以通过 EM277 PROFIBUS-DP 从站模块连入 PROFIBUS-DP 网，主站可以通过 EM277 对 S7-200 CPU 进行读/写数据。作为 S7-200 的扩展模块，EM277 像其他 I/O 扩展模块一样，通过出厂时就带有的 I/O 总线与 CPU 相连。因为 M277 只能作为从站，所以两个 EM277 之间不能通信。但可以由一台 PC 机作为主站，访问几个联网的 EM277。EM277 通信速率是自适应的，在 S7-200 CPU 中不用做任何关于 PROFIBUS-DP 的配置和编程工作，只需对数据进行处理。

(3) 工业以太网模块 CP243-1。CP243-1 是一种智能以太网通信模块，可用它将 S7-200 系统连接到工业以太网(IE)中。一台 S7-200 可以通过 CP243-1 以太网模块与其他 S7-200、S7-300 或 S7-400 控制器进行通信，也可以通过工业以太网和 STEP7-Micro/WIN 连接，实现 S7-200 系统的远程编程、配置和诊断。CP243-1 以太网模块还可提供与 S7-OPC 的连接。CP243-1 既可以作为客户机(Client)，也可以作为服务器(Server)。一个 CP243-1 可同时与最多 8 个以太网 S7 控制器通信，即建立 8 个 S7 连接。除此之外，还可以同时支持一个 STEP7-Micro/WIN 的编程连接。S7-200 提供两种以太网模块，它们是 CP243-1 和 CP243-1 IT。

CP243-1 IT 除了具有 CP243-1 的功能外，还支持一些 IT 功能，如 FTP(文件传送)、E-mail、HTML 网页等。

(4) 位置控制模块 EM253。EM253 是一款控制范围从微型步进电机到智能伺服驱动器的 S7-200 的扩展模块，能实现步进电机和伺服电机的速度和位置的开环控制。EM253 具有集成脉冲接口能够产生 200 kHz 的脉冲信号，指定位置、速度和方向；集成的定位开关输入能够脱离中央处理单元独立地完成位控任务；既支持 S 曲线，也支持直线；控制系统的测量单位既可以是脉冲数，也可以是工程测量单位；提供多种工模式等特点。EM253 的输出信号 Q 用作位控功能的逻辑控制信号，不能直接驱动现场任何执行控制器件。

2.3　S7-200 PLC 的编程元件及寻址方式

2.3.1　编程元件

编程元件是从编程的角度对存储区进行表述，PLC 中编程元件沿用了传统继电接触控制系统中继电器的称谓，并根据其功能分成输入继电器(输入映像)I、输出继电器(输出映像)Q、中间继电器 M、定时器 T、计数器 C、局部数据 L 和累加器 AC 等，其中 S7-200 PLC 还有全局变量存储器 V、特殊中间继电器 SM、模拟量输入输出 AWI 与 AWQ。虽然编程元件的称谓是继电器，编程应用时比较直观，但实质上它们是 PLC 存储区中的存储单元，是一种“软”器件。

1. 输入继电器(I)

每个输入继电器对应 PLC 输入映像寄存器的一位，也对应一个输入端子，用来接收开关量信号。图 2-22 所示为输入继电器等效示意图，图中与输入继电器 I0.0 所连接的外部信号 SB1 闭合时，I0.0 的线圈带电，它的常开触点闭合，常闭触点打开，这些触点在编程时可以任意使用，使用次数不受限制。输入继电器的线圈只能由外部信号驱动，不能由程序的执行结果驱动。在程序的执行过程中如果用到输入继电器触点，它们的状态是从与之对应的映像寄存器中去读取，而不是直接到端子去读取，这与 PLC 的工作过程有关。在每个扫描周期开始，PLC 依次对各个接触点采样，并把采样结果送入输入映像寄存器。

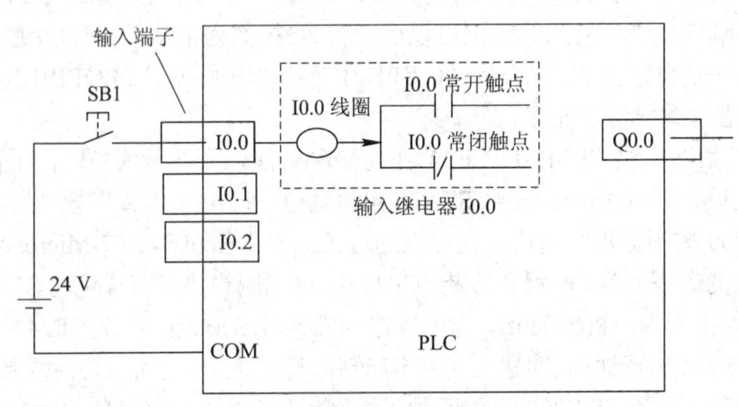

图 2-22　输入继电器等效示意图

S7-200 输入映像寄存器是以字节为单位的寄存器，由于它的每一位对应于一个数字量输入点，即一个输入继电器，因此输入继电器一般按“字节.位”的编址方式来读取继电器的状态，也可以由多个继电器组成字节、字和双字的格式来访问。

2. 输出继电器(Q)

每个输出继电器对应 PLC 输出映像寄存器的一位，也对应一个输出端子，用来把 PLC 程序的执行结果送到输出端，来达到控制外部负载的目的。图 2-23 为输出继电器等效示意图，图中输出继电器 Q0.0 的线圈受程序执行结果的驱动，当 Q0.0 线圈带电，其常开触点闭合，常闭触点打开，这些触点不能驱动外部负载，只能在程序中使用，使用次数没有限制。与输出继电器对应的输出端子中存在一个真正的物理触点，通过这个触点的通断，来接通或断开与这个端子相连接的负载电路。PLC 在执行用户程序的过程中，并不把输出信号随时送到输出节点，而是送到输出映像寄存器，只有到了每个扫描周期的末尾，才将输出映像寄存器的输出信号几乎同时送到各输出点。

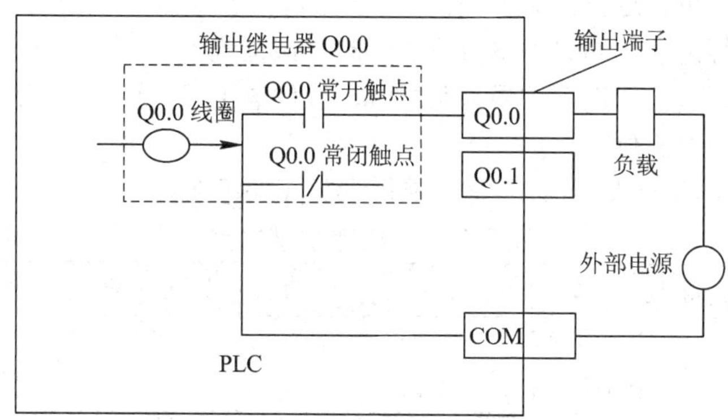

图 2-23　输出继电器等效示意图

S7-200 输出映像寄存器(Q)也是以字节为单位的存储器，它的每一位对应于一个数字输出量点，即一个输出继电器，所以输出继电器也是按“字节.位”的编址方式来读取继电器的状态，也可以由多个继电器组成字节、字和双字的格式来访问。

3. 通用辅助继电器(M)

通用辅助继电器(中间继电器)又称内部位存储器，相当于继电接触控制系统中的中间继电器。通用辅助继电器的线圈的通断电只能根据程序指令执行结果来决定，线圈带电后，其触点动作，触点有无数对可以使用，但其触点不能驱动外部负载。通用辅助继电器与 PLC 位存储区中的寄存器对应，一般按“字节.位”的编址方式来读取继电器的状态，但也能以字节、字、双字为单位使用。中间继电器在程序中常常作为中间变量，也可以定义或组态为标志位。

4. 特殊辅助继电器(SM)

特殊辅助继电器是具有特殊功能或用来存储系统的状态变量和有关控制信息的辅助继电器，特殊辅助继电器能以位、字节、字或双字来存取，常用的特殊存储器的用途如下。

SM0.0：运行监视。SM0.0 始终为“1”状态。当 PLC 运行时可以利用其触点驱动输出继电器，在外部显示程序是否处于运行状态。

SM0.1：初始化脉冲。每当 PLC 的程序开始运行时，SM0.1 线圈接通一个扫描周期，因此 SM0.1 的触点常用于调用初始化程序等。

SM0.2：若永久保持的数据丢失，则该位在程序运行的第一个扫描周期闭合。可用于存储器错误标志位。

SM0.3：开机进入 RUN 时，接通一个扫描周期，可用在起动操作之前，给设备提前预热。

SM0.4、SM0.5：占空比为 50%的时钟脉冲。当 PLC 处于运行状态时，SM0.4 产生周期为 1 min 的时钟脉冲，SM0.5 产生周期为 1 s 的时钟脉冲。若将时钟脉冲信号送入计数器作为计数信号，可起到定时器的作用。

SM0.6：扫描时钟，1 个扫描周期闭合，另一个为 OFF，循环交替。

SM0.7：工作方式开关位置指示，开关放置在 RUN 位置时为 1。

SM1.0：零标志位，运算结果=0 时，该位置 1。

SM1.1：溢出标志位，结果溢出或非法值时，该位置 1。

SM1.2：负数标志位，运算结果为负数时，该位置 1。

SM1.3：被 0 除标志位。

特殊辅助继电器参见表 2-6，具体功能可参见相关手册。

表 2-6　特殊辅助继电器

状态字	功 能 描 述
SMB1	包含了各种潜在的错误提示，可在执行某些指令或执行出错时由系统自动对相应位进行置位或复位
SMB2	在自由接口通信时，自由接口接收字符的缓冲区
SMB3	在自由接口通信时，发现接收到的字符中有奇偶校验错误时，可将 SM3.0 置位
SMB4	标志中断队列是否溢出或通信接口使用状态
SMB5	标志 I/O 系统错误
SMB6	CPU 模块识别(ID)寄存器
SMB7	系统保留
SMB8～SMB21	I/O 模块识别和错误寄存器，按字节对(相邻两个字节)形式存储扩展模块 0～6 的模块类型、I/O 类型、I/O 点数和测得的各模块 I/O 错误
SMW22～SMW26	记录系统扫描时间
SMB28～SMB29	存储 CPU 模块自带的模拟电位器所对应的数字量
SMB30 和 SMB130	SMB30 为自由接口通信时，自由接口 0 的通信方式控制字节：SMB130 为自由接口通信时，自由接口 1 的通信方式控制字节。两字节可读可写
SMB31～SMB32	永久存储器(EEPROM)写控制
SMB34～SMB35	用于存储定时中断的时间间隔
SMB36～SMB65	高速计数器 HSC0、HSC1、HSC2 的监视及控制寄存器

续表

状态字	功 能 描 述
SMB66～SMB85	高速脉冲输出(PTO/PWM)的监视及控制寄存器
SMB86～SMB94 SMB186～SMB194	自由接口通信时，接口 0 或接口 1 接收信息状态寄存器
SMB98～SMB99	标志扩展模块总线错误号
SMB131～SMB165	高速计数器 HSC3、HSC4、HSC5 的监视及控制寄存器
SMB166～SMB194	高速脉冲输出(PTO)包络定义表
SMB200～SMB299	预留给智能扩展模块，保存其状态信息

5. 定时器(T)

定时器类似于继电器接触控制系统中的时间继电器，但它的精度更高，定时精度(时基增量)分为 1 ms、10 ms 和 100 ms 三种。定时器的类型有接通延时、断开延时和保持型通电延时等，每个定时器可提供无数对常开和常闭触点供编程使用。与定时器相关的有两个变量，一个是定时器的位，一个是定时器的当前值(长度为字)。定时器在工作前需要提前输入设定值，工作时当前值从 0 按照一定的时间单位增加，当当前值达到设定值时，定时器的位被置“1”，定时器的触点动作。定时器的当前值和位是通过定时器号(地址)来进行存取的，如图 2-24 所示。定时器的具体用法在指令部分详细介绍。

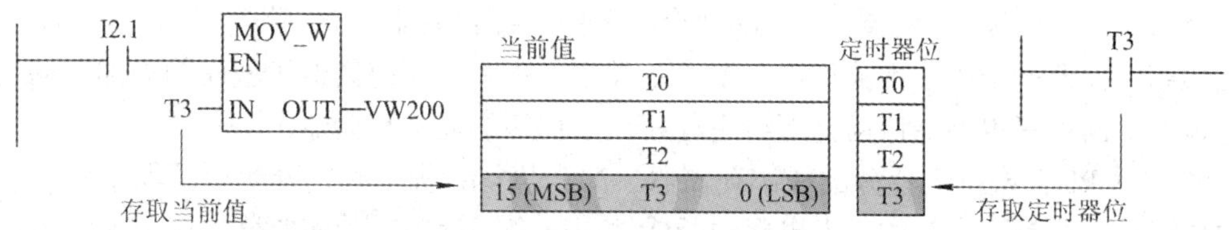

图 2-24　定时器

6. 计数器(C)

计数器用来对脉冲进行计数，计数脉冲的有效沿是脉冲的上升沿，计数的方式有加计数、减计数和加/减计数 3 种方式，每个计数器也可提供无数对常开和常闭触点供编程使用。和定时器一样，与计数器相关的有两个变量，一个是计数器的位，一个是计数器的当前值(长度为字)。计数器在工作前需要提前输入设定值，工作时当前值从 0 按照脉冲上升沿的个数进行累计，当当前值达到设定值时，定时器的位被置“1”，计数器的触点动作。计数器的当前值和位是通过计数器号(地址)来进行存取的，如图 2-25 所示。计数器的具体用法在指令部分详细介绍。

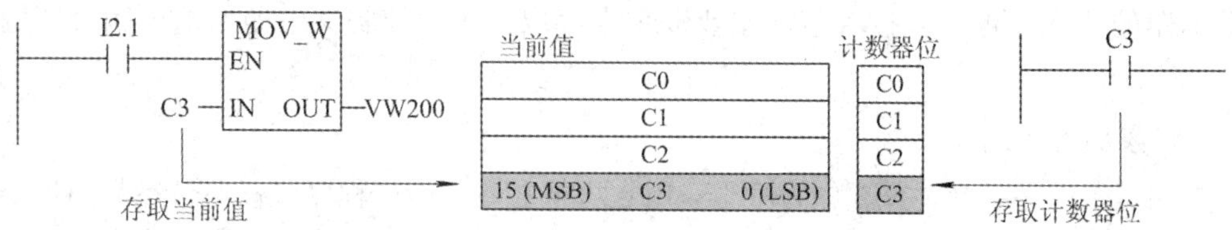

图 2-25　计数器

7. 全局变量存储器(V)

全局变量存储器是 S7-200 独有的存储空间，经常用来保存逻辑操作的中间结果。所有的 V 存储区域都是断电保持的。有时会用 V 区的部分空间存放一些系统参数，这时用户程序就不能再访问那些空间。在 V 区还可以创建数据块 DB。数据块 DB 是用户自定义的变量，存放程序数据信息，可分为共享数据块 DB(可被所有逻辑块公用)或背景数据块 DI(被功能块特定占用)。可以按位、字节、字、双字来存取 V 存储器。

8. 局部变量存储器(L)

局部变量存储器是在块或子程序运行时使用的临时变量。局部变量使用前需要在块或子程序的变量声明表中声明。局部变量为块或子程序提供传送参数和存放中间结果的临时存储空间。块或子程序执行结束后，局部数据存储空间将可以重新分配，用于作为其他块或子程序的临时变量。

S7-200 PLC 有 64 个字节的局部存储器，其中 60 个可以用作暂时存储器或者给子程序传递参数。如果用语句表编程，可以寻址所有的 64 个字节，如果用梯形图或功能块图编程，STEP7-Micro/WIN32 保留这些局部存储器的最后四个字节，因此不要使用局部存储器的最后 4 个字节。

局部存储器和变量存储器很相似，主要区别是变量存储器是全局有效的，而局部存储器是局部有效的。全局是指同一个存储器可以被任何程序存取(例如主程序、子程序或中断程序)；局部是指存储器区和特定的程序相关联。S7-200 PLC 给主程序分配 64 个字节的局部存储器；给每一级子程序嵌套分配 64 个字节的局部存储器；给中断程序也分配 64 个字节的局部存储器；子程序不能访问分配给主程序、中断程序或其他子程序的局部存储器；同样地，中断程序也不能访问分配给主程序或子程序的局部存储器。

S7-200 PLC 根据需要分配局部存储器。即当执行主程序时，分配给子程序或中断程序的局部存储器是不存在的。当出现中断或调用一个子程序时，需要分配局部存储器。新的局部存储器可以重新使用分配给不同子程序或中断程序的相同局部存储器。

局部存储器在分配时 PLC 不进行初始化，初始值可以是任意的。当在主程序调用过程中传递参数时，在被调用子程序的局部存储器中，由 CPU 代替被传递的参数的值。局部存储器在传递参数过程中不接受值，在分配时不被初始化，也没有任何值。

可以按位、字节、字或双字访问局部存储器。可以把局部存储器作为间接寻址的指针，但不能作为间接寻址的存储器区。

9. 顺序控制继电器(S)

顺序控制继电器是使用步进顺序控制指令编程时的重要状态元件，通常与步进指令一起使用以实现顺序功能流程图的编程。顺序控制继电器一般按“字节.位”的编址方式来读取继电器的状态，也可以按字节、字或双字来存取。顺序控制继电器的地址编号范围为 S0.0～S31.7。

10. 累加器(AC)

累加器是程序运行中重要的寄存器，用它可把参数传给子程序或任何带参数的指令和指令块，以及用来存储计算的中间值。此外，PLC 在响应外部或内部的中断请求而调用中断服务程序时，累加器中的数据是不会丢失的，即 PLC 会将其中的内容压入堆栈。但应注意，不能利用累加器进行主程序和中断服务子程序之间的参数传递。CPU 提供了 4 个 32 位累加器(AC0、AC1、AC2、AC3)，可以按字节、字或双字来存取累加器中的数值。按字节、字来存取累加器只能使用存于存储器中数据的低 8 位或低 16 位，按双字来存取累加器可以使用全部 32 位，存取数据的长度由所用指令决定。

11. 高速计数器(HC)

高速计数器与一般计数器不同，一般计数器的计数频率受扫描周期的影响，不能太高，而高速计数器可用来累计比 CPU 的扫描速度更快的频率。高速计数器的当前值是一个双字长(32 位)的整数，且为只读值。高速计数器的地址编号范围根据 CPU 的型号有所不同，CPU221/222 各有 4 个高速计数器，CPU224/226 各有 6 个高速计数器，编号为 HC0～HC5。

12. 模拟量输入寄存器(AI)/模拟量输出(AQ)

S7-200 将实际系统中的模拟量输入值(如温度或电压)转换成 1 个字长(16 位)的数字量，存入模拟量输入映像寄存器区域。可以用区域标识符(AI)、及数据长度(W)及字节的起始地址来存取这些值。在 PLC 内的数字量字长为 16 位，即两个字节，由于模拟输入量为 1 个字长，所以必须用偶数字节地址(如 AIW0、AIW2、AIW4)来存取这些值，模拟量输入值为只读数据。

S7-200 模拟量输出电路用于将模拟量输出映像寄存器区域 1 个字长(16 位)的数字值按比例转换成模拟量输出(如电压或电流)。可以用区域标识符(AQ)、数据长度(W)及起始字节地址来设置这些值。由于模拟输出量为 1 个字长，且从偶数位字节(0、2 或 4)开始，所以必须用偶数字节地址(AQW0、AQW2、AQW4)来设置这些值，用户程序无法读取模拟量输出值。

对模拟量输入/输出是以 2 个字(W)为单位分配地址，每路模拟量输入/输出占用 1 个字(2 个字节)。如有 3 路模拟量输入，需分配 4 个字(AIW0、AIW2、AIW4、AIW6)，其中没有被使用的字 AIW6，不可被占用或分配给后续模块。如果有 1 路模拟量输出，需分配 2 个字(AQW0、AQW2)，其中没有被使用的字 AQW2，不可被占用或分配给后续模块。

模拟量输入/输出的地址编号范围根据 CPU 的型号的不同有所不同，CPU222 为 AIW0～AIW30/AQW0～AQW30；CPU224/226 为 AIW0～AIW62/AQW0～AQW62。

S7-200 内部可编程元件的点数如表 2-7 所示。

表 2-7　S7-200 内部可编程元件总数

编程元件	存取单位	CPU221	CPU222	CPU224/226	CPU226XM	其他存取单位
I	b(位)	0.0～15.7	0.0～15.7	0.0～15.7	0.0～15.7	B、W、D
Q	b(位)	0.0～15.7	0.0～15.7	0.0～15.7	0.0～15.7	B、W、D
M	B(字节)	0～31	0～31	0～31	0～31	b、W、D
SM	B(字节)	0～179	0～299	0～549	0～549	b、W、D
T	b(位)	0～255	0～255	0～255	0～255	
	W(字)	0～255	0～255	0～255	0～255	

续表

编程元件	存取单位	CPU221	CPU222	CPU224/226	CPU226XM	其他存取单位
C	b(位)	0～255	0～255	0～255	0～255	
	W(字)	0～255	0～255	0～255	0～255	
V	B(字节)	0～2047	0～2047	0～5119	0～10239	b、W、D
L	B(字节)	0～63	0～63	0～63	0～255	b、W、D
S	B(字节)	0～31	0～31	0～31	0～31	b、W、D
AC	B(字节)	0～3	0～3	0～3	0～3	W、D
AI	W	—	0～30	0～62	0～62	
AQ	W	—	0～30	0～62	0～62	
HC	D	0, 3, 4, 5	0, 3, 4, 5	0～5	0～5	

2.3.2 寻址方式

1. 数据类型及数据范围

S7-200 支持的数据类型主要有布尔型、字节型、字型、双字型、整型、双整型和实数型等几种。

1) 布尔型(BOOL)

布尔型数据也称为位数据(bit，b)，数据范围只有两个值：0 或 1。例如，I0.0、Q0.1、M0.0、V0.1 等都代表位数据，它们的状态只有 0 和 1 两种。

2) 字节型(Byte)

一个字节(Byte，B)等于 8 位(bit)，其中 0 位为最低位，7 位为最高位，如 IB0(包括 I0.0～I0.7 位)、QB0(包括 Q0.0～Q0.7 位)、MB0、VB0 等。数据范围为 00～FF(十进制的 0～255)。

3) 字型(Word)

相邻的两字节(Byte)组成一个字(Word，W)，来表示一个无符号数，字长为 16 位。例如，MW0 是由 MB0 和 MB1 组成的，其中 M 是存储区域标识符，W 表示字，0 是字的起始字节。需要注意的是，字的起始字节(如上例中的“0”)一般是偶数。字的数据范围为十六进制的 0000～FFFF(即十进制的 0～65536)。在编程时要注意，如果已经用了 MW0，如再用 M0.0 等数据要特别注意它们的关系。

4) 双字型(Double Word)

相邻的两个字(Word)组成一个双字(Double Word，DW)，来表示一个无符号数，双字长为 32 位。如：MD100 是由 MW100 和 MW102 组成的，其中 M 是区域标识符，D 表示双字，100 是双字的起始字节。需要注意的是，双字的起始字节(如上例中的“100”)和字一样，一般是偶数。双字的范围为十六进制的 0～FFFFFFFF(即十进制的 0～4294967295)。

在编程时，如果已经用了 MD100，如再用 MW100 或 MW102 要特别加以注意。字节、字、双字的格式如图 2-26 所示。

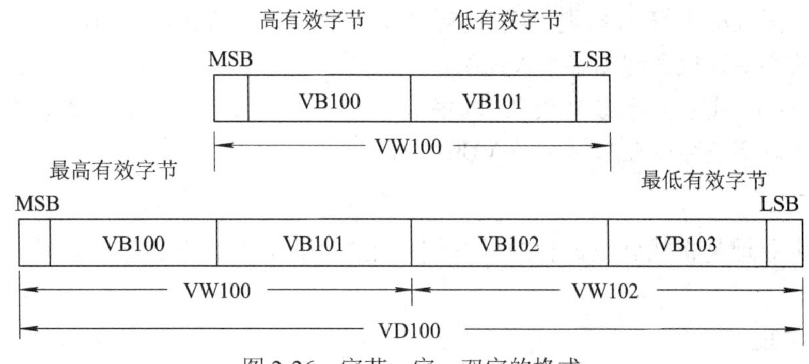

图 2-26　字节、字、双字的格式

5) 16 位整数型(Integer，INT)

整型数据为有符号数，最高位为符号位，1 表示负数，0 表示正数。数据范围为 -32 768～32 767。

6) 32 位整数型(Double Integer，DINT)

32 位整数型和 16 位整数型数据一样，为有符号数，最高位为符号位，1 表示负数，0 表示正数。数据范围为 -2 147 483 648～2 147 483 647。

7) 浮点数型(Real，R)

浮点数型也称为实数型，是一个 32 位数据，可以用来表示小数。可以表示为 $1.m\times2^E$，标准格式的浮点数的最高位为符号位，指数 e=E+127 为 8 位正整数。第 0～22 位是尾数的小数部分 m，第 23～30 位是指数部分 e。在编程软件中，用小数表示浮点数，浮点数的精度相当于 7 位十进制数。浮点数格式如图 2-27 所示。

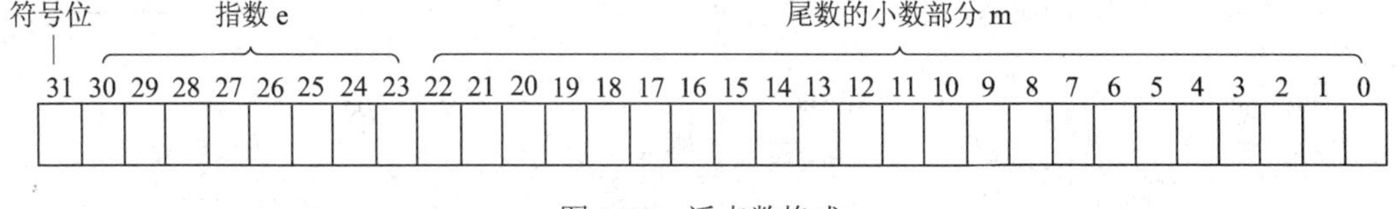

图 2-27　浮点数格式

2. 常数

S7-200 的许多指令中常会使用常数。常数的数据长度可以是字节、字或双字。CPU 以二进制的形式存储常数，书写常数可以用二进制、十进制、十六进制、ASCII 码或实数等多种形式。例如，十进制常数 5678；十六进制常数 F6#9AF2；二进制常数 2#1011 0101 1100 0100；ASCII 码“Show”；实数(浮点数)+1.125 483E−68(正数)、−1.168 341E−46。

3. 编址方式

PLC 访问编程元件时，实质上是访问存储器中的某个存储单元，S7-200 中每个编程元件都有一个固定的存储单元与之对应，存储单元的地址编号是固定的，存储单元的编址方式一般为：区域标志符.数据类型.字节号.位号。

位编址格式：区域标志符.字节号.位号，如 I0.0、Q1.1、M1.5 等。

字节编址格式：区域标志符.数据类型(B).字节号，如 VB100、MB1(MB1.0～MB1.7 组成的 1 个字节)、IB0(I0.0～I0.7 组成的 1 个字节)。

字编址：区域标志符.数据类型(W).字节号，如 VW0(由 VB0 和 VB1 这 2 字节组成的字，最高有效字节存放在起始字节 VB0)。

双字编址：区域标志符.数据类型(D).字节号，如 VD0(由 VB0 到 VB3 这 4 字节组成的双字，最高有效字节存放在起始字节 VB0)

4. 寻址方式

S7-200 中寻址是指找到数据存放的存储单元的地址，根据存取方式一般分为直接寻址和间接寻址。

1) 直接寻址

直接给出数据存储器和数据对象的区域符(I、Q、M、V、T、C 等)及器件的序号对数据进行访问的方式称为数据的直接寻址，即在程序中直接使用编程元件的名称和地址，根据变量名直接获取数据。S7-200 中编程元件的信息存取大多都是直接寻址，根据编程元件的编制方式不同，直接寻址中又可分为位寻址、字节寻址、字寻址和双字寻址等，如图 2-28 所示。

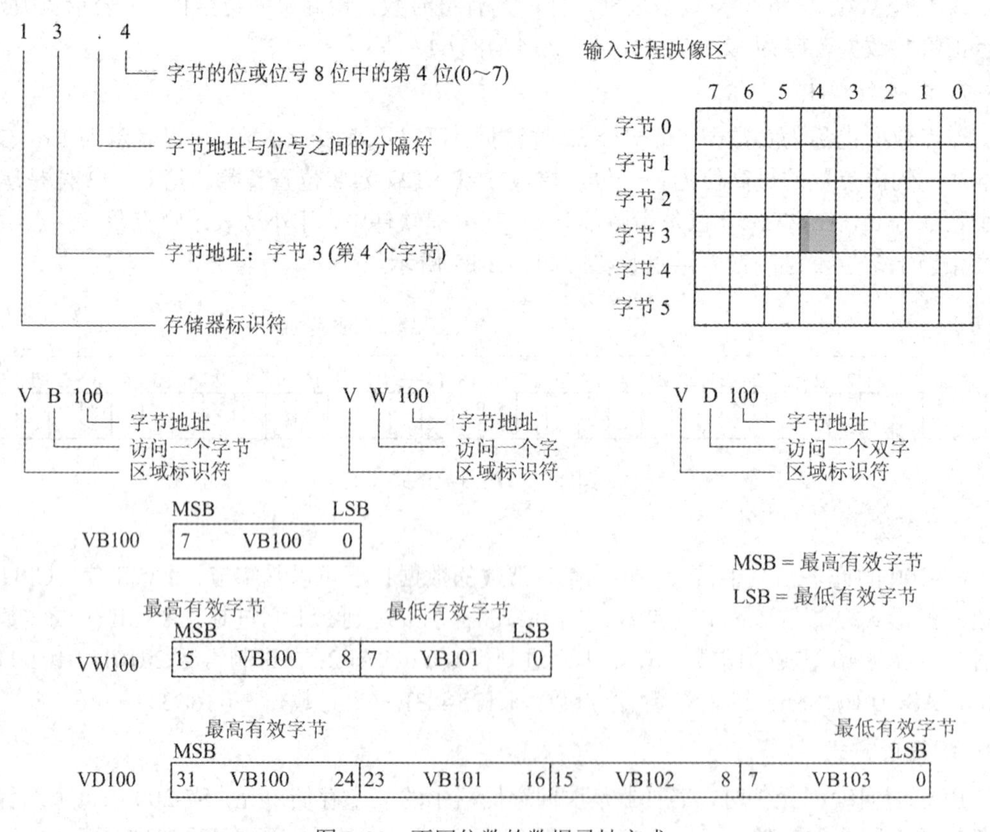

图 2-28　不同位数的数据寻址方式

2) 间接寻址

寻址时不是直接使用编程元件名称和地址，而是在指令中给出地址指针，通过地址指针间接地访问想要访问的数据存储器或者数据对象区，这就是间接寻址。间接寻址方式可寻址的区域有：输入映像存储区 I、输出映像存储区 Q、辅助继电器区 M、全局变量存储区 V、定时器区(当前值)T、计数器区(当前值)C 和数据块 D，对独立的位值和模拟量数据不能进行间接寻址。

间接寻址的过程如下所述。

(1) 建立指针。为了对存储器的某一地址进行间接寻址，需要先为该地址建立指针。指针为双字长，是所要访问的存储单元的 32 位的物理地址，而且只能使用变量存储区(V)、局部存储区(L)或累加器(AC1、AC2、AC3)作为指针。

为了生成指针，必须使用双字传送指令(MOVD)，将存储器某个位置的地址移入另一存储器或累加器作为指针。在 S7-200 中指令的输入操作数必须使用“&”符号表示某一位值的地址，而不是它的值，把从指针处取出的数值传送到指令输出操作数标识的位置。

```
MOVD   &VB100，VD200     将 VB100 的地址装入 VD200，VD200 中存放的是指针。
MOVD   &MB10，AC2        将 MB10 的地址装入 AC2，AC2 中存放的是指针。
MOVD   &VW100，AC1       将 VW100 的地址装入 AC1，AC1 中存放的是指针。
```

(2) 使用指针来存取数据。在操作数前面加“*”号来表示该操作数为一个指针。如图 2-29 所示，AC1 为一个字长的指针，存放 VW200 的起始地址。AC1 作为指针指向的数据，取出后存放在 AC0 中。

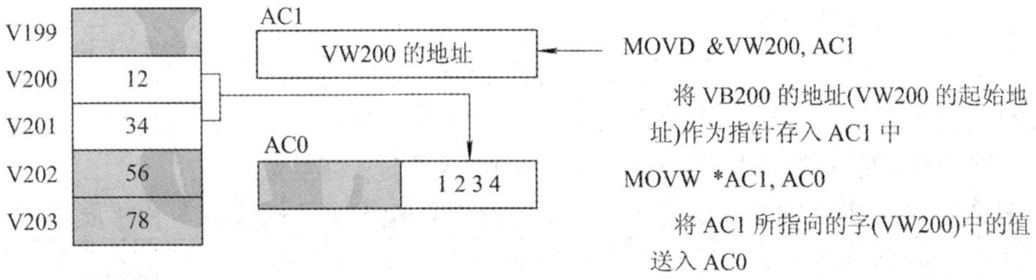

图 2-29　使用指针间接寻址

(3) 修改指针。进行连续数据的存取时，可以改变指针的值，方便地存取相邻的数据。由于指针为 32 位的值，所以使用双字指令来修改指针值。简单的数学运算指令，如加法或自增指令，可用于修改指针值。修改指针时要注意调整存取的数据的长度：当存取字节时，指针值最少加 1；当存取一个字、定时器或计数器的当前值时，指针值最少加 2；当存取双字时，指针值最少加 4，如图 2-30 所示。

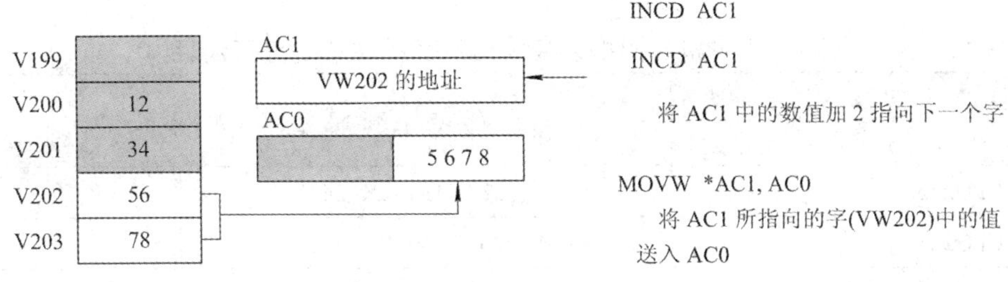

图 2-30　修改指针间接寻址

2.3.3　扩展模块的寻址

S7-200 PLC 中 CPU 22X 系列的每种主机单元所提供的数字量或模拟量本机 I/O 点的 I/O 地址是固定的，如果需要 I/O 扩展时，可以在主机单元右边连接多个扩展模块，每个扩展模块的组态地址编号取决于各模块的类型和该模块在 I/O 链中所处的位置。编址时同种类型输入或输出点的模块在链中按与主机的位置从左向右，数字量模块以 1 个字节递增，模拟量模块以 4 个字节递增。

1. 输入/输出接点的扩展规则

(1) 基本模块所连接的扩展模块数量不能超过其所允许连接的扩展模块数。

(2) 连接的所有扩展模块消耗的总电流不能超过基本模块在直流 5V 下提供的最大扩展电流。

(3) 扩展后总的输入/输出接点数不能超出基本模块输入/输出映像寄存器的寻址范围。输入/输出模块按照安装的顺序进行顺序编址。

(4) 数字量输入/输出模块必须按照字节进行编址，即按 8 点来分配地址。即使有些模块的端子数不够 8 点，但仍以 8 点来分配地址。如 4 输入/4 输出模块也要占用 8 点输入和 8 点输出地址，而未占用的地址不能分配给后续扩展模块。

(5) 模拟量输入/输出模块则按照字进行编址，以 2 点或 2 个通道(2 个字)递增方式来分配空间，本模块中未使用的通道地址不能被后续的同类模块继续使用，后续的地址排序必须从新的 2 个字以后的地址开始。

表 2-8 为 S7-200 CPU22X 系列 PLC 主机单元能扩展的模块数量和扩展点数。主机电源提供的最大电流和扩展模块电流消耗参见表 2-9(DC 5V 电源为主机和扩展模块提供工作电源，扩展模块通过总线连接器与主机相连获取所需的工作电源)。

表 2-8　S7-200 CPU22X 系列 PLC 主机单元能扩展的模块数量和扩展点数

主机单元	最多扩展模块数	I/O 映像寄存器数量	最大扩展电流	开关量最大扩展数
CPU221	0	开关量：256，模拟量：无	0	无
CPU222	2	开关量：256，模拟量：16 入/16 出	340 mA	78 个输入/输出(I/O)接点
CPU224	7	开关量：256，模拟量：32 入/32 出	660 mA	168 个输入/输出(I/O)接点
CPU226	7	开关量：256，模拟量：32 入/32 出	1000 mA	248 个输入/输出(I/O)接点
CPU226MX	7	开关量：256，模拟量：32 入/32 出	1000 mA	248 个输入/输出(I/O)接点

表 2-9　主机电源提供最大电流和扩展模块电流消耗

CPU22X 提供的 DC 5 V 电源的最大电流/mA		扩展模块对 DC 5 V 电源的电流消耗/mA	
CPU222	340	EM 221 DI16×DC 24 V	70
CPU224	660	EM 222 DO4×DC 24 V/5 A	40
CPU226	1000	EM 222 DO4×继电器/10 A	30

续表

CPU22X 提供的 DC 5 V 电源的最大电流/mA		扩展模块对 DC 5 V 电源的电流消耗/mA	
CPU226	1000	EM 222 DO8×DC 24 V	50
		EM 222 DO8×继电器	40
		EM222 DO8×AC 120 V/230 V	110
		EM 223 DC 24 V 4 输入/4 输出	40
		EM 223 DC 24 V 8 输入/8 输出	80
		EM 223 DC 24 V 16 输入/16 输出	160
		EM 223 DC 24 V 16 输入/16 继电器	150
		EM 223 DC 24 V 32 输入/32 输出	240
		EM 223 DC 24 V 32 输入/32 继电器	205
		EM 231 模拟量输入，4 输入	20
		EM 232 模拟量输出，2 输出	20
		EM 235 模拟量组合，4 输入/1 输出	30
		EM 277 PROFIBUS-DP	150

2. S7-200 输入/输出接点扩展实例

某控制系统基本单元模块采用 CPU224，系统所需的输入输出点数各为：数字量输入 24 点、数字量输出 20 点、模拟量输入 6 点、模拟量输出 2 点，选择合适的扩展模块，写出各模块的输入/输出地址分配表。

本系统可有多种不同模块的选取组合，如果按照图 2-31 所示进行扩展模块配置和连接，则系统输入/输出地址分配表见表 2-10。主机模块 14 点输入，占用输入映像寄存器的 2 个字节，地址 I0.0～I1.5，10 点输出占用输出寄存器的 2 个字节，地址 Q0.0～Q1.1，其中没有用到的位地址是 I1.6～I1.7 和 Q1.2～Q1.7，它们不能分配给后续扩展模块。模块 1 为 8 点数字量扩展输入模块，8 个输入点占用输入映像寄存器的第 3 个字节 IB2，地址 I2.0～I2.7。模块 2 为 8 点数字量扩展输出模块，8 个输出点占用输出映像寄存器的第 3 个字节 QB2，地址 Q2.0～Q2.7。模块 3 为模拟量输入/输出扩展模块，4 个模拟量输入通道，地址为 AIW0、AIW2、AIW4、AIW6，1 个模拟量输出通道，地址为 AQW0(输出只占用了 1 个通道，该组输出还剩余 1 各通道 AQW2 则不能分配给后续扩展模块)。模块 4 为数字量输入/输出扩展模块，4 点输入，地址为 I3.0～I3.3，4 点输出，地址为 Q3.0～Q3.3，本模块没有使用的地址 I3.4～I3.7 和 Q3.4～Q3.7 不能分配给后续模块。模块 5 也是一个模拟量输入/输出扩展模块，4 个模拟量输入通道，地址为 AIW8、AIW10、AIW12、AIW14，1 个模拟量输出通道，地址为 AQW4。

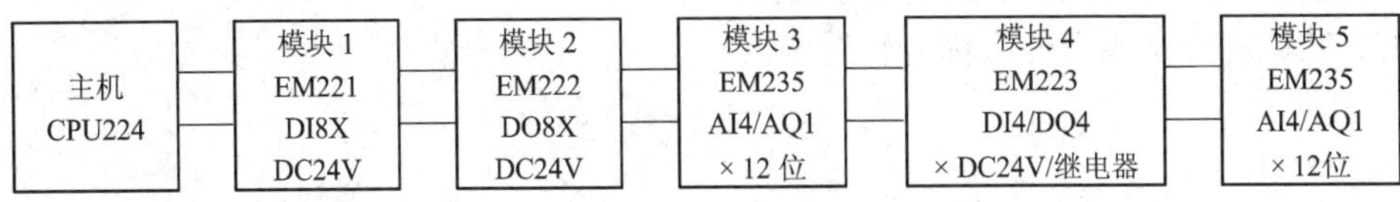

图 2-31　扩展模块位置

表 2-10　输入/输出地址分配表

主机 I/O	模块 1 I/O	模块 2 I/O	模块 3 I/O	模块 4 I/O	模块 5 I/O
I0.0　Q0.0	I2.0	Q2.0	AIW0 AQW0	I3.0　Q3.0	AIW8 AQW4
I0.1　Q0.1	I2.1	Q2.1	AIW2	I3.1　Q3.1	AIW10
I0.2　Q0.2	I2.2	Q2.2	AIW4	I3.2　Q3.2	AIW12
I0.3　Q0.3	I2.3	Q2.3	AIW6	I3.3　Q3.3	AIW14
I0.4　Q0.4	I2.4	Q2.4			
I0.5　Q0.5	I2.5	Q2.5			
I0.6　Q0.6	I2.6	Q2.6			
I0.7　Q0.7	I2.7	Q2.7			
I1.0　Q1.0					
I1.1　Q1.1					
I1.2					
I1.3					
I1.4					
I1.5					

CPU224 的负载能力校验：CPU224 的负载能力 660 mA > [30 mA(EM221) + 50 mA(EM222) + 40 mA(EM223) + 30 mA(EM235) + 30 mA(EM235)] = 180 mA。校验合格。

练　习　题

1. S7-200 系列 PLC 有哪些编址方式？
2. S7-200 系列 CPU224 PLC 有哪些寻址方式？
3. S7-200 系列 PLC 的硬件结构是什么？
4. CPU224 PLC 有哪几种工作方式？
5. CPU224 PLC 有哪些编程元件，它们的作用是什么？
6. 常见的扩展模块有几类？扩展模块的具体作用是什么？
7. PLC 需要几个外电源？说明各自的作用？
8. 简述 S7-200 PLC 系统的基本组成。
9. CPU224 基本模块能带扩展模块的数量是多少？总结扩展模块的编址规律。
10. 一个 PLC 控制系统需要数字量输入 44 点，数字量输出 30 点，8 路模拟量输入，6 路模拟量输出，如果分别用 CPU224XP 和 CPU226 为主机单元，请给出系统配置方案并进行地址分配。
11. 叙述间接寻址的步骤，并举例说明。
12. PLC 内部资源为什么称为软继电器？

第 3 章　S7-200 PLC 编程工具

3.1　STEP7-Micro/WIN 编程系统概述

STEP7-Micro/WIN 是 SIEMENS 公司专为 SIMATIC 系列 S7-200 研制开发的编程软件，它是基于 Windows 平台的应用软件，是西门子 PLC 用户不可缺少的开发工具。STEP7-Micro/WIN 可以使用个人计算机作为图形编辑器，用于联机或脱机开发用户程序，并可在线实时监控用户程序的执行状态。目前 STEP7-Micro/WIN 编程软件已经升级到了 4.0 版本，本书将以该版本的中文版为编程环境进行介绍。

3.1.1　系统硬件连接

为了实现 S7-200 PLC 与计算机之间的通信，西门子公司为用户提供了两种硬件连接方式：一种是通过 PC/PPI 电缆或 PPI 多主站电缆直接连接，其价格便宜，用得最多；另一种是通过个人计算机中的通信处理器(CP 卡)和 MPI(多点接口)电缆同 PLC 进行通信连接。

典型的单主机与 PLC 直接连接如图 3-1 所示，它不需要其他的硬件设备，方法是把 PC/PPI 电缆的 PC 端连接到计算机的 RS232 通信口(一般是 COM1)，把 PC/PPI 电缆的 PPI 端连接到 PLC 的 RS485 通信口即可。

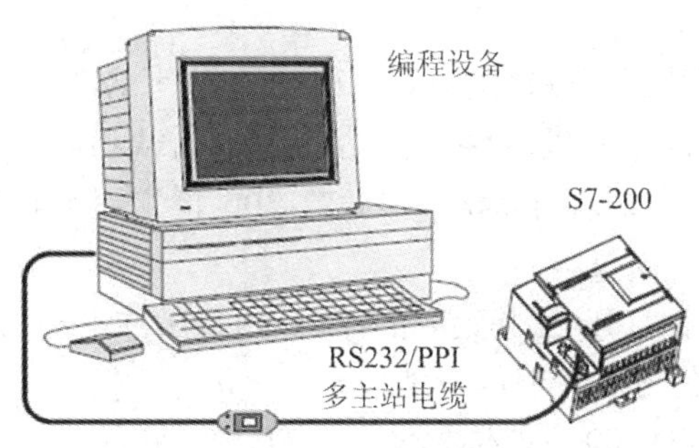

图 3-1　典型的单主机与 PLC 直接连接

注意：若采用笔记本电脑进行通信连接时，通信口一般是 USB 形式，需要采用 USB/PPI 电缆，并且在电脑“设备管理器”中，查找相应的 COM 端口号。

3.1.2　PLC 编程软件的安装

1. 系统要求

STEP7-Micro/WIN 软件安装包是基于 Windows 的应用软件，4.0 版本的软件安装与运行需要 Windows 2000/SP3 或 Windows XP 操作系统。目前 SP9 的软件包已经完全能够支持 WIN7 操作系统的运行要求。

2. 软件安装

STEP7-Micro/WIN 软件的安装很简单，关闭 PC 中的所有应用程序，并将光盘插入光盘驱动器系统自动进入安装向导(或在光盘目录里双击 setup，则进入安装向导)，按照安装向导完成软件的安装。软件程序安装路径可使用默认子目录，也可以点击“浏览”按钮，在弹出的对话框中任意选择或新建一个新子目录。

首次运行 STEP7-Micro/WIN 软件时系统默认语言为英语，可根据需要修改编程语言。如将英语改为中文，其具体操作如下：运行 STEP7-Micro/WIN 编程软件，在主界面执行菜单 Tools→Options→General 选项，然后在弹出的对话框中选择 Chinese 即可将英语改为中文，再次起动该软件后中文环境立即生效。

3.2 STEP7-Micro/WIN 软件介绍

3.2.1 软件的基本功能

STEP7-Micro/WIN 的基本功能可以简单地概括为：通过 Windows 平台用户自己编制应用程序。它的功能可以总结如下：

(1) STEP7-Micro/WIN 是在 Windows 平台上运行的 SIMATIC S7-200 PLC 编程软件，简单、易学，能够解决复杂的自动化任务。

(2) 适用于所有 SIMATIC S7-200 PLC 机型的软件编程。

(3) 支持梯形图(LAD)、指令表(STL)和功能块图(FBD)等三种编程语言，可以在三者之间随时切换。

(4) 具有密码保护功能。可以通过设置密码来限制对 S7-200 CPU 内容的访问。

(5) STEP7-Micro/WIN 提供软件工具帮助用户调试和测试程序。这些特征包括：监视 S7-200 正在执行的用户程序状态；为 S7-200 指定运行程序的扫描次数；强制变量值等。

(6) 指令向导功能包括：PID 自整定界面；PLC 内置脉冲串输出(PTO)和脉宽调制(PWM)指令向导；数据记录向导；配方向导。

(7) 支持 TD 200 和 TD 200C 文本显示界面(TD 200 向导)。

除此之外，该软件还具有运动控制、PID 自整定等其他功能。软件的功能的实现可以在联机工作方式(在线方式)下进行，部分功能的实现也可以在脱机工作方式(离线方式)下进行。

在线与离线的主要区别是：

(1) 联机方式下可直接针对相连的 PLC 设备进行操作，如上传和下载用户程序和组态数据等。

(2) 离线方式下不直接与 PLC 设备联系，所有程序和参数都暂时存放在计算机硬盘文件里，待联机后再下载到 PLC 设备中。

3.2.2　项目及其组件

西门子公司的 STEP7-Micro/WIN 把每个实际的 S7-200 系统的用户程序、系统设置等内容保存在一个项目(Project)文件中，扩展名为.mwp。用户打开具有该扩展名的文件亦即打开了相应的工程项目。

起动 STEP7-Micro/WIN V4.0 编程软件，其主界面外观如图 3-2 所示。主界面一般可以分为以下几个部分：菜单栏、工具栏、浏览栏、指令树、用户窗口、输出窗口和状态条。除菜单条外，用户可以根据需要通过查看菜单和窗口菜单决定其他窗口的取舍和样式的设置。

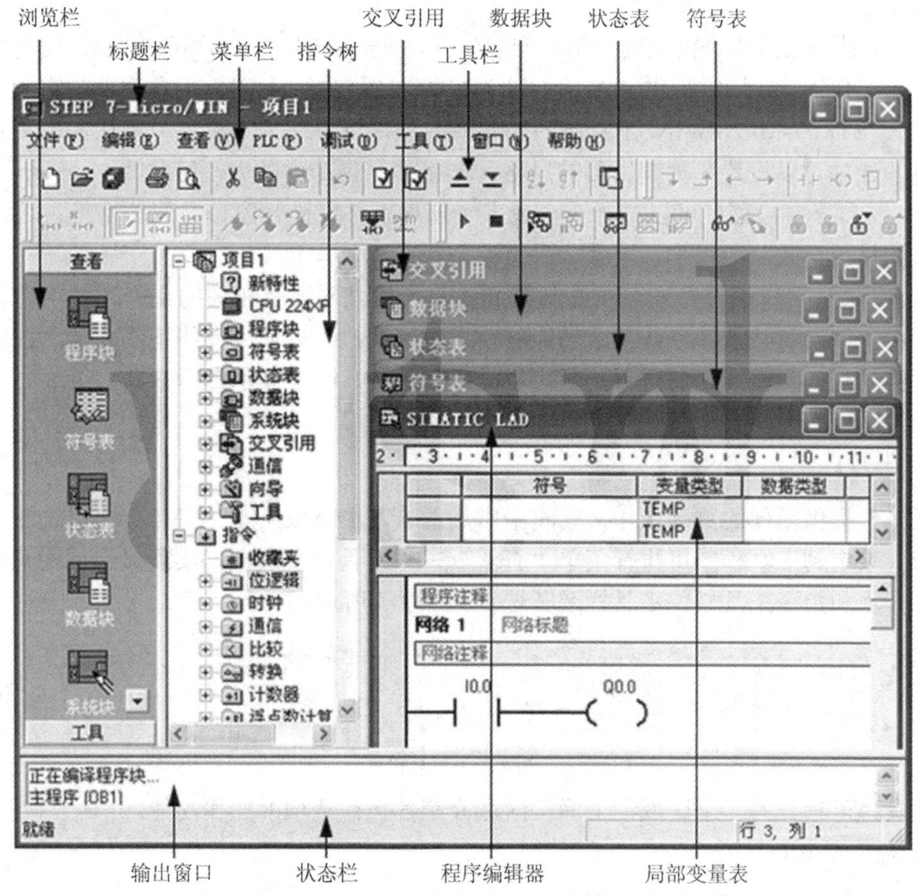

图 3-2　STEP7-Micro/WIN V4.0 软件主界面

1. 菜单栏

菜单栏包括文件、编辑、查看、PLC、调试、工具、窗口、帮助 8 个主菜单项。

为了便于读者充分了解编程软件功能，更好完成用户程序开发任务，下面介绍编程软件主界面各主菜单的功能及其选项内容如下：

(1) 文件。文件下拉菜单包括新建、打开、关闭、保存、另存、导出、导入、上传、下载、打印预览、页面设置等操作，可以实现对文件的操作。

(2) 编辑。编辑下拉菜单包括撤销、剪切、复制、粘贴、全选、插入、删除、查找、替换等功能操作，与字处理软件 Word 相类似，主要用于程序编辑工具。

(3) 查看。查看菜单用于设置软件的开发环境，功能包括：选择不同的程序编辑器 LAD、STL、FBD；可以进行数据块、符号表、状态图表、系统块、交叉引用、通信参数的设置；可以选择程序注解、网络注解显示与否；可以选择浏览条、指令树及输出窗口的显示与否；可以对程序块的属进行设置等。

(4) PLC。PLC 菜单主要用于与 PLC 联机时的操作，包括 PLC 类型的选择、PLC 的工作方式、进行在线编译、清除 PLC 程序、显示 PLC 信息等功能。

(5) 调试。调试菜单用于联机时的动态调试，有单次扫描、多次扫描、程序状态等功能。

(6) 工具。工具菜单提供复杂指令向导(PID、NETR/NETW、HSC 指令)，使复杂指令编程时的工作简化，同时提供文本显示器 TD200 设置向导。另外，工具菜单的定制子菜单可以更改 STEP7-Micro/WIN 工具条的外观或内容，以及在工具菜单中增加常用工具。工具菜单的选项可以设置 3 种编辑器的风格，如字体、指令盒的大小等样式。

(7) 窗口。窗口菜单可以打开一个或多个窗口，并可进行窗口之间的切换；还可以设置窗口的排放形式，如水平、层叠、垂直。

(8) 帮助。可以通过帮助菜单的目录和索引了解几乎所有相关的使用帮助信息。在编程过程中，如果对某条指令或某个功能的使用有疑问，可以使用在线帮助功能，在软件操作过程中的任何步骤或任何位置，都可以按键盘上 F1 键来显示在线帮助，大大方便了用户的使用。

2. 工具栏

工具栏提供简便的鼠标操作，它将最常用的 STEP7-Micro/WIN V4.0 编程软件操作以按钮形式设定到工具栏。可执行菜单“查看”→“工具栏”选项，实现显示或隐藏标准、调试、公用和指令工具栏。工具栏及其选项如图 3-3 所示。

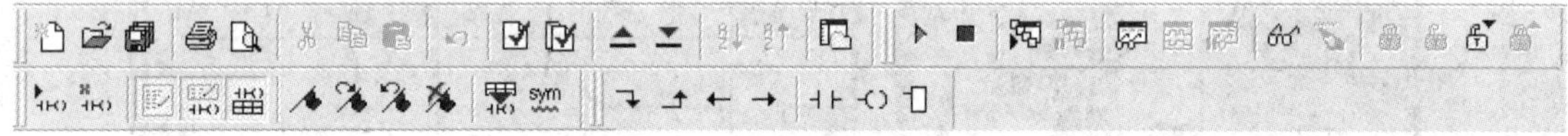

图 3-3　工具栏

工具栏可划分为 4 个区域，下面按区域介绍各按钮选项的操作功能。

1) 标准工具栏

标准工具栏各快捷按钮选项如图 3-4 所示。

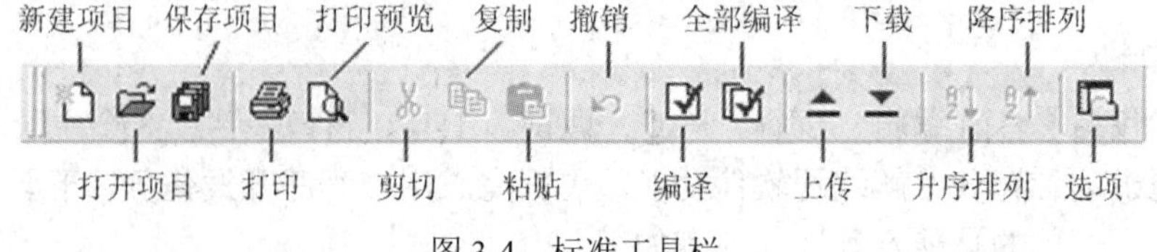

图 3-4　标准工具栏

2) 调试工具栏

调试工具栏各快捷按钮选项如图 3-5 所示。

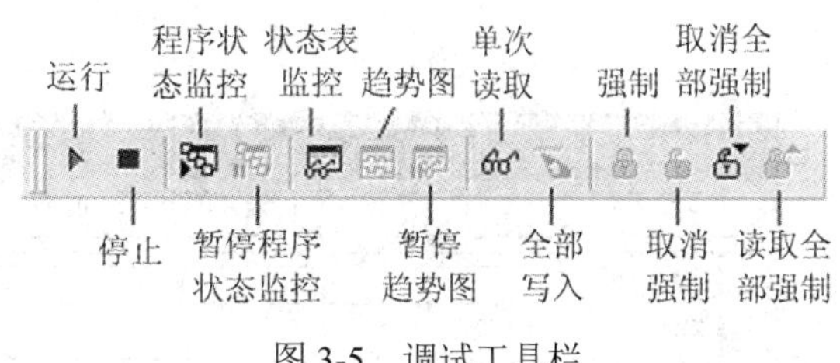

图 3-5　调试工具栏

3) 公用工具栏

公用工具栏各快捷按钮选项如图 3-6 所示。

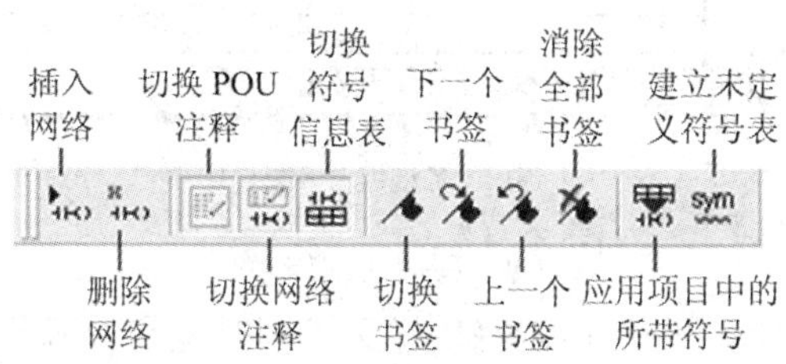

图 3-6　公用工具栏

4) 指令工具栏

指令工具栏各快捷按钮选项如图 3-7 所示。

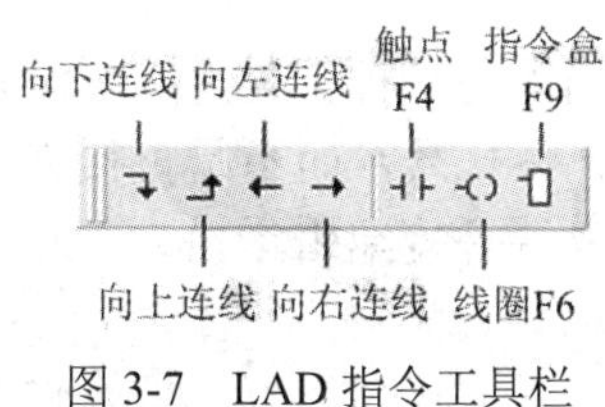

图 3-7　LAD 指令工具栏

注意：如果用户根据个人习惯很大程度上更改了软件的界面，却无法恢复到软件的初始安装界面时，可以选择菜单项“查看”→“工具栏”→“全部还原”即可解决该问题。

3. 指令树

指令树以树形结构提供项目对象和当前编辑器的所有指令。双击指令树中的指令符，能自动在梯形图显示区光标位置插入所选的梯形图指令。项目对象的操作可以双击项目选项文件夹，然后双击打开需要的配置页。指令树可用执行菜单“查看”→“指令树”选项来选择是否打开。

4. 浏览栏

浏览栏可为编程提供按钮控制的快速窗口切换功能。单击浏览栏的任意选项按钮，则主窗口切换成此按钮对应的窗口。浏览栏可划分为 8 个窗口组件，下面按窗口组件介绍各窗口按钮选项的操作功能。

1) 程序块

程序块用于完成程序的编辑以及相关注释。程序包括主程序(MAIN)、子程序(SBR)和中断程序(INT)。单击浏览栏的“程序块”按钮，进入程序块编辑窗口。程序块编辑窗口如图 3-8 所示。

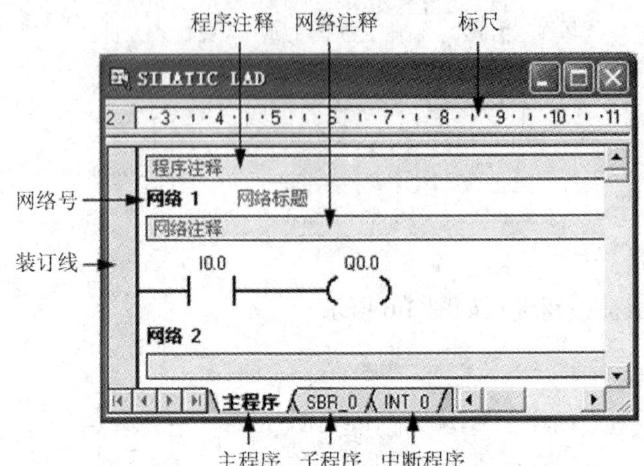

图 3-8　程序块编辑窗口

梯形图编辑器中的“网络 n”标志每个梯级，同时也是标题栏，可在网络标题文本框键入标题，为本梯级加注标题。还可在程序注释和网络注释文本框键入必要的注释说明，使程序清晰易读。

如果需要编辑 SBR(子程序)或 INT(中断程序)，可以用编辑窗口底部的选项卡切换。

2) 符号表

符号表是允许用户使用符号编址的一种工具。实际编程时为了增加程序的可读性，可用带有实际含义的符号作为编程元件代号，而不是直接使用元件在主机中的直接地址。单击浏览栏的“符号表”按钮，进入符号表编辑窗口。

3) 状态表

状态表用于联机调试时监控各变量的值和状态。在 PLC 运行方式下，可以打开状态表窗口，在程序扫描执行时，能够连续、自动地更新状态表的数值和状态。单击浏览栏的“状态表”按钮，进入状态表编辑窗口。

4) 数据块

数据块用于设置和修改变量存储区内各种类型存储区的一个或多个变量值，并加注必要的注释说明，下载后可以使用状态表监控存储区的数据。可以使用下列之一方法访问数据块：

(1) 单击浏览条的“数据块”按钮。

(2) 执行菜单“查看”→“组件”→“数据块”。

(3) 双击指令树的“数据块”，然后双击用户定义 1 图标。

5) 系统块

系统块可配置 S7-200 用于 CPU 的参数，使用下列方法能够查看和编辑系统块，设置 CPU 参数。可以使用下面之一方式进入“系统块”编辑：

(1) 单击浏览栏的“系统块”按钮。

(2) 执行菜单“查看”→“组件”→“系统块”。

(3) 双击指令树中的“系统块”文件夹，然后双击打开需要的配置页。

系统块的配置包括数字量输入滤波，模拟量输入滤波，脉冲截取(捕捉)，数字输出表，通信端口，密码设置、保持范围，背景时间等。在完成系统块的内容设定后，必须将系统块的修改信息下载到 PLC，为 PLC 提供新的系统配置。当项目的 CPU 类型和版本能够支持特定选项时，这些系统块配置选项将被启用。系统块编辑窗口如图 3-9 所示。

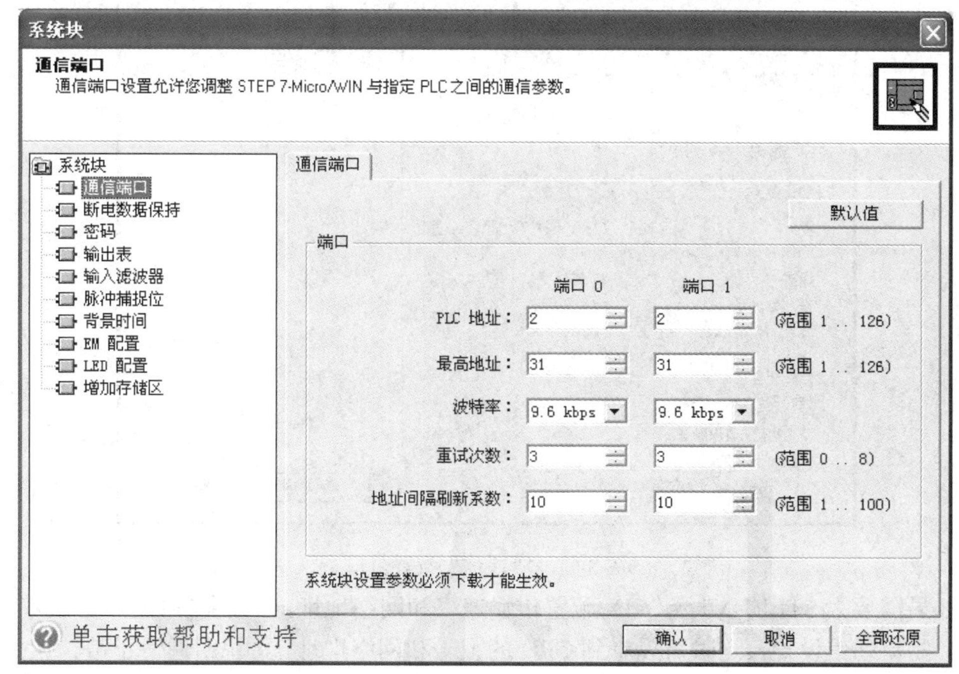

图 3-9　系统块编辑窗口

6) 交叉引用

交叉引用提供用户程序所用的 PLC 信息资源，包括 3 个方面的引用信息，即交叉引用信息、字节使用情况信息和位使用情况信息，使编程所用的 PLC 资源一目了然。交叉引用及用法信息不会下载到 PLC。单击浏览栏“交叉引用”按钮，进入交叉引用编辑窗口。“交叉引用”编辑窗口如图 3-10 所示。

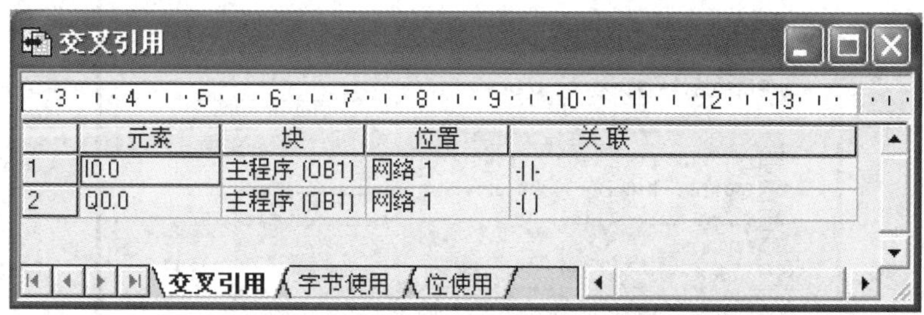

图 3-10　“交叉引用”编辑窗口

7) 通信

网络地址是用户为网络上每台设备指定的一个独特号码。该独特的网络地址确保将数据传送至正确的设备，并从正确的设备检索数据。S7-200 PLC 支持 0 至 126 的网络地址。

数据在网络中的传送速度称为波特率。波特率测量在某一特定时间内传送的数据量。

S7-200 CPU 的默认传输速率为 9.6 kb/s，默认网络地址为 2。单击浏览栏的“通信”按钮，进入通信设置窗口。“通信”设置窗口如图 3-11 所示。

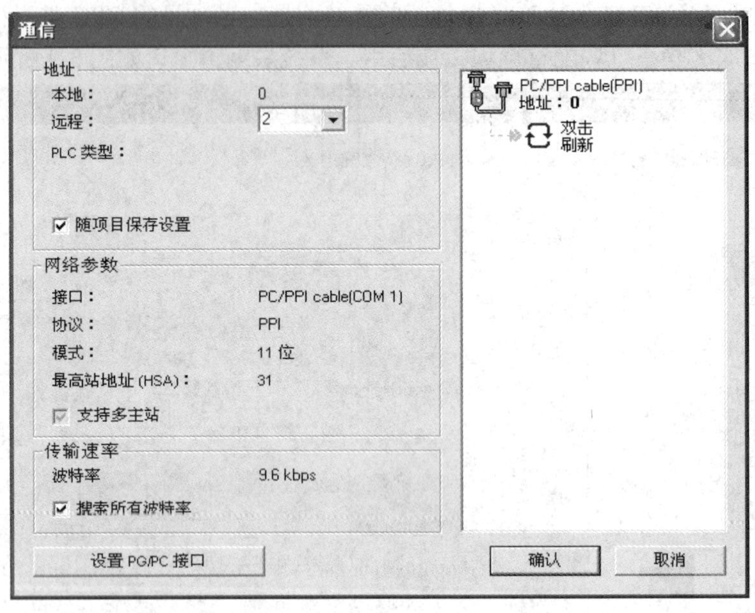

图 3-11　“通信”设置窗口

如果需要为 STEP7-Micro/WIN 配置传输速率和网络地址，在设置参数后，必须双击图标，刷新通信设置，这时可以看到 CPU 的型号和网络地址 2，说明通信正常。

8) 设置 PG/PC

单击浏览栏的“设置 PG/PC 接口”按钮，进入 PG/PC 接口参数设置窗口，“设置 PG/PC 接口”窗口如图 3-12 所示。单击“Properties”按钮，可以进行地址及通信速率的配置。

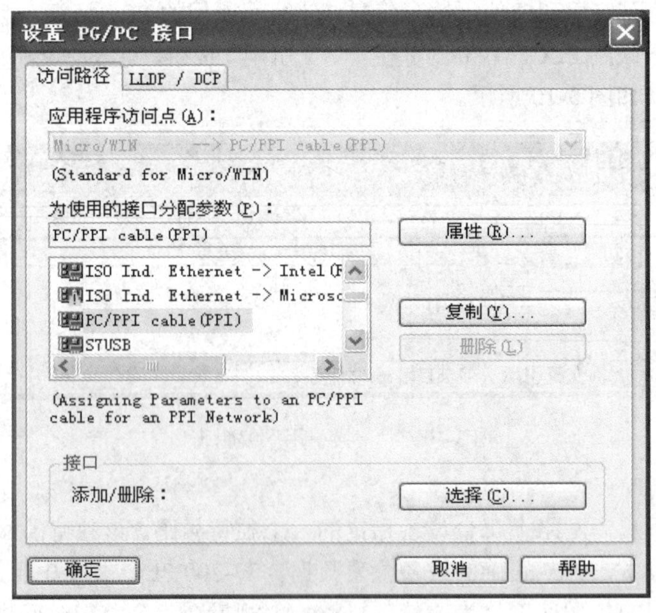

图 3-12　“设置 PG/PC 接口”窗口

3.3　程序编辑、调试及运行

在前面内容中，主要介绍了 STEP7-Micro/WIN 的软件界面，下面将对工程项目的程序输入、运行及调试过程进行详细的说明。

3.3.1　建立项目文件

1. 创建新项目文件

方法 1：可用菜单命令文件中的“新建”按钮。

方法 2：可用工具条中的“新建”按钮来完成。

系统默认新项目文件名为项目 1，可以通过工具栏中的“保存”按钮保存并重新命名。每一个项目文件包括的基本组件有程序块、数据块、系统块、符号表、状态图表、交叉引用及通信。其中，程序块中包括 1 个主程序、1 个子程序(SBR_0)和 1 个中断程序(INT_0)。

2. 打开已有的项目文件

方法 1：可用菜单命令文件中的“打开”按钮。

方法 2：可用工具条中的“打开”按钮。

方法 3：利用 Windows 资源管理器，选择并双击打开扩展名为.mwp 的文件。

3. 确定 PLC 类型

在对 PLC 编程之前，应正确地设置其型号，以防创建程序时发生编辑错误。如果指定了型号，则指令树用红色标记“ ”表示对当前选择的 PLC 无效的指令。设置与读取 PLC 的型号有两种方法：

(1) 执行菜单“PLC”→“类型”选项，在出现的如图 3-13 所示的对话框中选择 PLC 型号和 CPU 版本。

(2) 双击指令树中的“项目 1”，然后双击 PLC 型号和 CPU 版本选项，在弹出的如图 3-13 所示的对话框中进行设置。

如果已经成功地建立通信连接，则单击“PLC 类型”对话框中的“读取 PLC”按钮，STEP7-Micro/WIN 可以在线读取 PLC 的类型与硬件版本号，单击“确定”，确认 PLC 类型的选择。

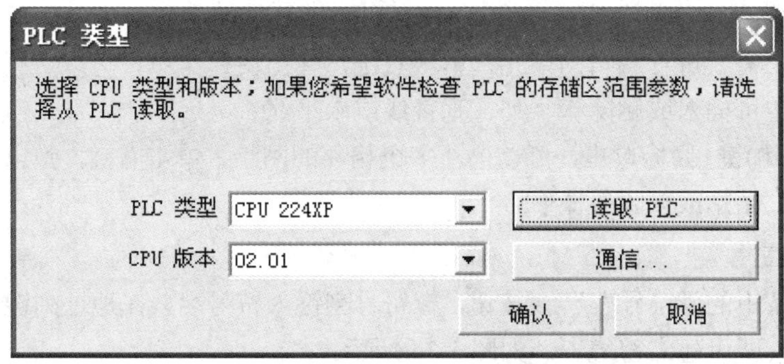

图 3-13　“PLC 类型”对话框

3.3.2　编辑程序文件

1. 选择指令集和编辑器

S7-200 系列 PLC 支持的指令集有 SIMATIC 和 IEC1131-3 两种。本教材用 SIMATIC 编程模式，方法如下：选择菜单命令“工具”→“选项”→“常规”选项中的“常规”标签，编程模式选“SIMATIC”，单击“确定”。

采用 SIMATIC 指令编写的程序可以使用 LAD(梯形图)、STL(语句表)、FBD(功能块图)三种编辑器，常用 LAD 或 STL 编程。选择编辑器的方法为：选择菜单命令“查看”→“LAD”或“STL”。

2. 在梯形图中输入指令

1) 编程元件的输入

编程元件包括线圈、触点、指令盒和导线等。梯形图中每个网络必须从触点开始，以线圈或没有 ENO 输出的指令盒结束。编程元件可以通过工具按钮、指令树、快捷键等方法输入。

(1) 将光标放在需要的位置上，单击工具条中的元件(触点、线圈或指令盒)按钮，从下拉菜单所列出的元件中选择要输入的元件即可。

(2) 将光标放在需要的位置上，在指令树窗口所列的一系列元件中，双击要输入的元件即可。

(3) 将光标放在需要的位置上，在指令树窗口所列的一系列元件中，拖动要输入的元件放到目的地即可。

(4) 使用功能键 F4(触点)、F6(线圈)、F9(指令盒)，从下拉菜单所列出的元件中，选择要输入的元件单击即可。

当编程元件图形出现在指定位置后，再单击编程元件符号的????，输入操作数，按回车键确定。若字符或数值有绿色下划线字样，则表示语法出错，当把不合法的地址或符号改变为合法值时，绿色波浪线提示消失。若数值下面出现红色的波浪线，则表示输入的操作数超出范围或与指令的类型不匹配。

2) 上下行线的操作

将光标移到要合并的触点处，单击上行线或下行线按钮+Ctrl 的组合键。

3) 程序的编辑

用光标选中需要进行编辑的单元，单击右键，弹出快捷菜单，可以进行剪切、复制、粘贴、删除，也可插入或删除行、列、垂直线或水平线。

通过用(Shift)键+鼠标单击，可以选择多个相邻的网络，单击右键，弹出快捷菜单，进行剪切、复制、粘贴或删除等操作。

4) 编写符号表

单击浏览条中的“符号表”按钮，在符号列键入符号名，在地址列键入地址，在注释列键入注解，即可建立符号表，如图 3-14 所示。

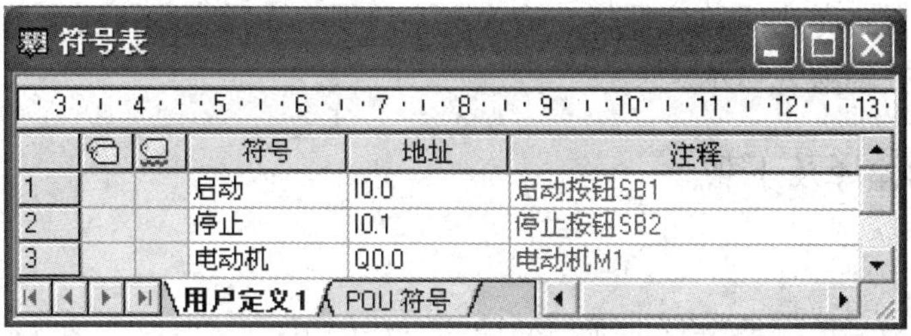

符号表
·3· ı ·4· ı ·5· ı ·6· ı ·7· ı ·8· ı ·9· ı ·10· ı ·11· ı ·12· ı ·13·
符号
地址
注释
1
启动
I0.0
启动按钮SB1
2
停止
I0.1
停止按钮SB2
3
电动机
Q0.0
电动机M1
用户定义1
POU 符号

图 3-14　符号表

符号表建立后，选择菜单命令“查看”→“符号编址”，将直接把地址转换成符号表中对应的符号名；也可通过菜单命令“工具”→“选项”→“程序编辑器”标签→“符号编址”选项来选择操作数显示的形式，如选择“显示符号和地址”，则对应的梯形图如图 3-15 所示。

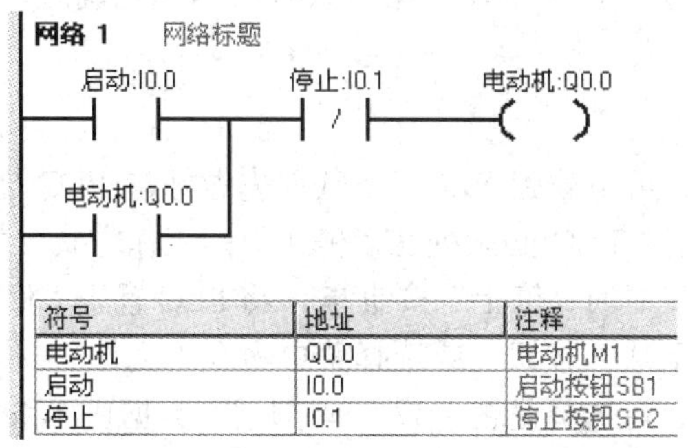

网络 1
网络标题
启动:I0.0
停止:I0.1
电动机:Q0.0
电动机:Q0.0
符号
地址
注释
电动机
Q0.0
电动机M1
启动
I0.0
启动按钮SB1
停止
I0.1
停止按钮SB2

图 3-15　带符号表的梯形图

5) 局部变量表

可以拖动分割条，展开局部变量表并覆盖程序视图，此时可设置局部变量表，如图 3-16 所示。在符号栏写入局部变量名称，在数据类型栏中选择变量类型后，系统自动分配局部变量的存储位置。局部变量有四种定义类型：IN(输入)，OUT(输出)，IN_OUT(输入输出)，TEMP(临时)。

(1) IN、OUT 类型的局部变量：通过调用 POU(3 种程序)提供输入参数或通过调用 POU 返回输出参数。

(2) IN_OUT 类型：通过数值由调用 POU 提供参数，经子程序修改，返回 POU。

(3) TEMP 类型：临时保存在局部数据堆栈区内的变量，一旦 POU 执行完成，临时变量的数据将不再有效。

	符号	变量类型	数据类型	注释
L0.0	IN1	TEMP	BOOL	
LB1	IN2	TEMP	BYTE	
L2.0	IN3	TEMP	BOOL	
LD3	IN4	TEMP	DWORD	

图 3-16　局部变量表

6) 程序注释

程序注释 LAD 编辑器中提供了程序注释(POU)，用于方便用户更好地读取程序。添加程序注释的方法是：单击绿色注释行，输入文字。程序注释和网络注释可以通过工具栏按钮菜单进行隐藏或显示。

3.3.3　程序的编译及下载

1. 编译

程序编辑完成后，需要进行编译，编译的方法如下：

(1) 单击编辑按钮或选择菜单命令“PLC”→“编译”，编译当前被激活的窗口中的程序块或数据块。

(2) 单击全部编译按钮或选择菜单命令“PLC”→“全部编译”，编译全部项目元件(程序块、数据块和系统块)。

编译结束后，输出窗口显示编译结果。只有在编译正确时，才能进行下载程序文件操作。

2. 下载

程序经过编译后，方可下载到 PLC。下载前先做好与 PLC 之间的通信联系和通信参数设置。另外，下载之前，PLC 必须处在“停止”的工作方式。如果 PLC 没有处在“停止”方式，则单击工具条中的“停止”按钮■，将 PLC 置于“停止”方式。

单击工具条中的“下载”按钮，或选择菜单命令“文件”→“下载”，出现“下载”对话框，如图 3-17 所示。可选择是否下载“程序块”“数据块”和“系统块”等。单击“下载”按钮，开始下载程序。

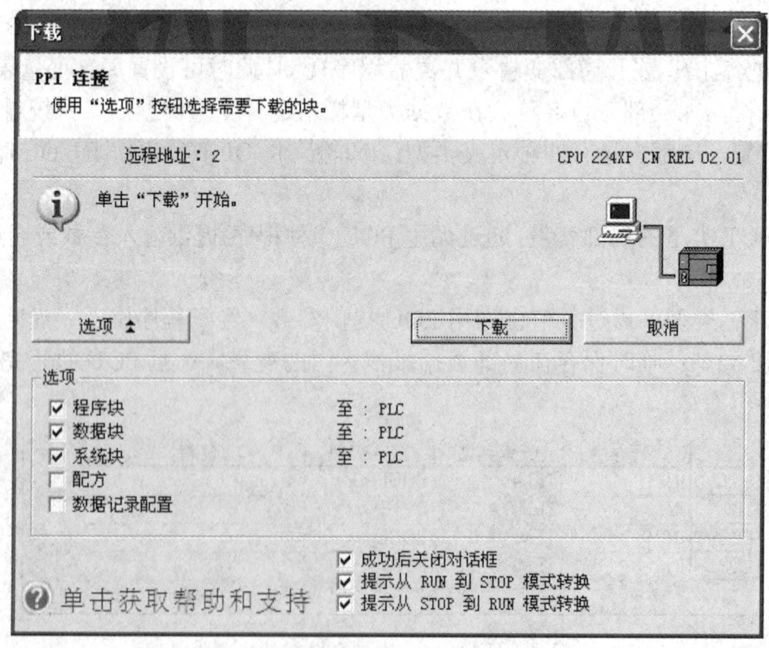

图 3-17　“下载”对话框

注意：在使用 STEP7-Micro/WIN 将程序块、数据块或系统块下载至 PLC 时，下载的块内容会覆盖当前 PLC 中块的内容，因此在下载之前务必确定是否需要备份 PLC 中的块。

3.3.4　程序的运行、监控与调试

1. 程序的运行

程序下载成功后，单击工具条中的“RUN(运行)”按钮 ▶，或选择菜单命令“PLC”→“RUN(运行)(R)”，PLC 进入运行工作方式。

2. 程序的监控

单击工具条中的按钮，程序状态打开/关闭，在梯形图中显示出各元件的状态，或选择菜单命令“调试”→“开始程序状态监控(P)”，在梯形图中显示出各元件的状态。这时闭合触点和得电线圈内部颜色变蓝。梯形图运行状态监控如图 3-18 所示。

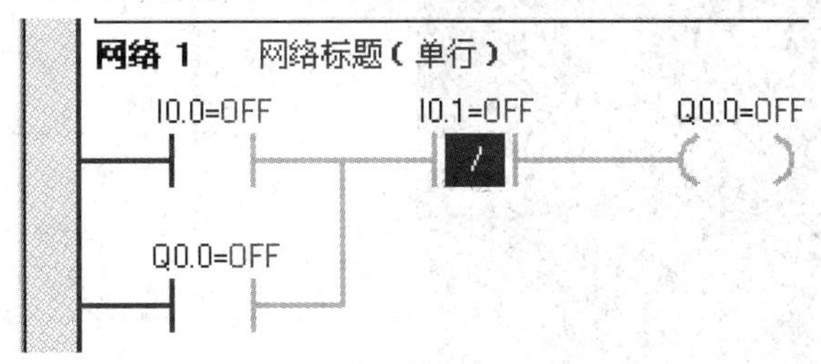

图 3-18　梯形图运行状态监控

3. 程序的调试

程序的调试是指结合程序运行的动态显示，分析程序运行的结果以及影响程序运行的因素，然后退出程序运行和监控状态，在停止状态下对程序进行修改编辑，重新编译、下载、监视运行，如此反复修改和调试，直至得出正确的运行结果。

3.4　西门子 S7-200 仿真软件的应用

在使用 PLC 进行编程时，只凭借阅读的方式评价较复杂的程序是不可靠的，必须进行实际的在线联机调试。采用本章第 3.3 节中介绍的调试方法，可以检查程序是否符合实际的工艺要求，以便改正错误。但是如果在编写调试程序时身边恰好没有 PLC 硬件设备环境可以使用，尤其对于 PLC 的初学者来说，应如何检查已经编写的程序是否符合要求呢？为了解决这个问题，软件工程师开发出了一个模拟 PLC 程序运行的软件，这个软件可以代替大部分的 PLC 功能，可以方便地解决前面涉及的问题。本节将向读者介绍方便且实用的 S7-200 PLC 仿真软件。

3.4.1　仿真软件介绍

西门子公司开发的 S7-300/400 PLC 有功能强大的仿真软件 PLCSIM，并没有提供 S7-200 仿真软件，但是可以在网上搜索并下载 S7-200 仿真软件。下载的 S7-200 仿真软件通常是压缩包的形式，解压后包含 S7-200 汉化版和 S7-200 西班牙文原版两个文件夹。双击执行汉化版内的 S7-200.exe 文件，就可以打开仿真软件的应用程序界面。这个仿真软件可以模拟 CPU212～CPU226 的程序运行情况，而且具有占用程序空间小、无须安装的优

点。然而该仿真软件不能模拟 S7-200 的全部指令和全部功能，例如对中断和调用子程序等命令不是很完善，但是它仍可以作为一个较好的学习 S7-200 的入门工具软件。

3.4.2 仿真软件的使用

双击执行汉化版内的 S7-200.exe 文件，弹出“S7-200 的访问密码”对话框，在对话框中相应的位置输入密码 6596，就可以进入仿真软件，软件界面如图 3-19 所示。

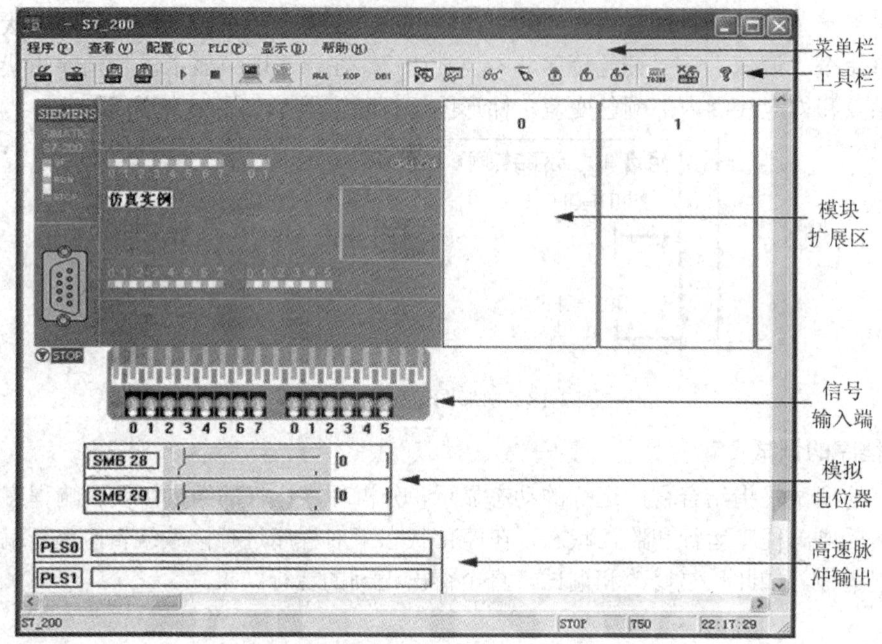

图 3-19　S7-200 仿真软件界面

下面将详细讲述仿真软件的使用过程。

1. 建立仿真程序

首先在 STEP7-Micro/WIN 软件中编写程序，在这里列举一个简单的例子进行说明。实例的程序如图 3-20 所示。在这个例子中，当输入按钮 I0.0 有效时，Q0.0 接通输出信号，同时定时器 T38 开始定时 6s。当定时达到 6s 以后，Q0.1 接通输出信号。如果停止按钮 I0.1 输入信号有效，那么将清除 Q0.0 和 Q0.1 的信号状态，同时将定时器清零。

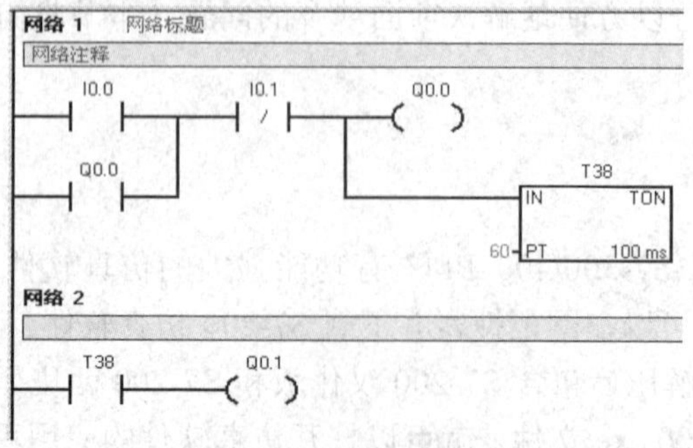

图 3-20　仿真实例的程序

2. 导出仿真文件

仿真软件不能直接接收.mwp 格式的 S7-200 程序代码，必须用编程软件中的导出功能将 S7-200 的用户程序转换为.awl 格式的 ASCII 文件文本，然后下载到仿真 PLC 中。

在 STEP7-Micro/WIN 编程软件中打开一个编译成功的程序块，执行菜单命令“文件”→“导出”，或者用鼠标右击某一程序块(主程序、子程序、中断程序)，在弹出的菜单中选择“导出”命令，执行后在出现的对话框中输入导出的 ASCII 文件的文件名“仿真实例.awl”，即保存待仿真的文件。

如果选择导出 OB1(主程序)，将导出当前项目的所有程序(包括子程序和中断程序)的 ASCII 文本文件的组合。如果选择导出中断程序或子程序，则只能导出当前单个程序的 ASCII 文本文件。

3. 载入仿真文件

选择菜单“程序”→“载入程序”或者单击工具条上的图标下载程序，在弹出的“下载”对话框中选择用户需要仿真的程序块(包括逻辑块、数据块和 CPU 配置)，本例中只有逻辑块，因此在弹出的对话框中选择逻辑块，单击“确定”按钮，在“打开”对话框中选择要下载的*.awl 格式文件路径。下载成功后会出现该程序的代码文本框，如果不需要，可关闭该文本框，同时在 CPU 模块中间还会显示该程序的名称“仿真实例”。

4. 更改 PLC 类型

该仿真软件默认的初始界面是 CPU214，用户可以通过选择 PLC 类型来找到与实际 PLC 相同的配置。选择“配置”→“CPU 型号”菜单命令，在弹出的对话框中可以设置 CPU 型号和地址。在 CPU 型号的下拉列表框中选择 CPU 型号 CPU224，并选择 CPU 的网络默认地址 2 即可。

注意：要调用 PLC 的 CPU 型号配置，也可以通过在仿真软件中双击 CPU 主模块俯视图的任意位置，弹出 CPU 型号配置对话框。

5. 程序仿真操作步骤

1) 运行程序

可以通过菜单选择“PLC”→“运行”命令，或者单击工具栏中的 RUN 按钮，开始程序仿真过程。此时软件中 PLC 主模块显示为运行状态，即 PLC 从 STOP 模式切换到 RUN 模式，CPU 模块左侧的“STOP”LED 灯变为灰色，同时“RUN”LED 状态灯由灰色变为绿色。然后单击工具栏中的程序状态监视按钮，用户就可以观测到 PLC 程序的执行过程了。再次单击该按钮，就停止了程序状态监控操作。

2) 停止程序

可以通过菜单选择“PLC”→“停止”命令，或者单击工具栏中的 STOP 按钮，终止程序仿真过程。程序停止仿真后，软件 PLC 显示为停止状态，运行灯熄灭，停止状态灯显示为红色。

3) 仿真操作

仿真软件为用户提供的可以使用的对外接口有两种：一种是所有的开关量输入信号；另一种是模拟调节电位器的当前值寄存器 SMB28 和 SMB29。

程序刚开始运行时，所有的开关量输入信号全部为 OFF 状态，即开关触头拨向下方。当单击某个开关量输入信号操作按钮时，该信号变为 ON 状态，即开关触头拨向上方。当某个开关量输入信号被改变时，在模拟 PLC 主模块相应位置的显示状态也随之改变。

4) 实例程序仿真

图 3-20 显示的程序一共有两个部分：第一部分是通过 I0.0 的输入控制 Q0.0 的输出，同时控制起动定时器 T38 的计时，当计时达到 6 s 以上时，控制驱动 Q0.1 输出；另外一部分是按下停止按钮 I0.1 清除 Q0.0、Q0.1 和定时器 T38 的状态。下面来验证仿真程序能够实现的设定效果。

单击开关量输入按钮 0，并且再次快速单击按钮 0，相当于按下并松开按钮 0 一次操作，此时输入信号灯 0 点亮，输出信号灯 0 也点亮，同时程序中的定时器 T38 定时起动，当达到 6 s 以上时，输出信号灯 1 也点亮，定时器计时继续进行。这说明程序的第一部分已经正确地实现了。

单击开关量输入按钮 1，并且再次快速单击按钮 1，相当于按下并松开按钮的 1 一次操作，此时输出信号 0 指示灯和输出信号 1 指示灯保持在复位状态。这说明程序的第二部分也已经正确地实现了。

6. 数据监视

在仿真程序运行过程中，用户可以监视 PLC 中的数据。监视数据的方法如下：选择菜单选择“查看”→“状态表”命令，或者单击工具栏中的状态表显示按钮，弹出“状态表”对话框，如图 3-21 所示。

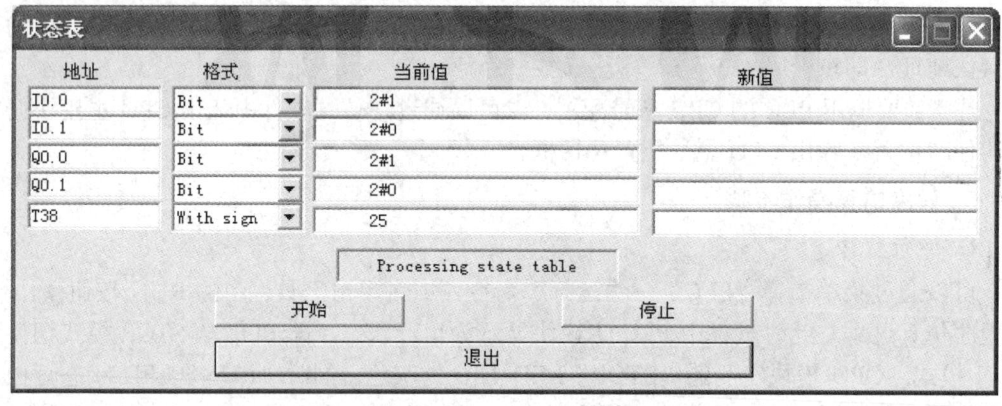

图 3-21　“状态表”对话框

在如图 3-21 所示的状态表对话框中有以下几个组成部分：

(1) 地址：输入需要显示数据的地址，可以输入 I、Q、M、C、T 和 V 变量；

(2) 格式：数据类型有十进制、十六进制、二进制和位变量；

(3) 当前值：显示当前的实时数据；

(4) 新值：通过强制功能给 PLC 内存软元件(如 M、V 或 D)赋新值；

(5) 开始：开始程序监视功能；

(6) 停止：停止程序监控功能；

(7) 退出：退出监视操作。

S7-200 仿真软件还有读取 CPU 和扩展模块的信息、设置 PLC 的实时时钟、控制循环扫描的次数和对 TD 200 文本显示器进行仿真等功能。

练　习　题

1. 如何建立项目？
2. 在 LAD 中输入程序注解有几种形式？
3. 梯形图和指令表之间如何切换？
4. 交叉引用有什么作用？
5. 在 STEP7-Micro/WIN 软件中，编译和全部编译的区别是什么？
6. 断电数据保持有几种实现形式？怎样判断数据块已经写入 EEPROM？
7. 如何下载程序？
8. 连接计算机的 RS232C 接口和 PLC 的编程口之间的编程电缆时，为什么要关闭 PLC 的电源？
9. 如何在程序编辑器中显示程序状态？
10. 状态表和趋势图有什么作用？怎样使用？二者有何联系？
11. 上机在线练习电动机起动、停止的整个过程。
12. 利用仿真软件练习书中讲解的实例。
13. 仿真软件的优缺点有哪些？

第 4 章　S7-200 PLC 的基本指令及应用

S7-200 系列 PLC 编程有两类指令集：IEC 1131-3 指令集和 SIMAITIC 指令集。IEC 1131-3 指令集支持完全数据检查，可以使用 LAD(梯形图)、FBD(功能块图)编程语言。而 SIMAITIC 指令集不支持完全数据检查，可以使用 LAD、FBD 和 STL(语句表)编程语言。本章阐述 SIMAITIC 指令集中基本位逻辑指令的指令功能，各指令的指令格式同时以 LAD 和 STL 形式给出。

4.1　基本位逻辑指令

基本位逻辑指令也可以称为触点、线圈指令，这类指令的操作对象是位变量。图 4-1 是 S7-200 PLC 基本位逻辑指令。

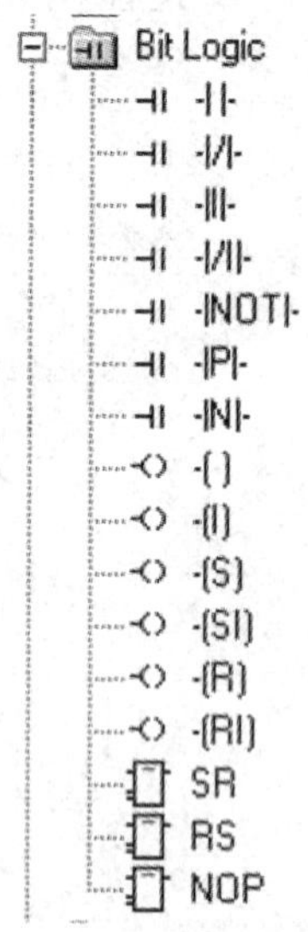

图 4-1　S7-200 PLC 基本位逻辑指令

4.1.1　逻辑取(装载)及线圈输出(赋值)指令

逻辑取指令是 PLC 最基本的位逻辑指令，表达的是左母线与单个触点间的连接关系，触点有常开触点、常闭触点。线圈输出指令用于把前面各逻辑运算的结果(RLO)复制到输出线圈，当逻辑运算结果为“1”时，与输出线圈相关联的常开触点闭合，常闭触点断开；当逻辑运算结果为“0”时，与输出线圈相关联的常开触点断开，常闭触点闭合。指令的梯形图、语句表格式、指令的有效操作数及指令功能如表 4-1 所示。

表 4-1　逻辑取及线圈输出指令的梯形图、语句表格式及功能

指令	LAD	STL	指令的有效操作数	指令功能
逻辑取常开触点指令	bit ─┤ ├─	LD bit	I、Q、V、M、SM、S、T、C、L	表示左母线与常开触点连接
逻辑取常闭触点指令	bit ─┤/├─	LDN bit		表示左母线与常闭触点连接
线圈输出指令	bit ─( )	= bit	Q、M、V、L、T、C、S、SM	把前面各逻辑运算的结果复制到输出线圈

表 4-1 中，梯形图指令中的 bit 是指令的操作数，数据类型是 BOOL，也就是常说的位变量。

1. 指令说明

(1) 在逻辑取指令的有效操作数中，I 是唯一只有触点、没有线圈的操作数，只能作为逻辑取指令的操作数，不能作为线圈输出指令的操作数，I 状态的改变与输入过程映像寄存器的状态有关，其他触点的状态都受各自线圈(SM 的触点除外，可单独使用)的控制：线圈接通，触点状态改变；线圈断开，触点恢复常态。

(2) I 触点的数量反映了 PLC 数字量输入设备的数量，但是数字量输入设备(如继电器的触点、按钮、开关等)是与 PLC 的输入端子在硬件上连接在一起的，所以 I 的断开与闭合只与输入过程映像寄存器的状态有关，与外部设备的常开或常闭接法无关。

(3) 在线圈输出指令操作数中，Q 的数量反映了 PLC 数字量输出设备的数量，但是数字量输出设备(如接触器线圈、LED 指示灯、电磁阀等)是与 PLC 的输出端子在硬件上连接在一起的，Q 的状态通过输出过程映像寄存器刷新输出设备的状态。

(4) 同一编号触点的数量是无限的，可以多次反复使用，但是同一编号线圈不能重复使用。这是因为 PLC 逻辑运算时只是把逻辑运算结果置于输出过程映像寄存器中，待所有运算结束后才统一输出，如果重复线圈的逻辑运算结果不一样，则后面的运算结果会覆盖前面的结果，引起误动作。

(5) 梯形图的每一个网络块均从左母线开始，接着是触点的逻辑连接，最后以线圈或指令盒(功能框)结束。所有触点都放在线圈的左边，线圈和指令盒不能和左母线连接。

2. 指令应用

逻辑取和线圈输出指令的应用如图 4-2 所示。

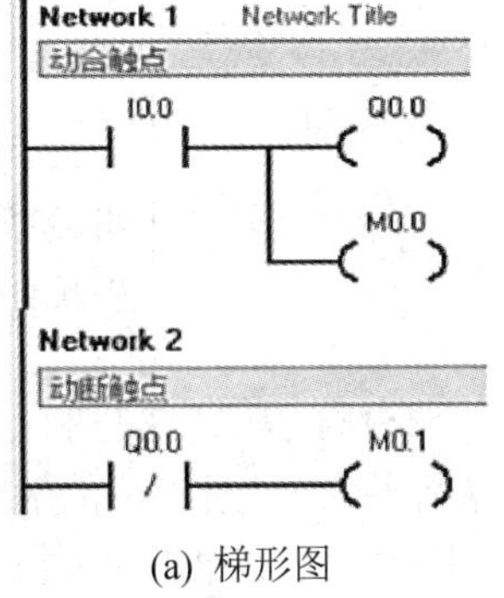

(a) 梯形图

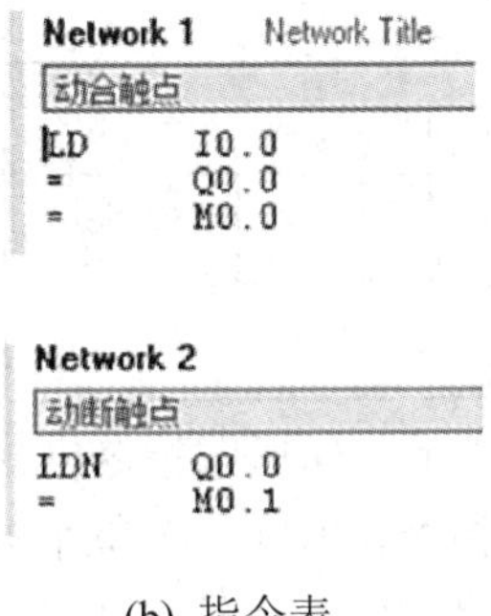

(b) 指令表

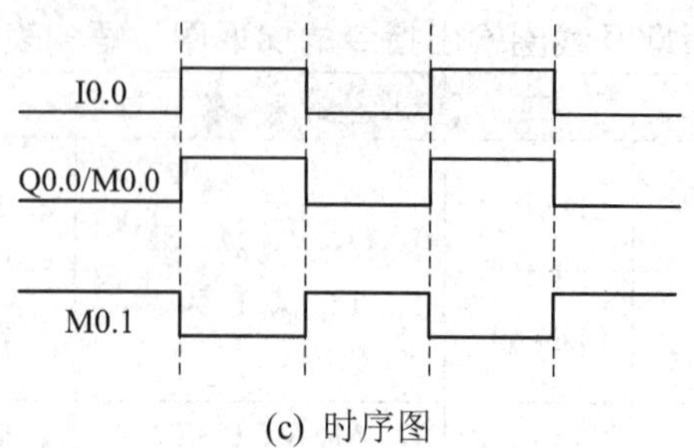

(c) 时序图

图 4-2　逻辑取和线圈输出指令的应用

当 PLC 由 STOP 转换为 RUN 状态时，内部辅助线圈 M0.1 接通；当 I0.0 闭合时，输出线圈 Q0.0 和内部辅助线圈 M0.0 接通，Q0.0 常闭触点断开，内部辅助线圈 M0.1 断开；当 I0.0 断开时，输出线圈 Q0.0 和内部辅助线圈 M0.0 断开，内部辅助线圈 M0.1 接通。

4.1.2　触点串联指令

触点串联指令表达的是逻辑运算结果(RLO)与单个触点的串联连接关系。逻辑运算结果(RLO)与单个触点串联的逻辑真值表如表 4-2 所示。

表 4-2　RLO 与单个触点串联的逻辑真值表

RLO	单个触点	串联逻辑结果
0	0	0
0	1	0
1	0	0
1	1	1

逻辑运算结果可以是个单个常开或常闭触点，也可以是多个触点的逻辑关系，触点同样分为常开触点和常闭触点。触点串联指令的格式如表 4-3 所示。

表 4-3　触点串联指令的格式

指令	LAD	STL	指令的有效操作数	指令功能
“与”常开触点指令	I0.0 I0.1 Q0.0	A　I0.1	I、Q、V、M、SM、S、T、C、L	表示常开触点与逻辑运算结果(RLO)的串联连接
“与”常闭触点指令	I0.0 I0.1 Q0.0	AN I0.1		表示常闭触点与逻辑运算结果(RLO)的串联连接

在表 4-3 所示的梯形图指令格式中，圆圈作为一个整体，其 RLO 与触点间的串联关系即是触点串联指令，串联是在单个触点前的逻辑运算结果为 1，且串联的触点也是“1”的情况下，其最终逻辑运算结果才是 1，只要有一个位是“0”，结果就是 0。

1. 指令说明

(1) A、AN 指令可以连续使用，使用次数受编程软件的限制，最多可以串联 30 个触点。

(2) 在使用“=”指令进行线圈输出后，仍可以继续使用 A、AN 指令，如图 4-3 所示。

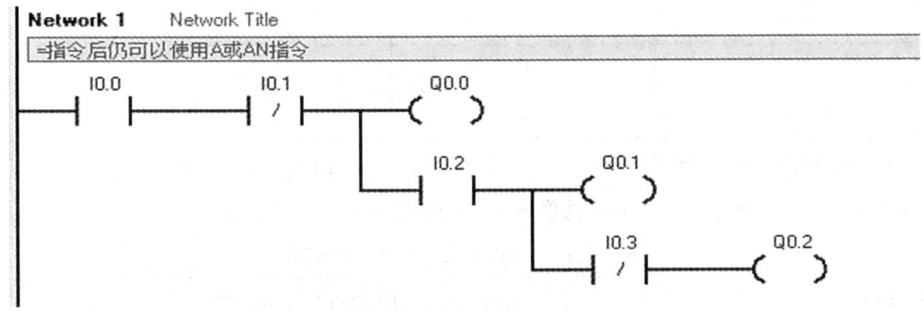

图 4-3　线圈输出指令后使用 A、AN 指令

2. 指令应用

串联常闭触点指令的应用如图 4-4 所示。

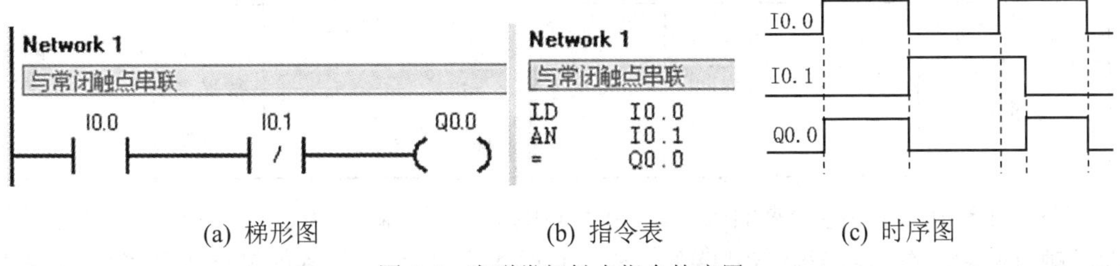

(a) 梯形图　(b) 指令表　(c) 时序图

图 4-4　串联常闭触点指令的应用

在图 4-4 中，常开触点 I0.0 和常闭触点 I0.1 串联，当 I0.0 闭合且 I0.1 断开时，输出线圈 Q0.0 接通；当 I0.0 断开或 I0.1 闭合时，输出线圈 Q0.0 不能接通。

串联常开触点指令的应用如图 4-5 所示。

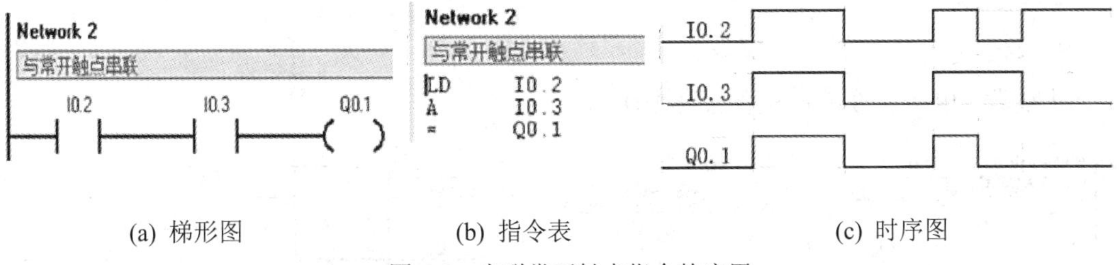

(a) 梯形图　(b) 指令表　(c) 时序图

图 4-5　串联常开触点指令的应用

在图 4-5 中，常开触点 I0.2 和常开触点 I0.3 串联，当 I0.2 闭合且 I0.3 闭合时，输出线圈 Q0.1 接通；当 I0.2 断开或 I0.3 断开时，输出线圈 Q0.1 断开。

4.1.3　触点并联指令

触点并联指令表达的是逻辑运算结果(RLO)与单个触点的并联连接关系，逻辑运算结果(RLO)与单个触点并联的逻辑真值表如表 4-4 所示。

表 4-4　RLO 与单个触点并联的逻辑真值表

RLO	单个触点	并联逻辑结果
0	0	0
0	1	1
1	0	1
1	1	1

逻辑运算结果可以是个单个常开或常闭触点，也可以是多个触点的逻辑关系，触点同样分为常开触点和常闭触点。触点并联指令的格式如表 4-5 所示。

表 4-5　触点并联指令的格式

指令类别	LAD	STL	指令的有效操作数	指令功能
“或”常开触点指令	I0.0 I0.1 Q0.0	O Q0.0	I、Q、V、M、SM、S、T、C、L	表示常开触点与逻辑运算结果(RLO)的并联连接
“或”常闭触点指令	I0.0 I0.1 I0.2	ON I0.2		表示常闭触点与逻辑运算结果(RLO)的并联连接

在表 4-5 中，椭圆圈起来的两个串联触点作为一个整体，其 RLO 与触点间的并联关系即是触点并联。在与单个触点并联的逻辑运算结果为“1”或并联的触点也是“1”的情况下，其逻辑运算结果就是 1，只有在两个位都是“0”的情况下结果才是 0。

1. 指令说明

O、ON 指令可以连续使用，但使用次数受编程软件的限制，在一个网络中最多并联 30 个触点。

2. 指令应用

并联常开触点指令的应用如图 4-6 所示。

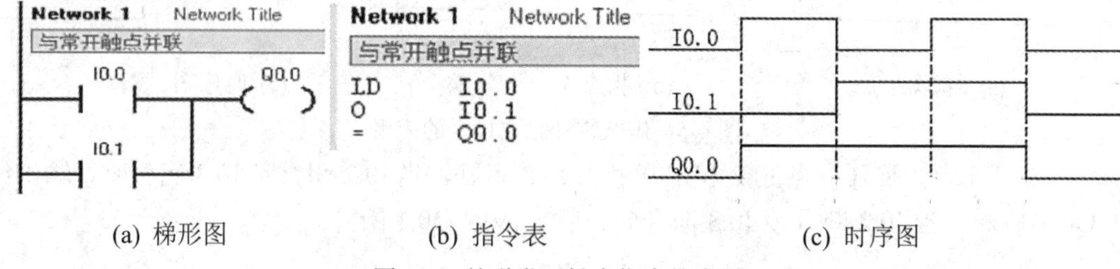

(a) 梯形图　　(b) 指令表　　(c) 时序图

图 4-6　并联常开触点指令的应用

在图 4-6 中，常开触点 I0.0 和常开触点 I0.1 并联，当 I0.0 和 I0.1 两个触点有一个闭合时，输出线圈 Q0.0 接通；当 I0.0 和 I0.1 同时断开时，输出线圈 Q0.0 不能接通。

并联常闭触点指令的应用如图 4-7 所示。

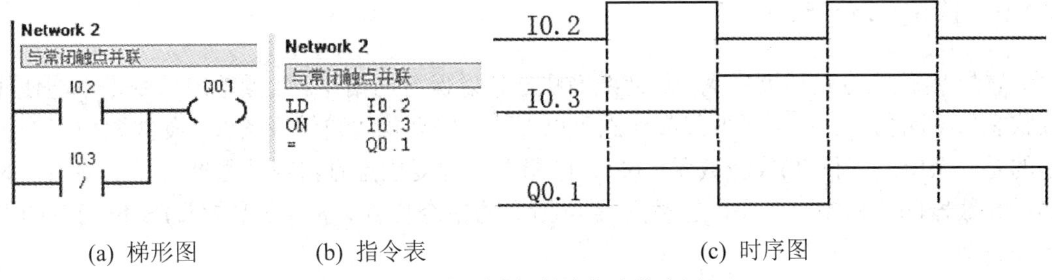

(a) 梯形图　(b) 指令表　(c) 时序图

图 4-7　并联常闭触点指令的应用

在图 4-7 中，常开触点 I0.2 和常闭触点 I0.3 并联，当 I0.2 闭合或 I0.3 断开时，输出线圈 Q0.1 接通；当 I0.2 断开且 I0.3 闭合时，输出线圈 Q0.1 不能接通。

4.1.4　并联电路块的串联指令

并联电路块的串联指令在梯形图编程语言中表达的是逻辑运算结果(RLO)与并联电路块的串联连接关系，是没有操作数的指令，指令表示的逻辑关系如图 4-8 所示，指令中逻辑运算结果通常也是一个并联电路块。并联电路块是指两个或两个以上触点的并联连接关系，触点可以是常开触点，常闭触点和立即常开、常闭触点。

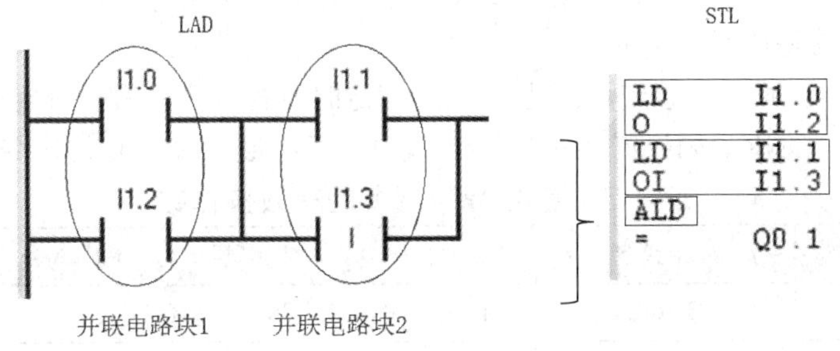

图 4-8　并联电路块的串联指令的指令格式

4.1.5　串联电路块的并联指令

串联电路块的并联指令在梯形图编程语言中表达的是逻辑运算结果(RLO)与串联电路块的并联连接关系，也是没有操作数的指令，指令表示的逻辑关系如图 4-9 所示，指令中的逻辑运算结果通常也是一个串联电路块。串联电路块是指两个或两个以上触点的串联连接关系，触点可以是常开触点，常闭触点和立即常开、常闭触点。

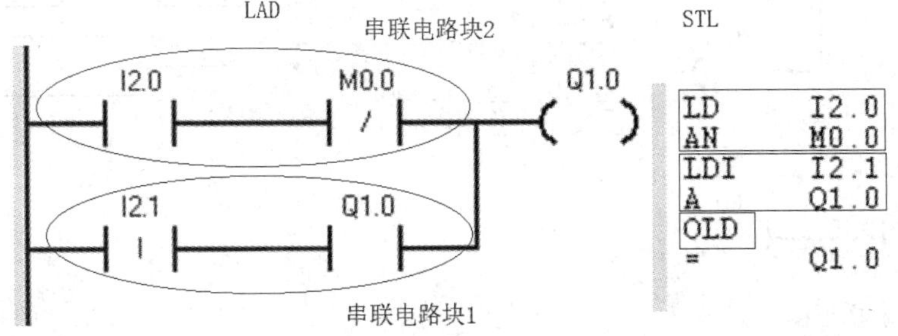

图 4-9　串联电路块的并联指令的指令格式

4.1.6 置位/复位指令

置位/复位指令是线圈指令，是使线圈状态可以保持的指令。线圈输出指令是不能使线圈状态保持的指令。如果需要线圈状态可以保持，需要加“自锁”条件。如果复位指令指定的是一个定时器位(T)或计数器位(C)，则指令不但复位定时器或计数器位，还清除定时器或计数器的当前值。表 4-6 是置位/复位指令的指令格式，表 4-7 是置位/复位指令的有效操作数。

表 4-6　置位/复位指令的指令格式

指令	LAD	STL	指 令 功 能
置位指令 S	bit —(S)— N	S bit，N	将从指定地址开始的 N 个连续点置位，可以置位 1～255 个点
复位指令 R	bit —(R)— N	R bit，N	将从指定地址开始的 N 个连续点复位，可以复位 1～255 个点

1. 指令说明

(1) 程序设计时一旦使用置位指令使线圈置位，就必须使用复位指令使线圈复位，置位和复位指令通常是成对出现的。

(2) 复位指令有时也单独使用。比如 4.2 节定时器指令中，有一种定时器是有记忆的接通延时定时器 TONR，如果需要对 TONR 复位的话，必须使用复位指令来实现。

表 4-7　置位/复位指令的有效操作数

输入/输出	数据类型	操　作　数
位(bit)	BOOL	I、Q、V、M、SM、S、T、C、L
N	BYTE	IB、QB、VB、MB、SMB、SB、LB、AC、*VD、*LD、*AC、常数(1～255)

2. 指令应用

置位/复位指令的应用如图 4-10 所示。

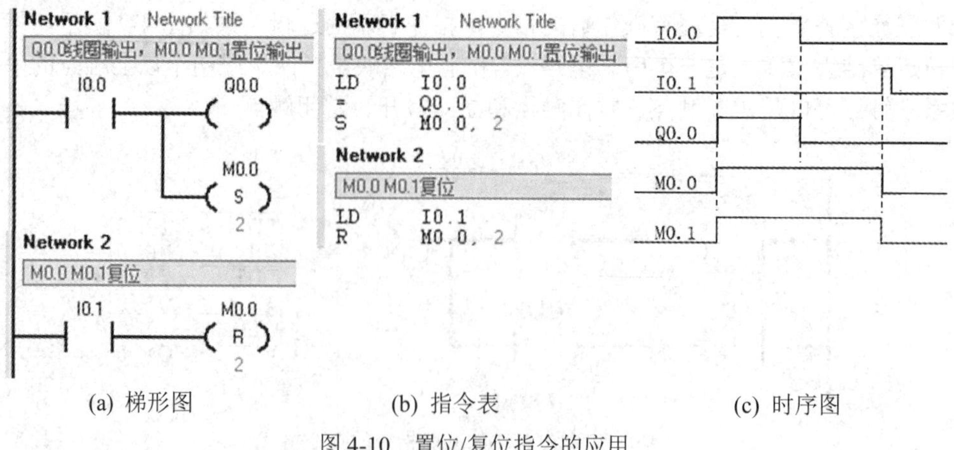

(a) 梯形图　　(b) 指令表　　(c) 时序图

图 4-10　置位/复位指令的应用

图 4-10 中，线圈 Q0.0 使用的是线圈输出指令，线圈 M0.0 和 M0.1 是置位/复位指令，当 I0.0 闭合时，线圈 Q0.0 闭合，线圈 M0.0 和 M0.1 同时闭合，当 I0.0 断开时，线圈 Q0.0 断开，线圈 M0.0 和 M0.1 继续保持闭合；当 I0.1 闭合后，线圈 M0.0 和 M0.1 断开。

4.1.7　RS 触发器指令

触发器指令是 S7-200 PLC 位逻辑指令中在梯形图编程时以指令盒表示的指令，包括 RS 指令和 SR 指令。表 4-8 是触发器指令的梯形图指令格式。由于触发器指令是复合指令，其语句表的指令比较复杂，因此表中没有给出。表 4-9 是触发器指令的有效操作数。

表 4-8　触发器指令的梯形图指令格式

指令	RS	SR
LAD	bit S　OUT RS R1	bit S1　OUT SR R

表 4-9　触发器指令的有效操作数

输入/输出	数据类型	操　作　数
S,R1,S1,R	BOOL	I、Q、V、M、SM、S、T、C
OUT	BOOL	Q、V、M、SM、S、T、C
bit	BOOL	I、Q、V、M、S

1. 指令说明

(1) 触发器指令有两个输入信号，分别是置位信号和复位信号，一个为输出信号，一个为状态信号，所有信号都是位变量。

(2) RS 触发器指令和 SR 触发器指令本质上是置位指令和复位指令的组合。如果置位输入信号和复位输入信号不同时为 1，则两个指令的功能是一样的；但是如果置位输入信号和复位输入信号同时为 1，则 RS 触发器指令体现的是复位信号优先，而 SR 触发器指令体现的则是置位优先。

(3) 触发器指令盒上的参数是个 BOOL 变量，用于保存触发器的状态。当触发器置位时，其状态位是 1；当触发器复位时，其状态位是 0。状态位的有效操作数是 I、Q、M、V 的位变量。

2. 指令应用

触发器指令的应用如图 4-11 所示。在图 4-11 中，I0.0 闭合，SR 触发器和 RS 触发器的输出同时接通，I0.1 闭合，SR 触发器的输出 Q0.0 和 RS 触发器的输出 Q0.1 同时断开，I0.2 闭合，同时置位 M1.0 和 M1.1，这时 M1.0 同时作为 SR 和 RS 置位输入，M1.1 同时作为 SR 和 RS 复位输入，相当于 SR 触发器和 RS 触发器的置位输入，复位输入同时为 1，因为 SR 触发器置位优先，所以 SR 触发器的输出 Q0.0 接通，而 RS 触发器复位优先，所以 RS 触发器的输出 Q0.1 保持断开。

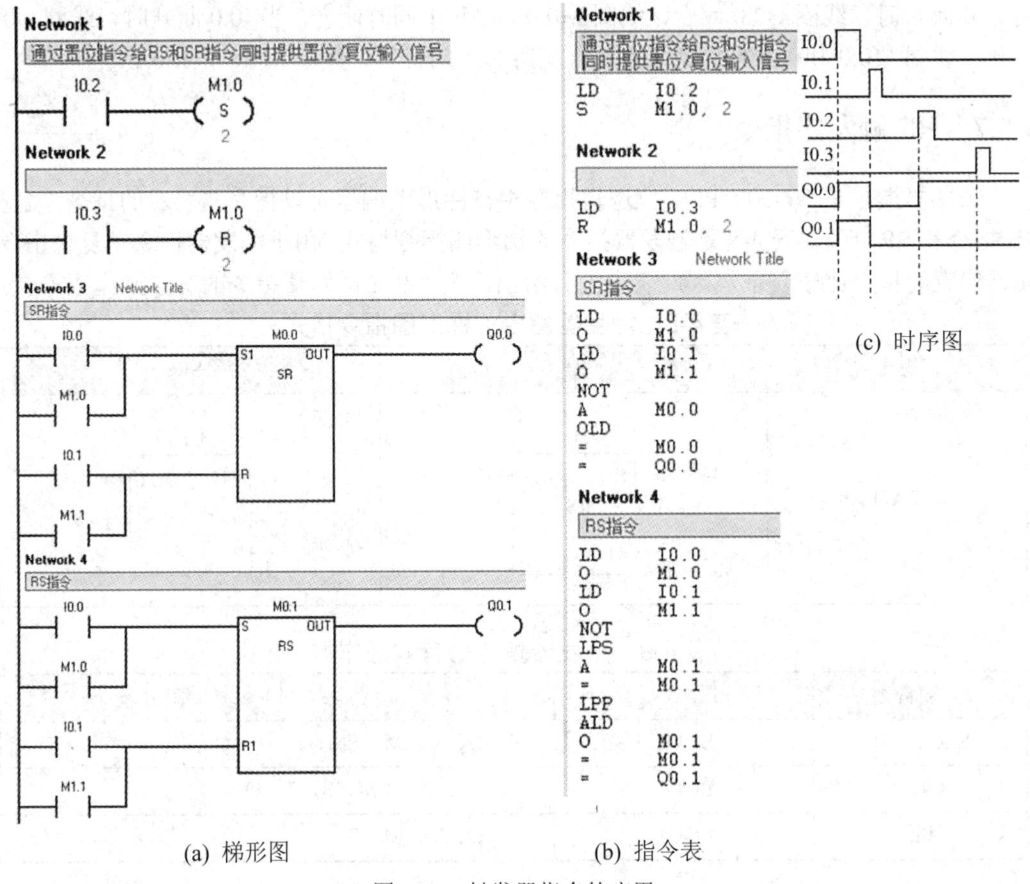

(a) 梯形图　　(b) 指令表　　(c) 时序图

图 4-11　触发器指令的应用

4.1.8　立即指令

立即指令是为了提高 PLC 对输入/输出响应速度而设置的，不受 PLC 循环扫描工作方式的影响，允许对输入/输出点进行快速直接存取。当立即指令执行时，CPU 直接读/写其物理输入/输出的值。立即指令包括立即触点指令、立即线圈指令，其指令格式如表 4-10 所示。

表 4-10　立即指令的指令格式

指令类别	指令	LAD	STL	指令功能
立即触点指令	取立即常开触点指令	I0.0 —| I |—	LDI I0.0	表示左母线与立即常开触点的连接关系
	取立即常闭触点指令	I0.0 —| /I |—	LDNI I0.0	表示左母线与立即常闭触点的连接关系

续表

指令类别	指令	LAD	STL	指令功能
立即触点指令	“与”立即常开触点指令	I0.0 I0.1 ! Q0.0	AI　I0.1	表示立即常开触点与逻辑运算结果(RLO)的串联连接关系
	“与”立即常闭触点指令	I0.0 I0.1 /I Q0.0	ANI　I0.1	表示立即常闭触点与逻辑运算结果(RLO)的串联连接关系
	“或”立即常开触点指令	I0.0 I0.1 I0.2 !	OI I0.2	表示立即常开触点与逻辑运算结果(RLO)的并联连接关系
	“或”立即常闭触点指令	I0.0 I0.1 I0.2 /I	ONI I0.2	表示立即常闭触点与逻辑运算结果(RLO)的并联连接关系
立即线圈指令	立即线圈输出指令	Q0.0 —(I)	=I Q0.0	将新值同时写到物理输出点和相应的过程映像寄存器中
	立即置位指令	bit —(SI) N	SI bit，N	将从指定地址开始的 N 个连续点立即置位
	立即复位指令	bit —(RI) N	RI bit，N	将从指定地址开始的 N 个连续点立即复位

1. 指令说明

(1) 立即触点指令包括常开立即触点指令(LDI、AI 和 OI)和常闭立即触点指令(LDNI、ANI 和 ONI)。在指令执行时立即读取物理输入点的值，但是不刷新对应映像寄存器的值，当物理输入点为 1 时，常开立即触点闭合，当物理输入点为 0 时，常闭立即触点闭合。常开指令立即将物理输入值 Load(加载)、AN(与)或 OR(或)到栈顶，而常闭指令立即将物理输入值的取反值 Load(加载)、AN(与)或 OR(或)到栈顶。

(2) 立即输出指令包括立即线圈输出指令和立即置位/复位指令。指令执行时，立即线圈输出指令将栈顶的值立即复制到物理输出点的指定位上，相应的输出映像寄存器的内容也被刷新。立即置位和立即复位指令将从指定地址开始的 N 个连续点立即置位或者立即复位，最多可以置位或复位 128 个位，立即指令的有效操作数如表 4-11 所示。

表 4-11　立即指令的有效操作数

输入/输出	数据类型	操　作　数
立即触点位 bit	BOOL	I
立即线圈位 bit	BOOL	Q
N	BOOL	VB、IB、QB、MB、SB、LB、AC、*VD、*AC、*LD

2. 指令应用

立即指令应用程序和立即指令执行时序图如图 4-12 和图 4-13 所示。

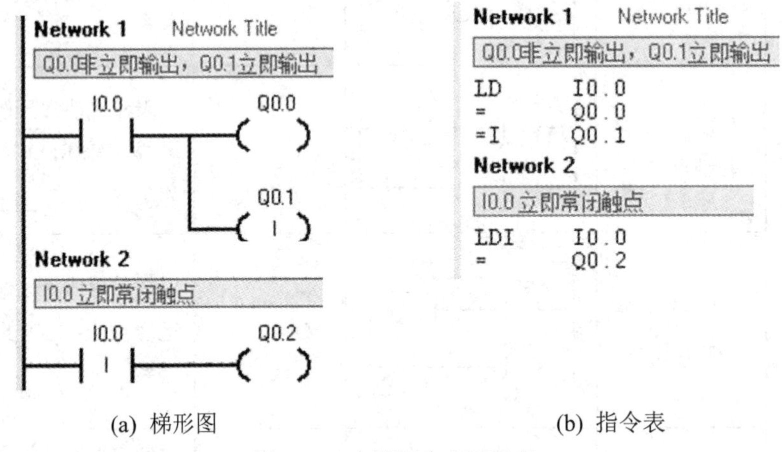

(a) 梯形图　　(b) 指令表

图 4-12　立即指令应用程序

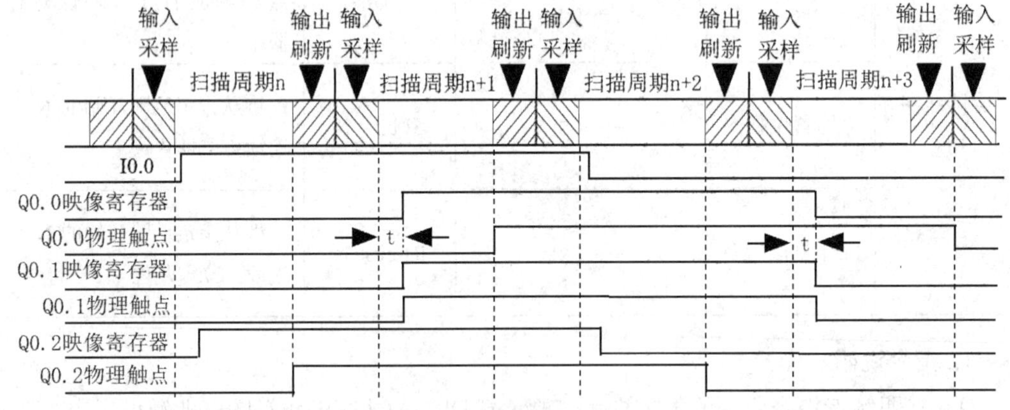

图 4-13　立即指令执行时序图

图 4-13 中，t 是执行到输出点处程序所用的时间，Q0.0、Q0.1 输入逻辑是 I0.0 的普通常开触点。Q0.0 为普通输出，在程序执行到它时，Q0.0 的映像寄存器的状态会随着本扫描周期采集到的 I0.0 状态的改变而改变，而它的物理触点要等到本扫描周期的输出刷新阶段才改变；Q0.1 为立即输出，在程序执行到它时，它的物理触点和输出映像寄存器同时改变；而对 Q0.2 来说，它的输入逻辑是 I0.0 的立即触点，所以在程序执行到它时，Q0.3 的映像寄存器的状态会随着 I0.0 即时状态的改变而立即改变，而它的物理触点要等到本扫描周期的输出刷新阶段才改变。

4.1.9　边沿脉冲指令

边沿脉冲指令包括上升沿脉冲指令(EU)和下降沿脉冲指令(ED)，这是一组没有操作数的指令，EU 指令是在 RLO 由 0 变为 1 的上升沿，产生宽度为一个扫描周期的脉冲；ED 指令是在 RLO 由 1 变为 0 的下降沿，产生宽度为一个扫描周期的脉冲，指令格式如表 4-12 所示。

表 4-12　边沿触发指令的指令格式

指令	LAD	STL	指令功能
置位指令	─┤P├─	EU	检测到 RLO 每一次上升沿(由 0 到 1)，产生一个扫描周期的脉冲
复位指令	─┤N├─	ED	检测到 RLO 每一次下降沿(由 1 到 0)，产生一个扫描周期的脉冲

1. 指令说明

边沿脉冲指令通常可以用来起动一个控制程序或一个运算过程，或者结束一段控制程序。需要的是边沿指令只存在一个扫描周期，接受这一脉冲控制的元件应写在这一脉冲出现的语句之后。

2. 指令应用

边沿触发指令应用如图 4-14 所示。

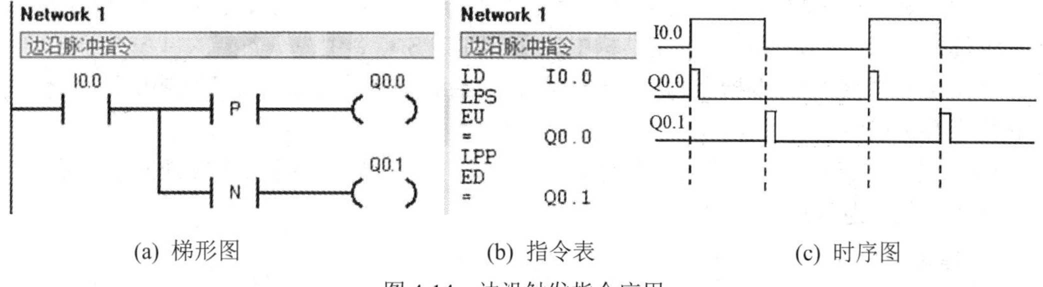

(a) 梯形图　　(b) 指令表　　(c) 时序图

图 4-14　边沿触发指令应用

在图 4-14 中，Q0.0 在 I0.0 的上升沿接通一个扫描周期，Q0.1 则在 I0.0 的下降沿接通一个扫描周期。脉冲指令常用于起动及关断条件的判定以及配合功能指令完成一些逻辑控制任务。

4.1.10　逻辑栈操作指令

堆栈是计算机中最常用的一种数据结构，遵循先入后出的原则。S7-200 系列 PLC 用逻辑堆栈来决定控制逻辑，使用一个 9 层堆栈来处理复杂逻辑操作。这里所指的逻辑栈操作指令并不包含前面所讲的位逻辑指令，而是专门在梯形图编程语言中表达分支的开始与结束，有入栈指令 LPS，读栈指令 LRD，出栈指令 LPP，逻辑栈操作指令原理示意图如图 4-15 所示。图 4-15 中，位逻辑指令执行前 iv0～iv8 是堆栈中的初始值，在逻辑入栈指令执行后 iv8 这个值丢失，iv0～iv7 依次朝栈底移动一个单元，逻辑入栈指令提供的新值 nv

压入栈顶；逻辑读栈指令复制堆栈中的第二个值到栈顶，不对堆栈进行入栈或出栈操作，原栈顶值被新值取代；逻辑出栈指令把堆栈中的第二个值移动到栈顶，其他值依次上移，栈底补入随机数。

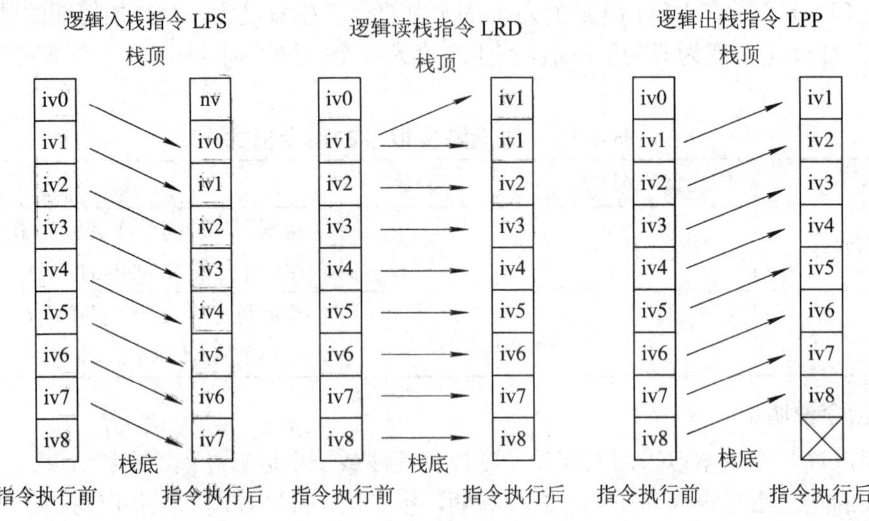

图 4-15　执行装载指令前后的 S7-200 PLC 堆栈

1. 指令说明

LPS 是逻辑入栈指令(分支或主控指令)，在梯形图中的分支结构中，用于生成一条新的母线，左侧为主控逻辑块，完整的从逻辑行从此处开始。LPP，逻辑出栈指令(分支结束或主控复位指令)，在梯形图中的分支结构中，用于将 LPS 指令生成一条新的母线进行恢复。

使用 LPS 指令时，本指令为分支的开始，以后必须有分支结束指令 LPP。即 LPS 与 LPP 指令必须成对出现。

LRD 是逻辑读栈指令，在梯形图中的分支结构中，当左侧为主控逻辑块时，开始第二个后边更多的从逻辑块的编程。

2. 指令应用

图 4-16 是逻辑栈操作指令的一种应用实例。

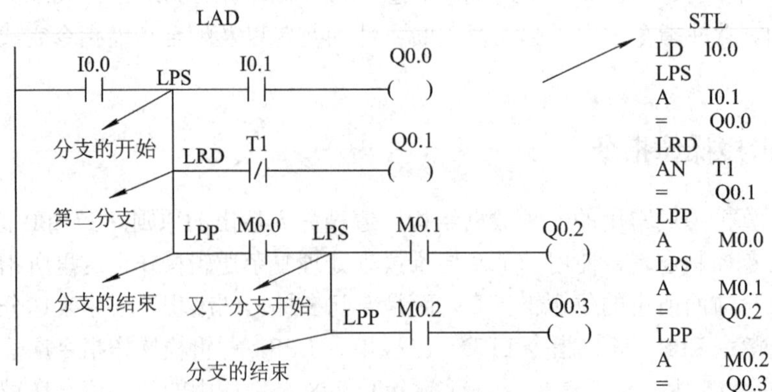

图 4-16　逻辑栈操作指令的一种应用实例

4.1.11　取反指令

取反指令在梯形图编程中是在触点上加写“NOT”字符构成，它只能和其他操作联合使用，本身没有操作数，其梯形图和语句表的指令格式如表 4-13 所示。

表 4-13　取反指令的指令格式

指令	LAD	STL	指 令 功 能
取反指令	—|NOT|—	NOT	取反指令把逻辑运算结果的 1 变成 0，0 变成 1

4.1.12　空操作指令

空操作指令是位逻辑指令中在梯形图编程时使用指令盒表达的指令，在空操作指令前的 RLO 为 1 时，执行空操作，空操作顾名思义就是 CPU 什么都不做，但是占用一个指令周期的时间，空操作的指令格式如表 4-14 所示，具体空操作的次数是由 N 指出的自然数，范围是 1～255。

表 4-14　空操作指令的指令格式

指令	LAD	STL	有效操作数	指令功能
空操作指令	N NOP	NOP N	常数 1～255	CPU 执行指定次数的空操作

4.2　定时器、计数器指令

定时器和计数器是 PLC 的重要元件，S7-200 PLC 的 CPU 型号不同，具体的定时器、计数器的指令类型不同。

4.2.1　定时器指令

S7-200 PLC 有 3 种定时器指令，分别是打开延时定时器(TON)、有记忆的打开延时定时器(TONR)和关断延时定时器(TOF)。不同型号的 CPU，其定时器的种类是不同的，型号是 21X 系列的 CPU 没有关断延时定时器。3 种定时器指令的指令格式如表 4-15 所示。

打开延迟定时器(TON)用于单一间隔的定时；有记忆打开延迟定时器(TONR)用于累计许多时间间隔；关断延时定时器(TOF)用于关断或者故障事件后的延时。

表 4-15　定时器指令格式

指令	LAD	STL	指 令 功 能
TON	Tn IN　TON PT　ms	TON TXX,PT	上电周期或首次扫描，定时器位为 OFF，当前值为 0。使能输入接通时，定时器位为 OFF，当前值从 0 开始计数时间，当前值达到预设值时，定时器位为 ON，当前值连续计数到 32767。使能输入断开，定时器自动复位，即定时器位为 OFF，当前值为 0
TONR	Tn IN　TOF PT　ms	TONR TXX,PT	上电周期或首次扫描，定时器位为 OFF，当前值保持。使能输入接通时，定时器位为 OFF，当前值从 0 开始计数时间。使能输入断开，定时器位和当前值保持最后状态。使能输入再次接通时，当前值从上次的保持值继续计数，当累计当前值达到预设值时，定时器位为 ON，当前值连续计数到 32767
TOF	Tn IN　TONR PT　ms	TOF TXX,PT	上电周期或首次扫描，定时器位为 OFF，当前值为 0。使能输入接通时，定时器位为 ON，当前值为 0。当使能输入由接通到断开时，定时器开始计数，当前值达到预设值时，定时器位为 OFF，当前值等于预设值，停止计数，定时器位为 OFF

使用定时器指令需要对定时器的参数进行设置，各参数的有效操作数如表 4-16 所示。

表 4-16　定时器指令的有效操作数

输入/输出	数据类型	操　作　数
Tn	BOOL	常数(T0 到 T255)
IN	BOOL	I、Q、V、M、SM、S、T、C、L
PT	INT	IW、QW、VW、MW、SMW、SW、LW、T、C、AC、AIW、*VD、*LD、*AC、常数

在 4-16 表中，PT 是预设值，如果使用常数设置预设值，范围是 1～32767，代表脉冲个数。TXX 代表定时器号，不同的定时器号，除了表示定时器种类不同之外，还与分辨率有关，S7-200 PLC 定时器分辨率有 3 种，分别是 1ms，10ms 和 100ms。定时器号、定时器类型、定时器分辨率三者之间的关系如表 4-17 所示。

表 4--17　定时器号、定时器类型和分辨率

定时器类型	分辨率	用秒(s)表示的最大值	定 时 器 号
TONR	1 ms	32.767 s (0.546 min)	T0，T64
	10 ms	327.67 s	1
	100 ms	3276.7 s	T5～T31，T69～T95
TON/TOF	1 ms	32.767 s	T32，T96
	10 ms	327.67 s	T33～T36，T97～T100
	100 ms	3276.7 s	T37～T63，T101～T255

从表 4-17 中可以看出，TON 和 TOF 不同分辨率共享相同的定时器号，例如 T32 可以是 TON，也可以是 TOF。但在同一个工程中，不能将同一个定时器号同时用作 TOF 和 TON，如果在同一个工程中需要 1 ms 分辨率的打开延时定时器，可以使用 T32，如果同时需要 1 ms 分辨率的关断延时定时器，就只能使用 T96。

由于 PLC 的工作方式是周期扫描的，对于 1 ms 分辨率的定时器来说，定时器位和当前值的更新不与扫描周期同步。如果程序扫描周期大于 1 ms，定时器位和当前值在一次扫描周期内刷新多次。对于 10 ms 分辨率的定时器来说，定时器位和当前值在每个程序扫描周期的开始刷新。定时器位和当前值在整个扫描周期过程中为常数。在每个扫描周期的开始会将一个扫描累计的时间间隔加到定时器当前值上。对于分辨率为 100 ms 的定时器，在执行指令时对定时器位和当前值进行更新。因此，确保在每个扫描周期内，程序仅为 100 ms 的定时器执行一次指令，以便使定时器保持正确计时。

1. 指令说明

(1) TON 定时器可以自复位，为了确保在每一次定时器达到预设值时，自复位定时器的输出都能接通一个程序扫描周期，通常用一个常闭触点来代替定时器位作为定时器的使能输入。如图 4-17 所示，Q0.0 输出一个占空比 1∶1 的方波，改变比较指令的参数，可以改变占空比。TON 也可以使用复位指令复位。

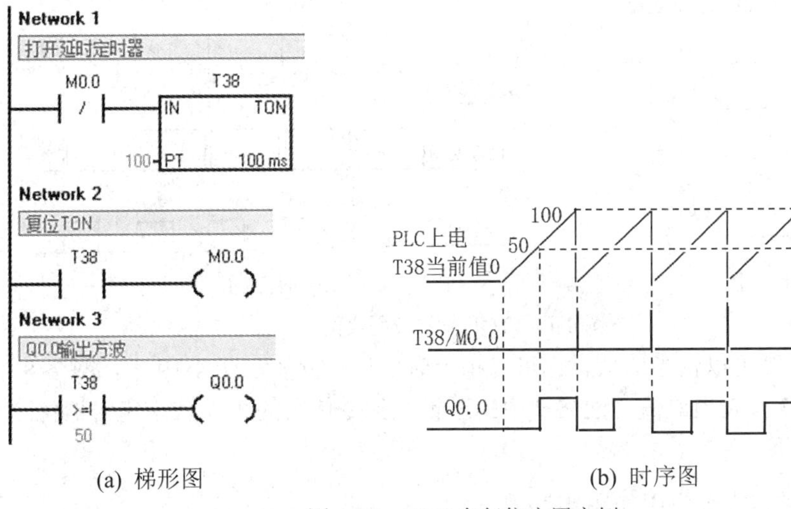

(a) 梯形图　　(b) 时序图

图 4-17　TON 自复位应用实例

(2) TONR 不能自复位，只能使用复位(R)指令来复位，用一个有记忆打开延时定时器实现图 4-18(b)所示的时序图，需要借助比较指令和复位指令来实现，在 TONR 定时器当前值等于设定值的时候对 TONR 复位，TONR 重新开始定时，实现 Q0.1 输出方波的梯形图和时序图如图 4-18 所示。

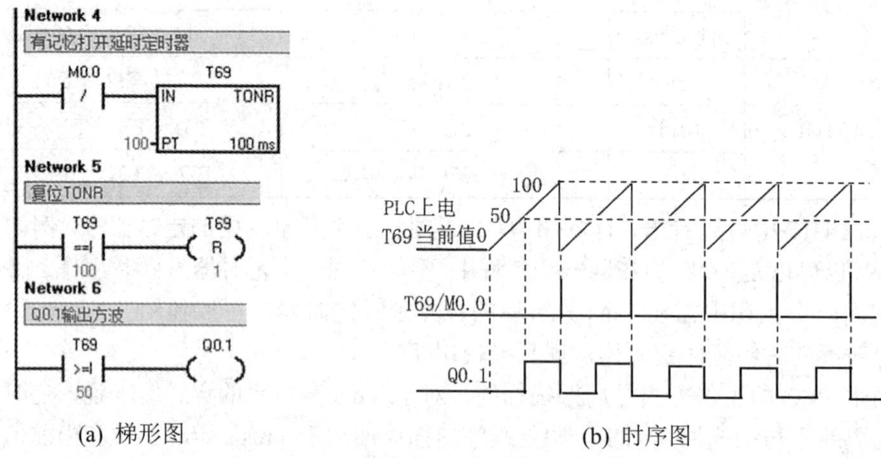

(a) 梯形图　　(b) 时序图

图 4-18　TONR 复位应用实例

(3) TOF 定时结束后自复位，为了再起动，TOF 定时器需要使能输入一个从 1 到 0 的跳变。使用 TON 自复位的思路，如图 4-19 所示，PLC 上电后 M0.1 常闭触点闭合，TOF 定时器 T37 常开触点闭合，M0.1 线圈接通，M0.1 常闭触点产生一个从 1 到 0 的跳变，TOF 定时器 T37 开始定时，T37 当前值等于设定值，T37 常开触点断开，M0.1 线圈断开，M0.1 的常闭触点闭合，TOF 定时器 T37 常开触点再次闭合，M0.1 线圈再次接通，M0.1 常闭触点再次产生一个从 1 到 0 的跳变，TOF 定时器 T37 又开始定时，这样 TOF 就可以周期运行了。

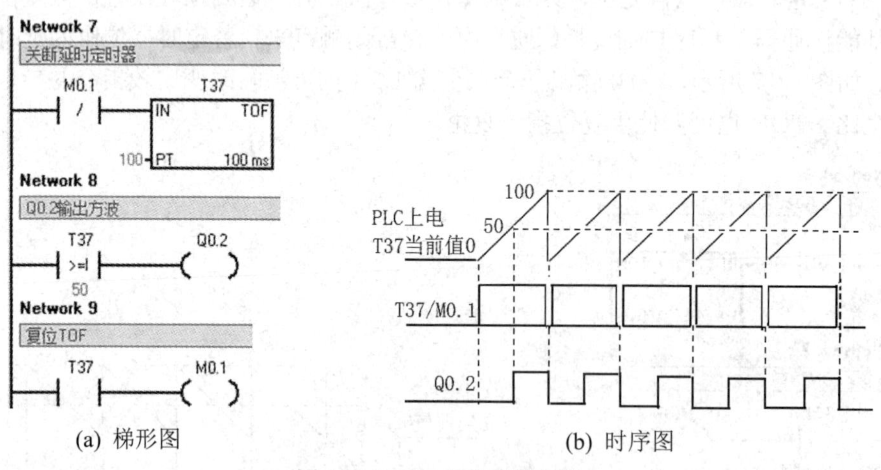

(a) 梯形图　　(b) 时序图

图 4-19　TOF 复位应用实例

(4) 定时器号既可以指当前值，也可以指定时器位，例如在图 4-19 中，网络 8 中的比较指令使用的 T37 代表当前值，网络 9 中的逻辑取指令使用的 T37 代表定时器位。

2. 指令应用

打开延时定时器指令应用如图 4-20 所示。

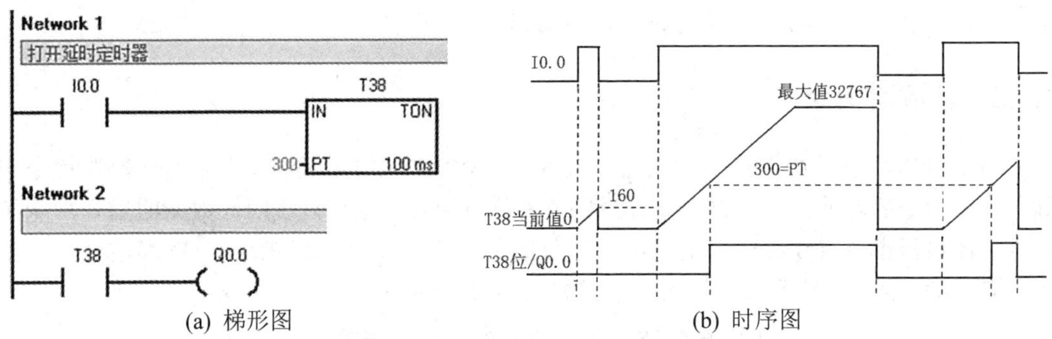

(a) 梯形图 (b) 时序图

图 4-20 打开延时定时器指令应用

TON 指令输入端 IN 为 1，定时器开始定时，如果在定时过程中，输入端 IN 由 1 变为 0，当前值清零，待输入端 IN 由 0 变为 1，定时器从 0 开始定时，当前值等于设定值 PT 时，定时器的常开触点闭合，常闭触点断开，定时器继续定时直到最大值；输入端 IN 由 1 变为 0，当前值清零，定时器触点恢复初始状态。

有记忆打开延时定时器指令应用如图 4-21 所示。

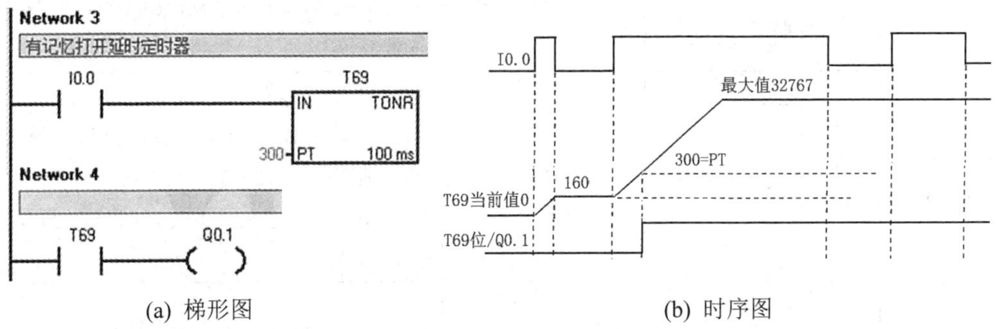

(a) 梯形图 (b) 时序图

图 4-21 有记忆打开延时定时器指令应用

TONR 输入端 IN 为 1，定时器开始定时，如果在定时过程中，输入端 IN 由 1 变为 0，当前值保持，待输入端 IN 由 0 变为 1，定时器从当前值继续计数。当前值等于设定值 PT 时，定时器的常开触点闭合，常闭触点断开，定时器继续定时直到最大值。输入端 IN 由 1 变为 0，当前值保持，定时器触点状态保持。

关断延时定时器指令应用如图 4-22 所示。

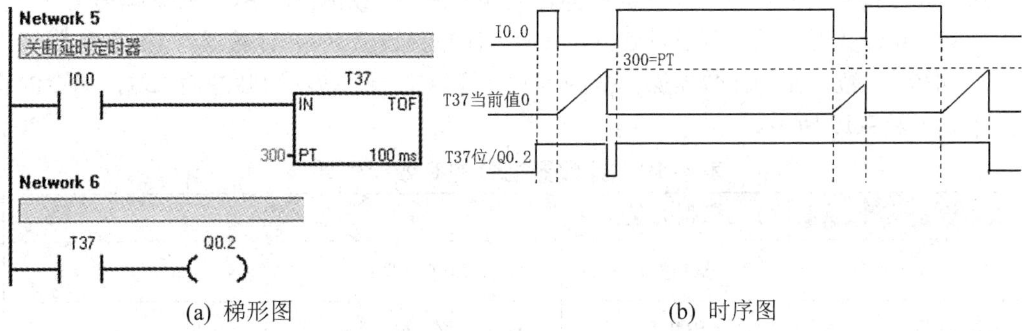

(a) 梯形图 (b) 时序图

图 4-22 关断延时定时器指令应用

TOF 输入端 IN 为 1，定时器的常开触点闭合，常闭触点断开；输入端 IN 由 1 变为 0，定时器开始定时，当前值等于设定值 PT 时，定时器触点恢复初始状态。如果在定时过程中，输入端 IN 由 0 变为 1，定时器当前值清零。

4.2.2　计数器指令

S7-200 PLC 有计数器指令和高速计数器指令和脉冲输出指令，其中高速计数器指令和脉冲输出指令的功能和应用将在第 6 章的 6.8 节中介绍，本节只说明计数器的指令功能和应用。计数器指令有 3 种，分别是增计数器指令 CTU、减计数器指令 CTD 和增减计数器指令 CTUD，3 种计数器指令的指令格式如表 4-18 所示。

表 4-18　计数器指令的指令格式

指令	LAD	STL	指 令 功 能
增计数器(CTU)	Cn CU　CTU R PV	CTU CXX, PV	当前值从 0 开始，在每一个 CU 输入状态从 0 到 1 时当前值加 1。当前值大于等于预设值 PV 时，计数器位置位，当前值达到最大值 32767 后，计数器停止计数。当复位端 R 接通或者执行复位指令后，计数器位被复位
减计数器(CTD)	Cn CD　CTD LD PV	CTD CXX,PV	当装载输入端 LD 接通时，计数器位被复位，并将计数器的当前值设为预设值 PV。在每一个 CD 输入状态由 0 到 1 时当前值减 1。当前值等于 0 时，计数器位置位，计数器停止计数
增减计数器(CTUD)	Cn CU　CTUD CD R PV	CTUD CXX, PV	在每一个增计数输入 CU 由 0 到 1 时加 1 计数，在每一个减计数输入 CD 由 0 到 1 时减 1 计数，当前值等于预设值 PV，计数器位置 1。当复位端 R 接通或者执行复位指令后，计数器位被复位

加计数器指令的操作数有加计数脉冲输入端 CU、计数预设值 PV、计数器号 Cn 和复位信号 R，减计数器有减计数脉冲输入端 CD、计数预设值 PV、计数器号 Cn 和装载输入端 LD，增/减计数器在加计数器操作数的基础上还增加一个减计数脉冲输入端，指令的有效操作数如表 4-19 所示。

表 4-19　计数器指令的有效操作数

输入/输出	数据类型	操　作　数
Cn	WORD	常数 C0 到 C255
CU、CD、LD、R	BOOL	I、Q、V、M、SM、S、T、C、L
PV	INT	IW、QW、VW、MW、SMW、SW、LW、T、C、AC、AIW、*VD、*LD、*AC、常数

1. 指令说明

(1) 由于每一个计数器只有一个当前值，所以不能多次定义同一个计数器。具有相同标号的增计数器、增/减计数器、减计数器访问相同的当前值。

(2) 当使用复位指令复位计数器时，计数器位复位并且计数器当前值被清零。计数器标号既可以用来表示当前值，又可以用来表示计数器位。

2. 指令应用

增计数器指令应用如图 4-23 所示。

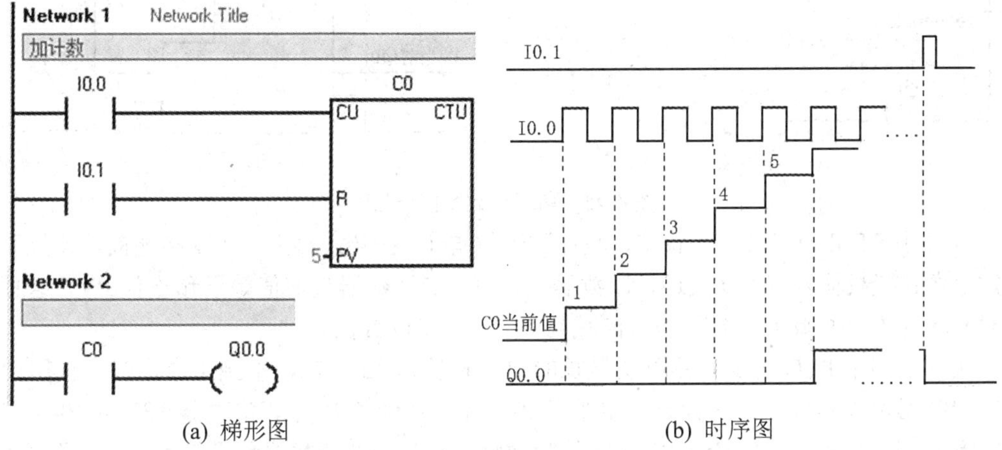

(a) 梯形图　(b) 时序图

图 4-23　增计数器指令应用

在图 4-23 中，加计数器当前值等于预设值 PV 后，计数器位置位，加计数器对输入端 CD 的脉冲继续计数，可以达到最大值 32767，直至复位端 R 接通，计数器位复位。

增减计数器指令应用如图 4-24 所示。

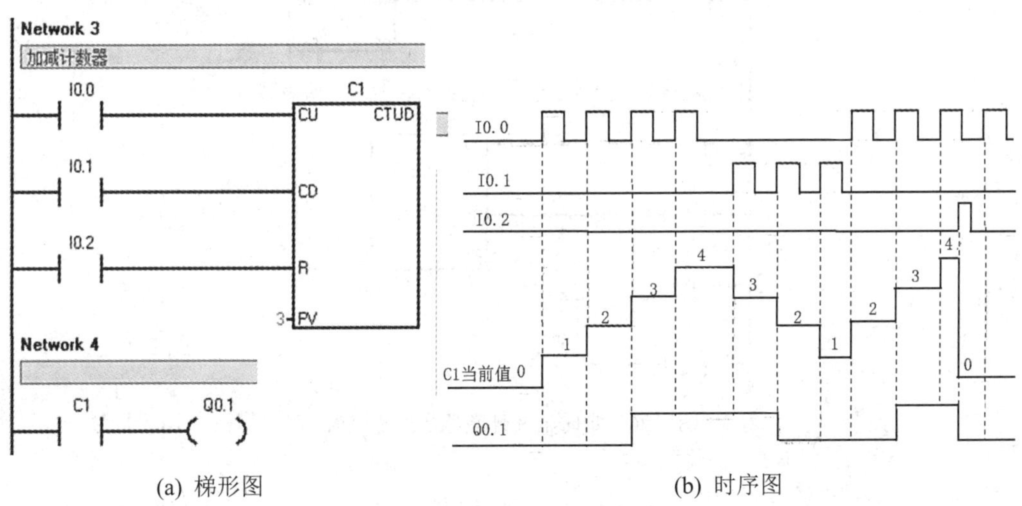

(a) 梯形图　(b) 时序图

图 4-24　增减计数器指令应用

对于增减计数器，当达到最大值 32767 时，在增计数输入端 CU 的下一个上升沿导致当前计数值变为最小值 −32768。当达到最小值 −32768 时，在减计数输入端 CD 的下一个上升沿导致当前计数值变为最大值 32767。

减计数器指令应用如图 4-25 所示。

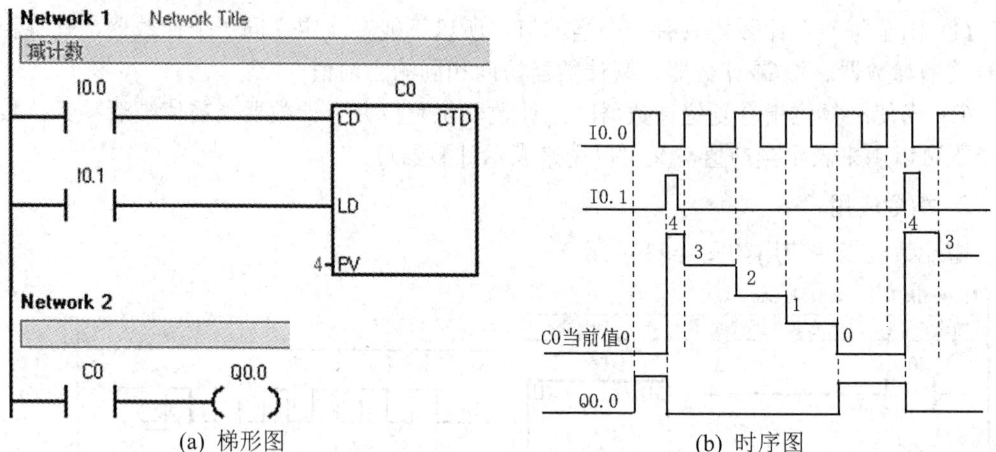

(a) 梯形图　　(b) 时序图

图 4-25　增减计数器指令应用

PLC 由 STOP 进入 RUN 状态，减计数器位置 1，在装载输入端 LD 接通前，计数器不计数，直到装载输入端 LD 接通，计数器位复位，减计数器当前值等于预设值 PV，这时开始对 CD 端的脉冲减 1 计数，当前值减到 0，计数器位置位。

实际应用中 PLC 的定时器单次最长的定时时长为 3276.7s，不到 1 个小时，使用计数器加定时器可以实现长时间计时，如图 4-26 所示。在图 4-26 中，定时器 T37 每 100s 产生 1 个脉冲，这个脉冲作为增计数器 C0 的脉冲输入信号，增计数器预设值 600，这样 600 个脉冲之后，定时时间就是 1000min，实现长延时。

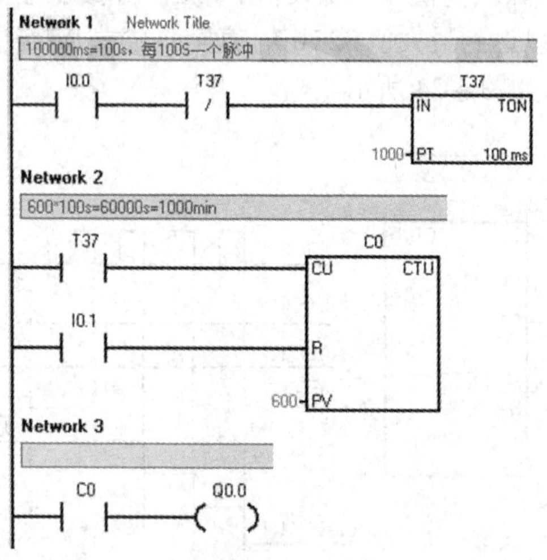

图 4-26　定时器和计数器实现长延时

4.3 比 较 指 令

比较指令本质上是触点指令，分为数值比较指令和字符串比较指令，比较指令为程序控制中实现上下限的控制提供了极大的方便。

数值比较指令可以实现两个输入数据 6 种关系比较，这 6 种关系分别是==、>=、<=、>、<和<>，当比较结果为真时，触点接通，否则触点断开。

比较指令可以是两个无符号数据的比较，数据类型是字节 BYTE；也可以是有符号数据的比较，数据类型是整数 INT、双整数 DINT 和实数 REAL。

由于比较指令是触点指令，所以对比较指令可以进行 LD、A 和 O 编程，下面以字节数据的相等比较指令说明，如表 4-20 所示。

表 4-20　比较指令的编程格式

编程方式	LAD	STL
LD 编程	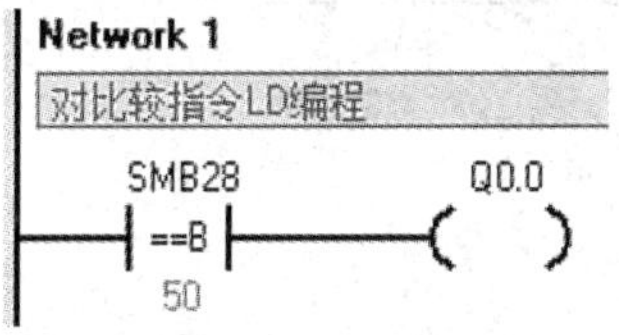 Network 1 对比较指令LD编程 SMB28 ==B 50 —(Q0.0)	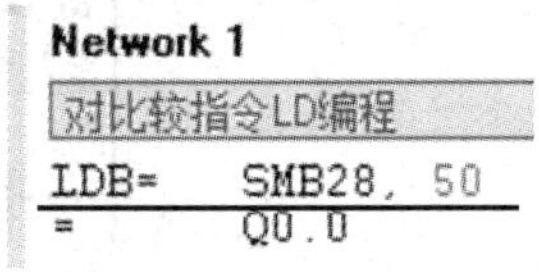 Network 1 对比较指令LD编程 LDB=　SMB28, 50 =　Q0.0
A 编程	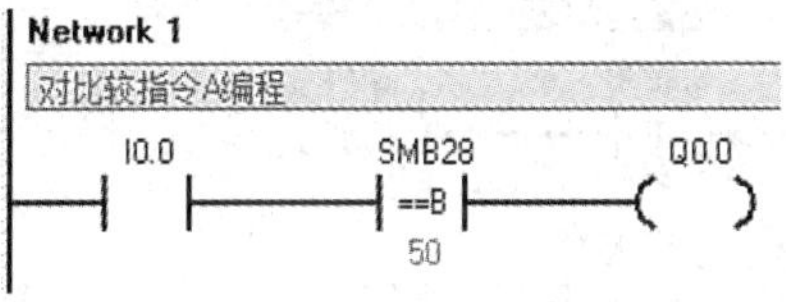 Network 1 对比较指令A编程 I0.0 — SMB28 ==B 50 —(Q0.0)	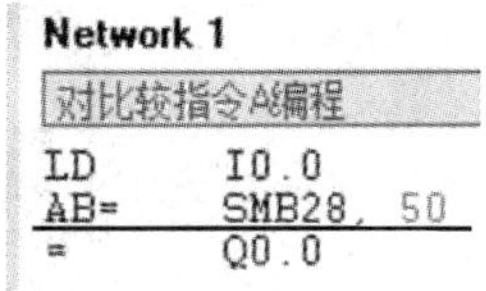 Network 1 对比较指令A编程 LD　I0.0 AB=　SMB28, 50 =　Q0.0
O 编程	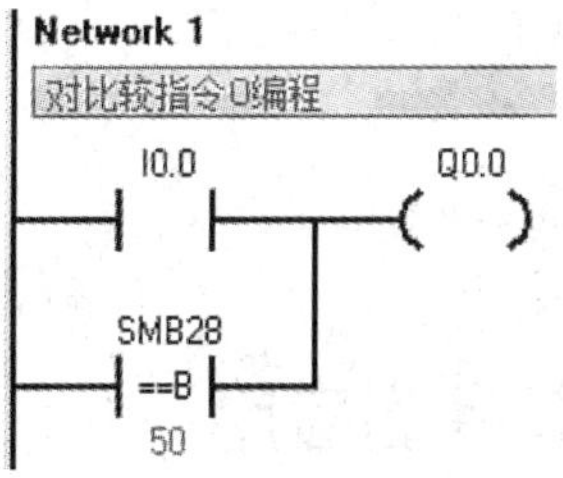 Network 1 对比较指令O编程 I0.0 —(Q0.0) SMB28 ==B 50	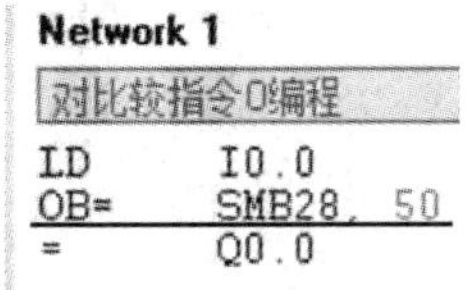 Network 1 对比较指令O编程 LD　I0.0 OB=　SMB28, 50 =　Q0.0

比较指令对两个数 INT1 和 INT2 进行关系比较，比较结果是 BOOL 型数据，如果关系为真，则比较结果是 1；如果关系为假，则比较结果是 0。比较指令的有效操作数如表 4-21 所示。

表 4-21　比较指令的有效操作数

输入/输出	数据类型	操　作　数
IN1/IN2	BYTE	IB、QB、VB、MB、SMB、SB、LB、AC、*VD、*LD、*AC、常数
	INT	IW、QW、VW、MW、SMW、SW、LW、T、C、AC、AIW、*VD、*LD、*AC、常数
	DINT	ID、QD、VD、MD、SMD、SD、LD、AC、HC、*VD、*LD、*AC、常数
	REAL	ID、QD、VD、MD、SMD、SD、LD、AC、*VD、*LD、*AC、常数
OUT	BOOL	I、Q、V、M、SM、S、T、C、L

1. 指令说明

比较指令比较的时候，参与比较的两个数据的数据类型要一致。两个比较的数据至少要有一个是变化的数据，变化的数据可能是定时器、计数器的当前值，也可能是采集的数据。定时器和计数器的当前值只支持 INT 类型的数据比较，如果比较的数据类型不一致，要先使用类型转换指令，见第 6 章 6.5.1 节。

2. 指令应用

比较指令的应用如图 4-27 所示。

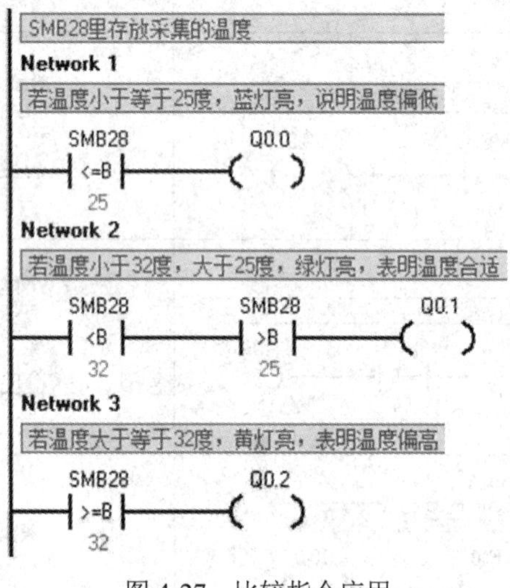

图 4-27　比较指令应用

4.4　基本指令的应用

位逻辑指令、定时器、计数器指令和比较指令是 PLC 实现逻辑控制的基本指令，本节通过应用实例进一步说明基本指令如何实现逻辑控制的。

【例 4-1】 控制 1 台三相交流异步电动机的起动和停止。具体控制要求如下：按下起动按钮，三相交流异步电动机起动，按下停止按钮，电动机停止。

分析：三相交流异步电动机在功率大于 7kW 的时候是不能直接起动的，需要使用交流接触器主触点控制电动机与三相交流电源的接通与断开，如图 4-28 主电路所示。

PLC 输出端子 Q0.0 连接交流接触器 KM 线圈，PLC 输入端子 I0.0 连接起动按钮 SB0，输入端子 I0.1 连接停止按钮 SB1，编程通过控制交流接触器线圈的接通与断开控制交流接触器主触点的接通与断开，实现对三相交流异步电动机的起动与停止的控制，实现弱电控制强电，I/O 分配表如表 4-22 所示。

表 4-22　三相交流异步电动机起停控制 I/O 分配表

输入端子	功能描述	输出端子	功能描述
I0.0	起动按钮	Q0.0	接触器线圈
I0.1	停止按钮		

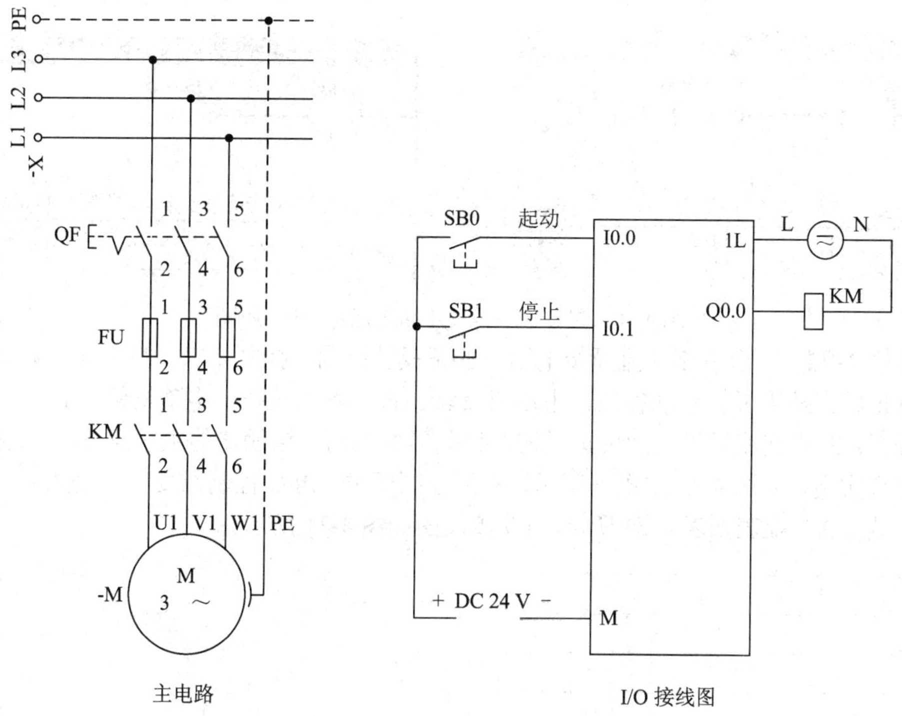

图 4-28　三相交流异步电动机起停控制电路图

控制接触器线圈接通与断开，就是使 Q0.0 置 1 或清零，使用触点线圈指令实现的程序如图 4-29 所示。

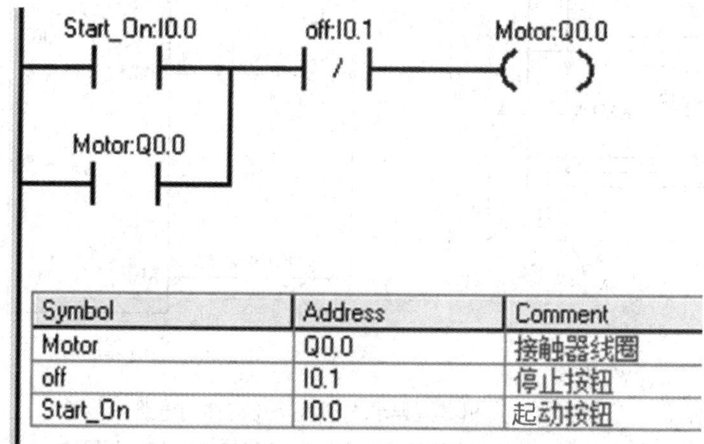

Symbol	Address	Comment
Motor	Q0.0	接触器线圈
off	I0.1	停止按钮
Start_On	I0.0	起动按钮

图 4-29　三相交流异步电动机起停控制的梯形图程序

在图 4-28 和图 4-29 中，合上刀开关 QF，按下起动按钮 SB0，I0.0 的常开触点闭合，Q0.0 接通，Q0.0 的常开触点闭合形成自锁，松开起动按钮，Q0.0 保持接通状态，接触器线圈得电，接触器主触点闭合，电动机起动；按下停止按钮 SB1，常闭触点 I0.1 断开，Q0.0 断开，接触器线圈失电，接触器主触点断开，电动机停止。

图 4-29 中的梯形图程序就是使用触点线圈指令实现的经典的起保停控制，同样的控制要求，使用置位/复位指令的梯形图程序如图 4-30 所示。

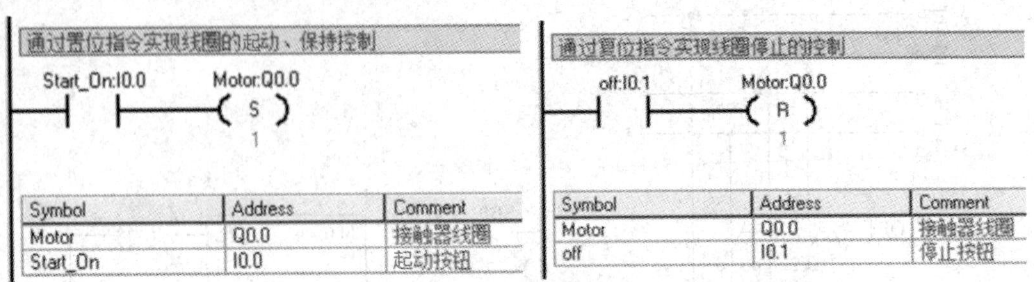

图 4-30　置位/复位指令实现的起保停控制程序

【例 4-2】 一台三相交流异步电动机的正反转控制。控制要求：按下正转起动按钮，电动机正转，按下反转起动按钮，电动机反转，按下停止按钮，电动机停止。

分析：三相交流异步电动机正反转的控制需要用两个接触器的主触点改变三相交流电的相序来实现，如图 4-31 主电路所示，根据控制要求，PLC 控制需要 3 个输入点，2 个输出点，其 I/O 分配表如表 4-23 所示，I/0 接线图如图 4-31 所示。

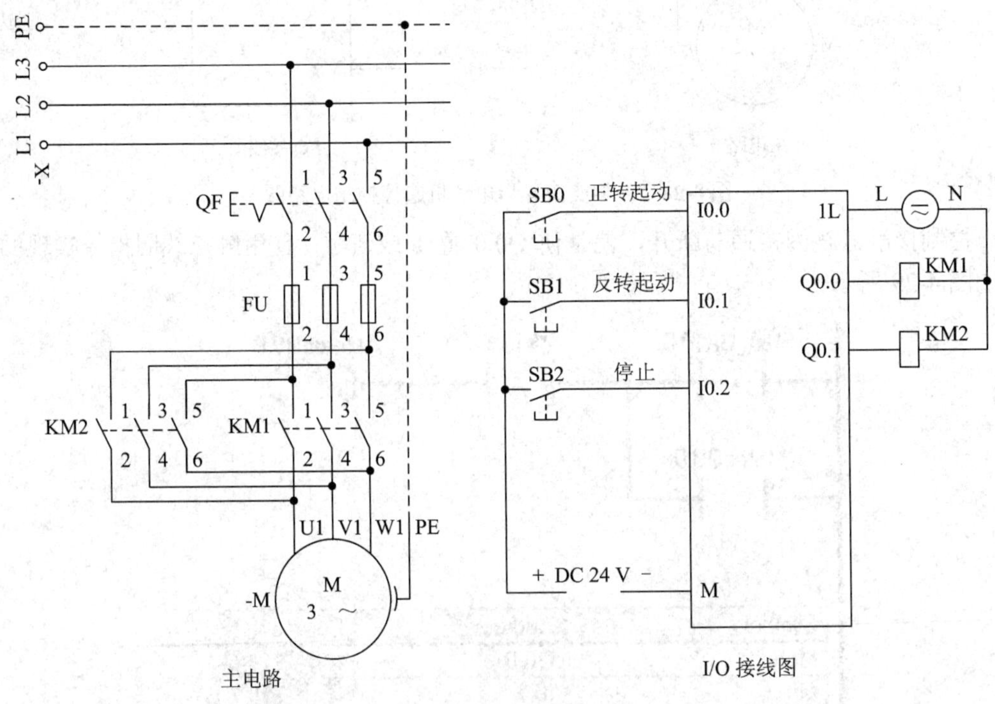

图 4-31　三相交流异步电动机正反转控制电路图

表 4-23　三相交流异步电动机起停控制 I/O 分配表

输入端子	功能描述	输出端子	功能描述
I0.0	正转起动按钮	Q0.0	接触器 KM1 线圈
I0.1	反转起动按钮	Q0.2	接触器 KM2 线圈
I0.2	停止按钮		

为了编程、调试程序的方便，通常在写程序之前先定义符号表“SymbolTable”，如图 4-32 所示。

			Symbol	Address	Comment
1			FAN_KM1	Q0.1	接触器KM2线圈
2			START_FAN	I0.1	反转起动按钮
3			START_ZHENG	I0.0	正转起动按钮
4			STOP_ALL	I0.2	停止按钮
5			ZHENG_KM1	Q0.0	接触器KM1线圈

图 4-32　编译环境下电动机正反转控制的符号表

按照控制要求按下正转按钮，接触器 KM1 线圈接通，按下反转按钮，接触器 KM2 线圈接通，按下停止按钮，KM1、KM2 线圈断开。在图 4-31 主电路中，用两个接触器主触点改变三相交流电的相序，所以两个接触器线圈不能同时接通，为了防止两个接触器线圈同时接通，这里需要使用“互锁”环节。具体的程序设计梯形图如图 4-33 所示。

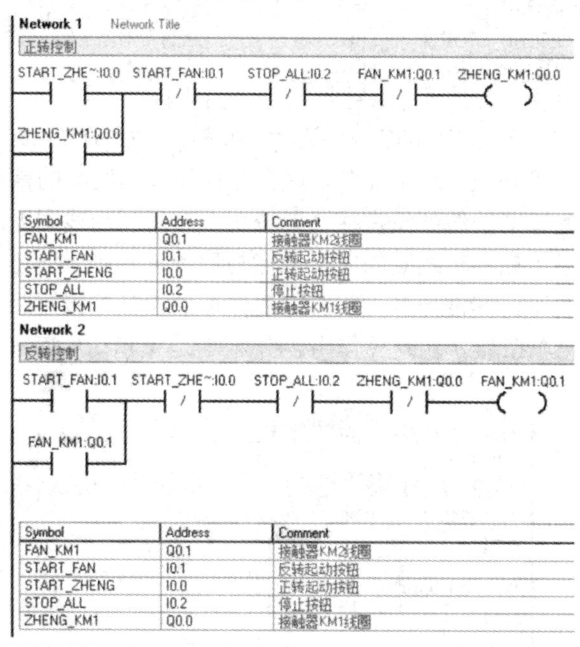

图 4-33　三相交流异步电动机正反转控制梯形图

程序是由两个 Network 构成的，每个 Network 都是一个起保停控制，所不同的是这里每个 Network 中串联了 3 个常闭触点，其中 I0.2 的作用是无论电动机处在正转状态下还是反转状态下，按下停止按钮，电动机停止。另外的两个常闭触点都是“互锁”环节，但作用又不尽相同。

“互锁”是为了保证电器安全运行而设置的环节，为了使两个或以上的线圈不能同时接通，把线圈自己的常闭触点串联到对方支路中，这样，当一个线圈接通时，这个线圈的常闭触点断开，对方支路的线圈就无法接通，从而保障电器的安全运行。

线圈 Q0.0 和 Q0.1 的常闭触点作为“互锁”环节是为了避免两个线圈同时得电而导致电源短路的保护环节；I0.0 使用一对常闭触点和常开触点，如果在电机停止状态下按下正转起动按钮 I0.0，I0.0 的常闭触点先断开，常开触点后闭合，电动机正转，这时如果按下反转起动按钮 I0.1，I0.1 的常闭触点先断开，使控制正转的线圈 Q0.0 断开，I0.1 的常开触点后闭合，使控制反转的线圈 Q0.1 接通，电动机反转。这种互锁在电气控制中是“机械互锁”，其作用是使电机从正转直接切换为反转，从反转直接切换为正转，不用停车。

【例 4-3】 两个起动按钮 SB0，SB2，控制两台电动机 M1，M2 的顺序起动，两个停车按钮 SB1，SB3，控制两台电动机顺序停车。控制要求：按下起动按钮 SB0，电动机 M1 起动，电动机 M1 起动后，按下起动按钮 SB2，电动机 M2 起动，在电动机 M1 没有起动前，按下起动按钮 SB2，M2 也不能起动。按下停车按钮 SB1，电动机 M2 先停车，再按下停车按钮 SB3，电动机 M1 才停车。

分析：这是一个先起动后停车，后起动先停车的控制需求。首先根据控制要求需要 4 个输入点，2 个输出点，图 4-34 是编译环境下顺序起动、顺序停车控制的符号表。

			Symbol	Address	Comment
1			FIRST_START	I0.0	电动机M1起动按钮SB0
2			SECOND_START	I0.2	电动机M2起动按钮SB2
3			FIRST_STOP	I0.1	电动机M2停车按钮SB1
4			SECOND_STOP	I0.3	电动机M1停车按钮SB3
5			FIRST_MOTOR	Q0.0	电动机M1
6			SECOND_MOTOR	Q0.1	电动机M2

图 4-34　编译环境下顺序起动、顺序停车控制的符号表

实现顺序起动需要“联锁”这个环节，联锁是把先起动线圈的常开触点串联到后起动线圈的支路中，这样先起动的线圈没有接通的情况下，后起动线圈无法接通，从而保证起动顺序；顺序停车可以用先停车线圈的常开触点与后停车的停车按钮并联，这样在先停车的线圈没有断开的情况下，其常开触点闭合把后停车的停车按钮短路掉，只有先停车的线圈断开了，后停车的停车按钮才能发挥作用。图 4-35 是先起动后停车，后起动先停车控制程序的梯形图。

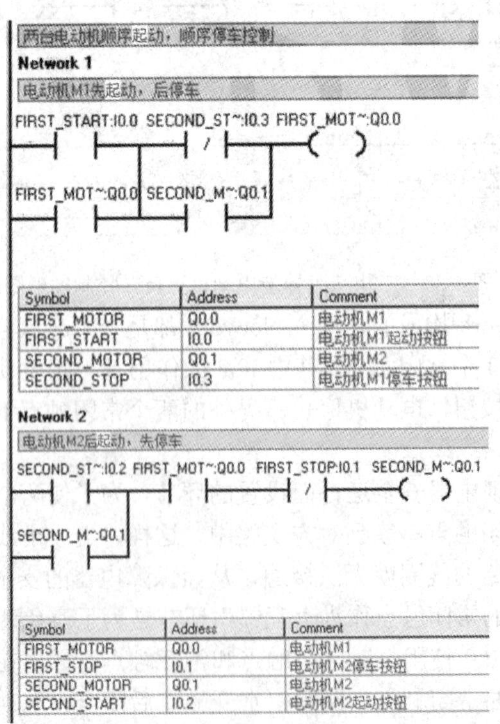

图 4-35　先起动后停车，后起动先停车控制程序梯形图

【例 4-4】 流水灯控制。控制要求：按下起动按钮，第一盏灯亮，1 秒后，第二盏灯

亮，第一盏灯灭，1 秒后，第三盏灯亮，第二盏灯灭……1 秒后，第八盏灯亮，第七盏灯灭，1 秒后第一盏灯亮，第八盏灯灭，如此周而复始，直到按下停止按钮，所有的灯都灭。

分析：流水灯控制以时间作为控制参数，对八盏灯的亮、灭状态进行切换，由于切换的时间都是 1 秒，这里以 TON 定时器 T37 构成 1 秒的脉冲串，使用增计数器 C0 计数，比较指令，每计一个脉冲，点亮一盏灯，程序梯形图如图 4-36 所示。

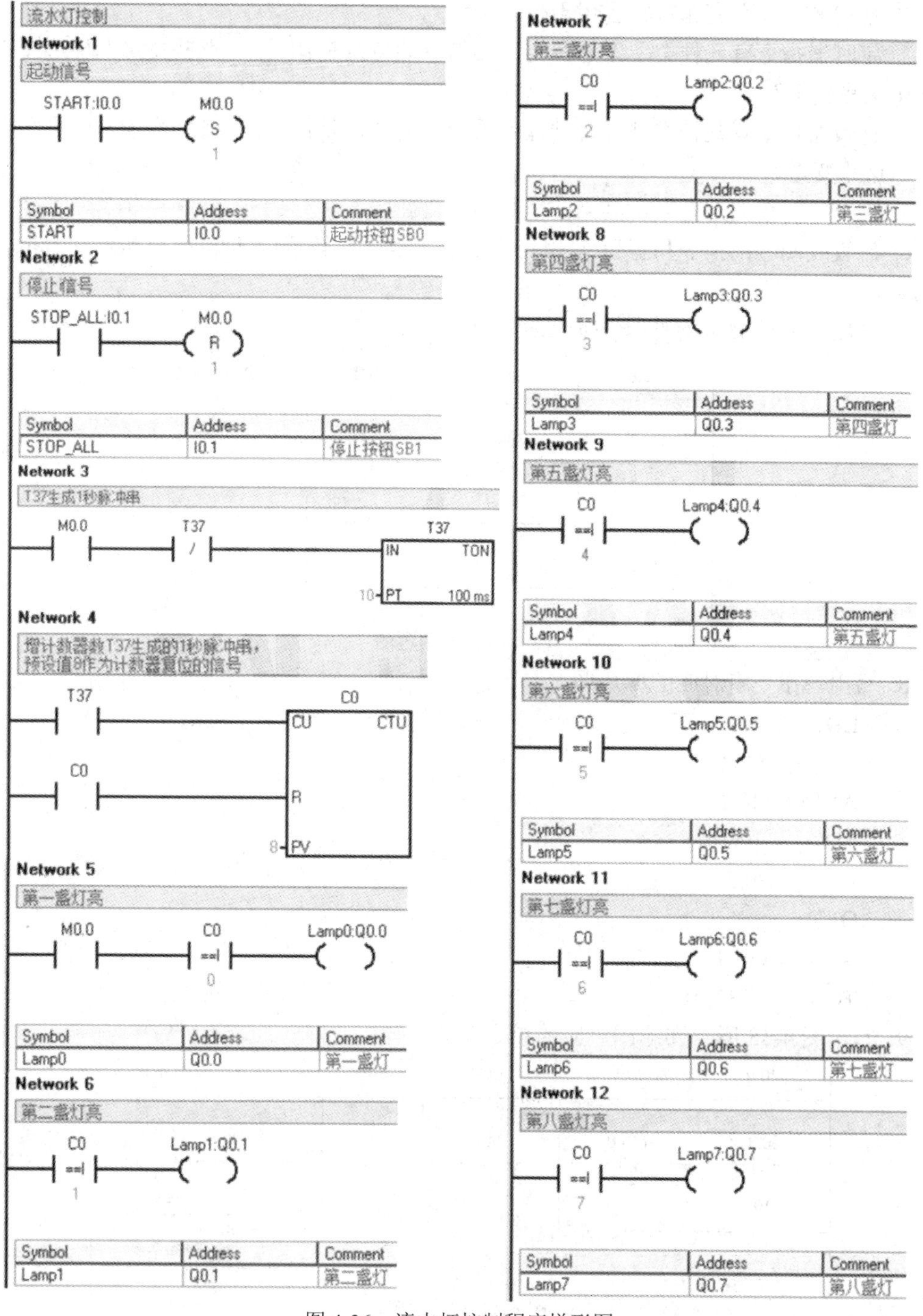

图 4-36　流水灯控制程序梯形图

练 习 题

1. 立即指令包括哪些指令，特点是什么？

2. 堆栈操作指令有哪些？各用于什么场合？

3. 定时器指令有几种类型？每种定时器指令的特点是什么，有哪些变量？梯形图中如何表示这些变量？

4. 计数器指令有几种类型？每种计数器指令的特点是什么，有哪些变量？梯形图中如何表示这些变量？

5. 不同分辨率的定时器，其当前值是如何刷新的？

6. 比较线圈输出指令和置位/复位指令的异同点，比较置位/复位指令和触发器指令的异同点？

7. 写出图 4-37 所示梯形图对应的指令表。

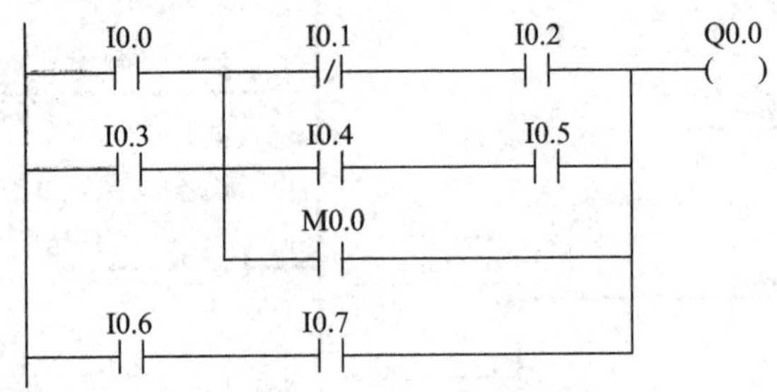

图 4-37　第 7 题图

8. 写出与指令表对应的梯形图。

```
LD      I0.0
O       Q0.0
AN      I0.1
LD      I0.2
A       I0.3
OLD
=       Q0.0
TON     T37, 100
```

9. 写出图 4-38 所示梯形图对应的指令表。

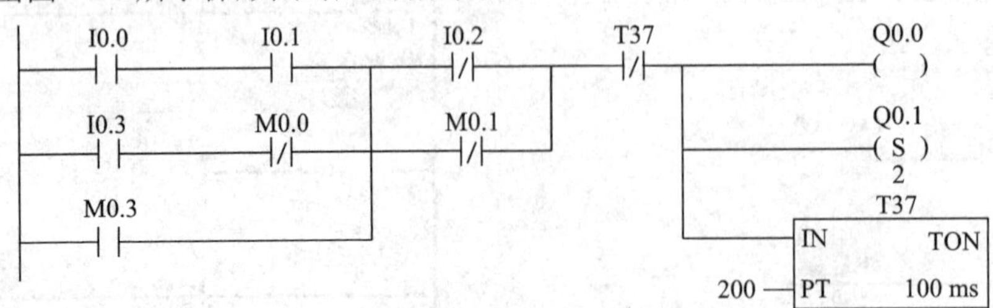

图 4-38　第 9 题图

10. 画出图 4-39 中 Q0.1 的波形。

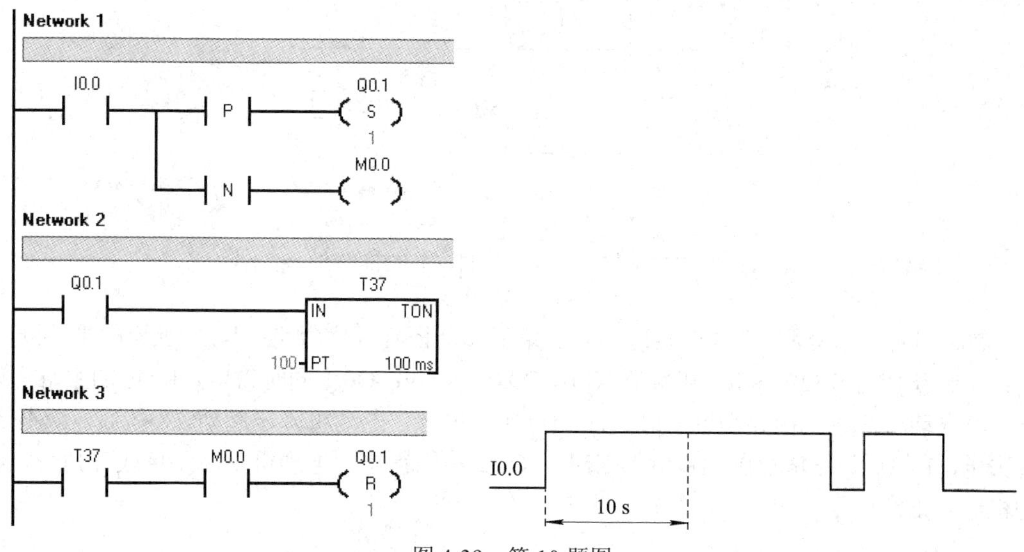

图 4-39　第 10 题图

11. 设计一个能实现图 4-40 所示的波形图的梯形图程序。

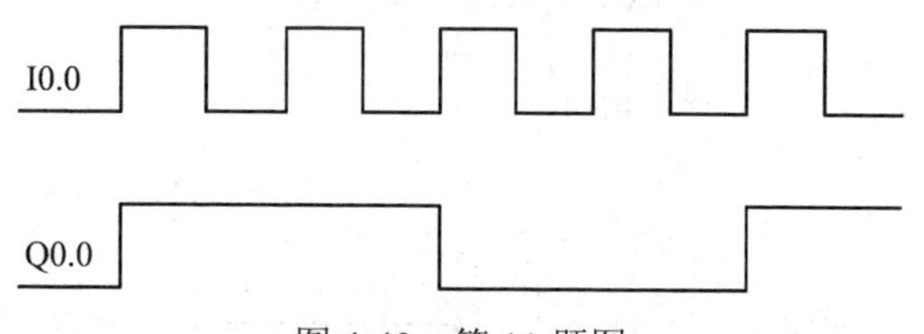

图 4-40　第 11 题图

12. 编写单按钮单路起停控制程序，控制要求为：单个按钮(I0.0)控制一盏灯，第一次按下时灯(Q0.1)亮，第二次按下时灯灭……即奇数次灯亮，偶数次灯灭。

13. 编写单按钮双路起停控制程序，控制要求为：用一个按钮(I0.0)控制两盏灯，第一次按下时第一盏灯(Q0.0)亮，第二次按下时第一盏灯灭，同时第二盏灯(Q0.1)亮，第三次按下时第二盏灯灭，第四次按下时第一盏灯亮，如此循环。

14. 使用触点线圈指令编写起动优先和停止优先的起保停梯形图程序。

15. 使用触点线圈指令编写一台电机的两地控制程序。控制要求为：I0.0、I0.2 是两地起动按钮，I0.1、I0.3 是两地停止按钮。

16. 请用通电延时定时器 T37 构造断电延时型定时器。具体要求为：断电延时时间为 10 s。

17. 编写闪烁电路程序。具体控制要求为：亮 1 s 灭 2 s。

18. 编写用 3 个开关(I0.0、I0.1、I0.2)控制一盏灯 Q1.0 的程序。控制要求为：当 3 个开关全通或者全断时灯亮，其他情况灯灭。提示：使用比较指令。

19. 运货小车在限位开关 SQ0 装料(见图 4-41)10 s 后，装料结束。开始右行碰到限位开关 SQ1 后，停下来卸料，15 s 后左行，碰到 SQ0 后，停下来卸料，10 s 后又开始右行，碰到限位开关 SQ1 后，继续右行，直到碰到限位开关 SQ2 后停下卸料，15 s 后又开始左行，这样不停地循环工作，直到按下停止按钮 SB0，小车还设有右行和左行的起动按钮 SB1 和

SB2。用经验法设计梯形图。

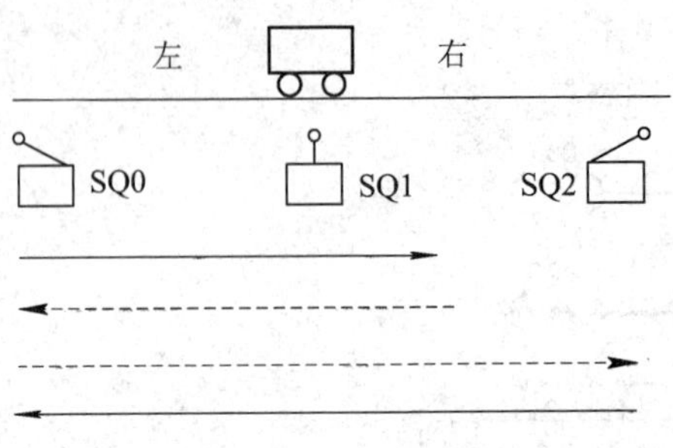

图 4-41　第 19 题图

20. 编写三相交流异步电动机星形-三角形起动控制程序(如图 4-42 所示)。控制要求为：按起动按钮 SB2：I0.0，接触器 KM：Q0.0、KM_Y：Q0.1 同时得电，KM_Y 的主触点闭合，将电动机接成星形并经过 KM 的主触点接至电源，电动机降压起动。8 秒后，KM_Y 线圈失电，1 秒后，三角形控制接触器 $KM_\triangle$：Q0.2 线圈得电。电动机主回路接成三角形，电动机进入正常运行。

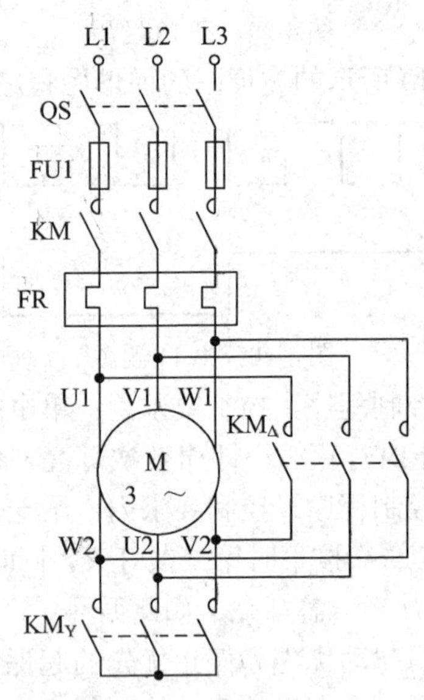

图 4-42　第 20 题图

21. 编写两台电动机 M1、M2，手动和自动两种控制方式的程序。控制要求为：工作在手动方式时，按钮 SB0、SB2 分别控制两台电机 M1、M2 的起动，按钮 SB1、SB3 分别控制两台电机 M1、M2 的停止；工作在自动方式时，SB4 是起动按钮、SB5 是停止按钮，按下起动按钮 SB4，电动机 M1 先起动，5 s 后电动机 M2 起动，按下停止按钮 SB5，则两台电动机同时停止。自动/手动方式选择开关为 SK，电动机 M1 的驱动接触器为 KM1，电动机 M2 的驱动接触器为 KM2。因接触器为交流型，故采用 DC 输入、继电器输出的 S7-200 PLC。

请根据控制要求作出系统的 I/O 分配表、I/O 接线图、主电路和梯形图程序。

第 5 章　S7-200 PLC 步进指令及应用

PLC 的程序设计方法可以沿用继电器电路图的设计方法，即在一些典型电路的基础上，根据被控对象对控制系统的具体要求，不断地修改和完善梯形图，有时需要多次反复地调试和修改梯形图，增加一些中间编程元件和触点，最后才能得到一个较为满意的结果。然而，在设计复杂系统的梯形图时，需要的中间编程元件和触点较多，很难捋清复杂的逻辑关系，花费的时间较长，即便能够设计出满足功能要求的梯形图程序，往往阅读性较差，非常不便于工程技术人员之间的交流，给系统的维修和改进带来了很大的困难。因此，有必要进一步深入探讨更广泛的步进顺序类型问题的程序设计方法。

所谓(步进)顺序控制，就是按照生产工艺预先规定的顺序，在各个输入信号的作用下，根据内部状态和时间的顺序，在生产过程中各个执行机构自动地、秩序地进行操作。采用顺序控制设计法时首先根据系统的工艺过程，画出顺序功能图，然后根据顺序功能图设计出梯形图。这种设计方法简单、易学，设计效率高，程序调试、修改方便，阅读性较好。

5.1　PLC 功能图概述

5.1.1　功能图的基本概念

顺序功能图(Sequential Function Chart，SFC)是描述控制系统的控制过程、功能和特性的一种通用的技术语言，又叫作状态转移图、状态图或流程图。在 IEC 的 PLC 编程语言标准(IEC 61131-3)中，顺序功能图排在第一位。我国也于 1986 年颁布了顺序功能图的国家标准。

顺序功能图是设计 PLC 顺序控制程序的一种重要工具，适用于系统规模较大、程序关系较复杂的场合，特别适用于对顺序操作的控制。顺序功能图的设计过程比较规范、直观，可以极大地提高设计效率。

顺序功能图的基本设计思想是：设计者按照生产要求，将被控对象的一个工作周期划分成若干个工作阶段(简称步)，并明确表示每一步要执行的输出，步与步之间通过指定的条件进行转换，在程序中，只要能够按顺序正确实现步与步之间的转换，就可以完成被控设备的全部动作。

由此可见，组成顺序功能图程序的基本要素是步、转换和有向连线(表达了顺序)。它用约定的几何图形、有向线段和简单的文字来说明和描述 PLC 的处理过程及程序的执行步骤。下面以一个小车运料实例来介绍这几个概念。

【例 5-1】如图 5-1 所示，小车初始时停在最左端，小车底门为打开状态(Q0.3 为 OFF)，限位开关 SQ1(I0.1)为闭合状态，此时，按下起动按钮 SB1(I0.0)，小车前进(Q0.0)，当运行至料斗下方时，限位开关 SQ2(I0.2)动作，小车底门闭合(Q0.3 为 ON)，此时打开料斗给小车加料(Q0.1)，延时 5s 后关闭料斗，小车后退返回(Q0.2)，退到最左端 SQ1(I0.1)动作时，打开小车底门卸料，10s 后结束完成一次动作，小车恢复初始状态。顺序功能图如图 5-2 所示。

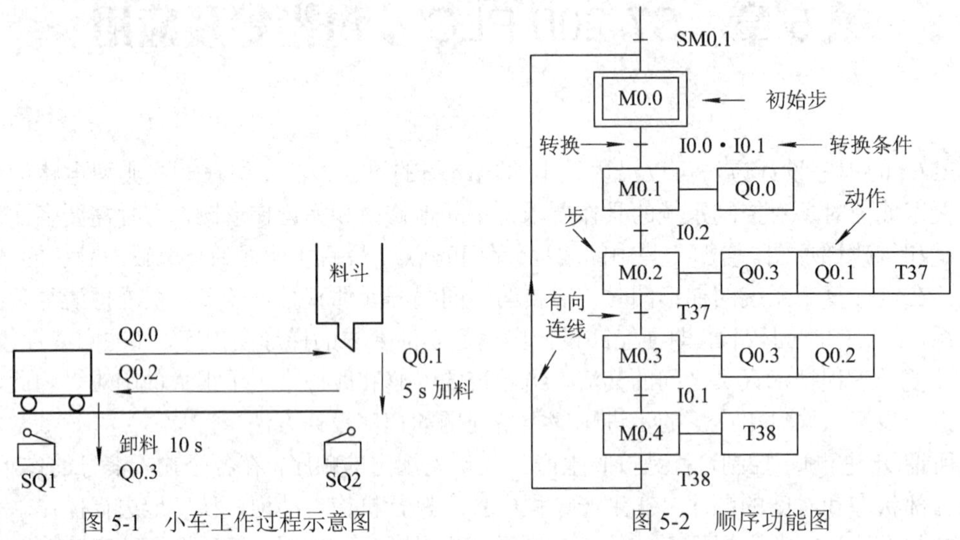

图 5-1　小车工作过程示意图　　　　图 5-2　顺序功能图

1. 步的概念

步(Step)是顺序功能图中最基本的组成部分，是将一个工作周期分解为若干个顺序相连而清晰的阶段，对应一个相对稳定的状态。步用编程元件(如标志位存储器 M 和顺序控制继电器 S)来代表，其划分依据是 PLC 输出量的变化。在任何一步内，输出量的状态应保持不变，但两步之间的转换条件满足时系统就由原来的步进入新的步。

分析小车的工作过程可知，从小车在初始位置时按下起动按钮开始，再到返回到初始位置为止的整个工作周期中，共有 5 步(5 个状态)，分别用 M0.0～M0.4 表示。M0.0 步：小车静止，没有任何输出；M0.1 步：小车右行；M0.2 步：小车底门闭合，料斗加料，开始计时；M0.3 步：小车底门仍然闭合，小车左行；M0.4 步：小车卸料计时，此时左、右行停止，小车底门打开。

在一个工作周期中，每一时刻只能有一个步，不能同时有两个步，输出状态变化了，就进入了新步。

(1) 初始步：与系统的初始状态相对应的步称为初始步。该实例中，按下起动按钮之前，小车处于最左端，I0.1 闭合，步 M0.0，即为初始步，表示初始状态。初始步一般是系统等待起动命令的相对静止的步。初始步用双线方框表示，其他步用单线框表示，每一个顺序功能图至少应该有一个初始步。

(2) 步的状态：步有活动态和非活动态两种状态。在某一时刻，某一步可能处于活动态，也可能处于非活动态。也就是说，某一时刻只能有一个活动态(单序列)。当步处于活动态时称其为活动步，与之相对应的命令或动作将被执行；当某步处于非活动态时为静止步，相应的非存储型动作被停止执行。

(3) 与步对应的动作或命令：在某一步中要完成某些动作可以用图 5-3 中的两种画法来表示多个动作。本例中的 M0.3 步也可以用图 5-4 来表达。

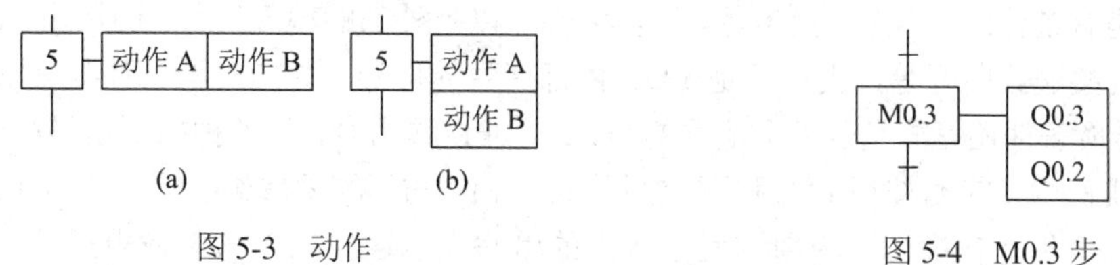

图 5-3　动作　　　　图 5-4　M0.3 步

(4) 非存储型动作或命令：当某步活动时，若与某步相连的动作或命令被执行，而该步静止，则此动作或命令返回到该步活动前的状态，此动作或命令类型是非存储型。

(5) 存储型动作或命令：若某动作在与之相连的步成为静止步时依然保持它在该步为活动步时的状态，则此动作或命令为存储型。存储型动作或命令被后续的步激励并复位，仅能返回它的原始状态。

动作或命令说明语句应正确选用，以明确表明该动作或命令是存储型还是非存储型。本例中，Q0.3 在 M0.2 和 M0.3 步都为 ON，可以用动作的修饰词“S”在它应为 ON 的第一步 M0.2 将它置位，用动作的修饰词“R”在它应为 ON 的最后一步 M0.3 的下一步 M0.4，将它复位。Q0.3 的这种动作是存储型动作。图 5-5 所示为有存储型动作的顺序功能图。

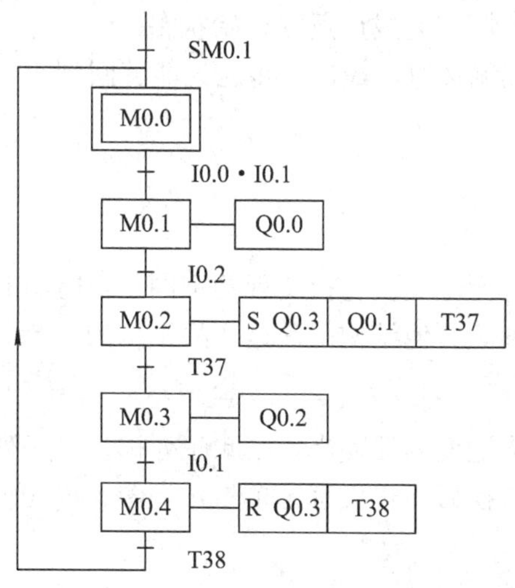

图 5-5　有存储型动作的顺序功能图

2. 有向连线

有向连线表示步与步之间进展的路线和方向，也表示各步之间的连接顺序关系，有向连线也称为路径。在画顺序功能图时，将代表各步的方框按它们成为活动步的先后次序顺序排列，并用有向连线将它们连接起来。步的活动状态习惯的进展方向是从上到下或从左至右，在这两个方向上有向连线上的箭头可以省略。如果不是上述方向，则应在有向连线上用箭头注明进展方向。在可以省略箭头的有向连线上，为了更易于理解，也可以加箭头。

3. 转换

步与步之间用有向连线连接，表示上一步活动结束与下一步活动开始的顺序连接关系。两个步之间绝对不能直接相连，必须用一个转换隔开。转换是结束某一步、起动下一步的操作，步的活动状态的进展由转换的实现来完成，并与控制过程的发展相对应。转换在功能图中用与有向连线垂直的短横线表示，两个转换不能直接相连，必须用一个步隔开。

转换是有条件的，称为转换条件。这种条件可以是外部的输入信号，如按钮、指令开关、限位开关的接通或断开等，也可以是 PLC 内部产生的信号，如定时器、计数器常开触点的接通等。转换条件还可能是若干个信号的与、或、非逻辑组合，是各种控制信号综合的结果。

上述实例中，起动按钮 I0.0 和限位开关 I0.1 相“与”的逻辑组合是步 M0.0 和步 M0.1 之间的转换条件，在梯形图中用这两个触点的串联表示这样的“与”逻辑组合，表示 I0.0 的常开触点和 I0.1 的常开触点同时为 ON 时，由 M0.0 步向 M0.1 步转换才有可能，只有当 M0.0 为活动步且满足转换条件时，上一步 M0.0 活动结束，下一步 M0.1 活动开始。又如，T37 的常开触点是步 M0.2 和步 M0.3 之间的转换条件，当 M0.2 为活动步且满足转换条件 T37 为 ON 时，T37 的常开触点闭合，上一步 M0.2 活动结束，下一步 M0.3 活动开始。

要使系统能够运行，至少要有一个活动步。只有当某步的前级步是活动步时，该步才有可能变为活动步。因为代表各步的编程元件(如 M0.1 等)没有断电保持功能，则系统进入工作模式后因没有活动步而无法进行，因此系统进入工作模式后，一般把初始步转换为活动步，且采用初始化脉冲 SM0.1 的常开触点作为转换条件。如果系统有自动和手动两种工作方式，则还应在系统由手动转入自动时用一个适当的信号将初始步设置为活动步。

为了能在一个工作周期操作完成后返回初始状态，步和有向连线应构成一个封闭的环状结构。当工作方式为连续循环时，最后一步应该能够回到下一个流程的初始步，也就是循环不能够在某步被终止。

5.1.2　功能图的结构

根据功能图中的序列有无分支及转换实现的不同，功能图的基本结构形式有 3 种：单序列、选择序列和并行序列。其他结构都是这 3 种结构的复合。

1. 单序列

如果一个序列中各步依次变为活动步，则此序列称为单序列。在此结构中，每一步后面仅有一个转换，而每个转换后面也仅有一个步，如图 5-6(a)所示。

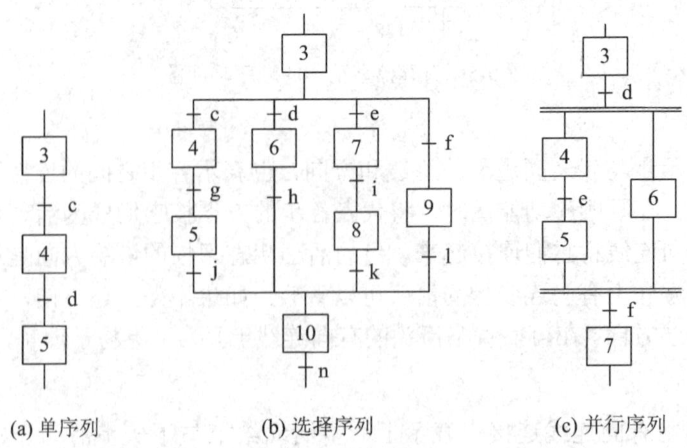

图 5-6　单序列、选择序列和并行序列

2. 选择序列

选择序列是指在某一步后有若干个单序列等待选择，一次只能选择一个序列进入。选择序列的开始部分称为分支，转换符号只能标在选择序列开始的水平线之下，如图 5-6(b)上半部分所示。如果步 3 是活动步，则当转换条件 d=1 时步 3 进展为步 6。与之类似，当转换条件 c=1 时，步 3 也可以进展为步 4，但是一次只能选择一个序列。

选择序列的结束称为合并，如图 5-6(b)下半部分所示。几个选择序列合并到一个公共序列上时，用一条水平线和与需要重新组合的序列数量相同的转换符号表示，转换符号只能标在结束水平线的上方。

3. 并行序列

并行序列指在某一转换实现时，同时有几个序列被激活，也就是同步实现，这些同时被激活的序列称为并行序列。并行序列表示的是系统中同时工作的几个独立部分的工作状态。并行序列的开始称为分支，如图 5-6(c)上半部分所示，当步 3 是活动的，且 d=1 时，4、6 这两步同时变为活动步，而步 3 变为静止步。转换符号只允许标在表示开始同步实现的水平线上方。并行序列的结束称为合并，如图 5-6(c)下半部分所示。转换符号只允许标在表示合并同步实现的水平线下方。

5.1.3　功能图与梯形图的转换

根据顺序控制系统的功能要求，首先要设计出顺序功能图，然后可以很方便地将功能图转化为 PLC 的梯形图。为了便于将顺序功能图转化为梯形图，一般将“步”用代表各步的编程元件的地址(如 M0.1)表示，并将转换条件和各步的动作与命令清晰地标注在顺序功能图上。

1. 转换实现的条件

在顺序功能图中，步的活动状态的进展是由转换的实现来完成的。转换实现必须同时满足两个条件：

(1) 该转换所有的前级步都是活动步。

(2) 相应的转换条件得到满足。

这两个条件是缺一不可的。在并行序列中，存在转换的前级步或后续步不止一个的情况，要确保所有的前级步都是活动步。也就是说，转换要做到同步实现。

2. 转换实现应完成的操作

转换实现时应完成以下两个操作：

(1) 使所有由有向连线与相应转换符号相连的后续步都变为活动步。

(2) 使所有由有向连线与相应转换符号相连的前级步都变为不活动步。

在单序列和选择序列中，一个转换仅有一个前级步和一个后续步。在并列序列的分支处，转换有几个后续步，在转换实现时应同时将它们对应的编程元件置位。在并列序列的合并处，转换有几个前级步，它们均为活动步时才有可能实现转换，在转换实现时应同时将它们对应的编程元件全部复位。

3. 绘制顺序功能图时的注意事项

(1) 两个步绝对不能直接相连，必须用一个转换将它们分隔开。

(2) 两个转换也不能直接相连，必须用一个步将它们分隔开。

(3) 顺序功能图中的初始步一般对应于系统等待起动的初始状态，且在系统上电的第一个扫描周期设为活动步。这一步可能没有对应动作或输出状态，但是必不可少。如果缺少该步，系统将无法进入一个活动步，从而不能正常运行。也就是说，要想使系统运行，至少要有一个活动步，系统上电后把初始步设为活动步，就为系统的正常运行做好了准备。

(4) 顺序功能图必须是由步、转换和有向连线组成的闭环，即在完成一次工作周期的全部操作之后，应从最后一步返回初始步，系统停留在初始状态，为下一次工作周期做准备。在采用连续循环工作方式时，应从最后一步返回下一工作周期开始运行的第一步，否则，系统只能运行一次，停留在最后一步，到此为止。

4. 顺序控制设计法的本质

图 5-7 给出了经验设计法和顺序控制设计法的输入和输出的关系。从图 5-7 中可知，顺序控制设计法比经验设计法多了一个编程元件，可以用存储器位 M 作为此编程元件。正是由于 M 的存在，可以将复杂的工作过程分解成按照时间顺序进行的“步”，每一步代表了工作过程的一个状态，具有不同的输出情况。而用 M 的每一个位值(如 M0.0、M0.1 等)代表一个步，当其为 ON 时该步为活动步，输出改变状态，其他步为非活动步，其输出状态被禁止。通过这样的中间变量来设计梯形图程序，避免了经验设计法中复杂的变量间的关系，具有简单、规范、通用的优点。

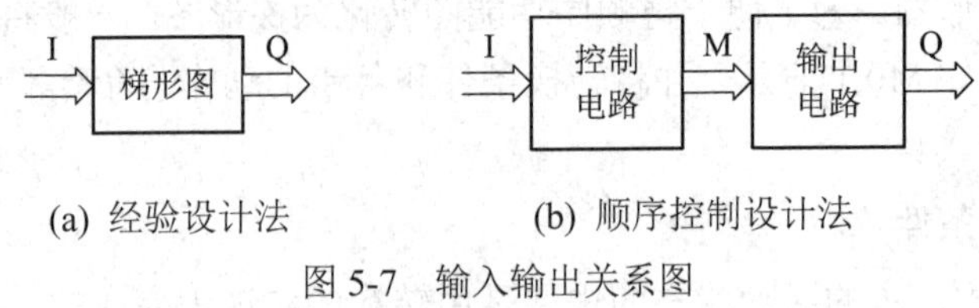

(a) 经验设计法　　(b) 顺序控制设计法

图 5-7　输入输出关系图

5.2　顺序控制设计方法

5.2.1　基于起保停电路的顺序控制设计方法

根据顺序功能图设计梯形图时，可以用存储器位 M 来代表步。当某一步为活动步时，对应的存储器位为 1 状态。当某一转换实现时，该转换的后续步变为活动步，前级步变为不活动步。在顺序控制中，各步按照顺序先后接通、保持和断开，犹如电动机按顺序起动、保持和停止，因此可以仿照电动机的起保停电路来解决顺序控制的问题。

基于起保停电路的顺序控制设计方法的关键是找出电路的起动条件和停止条件。根据转换实现的基本规则，转换实现的条件是它的前级步为活动步，并且满足相应的转换条件。例 5-1 中，M0.1 的前级步 M0.0 为活动步，且满足转换条件 I0.0 和 I0.1 相与为 1 状态，M0.1 才能为 ON 并保持。因此，在起保停电路中，应将代表前级步的 M0.0 与转换条件相与，作为控制 M0.1 的起动条件，在梯形图中将它们的常开触点相串联即可。

当步 M0.2 变为活动步时，步 M0.1 应变为不活动步，因此可以将 M0.2 为 1 状态作为 M0.1 步的停止条件，即将 M0.2 的常闭触点与 M0.1 的线圈串联。

上述逻辑关系可以用逻辑代数式表示为

$$\text{M0.1}=(\text{M0.0}\cdot\text{I0.0}\cdot\text{I0.1}+\text{M0.1})\cdot\overline{\text{M0.2}}$$

根据上述编程方法和顺序功能图，找到步 M0.1 的起动条件和停止条件，很容易画出步 M0.1 的梯形图，如图 5-8 所示。

同样，可以方便地画出其他各步的梯形图程序。

对于输出电路部分，由于步是根据输出变量的状态变化来划分的，因此它们之间的关系极为简单，可以分为以下情况来处理：如果某一输出量仅在某一步中为 ON，则可以将它的线圈与对应步的存储器位的线圈并联。如果某一输出量在几步中都为 ON，则应将代表各有关步的存储器位的常开触点并联后，驱动该输出的线圈。如果某些输出量在连续的若干步均为 1 状态，则可以用置位、复位指令来控制它们。

基于起保停电路的顺序控制设计方法，实现例 5-1 功能的完整梯形图程序如图 5-9 所示。

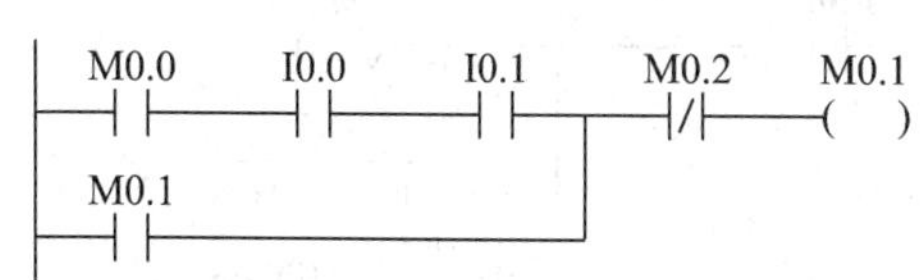

图 5-8　步 M0.1 的梯形图

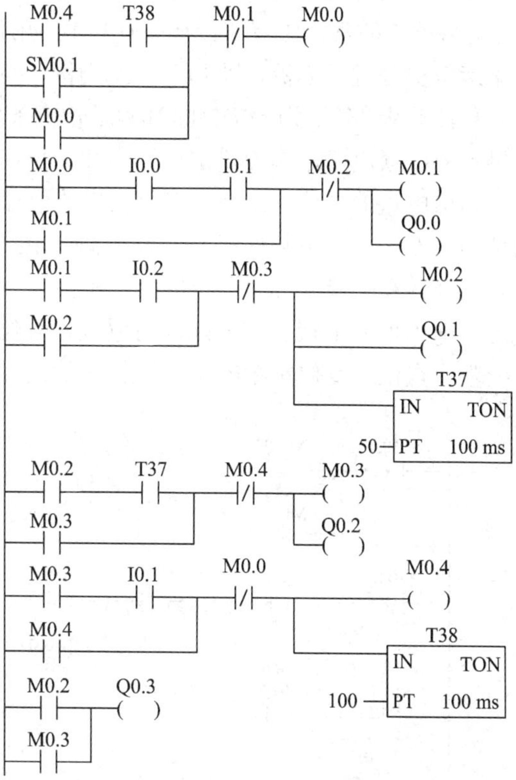

图 5-9　例 5-1 的完整梯形图程序

上电后第一个扫描周期 SM0.1 为 ON，M0.0 起动并自保，步 M0.0 为活动步，系统处于初始状态；小车在最左端(I0.1 为 ON)且按下起动按钮(I0.0)，步 M0.1 为活动步，步 M0.0 为静止步，实现了步的转换。以此类推，当 M0.4 为活动步，满足转换条件 T38 为 ON 时，步 M0.0 为活动步，步 M0.4 为静止步，系统返回初始步，完成一个工作周期，同时为下一个工作周期做好准备。

5.2.2　基于置位、复位指令的顺序控制设计方法

基于置位、复位指令的顺序控制设计方法是以转换条件为中心的编程方法。所谓以转

换条件为中心，是指同一种转换在梯形图中只能出现一次，而对辅助存储器位可重复进行置位、复位。

其编程思路为：将该转换所有前级步对应的存储器位的常开触点与转换对应的触点或电路串联，该串联电路即为起保停电路中的起动电路，用它作为使所有后续步对应的存储器位置位(使用 S 指令)和使所有前级步对应的存储器位复位(使用 R 指令)的条件。在任何情况下，代表步的存储器位的控制电路都可以用这一原则来设计，每一个转换对应一个这样的控制置位和复位的电路块，有多少个转换就有多少个这样的电路块。

这种设计方法特别有规律，梯形图与转换实现的基本规则之间有着严格的对应关系，在设计复杂的顺序功能图的梯形图时既容易掌握，又不容易出错。

1. 单序列的编程方法

单序列的特点是前级步和后续步只有一个，没有分支和并列，因此转换前只有一个活动步，将该步的常开触点和转换条件串联，用作该步复位和后续步置位的条件。仍以例 5-1 小车运料实例进行分析，以 I0.2 转换为例，要实现转换需要满足两个条件，即该转换的前级步是活动步(M0.1 为 ON)，同时满足转换条件 I0.2 为 ON，因此，可以用 M0.1 和 I0.2 常开触点的串联电路，作为置位后续步和复位前级步的条件。

输出电路的设计方法是：用代表步的位存储器的常开触点或它们的并联电路来控制输出位的线圈。与采用起保停方法设计输出电路相同，如果某一输出在几步中都为 ON，则应将代表各有关步的存储器位的常开触点并联后驱动该输出的线圈。如果某些输出量在连续的若干步均为 1 状态，可则以用置位、复位指令来控制它们。

基于置位、复位指令的小车运料实例的梯形图程序如图 5-10 所示。

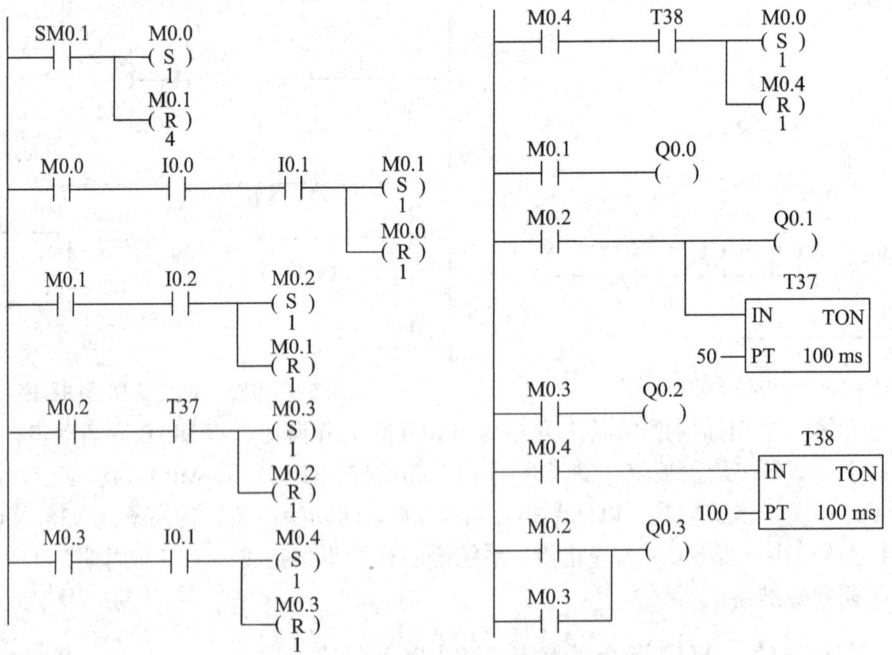

图 5-10　基于置位、复位指令的小车运料实例的梯形图程序

2. 选择序列的编程方法

选择序列的分支和合并的编程与单序列的完全相同，除了与合并序列有关的转换以外，每一个控制置位、复位的电路块都由一个串联电路(由前级步对应的存储器位的常开触点和转换条件对应的触点组成)、一条置位指令和一条复位指令组成。

【例 5-2】 使用置位、复位指令，设计出图 5-11 所示顺序功能图的梯形图程序。

设计的梯形图程序如图 5-12 所示。

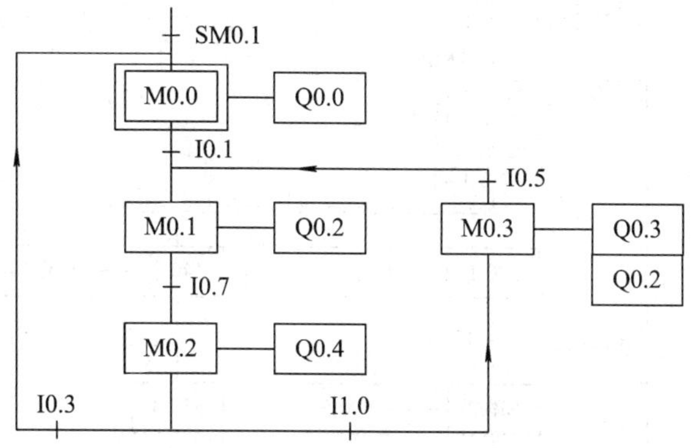

图 5-11　例 5-2 的顺序功能图

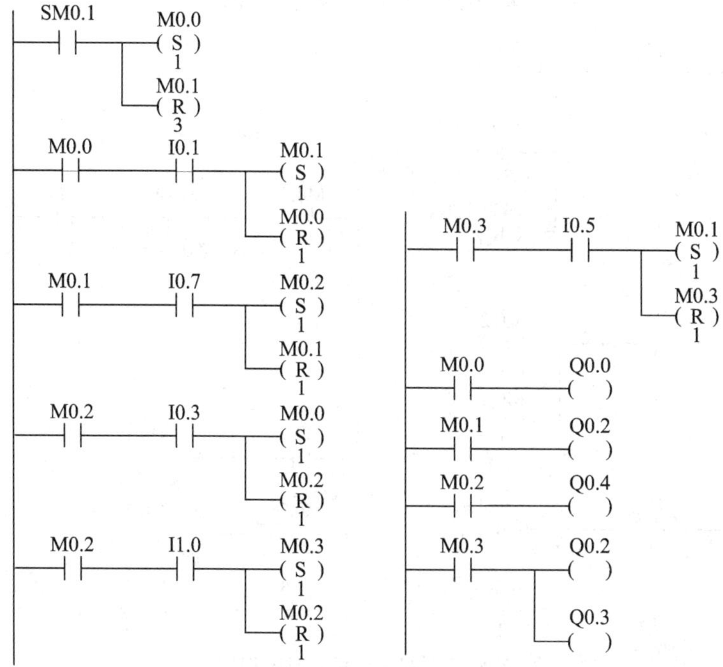

图 5-12　例 5-2 的梯形图程序

在步 M0.2 之后的分支条件 I0.3 和 I1.0 是“要么……，要么……”的关系，是二选一的关系，所实现的是不同的单循环路径。在步 M0.1 之前的汇合点，在一个循环中只能从一个路径进入 M0.1 步。

3. 并行序列的编程方法

对于并行序列的分支，仍然是用前级步和转换条件对应的触点组成串联电路，只不过需要置位的后续步的存储器位不止一个。对于并行序列的合并，用转换的所有前级步对应的存储器位的常开触点和转换对应的触点组成串联电路，驱动相应步的置位和复位，这时被复位的步的个数与并行序列的个数相同。

【例 5-3】 使用置位、复位指令，设计出图 5-13 所示顺序功能图的梯形图程序。

设计的梯形图程序如图 5-14 所示。

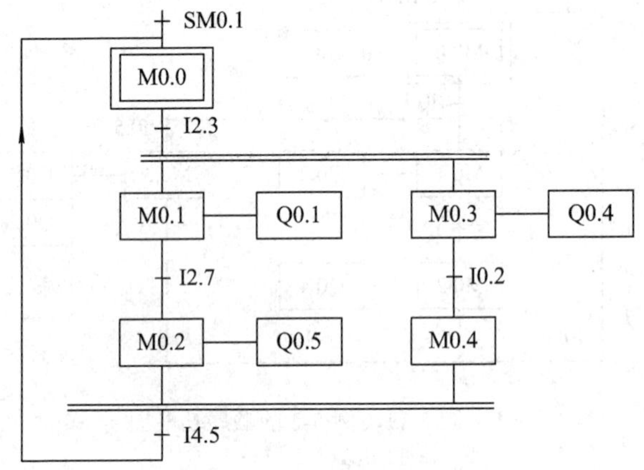

图 5-13　例 5-3 的顺序功能图

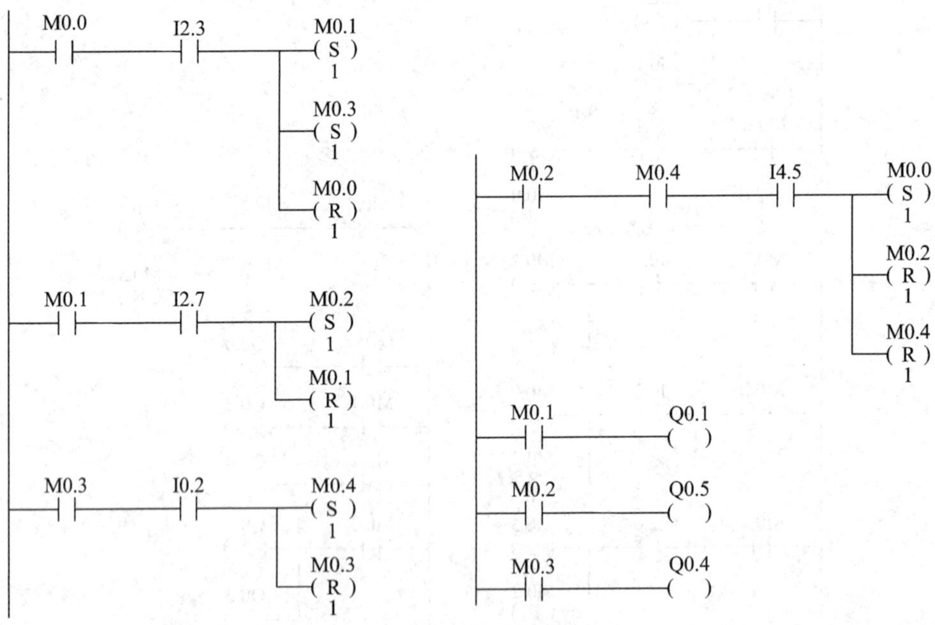

图 5-14　例 5-3 的梯形图程序

在步 M0.0 之后的分支步 M0.1 和步 M0.3 是同时实现的关系，在步 M0.0 为活动步且转换条件 I2.3 为 ON 时，步 M0.1 和步 M0.3 同时为活动步，是并列关系。在汇合点，只有当步 M0.2 和步 M0.4 同时为活动步，且满足转换条件 I4.5 为 ON 时，才能进入下一步 M0.0。步 M0.2、步 M0.4 和转换条件 I4.5 是“与”的关系，在梯形图中用串联电路来表达。

5.3　顺序控制指令及其应用

5.3.1　顺序控制指令

顺序控制指令是 PLC 生产厂家为用户提供的可使功能图编程简单化和规范化的指令。S7-200 PLC 中提供的顺序控制继电器指令如表 5-1 所示。

表 5-1　顺序控制继电器指令

梯形图	语句表	描述
SCR	LSCR S_bit	SCR 程序段开始
SCRT	SCRT S_bi	SCR 转换
CSCRE	CSCRE	SCR 程序段条件结束
SCRE	SCRE	SCR 程序段结束

顺序控制程序被划分为 LSCR 与 SCRE 指令之间的若干个 SCR 段，一个 SCR 段对应顺序功能图中的一步。

装载顺序控制继电器指令 LSCR 用来表示一个 SCR 段的开始，指令中的操作数 S_bit 为顺序控制继电器 S(BOOL 型)的地址，当顺序控制继电器为 ON 时，执行对应的 SCR 段中的程序，反之则不执行。

顺序控制继电器结束指令 SCRE 用来表示 SCR 段的结束。

顺序控制继电器转换指令SCRT用来表示SCR段之间的转换，即步的活动状态的转换。当 SCRT 线圈“得电”时，SCRT 指令用 S_bit 指定的顺序功能图中的后续步对应的顺序控制继电器被置位为 ON，同时当前活动步对应的顺序控制继电器被复位为 OFF，当前步变为不活动步。

由此可以总结出每一个 SCR 程序段一般有以下三种功能：

(1) 驱动处理，即在该段状态器有效时，要做什么工作，有时也可能不做任何工作。

(2) 指定转移条件和目标，即满足什么条件后状态转移到何处。

(3) 转移源自动复位功能，状态发生转移后，置位下一个状态的同时自动复位原状态。

5.3.2　顺序控制指令示例

【例 5-4】 控制锅炉的鼓风机和引风机功能要求如图 5-15 所示。按下起动按钮 I0.0，引风机开始运行，12s 后鼓风机自动起动；按了停止按钮 I0.1 后，先停鼓风机，10s 后停引风机，完成一个工作周期。

在设计梯形图时，用 LSCR(梯形图中为 SCR)和 SCRE 指令表示 SCR 段的开始和结束。在 SCR 段中用 SM0.0 的常开触点来驱动在该步中应为 ON 的输出点的线圈，并用转换条件对应的触点或电路来驱动转换到后续步的 SCRT 指令。梯形图程序如图 5-16 所示。

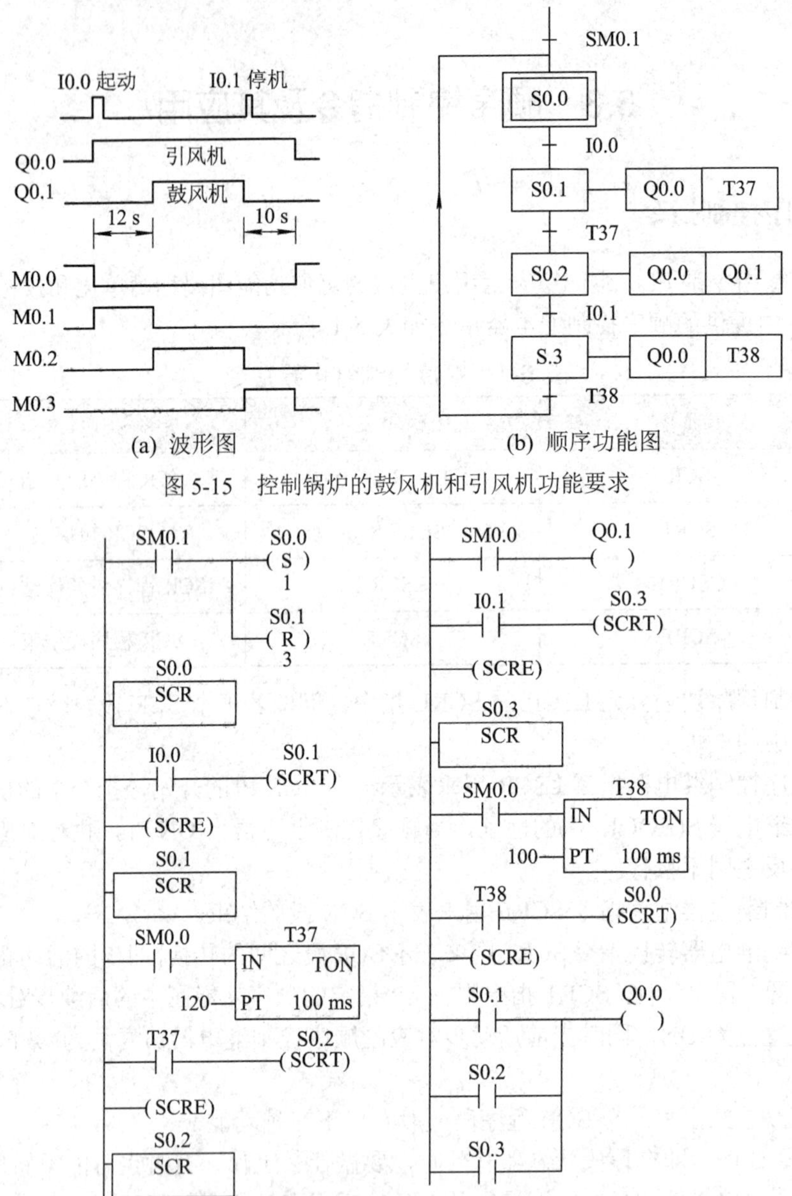

(a) 波形图　　(b) 顺序功能图

图 5-15　控制锅炉的鼓风机和引风机功能要求

图 5-16　例 5-4 梯形图程序

首先初始步 S0.0 由 SM0.1 置位变为活动步，其他步为非活动步。在 SCR 段中，只有与 S0.0 相对应的那一段被执行。在初始状态下，按下起动按钮 I0.0，则执行转换指令“SCRT S0.1”，使 S0.1 置位，以便让 S0.1 的 SCR 程序段执行，同时使 S0.0 复位。在 S0.1 的 SCR 程序段中，SM0.0 的常开触点闭合，线圈 Q0.0 得电，引风机运行，定时器 T37 开始计时。当 T37 计时时间到，则执行转换指令“SCRT S0.2”，S0.2 的 SCR 程序段执行，线圈 Q0.0、Q0.1 都得电，引风机、鼓风机都运行。按下停止按钮 I0.1，执行转换指令“SCRT S0.3”，S0.3 的 SCR 程序段执行，线圈 Q0.0 得电，引风机继续运行，鼓风机停止运行，定时器 T38 开始计时。当 T38 计时时间到，则执行转换指令“SCRT S0.0”，引风机停止运行，返回初始步。

与其他顺序控制方法相同，如果某一输出在几步中都为 ON，应将代表各有关步的存储器位的常开触点并联后，驱动该输出的线圈。本例中 Q0.0 在 M0.1、M0.2、M0.3 步中都为 ON，应将 M0.1、M0.2、M0.3 的常开触点并联后驱动 Q0.0。

5.3.3　顺序控制指令使用

在介绍基于置位、复位指令的顺序控制设计方法时，分别列举了选择序列和并列序列的设计方法，这里以一个既有选择又有并列的例子，介绍顺序控制指令的使用。

【例 5-5】 使用顺序控制继电器指令，设计出如图 5-17(a)所示顺序功能图的梯形图程序，如图 5-17(b)所示。

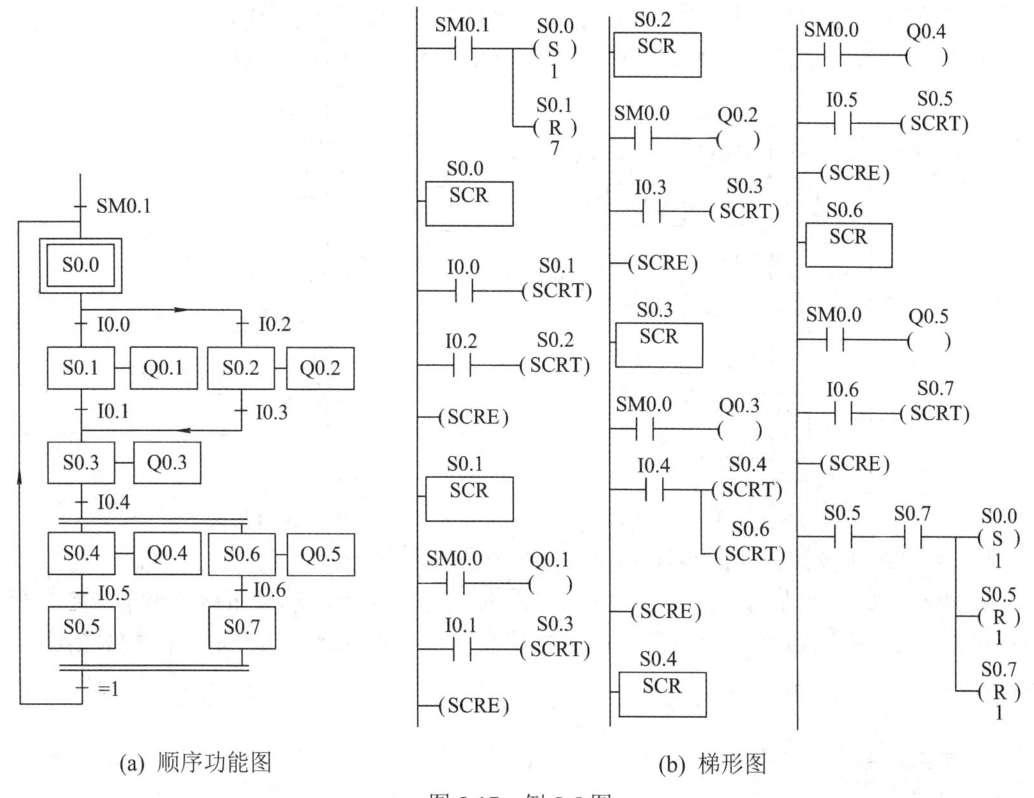

(a) 顺序功能图　　(b) 梯形图

图 5-17　例 5-5 图

图 5-17 的 S0.0 为 ON 时，它对应的 SCR 段被执行，此时若转换条件 I0.0 的常开触点闭合，指令“SCRT　S0.1”被执行，从步 S0.0 转换到步 S0.1。如果 I0.2 的常开触点闭合，指令“SCRT　S0.2”被执行，从步 S0.0 转换到步 S0.2。

步 S0.3 之前有一个选择序列的合并，当步 S0.1 为活动步(S0.1 为 ON)，并且转换条件 I0.1 满足，或步 S0.2 为活动步，并且转换条件 I0.3 满足，步 S0.3 都应变为活动步。在步 S0.1 和步 S0.2 对应的 SCR 段中，分别用 I0.1 和 I0.3 的常开触点驱动指令“SCRT　S0.3”，就能实现选择系列的合并。

步 S0.3 之后有一个并行序列的分支，用 S0.3 对应的 SCR 段中 I0.4 的常开触点同时驱动指令“SCRT　S0.4”和“SCRT　S0.6”，来将两个后续步同时置位为活动步。同时 S0.3

被操作系统自动复位。

步 S0.0 之前有一个并行序列的合并，因为转换条件为 1，将 S0.5 和 S0.7 的常开触点串联，来控制对 S0.0 的置位和对 S0.5、S0.7 的复位。在并行序列的合并处实际上局部地使用了基于置位复位指令的编程方法。

练　习　题

1. 在功能图中，什么是步、活动步、动作和转换条件?
2. 叙述顺序功能图中“步”“路径”和“转换”之间的关系。
3. 用起保停法设计出如图 5-18 所示的顺序功能图的梯形图程序。
4. 用置位复位法设计出如图 5-19 所示的顺序功能图的梯形图程序。

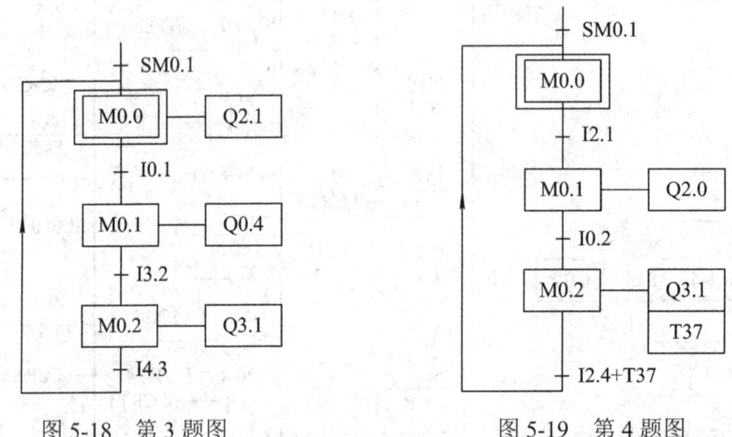

图 5-18　第 3 题图　　　　图 5-19　第 4 题图

5. 用 SCR 法设计出如图 5-20 所示的顺序功能图的梯形图程序。
6. 小车开始停在左边，限位开关 I0.0 为 ON 状态。按下起动按钮后，小车开始右行，以后按图 5-21 所示顺序运行，最后返回并停在限位开关 I0.0 处。画出顺序功能图和梯形图。

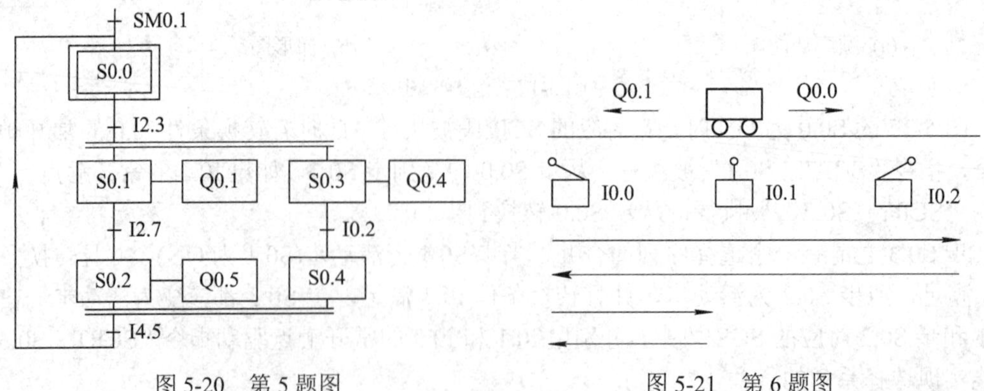

图 5-20　第 5 题图　　　　图 5-21　第 6 题图

7. 某一专用冲床动力头系统的一个周期分为快进、工进和快退 3 步。动力头初始状态停留在最左边，限位开关 I0.1 状态为 ON。按下起动按钮 I0.0，动力头的运动如图 5-22 所示，工作一个循环后，动力头返回并停留在初始位置。分别用置位复位指令和顺序控制 SCR 指令画出顺序功能图和梯形图。

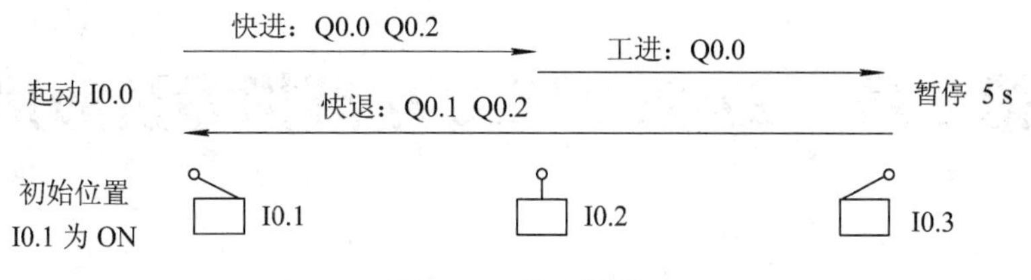

图 5-22　第 7 题图

8. 冲床的运动示意图如图 5-23 所示，初始状态时机械手在最左边，I0.4 为 ON，冲头在最上面，I0.3 为 ON，机械手松开(Q0.0 为 OFF)。按下起动按钮 I0.0，Q0.0 为 ON，工件被夹紧并保持，2 s 后 Q0.1 变为 ON，机械手右行，直到碰到右限位开关 I0.1。以后将顺序完成以下动作：冲头下行，冲头上行，机械手左行，机械手松开(Q0.0 被复位)，系统返回初始状态。各限位开关和定时器提供的信号是相应步之间的转换条件。画出控制系统的顺序功能图，并用置位复位法和 SCR 法分别写出梯形图程序。

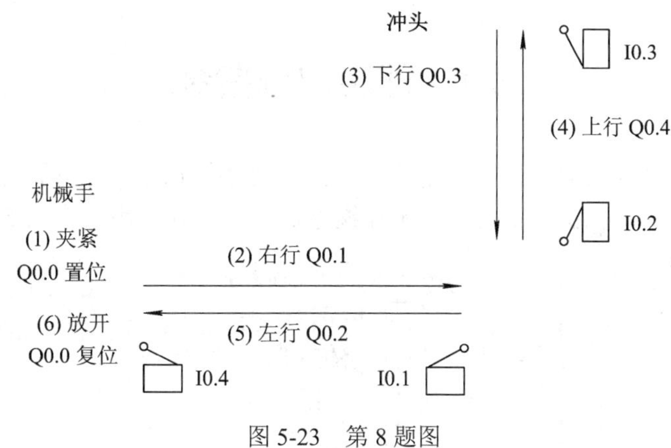

图 5-23　第 8 题图

第 6 章　S7-200 PLC 功能指令及应用

PLC 功能指令(Functional Instruction)或称应用指令，是指令系统中满足特殊控制要求的指令。在本章中主要介绍程序控制类指令，传送、移位指令，数学和逻辑运算指令，转换指令，中断指令，高速计数器指令，时钟指令，PID 指令等。

功能指令使用的操作数的数据类型分为整数(Integer)和实数(Floating-Point)。整数又分为有符号整数和无符号整数。有符号整数有 16 位的有符号整数(INT)和 32 位的有符号整数(DINT)；无符号整数有 8 位的无符号字节(BYTE)、16 位的无符号字(WORD)和 16 位的无符号双字(DWORD)。

6.1　程序控制指令

程序控制指令是使程序发生跳转的指令，主要有跳转指令、循环指令、顺控继电器指令以及看门狗指令等，如图 6-1 所示。顺控继电器指令及其使用已在第 5 章中介绍。

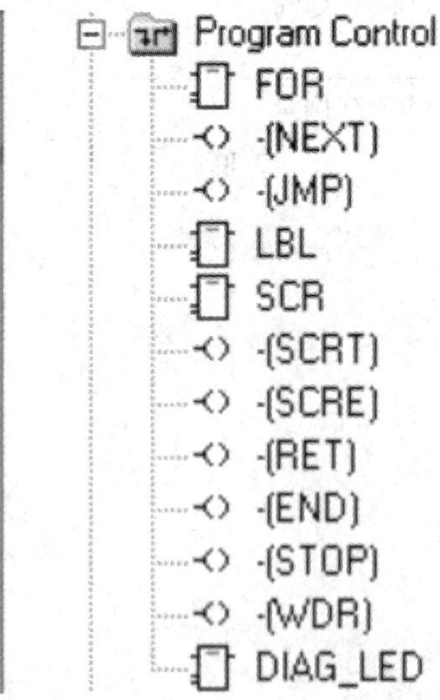

图 6-1　S7-200 PLC 的程序控制指令

6.1.1　跳转指令

跳转指令是由跳转指令(JMP 指令)和标号指令(LAB 指令)构成的，指令格式如表 6-1 所示，跳转指令的操作数 N 的范围是常数 0～255。

表 6-1　跳转指令指令格式

指令	LAD	STL	指令功能
跳转指令	N —(JMP)	JMP N	跳转到标号指令(LBL)执行程序内标号 N 指定的程序分支
标号指令	N LBL	LBL N	标识跳转目的地的位置 N

1. 指令说明

(1) 在使用跳转指令的时候，JMP 指令不能与左母线直接连接，相当于条件跳转，而 LBL 指令用来指出跳转指令的目标地址，必须直接和左母线直接连接，并且由 LBL 指出的跳转目标地址必须是唯一的。

(2) 跳转指令可以在主程序、子程序或者中断程序中使用，但是跳转和与之相应的标号指令必须位于同一段程序代码(无论是主程序、子程序还是中断程序)。不能从主程序跳到子程序或中断程序，同样不能从子程序或中断程序跳出。

(3) 可以在 SCR 程序段中使用跳转指令，但相应的标号指令必须也在同一个 SCR 段中。

2. 指令应用

跳转指令应用如图 6-2 所示。

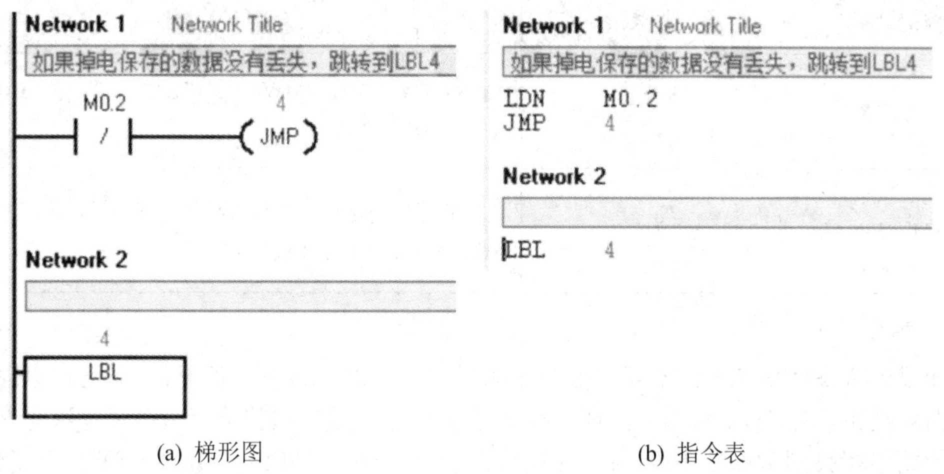

(a) 梯形图　　(b) 指令表

图 6-2　跳转指令应用

SM0.2 是 S7-200 PLC 内部特殊存储器位，如果保留性数据丢失，该位为一次扫描周期打开。该位可用作错误内存位或激活特殊起动顺序的机制。

6.1.2　循环指令

循环指令是 FOR/NEXT 一对指令构成的，每条 FOR 指令必须对应一条 NEXT 指令。

当程序中需要对一组数做相同处理时，需要用循环指令完成，FOR/NEXT 指令之间即为循环程序的循环体，表达对一组数所做相同处理的指令。

FOR/NEXT 循环可以嵌套(一个 FOR/NEXT 循环在另一个 FOR/NEXT 循环之内)深度可达 8 层，循环指令执行 FOR 指令和 NEXT 指令之间的指令。表 6-2 是循环指令的指令格式。

表 6-2　循环指令的指令格式

指令	LAD	STL	指令功能
FOR 指令	FOR EN ENO INDX INIT FINAL	FOR IDEX, INIT, FINAL	使能输入端有效时，FOR 指令提供循环需要的初始值(INIT)，终止值(FINAL)和循环次数(INDX)
NEXT 指令	(NEXT)	NEXT	NEXT 指令标志着 FOR 循环的结束

FOR 指令必须指定计数值或者当前循环次数 INDX、初始值 INIT 和终止值 FINAL，这三个参数的有效操作数如表 6-3 所示。

表 6-3　循环指令的有效操作数

输入/输出	数据类型	操　作　数
INDX	INT	IW、QW、VW、MW、SMW、SW、T、C、LW、AIW、AC、*VD、*LD、*AC
INIT、FINAL	INT	VW、IW、QW、MW、SMW、SW、T、C、LW、AC、AIW、*VD、*AC、常数

1. 指令说明

如果允许 FOR/NEXT 循环，除非在循环内部修改了终值，循环体就一直循环执行直到循环结束。当 FOR/NEXT 循环执行的过程中可以修改这些值。当循环再次允许时，它把初始值拷贝到 INDX 中(当前循环次数)。当下一次允许时，FOR/NEXT 指令复位它自己。

2. 指令应用

FOR/NEXT 指令应用如图 6-3 所示。

例如，给定 1 的 INIT 值和 10 的 FINAL 值，随着 INDX 数值增加，在 FOR 指令和 NEXT 指令之间的增 1 指令被执行。如果初值大于终值，那么循环体不被执行。每执行一次循环体，当前计数值增加 1，并且将其结果同终值作比较，如果大于终值，那么终止循环。

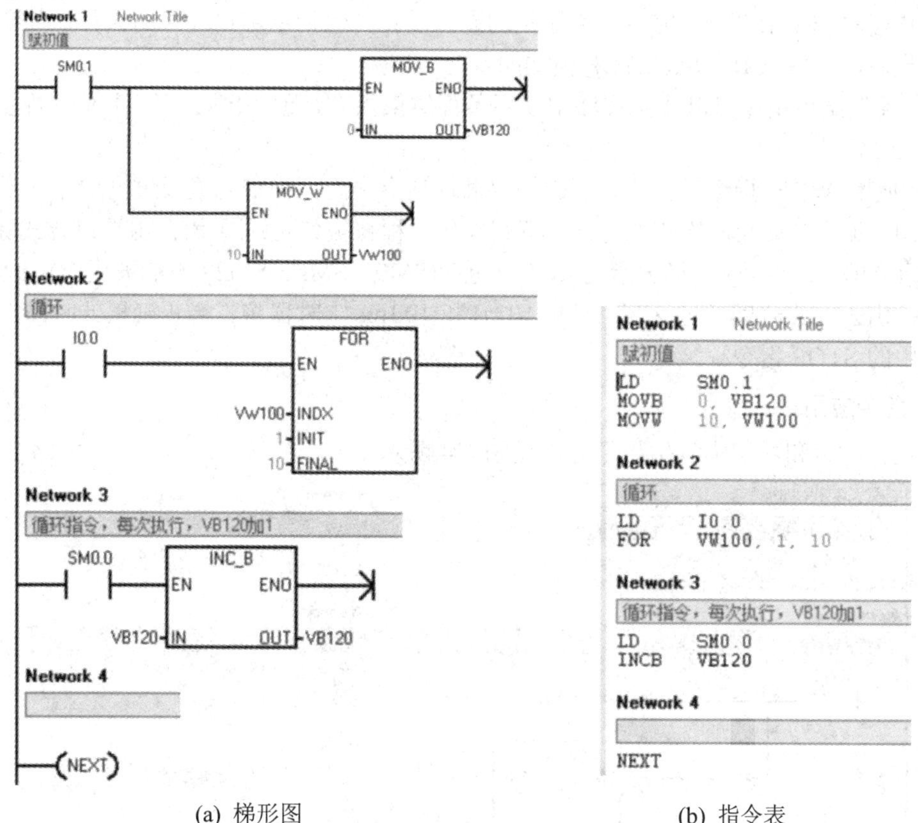

(a) 梯形图　　　　(b) 指令表

图 6-3　FOR/NEXT 指令应用

6.1.3　停止、结束及看门狗复位指令

结束、停止和看门狗复位指令是控制程序运行的指令，指令格式如表 6-4 所示。

表 6-4　结束、停止和看门狗复位指令的指令格式

指令	LAD	STL	指令功能
结束指令	——(END)	END	根据前面的逻辑关系终止当前扫描周期
停止指令	——(STOP)	STOP	导致 S7-200 CPU 从 RUN 到 STOP 模式，从而可以立即终止程序的执行
看门狗复位指令	——(WDR)	WDR	允许 S7-200 CPU 的系统看门狗定时器被重新触发，这样可以在不引起看门狗错误的情况下，增加此扫描所允许的时间

1. 指令说明

(1) STOP 指令在中断程序中执行，那么该中断立即终止，并且忽略所有挂起的中断，

继续扫描程序的剩余部分。完成当前周期的剩余动作，包括主用户程序的执行，并在当前扫描的最后，完成从 RUN 到 STOP 模式的转变。

(2) 条件结束指令可以在主程序中使用条件结束指令，但不能在子程序或中断程序中使用该命令。

(3) 使用 WDR 指令时要注意，因为用循环指令去阻止扫描完成或过度地延迟扫描完成的时间，那么在终止本次扫描之前，下列操作过程将被禁止：通信(自由端口方式除外)；I/O 更新(立即 I/O 除外)；强制更新；SM 位更新(SM0、SM5～SM29 不能被更新)；运行时间诊断；由于扫描时间超过 25 s，因此 10 ms 和 100 ms 定时器将不会正确累计时间；在中断程序中的 STOP 指令。

2. 指令应用

停止、结束和看门狗复位指令应用如图 6-4 所示。

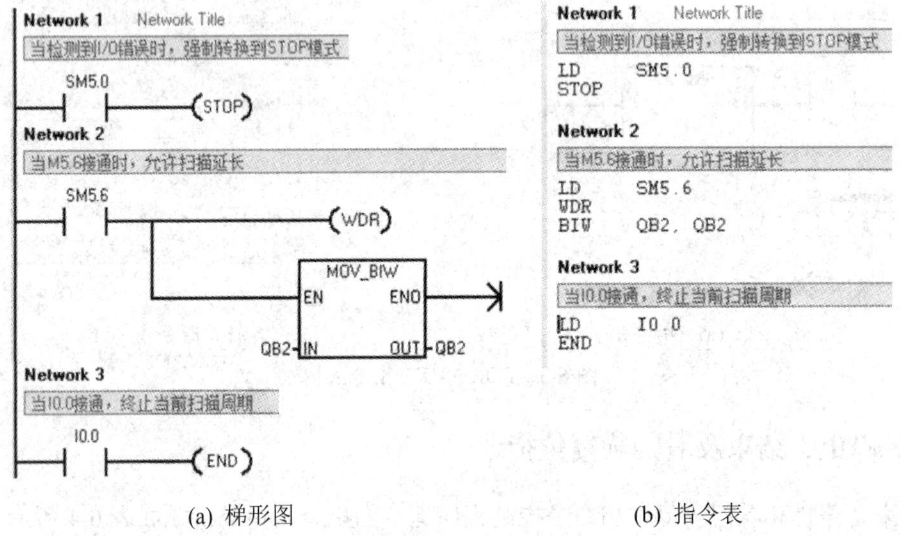

(a) 梯形图　　(b) 指令表

图 6-4　停止、结束和看门狗复位指令应用

6.1.4　子程序

子程序是结构化程序设计的有效工具，S7-200 PLC 的程序是由主程序、子程序和中断服务子程序构成的，如图 6-5 所示。主程序是 PLC 的入口程序，可以调用子程序，子程序也可以调用子程序，这是子程序嵌套调用，最多嵌套 8 层。从主程序或子程序可以进入中断服务子程序，但是子程序不能调用主程序，并且主程序有且只能有 1 个，子程序和中断服务子程序可以有多个，有关中断的内容在 6.6 节中介绍。

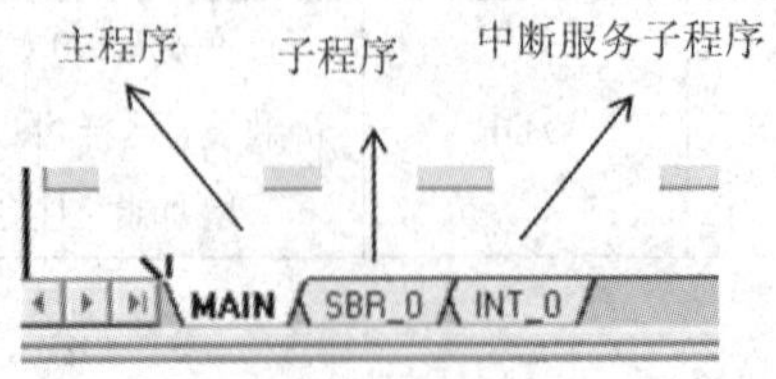

图 6-5　S7-200 PLC 程序结构构成图

在程序设计时，通常对于初始化的内容、一段需要反复执行的功能可以以子程序的结构来实现，在调用子程序前，需要先建立子程序，要建立一个子程序可以在命令菜单中选择：编辑→插入→子程序。建立子程序可以使用默认的子程序名 SBR_N(N=0～7)，也可以给子程序起一个程序名。子程序的指令包括子程序调用指令(CALL)和子程序返回指令(RET)，指令格式如表 6-5 所示。

表 6-5 子程序指令的指令格式

指令	LAD	STL	指 令 功 能
CALL 指令	SBR_N EN	CALL SBR_N	使能输入端有效时，子程序调用指令(CALL) 将程序控制权交给子程序 SBR_N。调用子程序时可以带参数也可以不带参数
RET 指令	(RET)	CRET	子程序条件返回指令(CRET)根据它前面的逻辑决定是否终止子程序

1. 指令说明

(1) 子程序执行完成后，控制权返回到调用子程序指令的下一条指令。当有一个子程序被调用时，系统会保存当前的逻辑堆栈，置栈顶值为 1，堆栈的其他值为零，把控制交给被调用的子程序。当子程序完成之后，恢复逻辑堆栈，把控制权交还给调用程序。因为累加器可在主程序和子程序之间自由传递，所以在子程序调用时，累加器的值既不保存也不恢复。当子程序在同一个周期内被多次调用时，不能使用上升沿、下降沿、定时器和计数器指令。

(2) 子程序可以包含要传递的参数。参数在子程序的局部变量表中定义，局部变量表如图 6-6 所示。

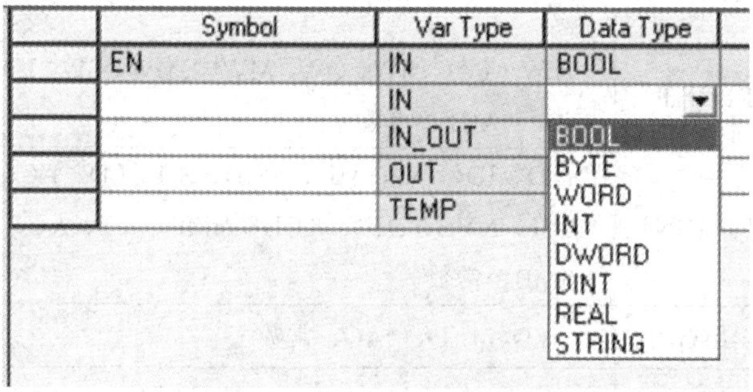

	Symbol	Var Type	Data Type
	EN	IN	BOOL
		IN	BOOL BYTE WORD INT DWORD DINT REAL STRING
		IN_OUT	
		OUT	
		TEMP	

图 6-6 子程序局部变量表

参数必须有变量名(Symbol)(最多 23 个字符)、变量类型(Var Type)和数据类型(Data Type)，一个子程序最多可以传递 16 个参数。局部变量表中的变量类型区定义变量是传入子程序 IN、传入和传出子程序 IN_OUT 或者传出子程序 OUT。表 6-6 中描述了一个子程序参数的类型。

表 6-6　子程序变量参数类型说明

参数	描　述
IN	参数传入子程序。如果参数是直接寻址(如 VB10)，指定位置的值被传递到子程序。如果参数是间接寻址(如*AC1)，指针指定位置的值被传入子程序；如果参数是常数(如 16#1234)，或者一个地址(如&VB100)，常数或地址的值被传入子程序
IN_OUT	指定参数位置的值被传到子程序，从子程序的结果值被返回到同样地址。常数(如 16#1234)和地址(如&VB100)不允许作为输入/输出参数
OUT	从子程序来的结果值被返回到指定参数位置。常数(如 16#1234)和地址(如&VB100)不允许作为输出参数。由于输出参数并不保留子程序最后一次执行时分配给它的数值，所以必须在每次调用子程序时将数值分配给输出参数。注意：在电源上电时，SET 和 RESET 指令只影响布尔量操作数的值
TEMP	任何不用于传递数据的局部存储器都可以在子程序中作为临时存储器使用

(3) 局部变量表中的数据类型区定义了参数的大小和格式。BOOL 类型用于单个位输入和输出。BYTE、WORD、DWORD 类型分别识别 1、2 或 4 个字节的无符号输入或输出参数。INT、DINT 类型分别识别 2 或 4 个字节的有符号输入或输出参数。REAL 类型识别单精度型(4 字节)IEEE 浮点数值。STRING 类型用作一个指向字符串的四字节指针。各数据类型的有效操作数如表 6-7 所示。

表 6-7　子程序各数据类型的有效操作数

输入/输出	数据类型	操　作　数
SBR_N	WORD	常数；对于 CPU 221、CPU 222、CPU，为 224：0～63；对于 CPU 224XP 和 CPU 226，为 0～127
IN	BOOL	V、I、Q、M、SM、S、T、C、L
	BYTE	VB、IB、QB、MB、SMB、SB、LB、AC、*VD、*LD、*AC1、常数
	WORD/INT	VW、T、C、IW、QW、MW、SMW、SW、LW、AC、AIW、*VD、*LD、*AC1、常数
	DWORD/DINT	VD、ID、QD、MD、SMD、SD、LD、AC、HC、*VD、*LD、*AC1、&VB、&IB、&QB、&MB、&T、&C、&SB、&AI、&AQ、&SMB、常数
	STRING	*VD、*LD、*AC、常数
IN/OUT	BOOL	V、I、Q、M、SM2、S、T、C、L
	BYTE	VB、IB、QB、MB、SMB2、SB、LB、AC、*VD、*LD、*AC1
	WORD/INT	VW、T、C、IW、QW、MW、SMW2、SW、LW、AC、*VD、*LD、*AC1
	DWORD/DINT	VD、ID、QD、MD、SMD2、SD、LD、AC、*VD、*LD，*AC1

续表

输入/输出	数据类型	操　作　数
OUT	BOOL	V、I、Q、M、SM2、S、T、C、L
	BYTE	VB、IB、QB、MB、SMB2、SB、LB、AC、*VD、*LD、*AC1
	WORD/INT	VW、T、C、IW、QW、MW、SMW2、SW、LW、AC、AQW、*VD、*LD、*AC1
	DWORD/DINT	VD、ID、QD、MD、SMD2、SD、LD、AC、*VD、*LD，*AC1

2. 指令应用

用子程序指令实现流水灯的控制，子程序和主程序分别如图 6-7、图 6-8 所示。

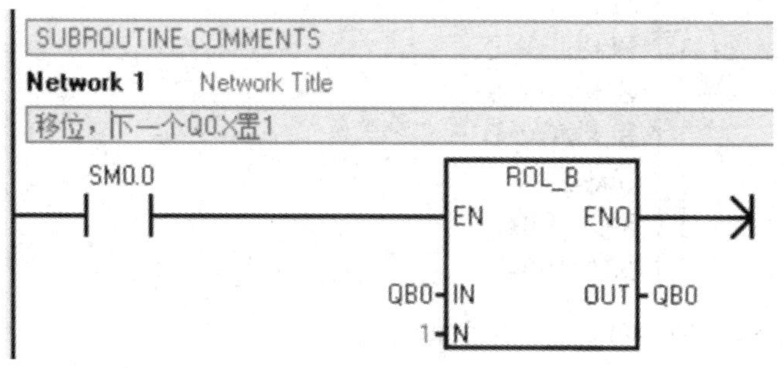

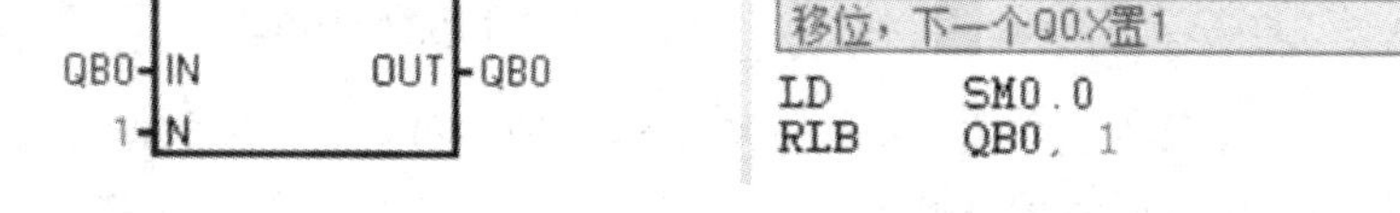

(a) 梯形图　　(b) 指令表

图 6-7　子程序指令应用

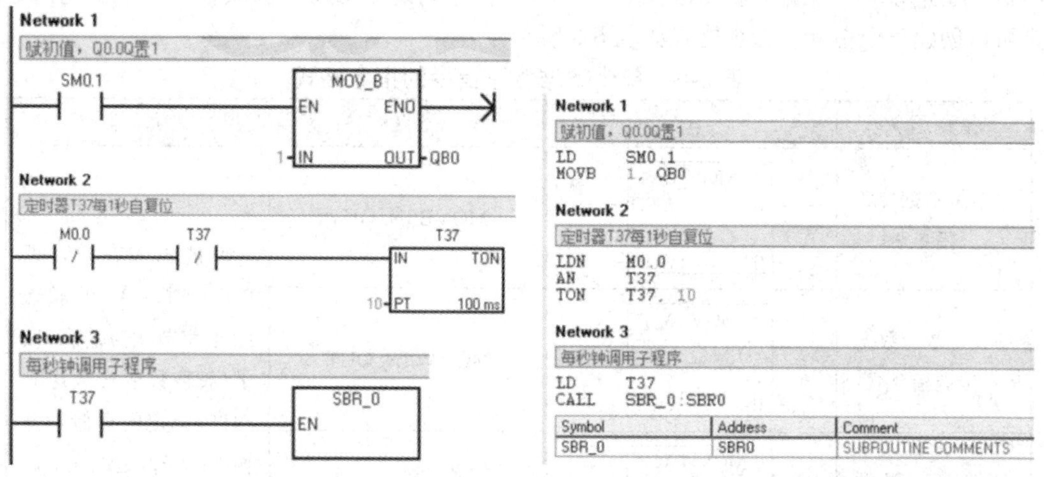

(a) 梯形图　　(b) 指令表

图 6-8　主程序调用子程序指令应用

在主程序中使用 SM0.1 对 QB0 初始化，用 T37 做 1 秒定时，每 1 秒钟调用一次子程序 SBR_0，子程序 SBR_0 使用循环移位指令对 QB0 的内容移位，依次置位 QB0 的各位，实现流水灯的控制。

6.2　传送、移位指令

6.2.1　传送指令

传送指令有单个数据传送指令，也有数据块传送指令、字节立即传送指令和字节交换指令，如图 6-9 所示。

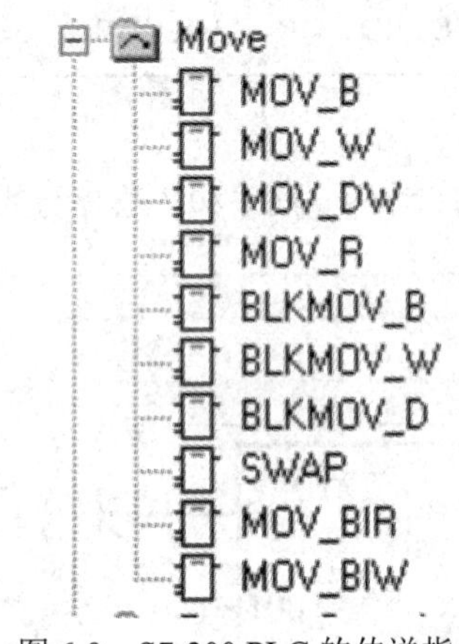

图 6-9　S7-200 PLC 的传送指令

1. 单个数据传送指令

单个数据传送指令 MOV 用来传送单个数据，可以传送的数据类型有字节、字、双字、实数。传送指令在不改变原值的情况下将 IN 中的值传送到 OUT。如果使用双字传送指令，则可以创建一个指针，指令格式如表 6-8 所示。

表 6-8　单个数据传送指令的指令格式

<table>
<tr><th>指令类型</th><th>LAD</th><th>STL</th><th>功　能</th></tr>
<tr><td>字节型数据传送指令</td><td>MOV_B
EN ENO
IN OUT</td><td>MOVB IN, OUT</td><td rowspan="4">使能输入有效，即 EN=1 时，将一个输入 IN 的字节、字/整数、双字/双整数或实数送到 OUT 指定的存储器并输出。在传送过程中，不改变数据的大小。传送后，输入存储器 IN 中的内容不变</td></tr>
<tr><td>字、整数型数据传送指令</td><td>MOV_W
EN ENO
IN OUT</td><td>MOVW IN, OUT</td></tr>
<tr><td>双字、双整数型数据传送指令</td><td>MOV_DW
EN ENO
IN OUT</td><td>MOVD IN, OUT</td></tr>
<tr><td>实数传送指令</td><td>MOV_R
EN ENO
IN OUT</td><td>MOVR IN, OUT</td></tr>
</table>

使用 MOV 指令要根据数据类型选择对应的指令，并且输入数据 IN 和输出数据 OUT 的类型必须一致。MOV 指令数据类型的有效操作数如表 6-9 所示。

表 6-9　MOV 指令数据类型的有效操作数

输入/输出	数据类型	操作数
IN	BYTE	VB、IB、QB、MB、SB、SMB、LB、AC、常量
	WORD/INT	VW、IW、QW、MW、SW、SMW、LW、T、C、AIW、AC、常量
	DWORD/DINT	VD、ID、QD、MD、SD、SMD、LD、HC、AC、常量
	REAL	VD、ID、QD、MD、SD、SMD、LD、AC、常量
OUT	BYTE	VB、IB、QB、MB、SB、SMB、LB、AC
	WORD/INT	VW、T、C、IW、QW、SW、MW、SMW、LW、AC、AQW
	DWORD/DINT	VD、ID、QD、MD、SD、SMD、LD、AC
	REAL	VD、ID、QD、MD、SD、SMD、LD、AC

2. 数据块传送指令

数据块传送指令能实现对字节型数据、字型数据和双字型数据构成的数据块的传送，把 N 个数据从一个存储空间传送到另一个存储空间。表 6-10 是数据块传送指令的指令格式。

表 6-10　数据块传送指令的指令格式

指令类型	LAD	STL	功能
字节型数据块传送指令	BLKMOV_B: EN, ENO, IN, OUT, N	BMB IN, OUT, N	当使能输入有效，即 EN=1 时，把从输入 IN 开始的 N 个字节(字、双字)传送到以输出 OUT 开始的 N 个字节(字、双字)中
字型数据块传送指令	BLKMOV_W: EN, ENO, IN, OUT, N	BMW IN, OUT,N	
双字型数据块传送指令	BLKMOV_D: EN, ENO, IN, OUT, N	BMD IN, OUT,N	

在数据块传送指令中，N 用来表达数据块的长度，范围是 1～255，IN 是数据块传送指令的输入操作数的起始地址，OUT 是数据块传送指令的输出操作数的起始地址。各数据块传送指令的有效操作数如表 6-11 所示。

表 6-11　数据块传送指令的有效操作数

输入/输出	数据类型	操　作　数
IN	BYTE	IB、QB、VB、MB、SMB、SB、LB、*VD、*LD、*AC
	WORD	IW、QW、VW、SMW、SW、T、C、LW、AIW、*VD、*LD、*AC
	DWORD	ID、QD、VD、MD、SMD、SD、LD、*VD、*LD、*AC
OUT	BYTE	IB、QB、VB、MB、SMB、SB、LB、*VD、*LD、*AC
	WORD	IW、QW、VW、MW、SMW、SW、T、C、LW、AQW、*VD、*LD、*AC
	DWORD	ID、QD、VD、MD、SMD、SD、LD、*VD、*LD、*A
N	BYTE	IB、QB、VB、MB、SMB、SB、LB、AC、*VD、*LD、*AC、常数

3. 字节立即传送(读和写)指令

字节立即传送指令允许在物理 I/O 和存储器之间立即传送一个字节数据，指令格式如表 6-12 所示。

表 6-12　字节立即传送指令的指令格式

指令类型	LAD	STL	有效操作数	指令功能
字节立即读指令	MOV_BIR EN　ENO IN　OUT	BIR IN，OUT	IN：IB、*VD、*LD、*AC OUT:IB、QB、VB、MB、SMB、SB、LB、AC、*VD、*LD、*AC	当使能输入端有效时，字节立即读(BIR)指令读物理输入(IN)，并将结果存入内存地址(OUT)，但过程映像寄存器并不刷新
字节立即写指令	MOV_BIW EN　ENO IN　OUT	BIW IN，OUT	IN：IB、QB、VB、MB、SMB、SB、LB、AC、*VD、*LD、*AC、常数 OUT：QB、*VD、*LD、*AC	当使能输入端有效时，字节立即写指令(BIW)从内存地址(IN)中读取数据，写入物理输出(OUT)，同时刷新相应的过程映像区

4. 字节交换指令

字节交换指令用来交换输入字 IN 的最高位字节和最低位字节。指令格式如表 6-13 所示，有效操作数如表 6-14 所示。

表 6-13　字节交换指令的指令格式

LAD	STL	功能及说明
SWAP EN　ENO IN	SWAP　IN	使能输入 EN 有效时，将输入字 IN 的高字节与低字节交换，结果仍放在 IN 中

表 6-14　字节交换指令的有效操作数

输入/输出	数据类型	操　作　数
IN	WORD	VW、IW、QW、MW、SW、SMW、T、C、LW、AC

6.2.2　移位指令

移位指令分为左、右移位和循环左、右移位及移位寄存器指令三大类。移位指令如图 6-10 所示。

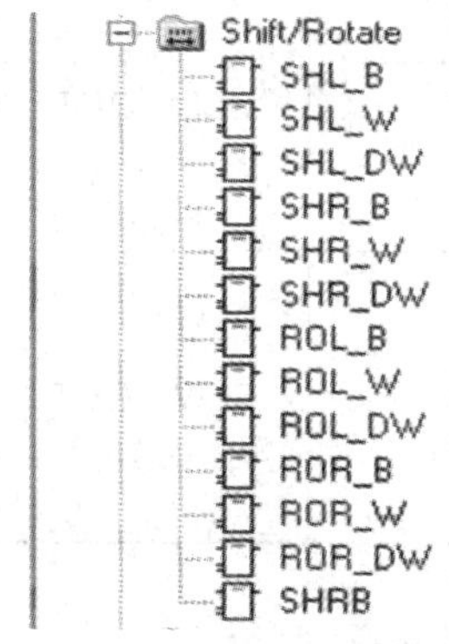

图 6-10　S7-200 PLC 的移位指令

1. 左、右移位指令

左、右移位数据存储单元与 SM1.1(溢出)端相连，移出位被放到特殊标志存储器 SM1.1 位，如果移位结果为 0，则零标志位 SM1.0 置 1。

1) *左移位指令(SHL)*

当使能输入有效时，将输入 IN 的无符号数字节、字或双字中的各位向左移 N 位(右端补 0)后，将结果输出到 OUT 所指定的存储单元中。图 6-11 是对字节数据 16#5A 执行 SHL 指令、移位 2 位的结果。

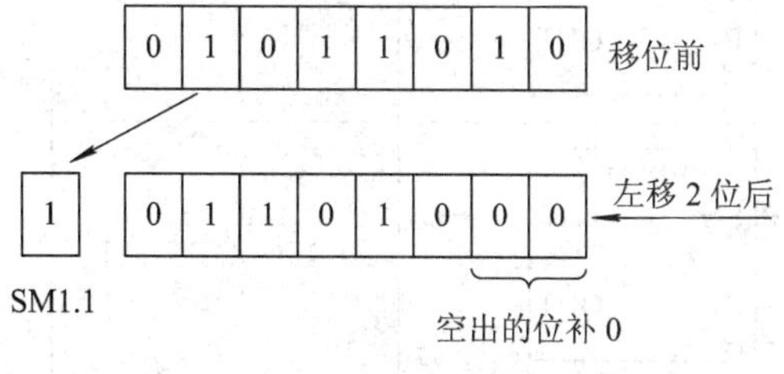

图 6-11　SHL 指令的功能

2) *右移位指令*

当使能输入有效时，将输入 IN 的无符号数字节、字或双字中的各位向右移 N 位后，将结果输出到 OUT 所指定的存储单元中，移出位补 0，最后一个移出位保存在 SM1.1 中。图 6-12 是对字节数据 16#03 执行 SHR 指令、移位 2 位的结果。

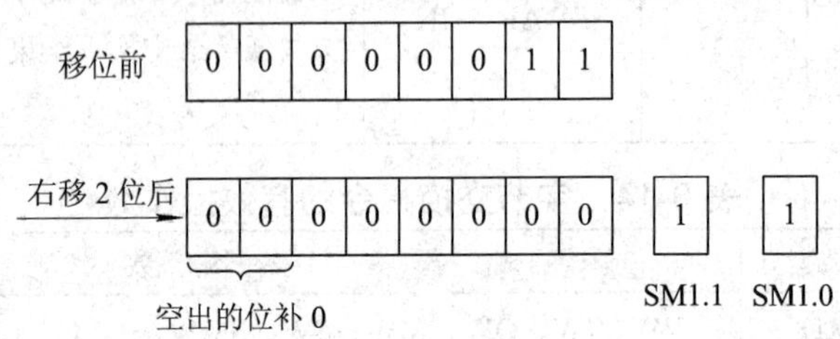

图 6-12　SHR 指令的功能

移位指令的指令格式如表 6-15 所示。

表 6-15　左、右移位指令的指令格式

指令类型	LAD	STL	指令功能
字节左移位指令	SHL_B EN ENO IN OUT N	SLB　OUT，N	当使能输入端有效时，移位指令将输入值 IN 右移或左移 N 位，并将结果装载到输出 OUT 中
字左移位指令	SHL_W EN ENO IN OUT N	SLW　OUT，N	
双字左移位指令	SHL_DW EN ENO IN OUT N	SLD　OUT，N	
字节右移位指令	SHR_B EN ENO IN OUT N	SRB　OUT，N	
字右移位指令	SHR_W EN ENO IN OUT N	SRW　OUT，N	
双字右移位指令	SHR_DW EN ENO IN OUT N	SRD　OUT，N	

表 6-16 是左、右移位指令的输入/输出的有效操作数。

表 6-16　左、右移位指令的输入/输出的有效操作数

输入/输出	数据类型	操　作　数
IN	BYTE	VB、IB、QB、MB、SB、SMB、LB、AC、常量
	WORD	VW、IW、QW、MW、SW、SMW、LW、T、C、AIW、AC、常量
	DWORD	VD、ID、QD、MD、SD、SMD、LD、AC、HC、常量
OUT	BYTE	VB、IB、QB、MB、SB、SMB、LB、AC
	WORD	VW、IW、QW、MW、SW、SMW、LW、T、C、AC
	DWORD	VD、ID、QD、MD、SD、SMD、LD、AC
N	BYTE	VB、IB、QB、MB、SB、SMB、LB、AC、常量

各移位指令移位的次数 N 小于等于数据类型(B、W、D)对应的位数。

2. 循环左、右移位指令

循环移位将移位数据存储单元的首尾相连，同时又与溢出标志 SM1.1 连接，SM1.1 用来存放被移出的位。

1) *循环左移位指令*(ROL)

当使能输入有效时，将 IN 输入无符号数(字节、字或双字)循环左移 N 位后，其结果输出到 OUT 所指定的存储单元中，移出的最后一位的数值送溢出标志位 SM1.1。当需要移位的数值是零时，零标志位 SM1.0 为 1。图 6-13 是对字节数据 16#5A 执行 ROL 指令、移位 2 位的结果。

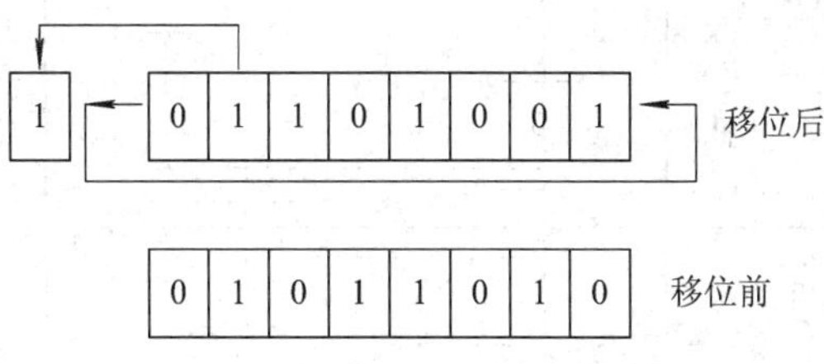

图 6-13　循环左移位指令的功能

2) *循环右移位指令*(ROR)

当使能输入有效时，将 IN 输入无符号数(字节、字或双字)循环右移 N 位后，将结果输出到 OUT 所指定的存储单元中，移出的最后一位的数值送溢出标志位 SM1.1。当需要移位的数值是零时，零标志位 SM1.0 为 1。图 6-14 是对字节数据 16#5A 执行 ROR 指令、移位 2 位的结果。

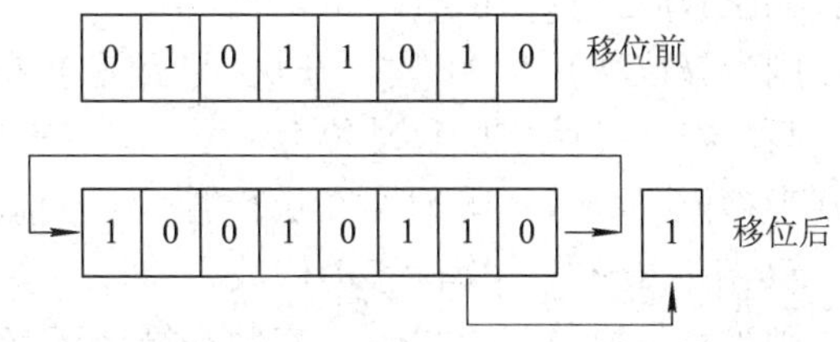

图 6-14　循环右移位指令的功能

循环移位指令的指令格式见表 6-17。

表 6-17　循环移位指令的指令格式

指令类型	LAD	STL	指令功能
字节循环左移位指令	ROL_B EN ENO IN OUT N	RLB　OUT，N	循环移位指令将输入值 IN 循环右移或者循环左移 N 位，并将输出结果装载到 OUT 中。循环移位是环形的
字循环左移位指令	ROL_W EN ENO IN OUT N	RLW　OUT，N	
双字循环左移位指令	ROL_DW EN ENO IN OUT N	RLD　OUT，N	
字节循环右移位指令	ROR_B EN ENO IN OUT N	RRB　OUT，N	
字循环右移位指令	ROR_W EN ENO IN OUT N	RRW　OUT，N	
双字循环右移位指令	ROR_DW EN ENO IN OUT N	RRD　OUT，N	

循环移位指令的操作数的数据类型和左、右移位指令的完全一样，所不同的是移位次数 N：左、右移位指令要求各移位指令移位的次数 N 小于等于数据类型(B、W、D)对应的位数；而循环移位指令移位次数 N 可以大于数据类型(B、W、D)对应的位数。当 N 大于数据类型(B、W、D)对应的位数时，移位位数做如下处理：

如果操作数是字节，则当移位次数 N≥8 时，在执行循环移位前，先对 N 进行模 8 操作(N 除以 8 后取余数)，其结果 0～7 为实际移动位数。

如果操作数是字，则当移位次数 N≥16 时，在执行循环移位前，先对 N 进行模 16 操作(N 除以 16 后取余数)，其结果 0～15 为实际移动位数。

如果操作数是双字，则当移位次数 N≥32 时，在执行循环移位前，先对 N 进行模 32 操作(N 除以 32 后取余数)，其结果 0～31 为实际移动位数。

3. 移位寄存器指令(SHRB)

移位寄存器指令将一个数值移入移位寄存器中。移位寄存器指令提供了一种排列和控制产品流或者数据的简单方法。使用该指令，在每个扫描周期，整个移位寄存器移动一位。SHRB 指令移出的每一位都被放入溢出标志位(SM1.1)。这条指令的执行取决于最低有效位 S_BIT 和由长度 N 指定的位数，指令格式如表 6-18 所示。

表 6-18　移位寄存器指定的指令格式

LAD	STL	功能及说明
SHRB EN　ENO DATA S_BIT N	SHRB DATA, S_BIT, N	当使能输入 EN 有效时，移位寄存器指令把输入的 DATA 数值移入移位寄存器。其中，S_BIT 指定移位寄存器的最低位，N 指定移位寄存器的长度和移位方向(正向移位为 N，反向移位为 -N)

移位寄存器指令 SHRB 将 DATA 数值移入移位寄存器。梯形图中，EN 为使能输入端，连接移位脉冲信号，每次使能有效时，整个移位寄存器移动 1 位；DATA 为数据输入端，连接移入移位寄存器的二进制数值，执行指令时将该位的值移入寄存器；S_BIT 指定移位寄存器的最低位；N 指定移位寄存器的长度和移位方向，移位寄存器的最大长度为 64 位，N 为正值表示左移位，输入数据(DATA)移入移位寄存器的最低位(S_BIT)，并移出移位寄存器的最高位，移出的数据被放置在溢出内存位(SM1.1)中，N 为负值表示右移位，输入数据移入移位寄存器的最高位中，并移出最低位(S_BIT)，移出的数据被放置在溢出内存位(SM1.1)中。移位寄存器指令的有效操作数如表 6-19 所示。

表 6-19　移位寄存器指令的有效操作数

输入/输出	数据类型	操　作　数
DATA/ S_BIT	BOOL	I、Q、M、SM、T、C、V、S、L
N	BYTE	VB、IB、QB、MB、SB、SMB、LB、AC、常量

6.3　数学运算指令

数学运算指令包括算术运算指令、加/减法指令、数学函数运算指令和逻辑运算指令。其中，数学函数运算指令和逻辑运算指令均会影响特殊存储器的相关位。

6.3.1　算术运算指令

算术运算是数学运算中最基本的运算，包括加、减、乘、除运算。算术运算指令使用的操作数数据类型包括有符号整数和实数。有符号整数包括 16 位的有符号整数 INT 和 32 位的有符号整数 DINT，实数指的是 REAL。表 6-20 是算术运算指令的有效操作数。

表 6-20　算术运算指令的有效操作数

输入/输出	数据类型	操　作　数
IN1/IN2	INT	IW、QW、VW、MW、SMW、SW、T、C、LW、AC、AIW、*VD、*AC、*LD、常数
	DINT	ID、QD、VD、MD、SMD、SD、LD、AC、HC、*VD、*LD、*AC、常数
	REAL	ID、QD、VD、MD、SMD、SD、LD、AC、*VD、*LD、*AC、常数
OUT	INT	IW、QW、VW、MW、SMW、SW、LW、T、C、AC、*VD、*AC、*LD
	DINT	ID、QD、VD、MD、SMD、SD、LD、AC、*VD、*LD、*AC
	REAL	ID、QD、VD、MD、SMD、SD、LD、AC、*VD、*LD、*AC

加法指令实现的是 IN1+IN2=OUT 的操作，减法指令完成的是 IN1-IN2=OUT 的操作，加/减法指令的指令格式如表 6-21 所示。

表 6-21　加/减法指令的指令格式

指令	LAD	STL	指令功能
整数加法指令	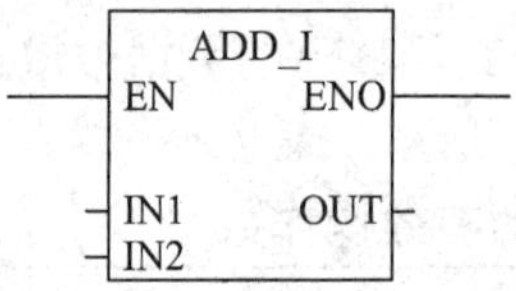 ADD_I EN ENO IN1 OUT IN2	+I IN2,OUT	当使能输入有效时，将两个 16 位有符号整数相加，并产生一个 16 位整数和，从 OUT 指定的 16 位存储单元输出
双整数加法指令	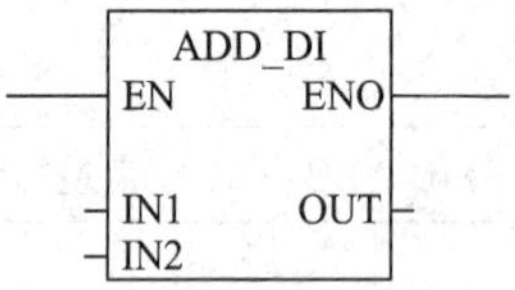 ADD_DI EN ENO IN1 OUT IN2	+DI IN2,OUT	当使能输入有效时，将两个 32 位有符号整数相加，并产生一个 32 位整数和，从 OUT 指定的 32 位存储单元输出
实数加法指令	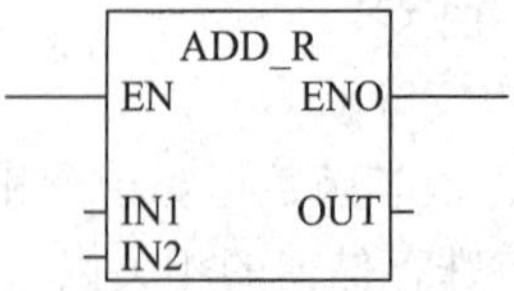 ADD_R EN ENO IN1 OUT IN2	+R IN2,OUT	当使能输入有效时，将两个 32 位有符号实数相加，并产生一个 32 位实数和，从 OUT 指定的 32 位存储单元输出
整数减法指令	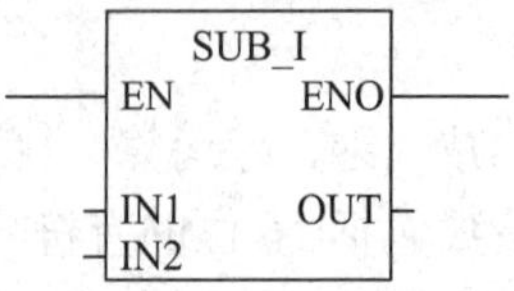 SUB_I EN ENO IN1 OUT IN2	-I IN2,OUT	当使能输入有效时，将两个 16 位有符号整数相减，并产生一个 16 位整数差，从 OUT 指定的 16 位存储单元输出

续表

指令	LAD	STL	指令功能能
双整数减法指令	SUB_DI EN ENO IN1 OUT IN2	-DI IN2,OUT	当使能输入有效时，将两个 32 位有符号整数相减，并产生一个 32 位整数差，从 OUT 指定的 32 位存储单元输出
实数减法指令	SUB_R EN ENO IN1 OUT IN2	-R IN2,OUT	当使能输入有效时，将两个 32 位有符号实数相减，并产生一个 32 位实数差，从 OUT 指定的 32 位存储单元输出

当使用加、减、乘、除指令的时候，梯形图编程需要提供三个操作数，即 IN1、IN2、OUT。当指令表中只给出了两个操作数 IN2 和 OUT 时，如果梯形图编程的时候 IN1 和 OUT 两个操作数不是同一个，则转换成指令表时，会先用 MOV 指令，把梯形图指令中的 IN1 这个操作数传送给 OUT，再执行相应的运算，如图 6-15 所示。

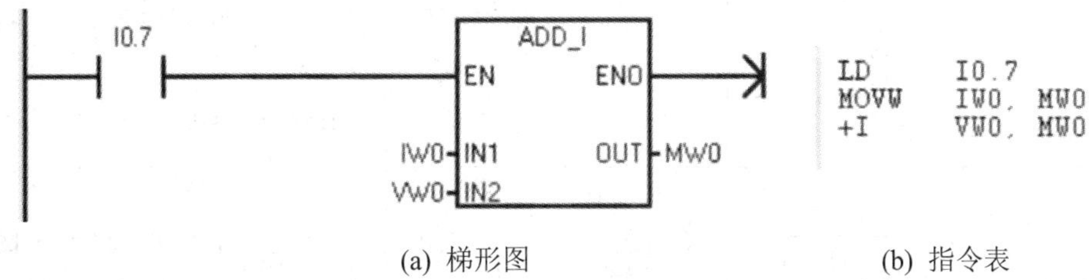

(a) 梯形图　　(b) 指令表

图 6-15　加减法指令梯形图与指令表关系

乘法指令实现的是 IN1×IN2=OUT 的操作，除法指令完成的是 IN1/IN2=OUT 的操作，乘除法的指令格式如表 6-22 所示。

表 6-22　乘除法指令的指令格式

指令	LAD	STL	指令功能
完全整数乘法指令	MUL EN ENO IN1 OUT IN2	MUL IN2,OUT	使能输入有效时，将两个 16 位符号整数相乘，并产生一个 32 位积，从 OUT 指定的 32 位存储单元输出
16 位符号数乘法指令	MUL_I EN ENO IN1 OUT IN2	*I IN2,OUT	使能输入有效时，将两个 16 位符号整数相乘，并产生一个 16 位积，从 OUT 指定的 16 位存储单元输出

续表

指令	LAD	STL	指令功能
32 位符号数乘法指令	MUL_DI EN　ENO IN1　OUT IN2	*DI IN2,OUT	使能输入有效时，将两个 32 位符号整数相乘，并产生一个 32 位积，从 OUT 指定的 32 位存储单元输出
实数乘法指令	MUL_R EN　ENO IN1　OUT IN2	*R IN2,OUT	使能输入有效时，将两个 32 位实数相乘，并产生一个 32 位实数结果，结果从 OUT 指定的 32 位存储单元输出
完全整数除法指令	DIV EN　ENO IN1　OUT IN2	DIV IN2,OUT	使能输入有效时，将两个 16 位符号整数相除，并产生一个 32 位结果，其中低 16 位是商，高 16 位是余数，结果从 OUT 指定的 32 位存储单元输出
16 位符号数除法指令	DIV_I EN　ENO IN1　OUT IN2	/I IN2,OUT	使能输入有效时，将两个 16 位符号整数相除，并产生一个 16 位商，余数不保留，结果从 OUT 指定的 16 位存储单元输出
32 位符号数除法指令	DIV_DI EN　ENO IN1　OUT IN2	/D IN2,OUT	使能输入有效时，将两个 32 位符号整数相除，并产生一个 32 位商，余数不保留，结果从 OUT 指定的 32 位存储单元输出
实数除法指令	DIV_R EN　ENO IN1　OUT IN2	/R IN2,OUT	使能输入有效时，将两个 32 位实数相乘，并产生一个 32 位实数结果，结果从 OUT 指定的 32 位存储单元输出

6.3.2　加/减法指令

加/减法指令用于对输入无符号数的字节、有符号的字、双字进行加 1 或减 1 的操作。指令格式如表 6-23 所示。

表 6-23　增减指令的指令格式

指令	LAD	STL	指令功能
字节加 1	INC_B (EN, ENO, IN, OUT)	INCB OUT	使能输入有效时，将输入 IN 加 1 或者减 1，并将结果存放在 OUT 中
字加 1	INC_W (EN, ENO, IN, OUT)	INCW OUT	
双字加 1	INC_DW (EN, ENO, IN, OUT)	INCD OUT	
字节减 1	DEC_B (EN, ENO, IN, OUT)	DECB OUT	
字减 1	DEC_W (EN, ENO, IN, OUT)	DECW OUT	
双字减 1	DEC_DW (EN, ENO, IN, OUT)	DECD OUT	

6.3.3　数学函数指令(浮点数或实数数学指令)

数学函数变换指令包括平方根、自然对数、指数、三角函数运算和 PID 运算，其中 PID 指令在 6.9 节中介绍，表 6-24 是数学函数指令的指令格式。表 6-25 是数学函数指令的有效操作数。

表 6-24　数学函数指令的指令格式

指令	LAD	STL	指令功能
平方根指令	SQRT: EN ENO, IN OUT	SQRT IN, OUT	使能输入有效时，对 32 位实数(IN)取平方根，并产生一个 32 位实数结果，从 OUT 指定的存储单元输出
正弦指令	SIN: EN ENO, IN OUT	SIN IN, OUT	使能输入有效时，正弦(SIN)、余弦(COS)和正切(TAN)指令计算角度值 IN 的三角函数值，并将结果存放在 OUT 中
余弦指令	COS: EN ENO, IN OUT	COS IN, OUT	
正切指令	TAN: EN ENO, IN OUT	TAN IN, OUT	
对数指令	LN: EN ENO, IN OUT	LN IN, OUT	使能输入有效时，对 IN 中的数值进行自然对数计算，并将结果置于 OUT 指定的存储单元中
指数指令	EXP: EN ENO, IN OUT	EXP IN, OUT	使能输入有效时，将 IN 取以 e 为底的指数，并将结果置于 OUT 指定的存储单元中

表 6-25　数学函数指令的有效操作数

输入/输出	数据类型	操　作　数
IN	REAL	ID、QD、VD、MD、SMD、SD、LD、AC、*VD、*LD、*AC、常数
OUT	REAL	ID、QD、VD、MD、SMD、SD、LD、AC、*VD、*LD、*AC

1. 指令说明

(1) 所有的数学函数指令都是单输入 IN，单输出 OUT 的指令，并且操作数的数据类型只能是实数，包括常数，例如 3 作为输入需要写成 3.0。

(2) SQRT 指令是求平方根的，若要获得其他根，需要使用指数函数和对数函数实现，例如：5 的立方 = 5^3 = EXP(3*LN(5)) = 125；125 的立方根 = $125^{1/3}$ = EXP((1/3)*LN(125)) = 5；5 的平方根的三次方 = $5^{3/2}$ = EXP(3/2*LN(5)) = 11.180 34。

(3) 自然对数(LN)指令：求以 10 为底数的对数时，用自然对数除以 2.302 585(约等于 10 的自然对数)。将“自然指数”指令与“自然对数”指令相结合，可以实现以任意数为底，任意数为指数的计算。求 y^x，输入以下指令：EXP (x * LN (y))。例如：求 2^3 = EXP(3*LN(2)) = 8；27 的 3 次方根 = $27^{1/3}$ = EXP(1/3*LN(27)) = 3。

(4) 求三角函数时，输入角度值是弧度值，若要将角度从“度”转换为“弧度”，使用 MUL_R (*R)指令将以“度”为单位表示的“角度”乘以 1.745 329E−2 (大约为 π/180)。

(5) 数学运算指令会影响特殊存储器位，具体的影响如下：

SM1.0(结果为 0)；

SM1.1(溢出，运算过程中产生非法数值或者输入参数非法)；

SM1.2(结果为负)对增、减指令仅对于字和双字操作有效；

SM1.3(除数为 0，仅对除法指令有效)。

2. 指令应用

求 5 的立方的指令应用如图 6-16 所示。

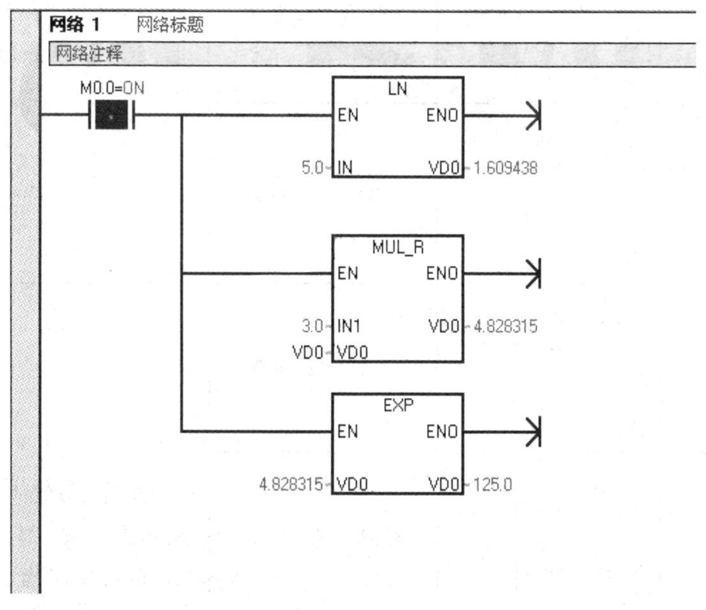

图 6-16　求 5 的立方的指令应用

6.3.4 逻辑运算指令

逻辑运算是对无符号数按位进行与、或、异或和取反等操作，指令格式如表 6-26 所示。

表 6-26　数学函数指令的指令格式

指令	LAD	STL	指令功能
字节取反指令	INV_B EN ENO IN OUT	INVB OUT	使能输入有效时，将输入 IN 按位取反，将结果放入 OUT 指定的存储单元
字取反指令	INV_W EN ENO IN OUT	INVW OUT	
双字取反指令	INV_DW EN ENO IN OUT	INVD OUT	
字节与指令	WAND_B EN ENO IN1 OUT IN2	ANDB IN2, OUT	使能输入有效时，将输入 IN1，IN2 按位相与，得到的逻辑运算结果，放入 OUT 指定的存储单元
字与指令	WAND_W EN ENO IN1 OUT IN2	ANDW IN2, OUT	
双字与指令	WAND_DW EN ENO IN1 OUT IN2	ANDD IN2, OUT	
字节或指令	WOR_B EN ENO IN1 OUT IN2	ORB IN2, OUT	使能输入有效时，将输入 IN1，IN2 按位相或，得到的逻辑运算结果，放入 OUT 指定的存储单元
字或指令	WOR_W EN ENO IN1 OUT IN2	ORW IN2,OUT	
双字或指令	WOR_DW EN ENO IN1 OUT IN2	ORD IN2,OUT	

续表

指令	LAD	STL	指令功能
字节异或指令	WXOR_B EN ENO IN1 OUT IN2	XORB IN2,OUT	使能输入有效时，将输入 IN1，IN2 按位相异或，得到的逻辑运算结果，放入 OUT 指定的存储单元
字异或指令	WXOR_W EN ENO IN1 OUT IN2	XORW IN2,OUT	
双字异或指令	WXOR_DW EN ENO IN1 OUT IN2	XORD IN2,OUT	

逻辑运算指令的有效操作数如表 6-27 所示。

表 6-27　逻辑运算指令的有效操作数

输入/输出	数据类型	操　作　数
IN	BYTE	IB、QB、VB、MB、SMB、SB、LB、AC、*VD、*LD、*AC、常数
	WORD	IW、QW、VW、MW、SMW、SW、LW、T、C、AC、AIW、*VD、*LD、*AC、常数
	DWORD	ID、QD、VD、MD、SMD、SD、LD、AC、HC、*VD、*LD、*AC、常数
OUT	BYTE	IB、QB、VB、MB、SMB、SB、LB、AC、*VD、*AC、*LD
	WORD	IW、QW、VW、MW、SMW、SW、T、C、LW、AC、*VD、*AC、*LD
	DWORD	ID、QD、VD、MD、SMD、SD、LD、AC、*VD、*AC、*LD

1. 指令说明

(1) 所有的逻辑运算指令都是按“位”进行运算的。

(2) 逻辑取反、与、或、异或的位逻辑运算真值表关系如表 6-28 所示。

(3) 逻辑运算指令。

表 6-28　位逻辑运算真值关系

逻辑关系	bit0	bit0	OUT	说　明
取反	0	—	1	0 取反后，结果是 1
	1	—	0	1 取反后，结果是 0
逻辑与	0	0	0	和 0 与，结果是 0
	1	0	0	
	0	1	0	和 1 与，结果保留
	1	1	1	
逻辑或	0	0	0	和 0 或，结果保留
	1	0	1	
	0	1	1	和 1 或，结果置 1
	1	1	1	
逻辑异或	0	0	0	和 0 异或，结果保留
	1	0	1	
	0	1	1	和 1 异或，结果取反
	1	1	0	

2. 指令应用

逻辑运算指令应用如图 6-17 所示。

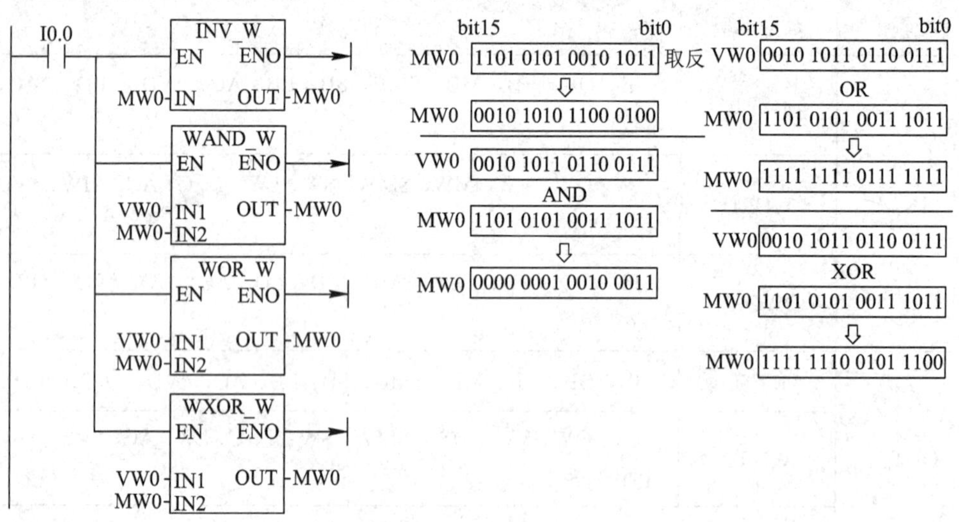

图 6-17　逻辑运算指令应用

6.4　表功能指令

表功能指令是指存储区域中的数据管理指令，用来建立表格，对表格中的数据进行读、写、查表等操作的一系列指令，以对数据区内的数据进行统计、排序、比较等处理。表功能指令包括填表指令、查表指令、先进先出指令、后进先出指令以及填充指令。

6.4.1　ATT、FND 指令

ATT 是填表指令，FND 是查表指令，指令格式如表 6-29 所示。

表 6-29　ATA、FND 指令格式

指令	LAD	STL	指令功能
填表指令	AD_T_TBL EN　ENO DATA TBL	ATT DATA,TBL	使能端输入有效时，ATT 指令向表 (TBL) 中填一个数值 (DATA)
查表指令	TBL_FIND EN　ENO TBL PTN INDX CMD	FIND CMD,TBL,PTN,INDX	使能端输入有效时，查表指令(FND)搜索表，以查找符合一定规则的数据

填表、查表指令使用的有效操作数如表 6-30 所示。

表 6-30　填表、查表指令的有效操作数

指令	输入/输出	数据类型	操　作　数
ATT	TBL	WORD	IW、QW、VW、MW、SMW、SW、T、C、LW、*VD、*LD、*AC
	DATA	INT	IW、QW、VW、MW、SMW、SW、LW、T、C、AC、AIW、*VD、*LD、*AC、常数
FND	TBL	WORD	IW、QW、VW、MW、SMW、T、C、LW、*VD、*LC、*AC
	PTN	INT	IW、QW、VW、MW、SMW、SW、LW、T、C、AC、AIW、*VD、*LD、*AC、常数
	INDEX	WORD	IW、QW、VW、MW、SMW、SW、T、C、LW、AIW、AC、*VD、*LD、*AC
	CMD	BYTE	(常数)1：等于(=)；2：不等于(<>)；3：小于(<)；4：大于(>)

1. 指令说明

(1) 填表指令有两个操作数，TBL 用来说明表格的首地址，DATA 是填入表格的数据，

数据的数据类型只能是 INT 型，每个数据占 2 个字节，表格中最多可以放 100 个数据(data)，data0～data99。

(2) 使用填表指令前，需要先用 MOV 指令装载表的最大长度，表中第一个数是最大填表数(TL)，第二个数是实际填表数(EC)，指出已填入表的数据个数。新的数据填在表中上一个数据的后面，每向表中填一个新的数据，EC 会自动加 1。

(3) 在使用表之前，必须为表指定数据的最多个数，也就是说定义的最大填表数比实际填表数要大，否则您将无法在表中插入数据。同时，要确保使用边沿触发来激活读写指令。

(4) 查表指令从 INDX 开始搜索表(TBL)，寻找符合 PTN 和条件(=、<>、<或>)的数据。命令参数 CMD 是一个 1～4 的数值，分别代表=、<>、<和>。

(5) 使用填表指令时，如果表出现溢出，SM1.4 置 1。

2. 指令应用

图 6-18 是填表指令应用实例。图 6-19 是查表指令应用。

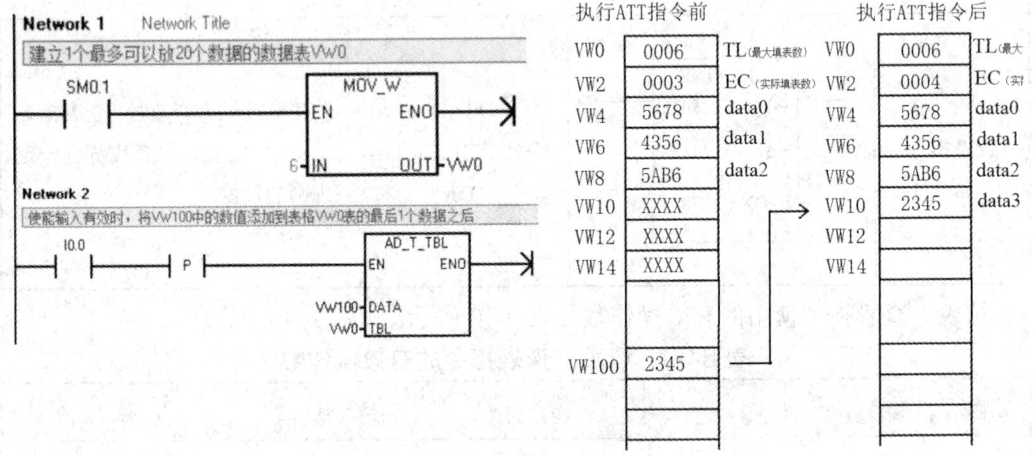

图 6-18　填表指令应用

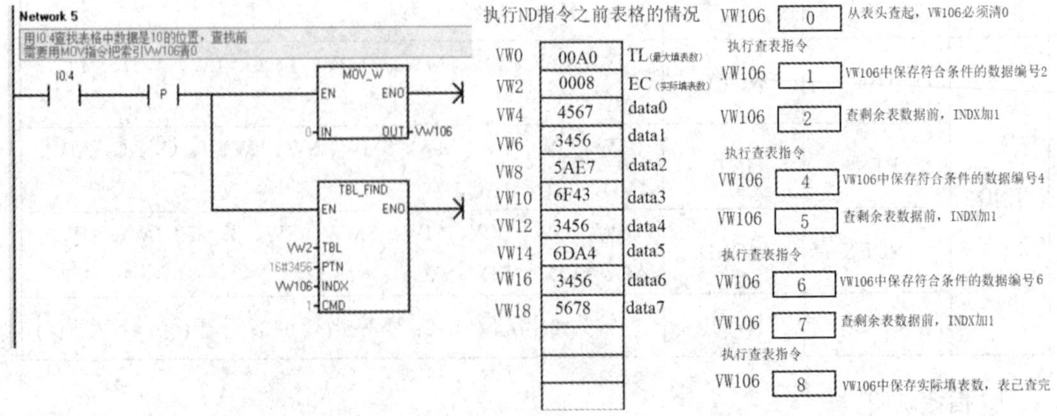

图 6-19　查表指令应用

6.4.2　存储器填充指令

存储器填充指令指令格式如表 6-31 所示。存储器填充指令可以实现复制一个表，如果使用常数 0 作为存储器填充指令的输入值 IN，可以实现把存储器 N 个存储空间清 0，存储器填充指令的有效操作数如表 6-32 所示。

表 6-31　存储器填充指令指令格式

指令	LAD	STL	指令功能
存储器填充指令	FILL_N EN ENO IN OUT N	FILL IN, OUT, N	使能端输入有效时，存储器填充指令(FILL)用输入值(IN)填充从输出(OUT)开始的 N 个字的内容

表 6-32　存储器填充指令有效操作数

输入/输出	数据类型	操　作　数
IN	INT	IW、QW、VW、MW、SMW、SW、LW、T、C、AC、AIW、*VD、*LD、*AC、常数
N	BYTE	IB、QB、VB、MB、SMB、SB、LB、AC、*VD、*LD、*AC、常数
OUT	INT	IW、QW、VW、MW、SMW、SW、T、C、LW、AQW、*VD、*LD、*AC

6.4.3　先进先出指令和后进先出指令

先进先出指令是从表中移走第一个数据，而后进先出指令是从表中移走最后一个数据，指令格式如表 6-33 所示，表 6-34 是指令的有效操作数。

表 6-33　先进先出、后进先出指令格式

指令	LAD	STL	指令功能
后进先出指令	LIFO EN ENO TBL DATA	LIFO TBL,DATA	使能端输入有效时，后进先出指令从表(TBL)中移走最后一个数据，并将此数输出到 DATA
先进先出指令	FIFO EN ENO TBL DATA	FIFO TBL,DATA	使能端输入有效时，先进先出指令从表(TBL)中移走第一个数据，并将此数输出到 DATA。剩余数据依次上移一个位置

表 6-34　先进先出、后进先出指令有效操作数

输入/输出	数据类型	操 作 数
TBL	WORD	IW、QW、VW、MW、SMW、SW、T、C、LW、*VD、*LD、*AC
DATA	INT	IW、QW、VW、MW、SMW、SW、T、C、LW、AC、AQW、*VD、*LD、*AC

1. 指令说明

使用先进先出或后进先出指令时，每执行一条本指令，表中的数据数减 1，如果试图从空表中删除一个数据，SM1.5 置 1。

2. 指令应用

图 6-20 是先进先出、后进先出指令应用。

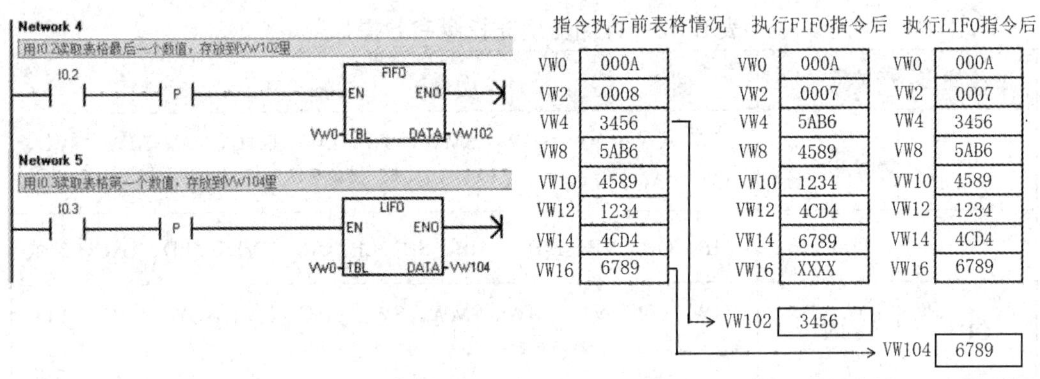

图 6-20　先进先出、后进先出指令应用

6.5 转 换 指 令

转换指令用于对操作数的数据类型进行转换，并输出到指定目标地址中去。转换指令包括数据类型转换指令、ASCII 码转换指令、编码和译码指令、七段显示码指令以及字符串转换指令等。

6.5.1　数据类型转换指令

S7-200 PLC 数据类型转换指令可以将固定的一个数据类型用转换指令转换成指令要求的数据类型。数据类型转换指令包括字节与整数之间的转换，整数与双整数的转换，双整数与实数之间的转换，BCD 码与整数之间的转换指令，数据类型转换指令格式如表 6-35 所示。转换指令处理的数据类型主要有字节 BYTE、字 WORD、整数 INT、双整数 DINT 和实数 REAL，数据类型转换指令的有效操作数如表 6-36 所示。

表 6-35　数据类型转换指令指令格式

指令类型	LAD	STL	功能及说明
字节转换成字整数指令(BTI)	B_I: EN ENO, IN OUT	BTI　IN，OUT	使能输入端有效时，BTI 指令将字节数值转换成整数值，并将结果置入 OUT 指定的存储单元
字整数转换成字节指令(ITB)	I_B: EN ENO, IN OUT	ITB　IN，OUT	使能输入端有效时，IBT 指令将字整数转换成字节，并将结果置入 OUT 指定的存储单元
字整数转换成双字整数指令(ITD)	I_DI: EN ENO, IN OUT	ITD　IN，OUT	使能输入端有效时，ITD 指令将输入的整数值转换成双整数值，并将结果置入 OUT 指定的存储单元
双字整数转换成字整数指令(DTI)	DI_I: EN ENO, IN OUT	DTI　IN，OUT	使能输入端有效时，DTI 指令将输入的双整数值转换成整数值，并将结果置入 OUT 指定的存储单元
双字整数转换成实数指令(DTR)	DI_R: EN ENO, IN OUT	DTR IN, OUT	使能输入端有效时，DTR 指令将输入的 32 位，有符号整数值转换成一个 32 位实数，并将结果存入 OUT 指定的变量中
实数转换成双字整数指令(四舍五入)(ROUND)	ROUND: EN ENO, IN OUT	ROUND IN,OUT	使能输入端有效时，ROUND 指令将输入的实数转为双整数值，并将四舍五入的结果存入 OUT 指定的变量中
实数转换成双字整数指令(取整)(TRUNC)	TRUNC: EN ENO, IN OUT	TRUNC IN, OUT	使能输入端有效时，TRUNC 指令将输入的实数转为双整数值，并将实数的整数部分作为结果存入 OUT 指定的变量中
BCD 码转为整数指令(BCDI)	BCD_I: EN ENO, IN OUT	BCDI　OUT	使能输入端有效时，BCDI 指令将输入的 BCD 码值转换成整数值，并且将结果存入 OUT 指定的变量中
整数转为 BCD 码指令(IBCD)	I_BCD: EN ENO, IN OUT	IBCD OUT	使能输入端有效时，IBCD 指令将输入的整数值转换成 BCD 码，并且将结果存入 OUT 指定的变量中

表 6-36　数据类型转换指令的有效操作数

输入/输出	数据类型	操　作　数
IN	BYTE	IB、QB、VB、MB、SMB、SB、LB、AC、*VD、*LD、*AC、常数
	INT	IW、QW、VW、MW、SMW、SW、T、C、LW、AIW、AC、*VD、*LD、*AC、常数
	DINT	ID、QD、VD、MD、SMD、SD、LD、HC、AC、*VD、*LD、*AC、常数
	REAL	ID、QD、VD、MD、SMD、SD、LD、AC、*VD、*LD、*AC、常数
OUT	BYTE	IB、QB、VB、MB、SMB、SB、LB、AC、*VD、*LD、*AC
	INT	IW、QW、VW、MW、SMW、SW、T、C、LW、AIW、AC、*VD、*LD、*AC
	DINT/REAL	ID、QD、VD、MD、SMD、SD、LD、AC、*VD、*LD、*AC

1. 指令说明

(1) 从表 6-35 中可以看出，数据类型转换指令主要是数据字长的改变，各数据类型转换指令字长改变情况如表 6-37 所示。

表 6-37　数据类型转换指令字长改变情况

指令	BTI	ITB	ITD	DTI	DTR	ROUND	TRUNC	BCDI	IBCD
变换前字长	8	16	16	32	32	32	32	16	16
变换后字长	16	8	32	16	32	32	32	16	16

BTI 指令中，字节是 8 位无符号数，转换成整数后没有符号位扩展；IDT 指令 16 位转换为 32 位是有符号扩展。

(2) ITB 指令和 DTI 指令转换后数据字长变短，所以转换的数据范围以字长短的数据范围为准，如果转换数值太大，则产生溢出，使 SM1.1=1。

(3) ROUND 和 TRUNC 指令如果转换的实数数值过大，无法在输出中表示，则会产生溢出，同样使 SM1.1=1，输出不受影响。

(4) BCD 的数据长度是字，所以有效范围为：0～9999(十进制)，0000～9999(十六进制)，0000 0000 0000 0000～1001 1001 1001 1001(BCD 码)。如果提供的 BCD 数据不在上述范围，指令影响特殊标志位 SM1.6(无效 BCD)。

(5) 在表 6-31 的 LAD 和 STL 指令中，IN 和 OUT 的操作数地址相同。若 IN 和 OUT 操作数地址不是同一个存储器，对应的语句表指令为

```
MOV   IN   OUT
BCDI   OUT
```

2. 指令应用

图 6-21 给出了部分数据转换指令的应用，在 STEP7 Micro/WIN SP9V4.0 环境下运行的结果。

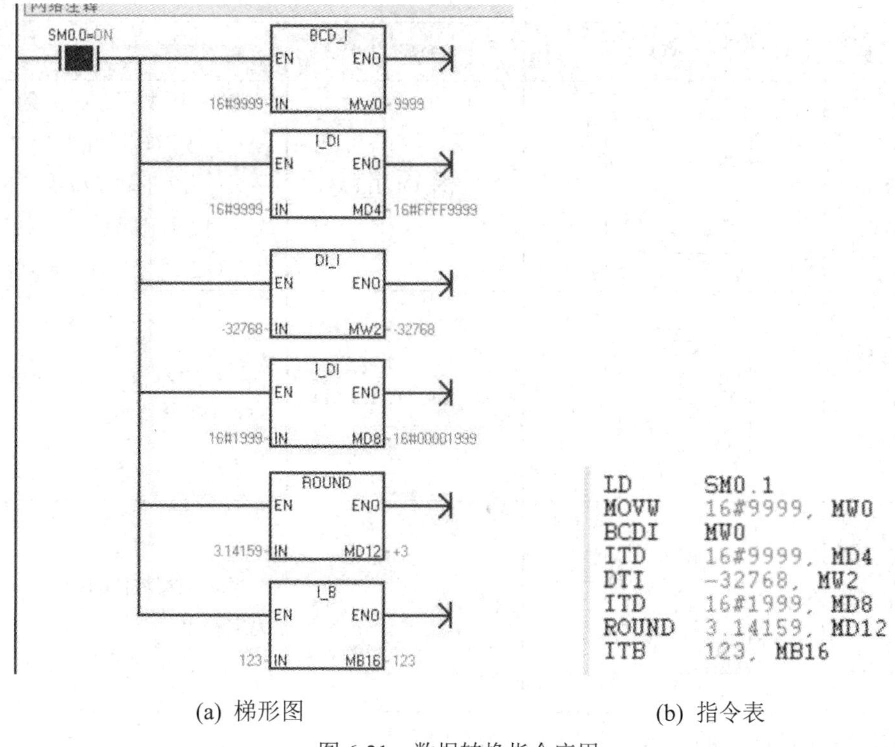

(a) 梯形图　　　　(b) 指令表

图 6-21　数据转换指令应用

6.5.2　ASCII 码转换指令

ASCII 码转换指令包括 ASCII 码与十六进制之间的转换指令和数值转换成 ASCII 码指令，数值可以使用的数据类型有整数、双整数、实数。有效的 ASCII 码输入字符是 0 到 9 的十六进制数代码值 30 到 39，和大写字符 A 到 F 的十六进制数代码值 41 到 46 这些字符，ASCII 码转换指令的指令格式和功能如表 6-38 所示。

表 6-38　ASCII 码转换指令格式

指令类型	LAD	STL	功能及说明
ASCII 码转十六进制数指令(ATH)	ATH EN ENO IN OUT LEN	ATH IN,OUT,LEN	将一个长度为 LEN 从 IN 开始的 ASCII 码字符串转换成从 OUT 开始的十六进制数
十六进制数转 ASCII 码指令(HTA)	HTA EN ENO IN OUT LEN	HTA IN,OUT,LEN	将从输入字节 IN 开始的十六进制数，转换成从 OUT 开始的 ASCII 码字符串，被转换的十六进制数的位数由长度 LEN 给出

续表

指令类型	LAD	STL	功能及说明
整数转 ASCII 码 (ITA)	ITA EN　ENO IN　OUT FMT	ITA IN, OUT, FMT	将一个整数字 IN 转换成一个ASCII 码字符串，格式 FMT 指定小数点右侧的转换精度和小数点是使用逗号还是点号。转换结果放在 OUT 指定的连续 8 个字节中
双整数转 ASCII 码 (DTA)	DTA EN　ENO IN　OUT FMT	DTA IN, OUT, FMT	将一个双字 IN 转换成一个ASCII 码字符串
实数转 ASCII 码指 令(RTA)	RTA EN　ENO IN　OUT FMT	RTA IN, OUT, FMT	将一个实数值 IN 转为 ASCII 码字符串

ASCII 码转换指令的有效操作数如表 6-39 所示。

表 6-39　ASCII 码指令的有效操作数

输入/输出	数据类型	操　作　数
IN	BYTE	IB、QB、VB、MB、SMB、SB、LB、*VD、*LD、*AC
	INT	IW、QW、VW、MW、SMW、SW、LW、T、C、AC、AIW、*VD、*LD、*AC、常数
	DINT	ID、QD、VD、MD、SMD、SD、LD、AC、HC、*VD、*LD、*AC、常数
	REAL	ID、QD、VD、MD、SMD、SD、LD、AC、*VD、*LD、*AC、常数
LEN,FMT	BYTE	IB、QB、VB、MB、SMB、SB、LB、AC、*VD、*LD、*AC、常数
OUT	BYTE	IB、QB、VB、MB、SMB、SB、LB、*VD、*LD、*AC

1. 指令说明

(1) 整数转 ASCII 码(ITA)、双整数转 ASCII 码(DTA)和实数转 ASCII 码(RTA)指令，都是数值转换成 ASCII 码指令。指令中格式 FMT 指定小数点右侧的转换精度和小数点是使用逗号还是点号。转换结果放在 OUT 指定的连续缓冲区中。数值转换指令中的格式操作数 FMT 的含义与指令有关。

整数转 ASCII 码(ITA)输出缓冲区的大小始终是 8 个字节。nnn 表示输出缓冲区中小数点右侧的数字位数，nnn 域的有效范围是 0～5。如果需要指定十进制小数点右面的数字为

0，也就是使数值显示为一个没有小数点的数值，nnn=0。对于 nnn 大于 5 的情况，输出缓冲区会被空格键的 ASCII 码填充。c 指定是用逗号(c=1)或者点号(c=0)作为整数和小数的分隔符。高 4 位必须为 0。输出缓冲区的格式符合以下规则：

① 正数值写入输出缓冲区时没有符号位；

② 负数值写入输出缓冲区时以负号(−)开头；

③ 小数点左侧的开头的 0(除去靠近小数点的那个之外)被隐藏；

④ 数值在输出缓冲区中是右对齐的。

如果 FMT 的内容是 00000011，则意味着整数和小数的分隔符是点号(c=0)，小数点右侧有 3 位小数(nnn=011)，在输入分别是 12，−123，1234 和−12345 的情况下，指令 ITA 指令的 FMT 操作数及输出缓冲区情况如图 6-22 所示。

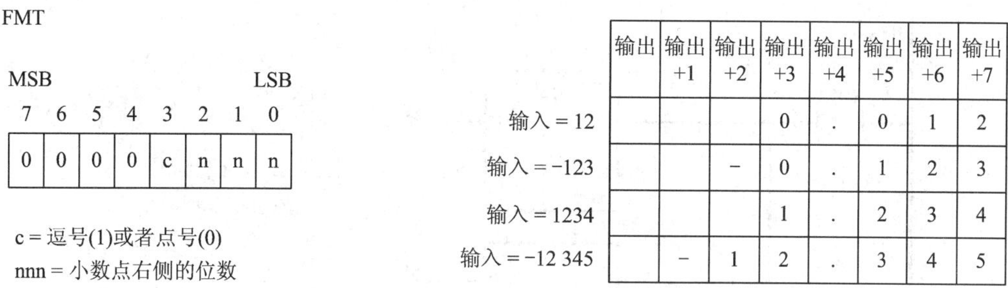

	输出	输出+1	输出+2	输出+3	输出+4	输出+5	输出+6	输出+7
输入 = 12				0	.	0	1	2
输入 = −123			−	0	.	1	2	3
输入 = 1234				1	.	2	3	4
输入 = −12 345		−	1	2	.	3	4	5

图 6-22　整数转 ASCII 码(ITA)指令的 FMT 操作数及缓冲区情况

(2) 双整数转 ASCII 码(DTA)指令中的 FMT 格式与整数转 ASCII 码指令的 FMT 是一样，所不同的是 DTA 指令的输出缓冲区需要 12 个字节。如果 FMT 的内容是 00000100，则意味着整数和小数的分隔符是点号(c=0)，小数点右侧有 4 位小数(nnn=100)，在输入分别是 12 和 1234567 的情况下，指令 DTA 指令的 FMT 操作数及输出缓冲区情况如图 6-23 所示。

FMT

MSB　LSB

7	6	5	4	3	2	1	0
0	0	0	0	c	n	n	n

c = 逗号(1)或者点号(0)

nnn = 小数点右侧的位数

	输出	输出+1	输出+2	输出+3	输出+4	输出+5	输出+6	输出+7	输出+8	输出+9	输出+10	输出+11
输入 = −12						−	0	.	0	0	1	2
输入 = 1 234 567					1	2	3	.	4	5	6	7

图 6-23　双整数转 ASCII 码(DTA)指令的 FMT 操作数及缓冲区情况

(3) 实数转 ASCII 码指令(RTA)指令中的 FMT 格式与整数转 ASCII 码指令中的 FMT 低 4 位的含义是一样，所不同的是 FMT 高 4 位不是 0，而是用来指出 RTA 指令的输出缓冲区大小的，输出缓冲区的大小应至少比小数点右侧的数字位数多三个字节，输入实数小数点右侧的数值按照指定的小数点右侧的位数四舍五入。如果 FMT 的内容是 2#01100001，则意味着整数和小数的分隔符是点号(c=0)，小数点右侧有 1 位小数。在输入分别是 1234.5，−0.0004，−3.67526 和 1.95 的情况下，指令 RTA 指令的 FMT 操作数及输出缓冲区情况如图 6-24 所示。

FMT

MSB　　　　　　　LSB

7	6	5	4	3	2	1	0
s	s	s	s	c	n	n	n

ssss = 输出缓冲区的大小
c = 逗号(1)或者点号(0)
nnn = 小数点右侧的位数

	输出	输出+1	输出+2	输出+3	输出+4	输出+5
输入 = 1234.5	1	2	3	4	.	5
输入 = −0.0004				0	.	0
输入 = −3.675 26			−	3	.	7
输入 = 1.95				2	.	0

图 6-24　实数转 ASCII 码(RTA)指令的 FMT 操作数及缓冲区情况

2. 指令应用

图 6-25 是整数、双整数和实数转换成 ASCII 码指令及运行结果。

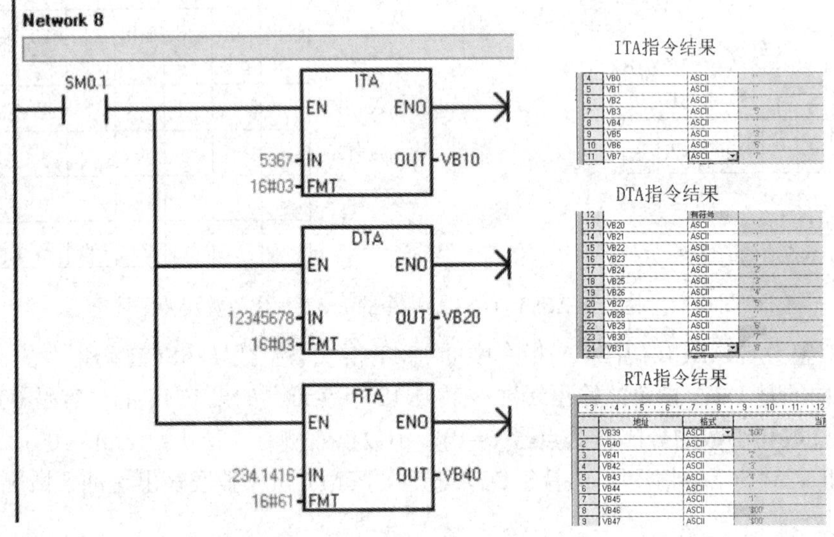

图 6-25　ASCII 码转换指令及运行结果

6.5.3　编码和译码指令

编码和译码指令均是对无符号数处理的指令，指令格式和功能如表 6-40 所示。

表 6-40　编码和译码指令的格式和功能

指令类型	LAD	STL	功能及说明
编码指令(ENCO)	ENCO: EN ENO / IN OUT	ENCO IN, OUT	使能输入有效时，将输入字 IN 的最低有效位的位号写入输出字节 OUT 的最低有效“半字节”(4 位)中
译码指令(DECO)	DECO: EN ENO / IN OUT	DECO IN,OUT	使能输入有效时，根据输入字 IN 的低四位所表示的位号置输出字 OUT 的相应位为 1。输出字的所有其他位都清 0

编码与译码指令的有效操作数如表 6-41 所示。

表 6-41　编码和译码指令的有效操作数

输入/输出	数据类型	操　作　数
IN	BYTE	IB、QB、VB、MB、SMB、SB、LB、AC、*VD、*LD、*AC、常数
	WORD	IW、QW、VW、MW、SMW、SW、LW、T、C、AC、AIW、*VD、*LD、*AC、常数
OUT	BYTE	IB、QB、VB、MB、SMB、SB、LB、AC、*VD、*LD、*AC
	WORD	IW、QW、VW、MW、SMW、SW、T、C、LW、AC、AQW、*VD、*LD、*AC

1. 指令说明

编码指令的输入是字，输出是字节，输出的结果范围是 0～15；译码指令输入的是字节，输出的是字，输出字的位 0 到位 15 根据输入字节低 4 位相应置 1。

2. 指令应用

图 6-26 是编码与译码指令梯形图及仿真运行结果。

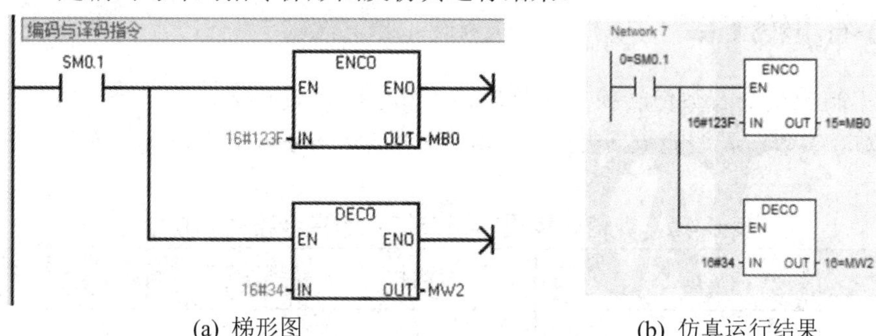

(a) 梯形图　　(b) 仿真运行结果

图 6-26　编码与译码指令梯形图及仿真运行结果

6.5.4　七段显示码指令

七段显示器的 abcdefg 段分别对应于字节的第 0 位～第 6 位，字节的某位为 1 时，其对应的段亮；输出字节的某位为 0 时，其对应的段暗。将字节的第 7 位补 0，则构成与七段显示器相对应的 8 位编码，称为七段显示码。数字 0～9、字母 A～F 与七段显示码的对应如图 6-27 所示。

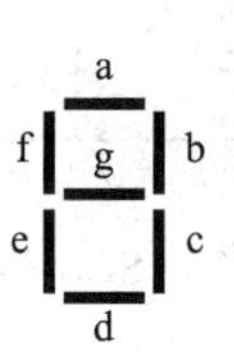

IN	段显示	(OUT) -gfe dcba
0	0	0011 1111
1	1	0000 0110
2	2	0101 1011
3	3	0100 1111
4	4	0110 0110
5	5	0110 1101
6	6	0111 1101
7	7	0000 0111

IN	段显示	(OUT) -gfe dcba
8	8	0111 1111
9	9	0110 0111
A	A	0111 0111
B	b	0111 1100
C	C	0011 1001
D	d	0101 1110
E	E	0111 1001
F	F	0111 0001

图 6-27　七段显示码对应的代码

七段译码指令 SEG 将输入字节 16#0～F 转换成七段显示码。指令格如表 6-42 所示。

表 6-42　七段显示译码指令

LAD	STL	功能及操作数
SEG（EN ENO；IN OUT）	SEG IN，OUT	使能输入有效时，将输入字节(IN)的低四位确定的 16 进制数(16#0～F)，产生相应的七段显示码，送入输出字节 OUT

SEG 指令的输入、输出都是字节型数据，其输入输出的有效操作数如表 6-43 所示。

表 6-43　段码指令的有效操作数

输入/输出	数据类型	操　作　数
IN	BYTE	IB、QB、VB、MB、SMB、SB、LB、AC、常数
OUT	BYTE	IB、QB、VB、MB、SMB、SB、LB、AC

6.5.5　字符串转换指令

字符串转换指令有数值转换成字符串指令和字符串转换成数值指令。数值可以是整数、双整数、实数所表达的数据类型。数值转换成字符串指令的指令格式和功能如表 6-44 所示。

表 6-44　数值转换成字符串指令的指令格式和功能

指令类型	LAD	STL	功能及说明
整数转字符串指令(ITS)	I_S（EN ENO；IN OUT；FMT）	ITS IN,OUT,FMT	使能输入有效时，将输入 IN 转换为 8 个字符长的 ASCII 码字符串，结果字符串被写入从 OUT 开始的 9 个连续字节中
双整数转字符串指令(DTS)	DI_S（EN ENO；IN OUT；FMT）	DTS IN,OUT,FMT	使能输入有效时，将一个双整数 IN 转换为一个长度为 12 个字符的 ASCII 码字符串，结果字符串被写入从 OUT 开始的连续 13 个字节
实数转字符串指令(RTS)	R_S（EN ENO；IN OUT；FMT）	RTS IN,OUT,FMT	使能输入有效时，将一个实数值 IN 转换为一个 ASCII 码字符串。转换结果放在从 OUT 开始的一个字符串中。字符串的长度是 3 到 15 个字符

表 6-45 是数值转换成字符串指令的有效操作数。

表 6-45　数值转换成字符串指令的有效操作数

输入/输出	数据类型	操　作　数
IN	INT	IW、QW、VW、MW、SMW、SW、LW、T、C、AIW、*VD、*LD、*AC、常数
	DINT	ID、QD、VD、MD、SMD、SD、LD、AC、HC、*VD、*LD、*AC、常数
	REAL	ID、QD、VD、MD、SMD、SD、LD、AC、*VD、*LD、*AC、常数
FMT	BYTE	IB、QB、VB、MB、SMB、SB、LB、AC、*VD、*LD、*AC、常数
OUT	BYTE	VB、LB、*VD、*LD、*AC

数值转换成字符串指令的操作数 FMT 的格式、含义与数值转换成 ASCII 码指令中的 FMT 是一样的，在此不再赘述，所不同的是输出字符串的长度在数值转换成 ASCII 码指令输出缓冲区的长度加 1，其余的规则都是一样的。

6.6　中 断 指 令

中断是 CPU 解决 I/O 设备与 CPU 通信的重要手段，在一个计算机系统中，CPU 往往要面对多个 I/O 设备，为了确保 CPU 能实时的读写 I/O，使用的就是中断技术。S7-200 PLC 在处理 I/O 事件、定时以及通信和网络等复杂和特殊的控制任务时使用的也是中断技术。中断就是终止当前正在运行的程序，去执行为立即响应的信号而编写的中断服务程序，执行完毕再返回原先被终止的程序并继续运行。

6.6.1　中断源

1. 中断源的类型

中断源即发出中断请求的事件，又叫中断事件。为了便于识别，系统给每个中断源都分配一个编号，称为中断事件号。S7-200 系列可编程控制器最多有 34 个中断源，中断事件号范围是 0～33，分为三大类：通信中断、输入/输出中断和时基中断。

1) 通信中断

在自由口通信模式下，用户可通过编程来设置数据传输速率、奇偶校验和通信协议等参数，用户通过编程控制通信端口的事件为通信中断。

2) 输入/输出中断

输入/输出中断也就是 I/O 中断包括外部输入上升/下降沿中断、高速计数器中断和高速脉冲输出中断。S7-200 用输入(I0.0、I0.1、I0.2 或 I0.3)上升/下降沿产生中断。这些输入点用于捕获在发生时必须立即处理的事件。高速计数器中断指对高速计数器运行时产生的事件实时响应，包括当前值等于预设值时产生的中断，计数方向的改变时产生的中断或计数器外部复位产生的中断。脉冲输出中断是指预定数目脉冲输出完成而产生的中断。

3) 时基中断

时基中断包括定时中断和定时器 T32/T96 中断。定时中断用于支持一个周期性的活动。

周期时间从 1ms 至 255ms，时基是 1ms。使用定时中断 0，必须在 SMB34 中写入周期时间；使用定时中断 1，必须在 SMB35 中写入周期时间。将中断程序连接在定时中断事件上，若定时中断被允许，则计时开始，每当达到定时时间值，执行中断程序。定时中断可以用来对模拟量输入进行采样或定期执行 PID 回路。定时器 T32/T96 中断指允许对定时间间隔产生中断。这类中断只能用时基为 1ms 的定时器 T32/T96 构成。当中断被启用后，当前值等于预置值时，在 S7-200 执行的正常 1ms 定时器更新的过程中，执行连接的中断程序。

2. 中断优先级和排队等候

优先级是指多个中断事件同时发出中断请求时，CPU 对中断事件响应的优先次序。S7-200 规定的中断优先由高到低依次是：通信中断、I/O 中断和定时中断。每类中断中不同的中断事件又有不同的优先权，如表 6-46 所示。

表 6-46　中断事件及优先级

中断事件号	中断事件说明	优先级组	组中优先级	中断事件类别
8	通信口 0：接收字符	通信 (最高)	0	通信口 0
9	通信口 0：发送完成		0	
23	通信口 0：接收信息完成		0	
24	通信口 1：接收信息完成		1	通信口 1
25	通信口 1：接收字符		1	
26	通信口 1：发送完成		1	
19	PTO 0 脉冲串输出完成中断	I/O (中等)	0	脉冲输出
20	PTO 1 脉冲串输出完成中断		1	
0	I0.0 上升沿中断		2	外部输入
2	I0.1 上升沿中断		3	
4	I0.2 上升沿中断		4	
6	I0.3 上升沿中断		5	
1	10.0 下降沿中断		6	
3	I0.1 下降沿中断		7	
5	I0.2 下降沿中断		8	
7	I0.3 下降沿中断		9	
12	HSC0 当前值=预置值中断		10	高速计数器
27	HSC0 计数方向改变中断		11	
28	HSC0 外部复位中断		12	
13	HSC1 当前值=预置值中断		13	
14	HSC1 计数方向改变中断		14	
15	HSC1 外部复位中断		15	

续表

中断事件号	中断事件说明	优先级组	组中优先级	中断事件类别
16	HSC2 当前值=预置值中断	I/O (中等)	16	
17	HSC2 计数方向改变中断		17	
18	HSC2 外部复位中断		18	
32	HSC3 当前值=预置值中断		19	
29	HSC4 当前值=预置值中断		20	
30	HSC4 计数方向改变		21	
31	HSC4 外部复位		22	
33	HSC5 当前值=预置值中断		23	
10	定时中断 0	定时 (最低)	0	定时
11	定时中断 1		1	
21	定时器 T32 CT=PT 中断		2	定时器
22	定时器 T96 CT=PT 中断		3	

一个程序中总共可有 128 个中断。S7-200 在各自的优先级组内按照先来先服务的原则为中断提供服务。在任何时刻，只能执行一个中断程序。一旦一个中断程序开始执行，则一直执行至完成，不能被另一个中断程序打断，即使是更高优先级的中断程序。中断程序执行中，新的中断请求按优先级排队等候。中断队列能保存的中断个数有限，若超出，则会产生溢出。中断队列的最多中断个数和溢出标志位如表 6-47 所示。

表 6-47　中断队列的最多中断个数和溢出标志位

队列	CPU 221	CPU 222	CPU 224	CPU 226 和 CPU 226XM	溢出标志位
通信中断队列	4	4	4	8	SM4.0
I/O 中断队列	16	16	16	16	SM4.1
定时中断队列	8	8	8	8	SM4.2

6.6.2 中断指令

中断指令包括开中断、关中断、中断连接、中断分离等指令，如图 6-28 所示。其中 RETI 指令是中断返回指令，这条指令是由编译系统在编译程序时自动加在中断程序最后的一条指令。CLR_EVNT 是清除中断事件指令，该指令只有 22X 系列的 CPU 能执行，21X 系列的 CPU 不能执行。中断指令的指令格式如表 6-48 所示。

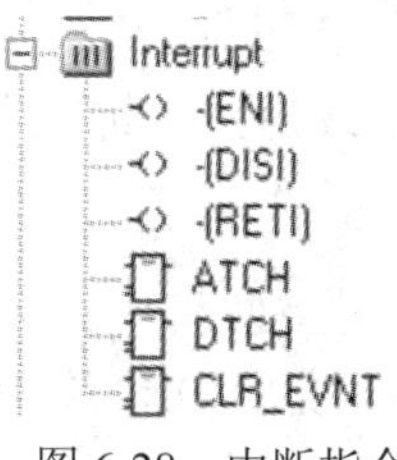

图 6-28　中断指令

表 6-48　中断指令的指令格式

指令类型	LAD	STL	功能及说明
开中断指令 ENI	—(ENI)	ENI	全局性允许所有中断事件
关中断指令 DISI	—(DISI)	DISI	全局性禁止所有中断事件
中断连接指令 ATCH	ATCH：EN ENO；INT；EVNT	ATCH INT,EVENT	使能输入有效时，将中断事件(EVNT)与中断程序号码(INT)相连接，并启用中断事件
中断断开指令 DTCH	DTCH：EN ENO；EVNT	DTCH EVENT	使能输入有效时，某中断事件(EVNT)与所有中断程序之间的连接，并禁用该中断事件
中断清除指令 CEVNT	CLR_EVNT：EN ENO；EVNT	CEVNT EVENT	

在表 6-48 中，ATCH 指令中的操作数 INT 是中断程序的名称，系统分配的程序名称是 INT_N，其中 N 的范围是 0～127，中断程序的名称可以通过鼠标右键，点击 rename 来修改。操作数 EVNT 是中断事件号，是系统分配给每个中断事件的号码，其范围是 0～33。

6.6.3　中断设计的步骤

1. 中断程序的概念

中断程序是为处理中断事件而事先编好的程序，中断程序不是由程序调用，而是在中断事件发生时由操作系统调用。在中断程序中不能改写其他程序使用的存储器，最好使用局部变量。中断程序应实现特定的任务，应“越短越好”，中断程序由中断程序号开始，以无条件返回指令(CRETI)结束。在中断程序中禁止使用 DISI、ENI、HDEF、LSCR 和 END 指令。

2. 建立中断程序的方法

方法一：从“编辑”菜单→选择插入(Insert)→中断(Interrupt)。

方法二：从指令树，用鼠标右键单击“程序块”图标并从弹出菜单→选择插入(Insert)→中断(Interrupt)。

方法三：在“程序编辑器”窗口，从弹出菜单用鼠标右键单击插入(Insert)→中断(Interrupt)。

程序编辑器从先前的 POU 显示更改为新中断程序，在程序编辑器的底部会出现一个新标记，代表新的中断程序。

3. 程序举例

使用定时器 T32 实现 1 s 定时中断，实现 QB0 连接的 8 个 LED 灯依次点亮，主程序和中断服务程序如图 6-29 所示。

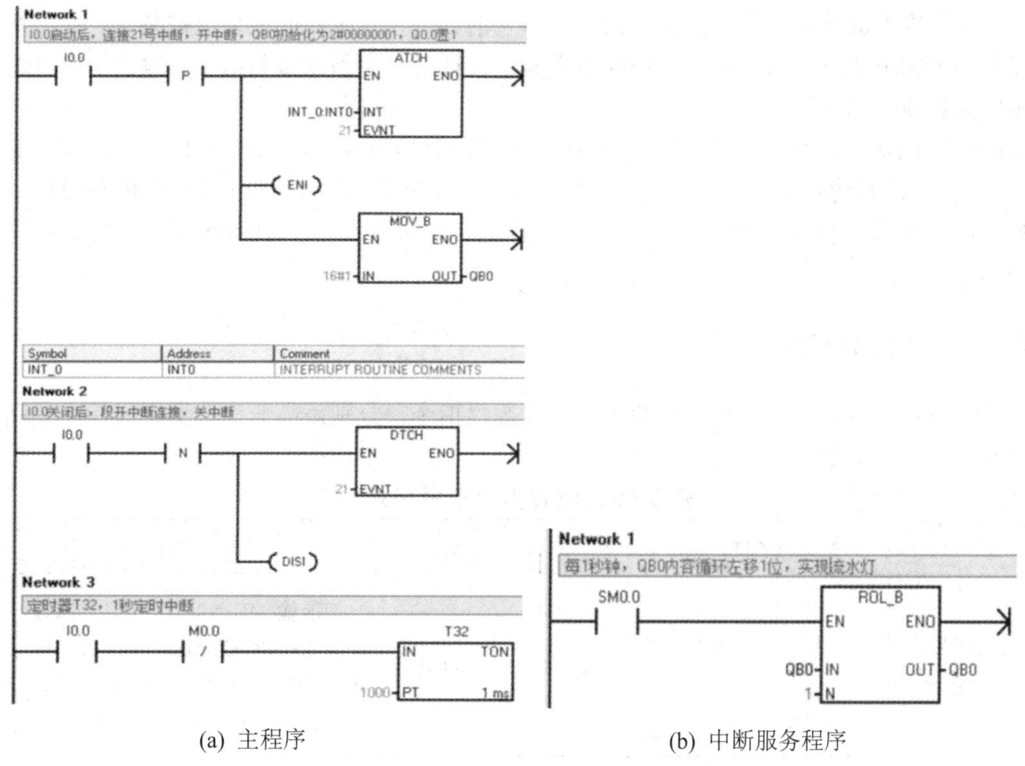

(a) 主程序　　　　(b) 中断服务程序

图 6-29　定时器 T32 实现 1 s 定时控制流水灯

6.7　高速计数指令

第 4 章的计数器指令计数频率受扫描周期的影响，对比 CPU 扫描频率高的脉冲输入，就不能满足控制要求了。为此，SIMATIC S7-200 系列 PLC 设计了高速计数器(High Speed Counter)，其计数自动进行，不受扫描周期的影响，最高计数频率取决于 CPU 的类型，CPU22X 系列最高计数频率为 30 kHz，用于捕捉比 CPU 扫描速更快的事件，并产生中断，执行中断程序，完成预定的操作。

高速计数器最多可设置 12 种不同的操作模式，通过高速计数器可以实现高速运动的精确控制。需要注意的是：CPU221 和 CPU222 支持四个高速计数器：HSC0、HSC3、HSC4 和 HSC5，不支持 HSC1 和 HSC2。CPU224、CPU224XP 和 CPU226 支持六个高速计数器：HSC0 到 HSC5。

6.7.1　高速计数的概念

西门子 S7-200 系列 PLC 具有高速计数的功能。举一个例子来谈谈高速计数的用途，使用普通电机来带动丝杆转动，要控制转动距离，怎么来解决这个问题？可在电机另一头与一编码器连接，电机转一圈，编码器也随之转一圈，同时根据规格发出不同的脉冲数。当然，这些脉冲数的频率比较高，PLC 不能用普通的上升沿计数来取得这些脉冲，只能通过高速计数功能了。

随着每次当前计数值等于预设值的中断事件的出现，一个新的预设值被装入，并重新设置下一个输出状态。当出现复位中断事件时，设置第一个预设值和第一个输出状态，这个循环又重新开始。

由于中断事件产生的速率远低于高速计数器的计数速率，用高速计数器可实现精确控制，而与 PLC 整个扫描周期的关系不大。采用中断的方法允许在简单的状态控制中用独立的中断程序装入一个新的预设值。同样的，也可以在一个中断程序中，处理所有的中断事件。

6.7.2 高速计数指令

SIMATIC S7-200 系列 PLC 有两条高速计数器指令，分别是高速计数器定义指令和高速计数器指令，如表 6-49 所示。

表 6-49　跳转指令指令格式

指令	LAD	STL	指令功能
定义高速计数器指令	HDEF EN ENO HSC MODE	HDEF HSC,MODE	使能输入有效时，为指定的高速计数器(HSCX)选择操作模式。模块的选择决定了高速计数器的时钟、方向、起动和复位功能
高速计数器指令	HSC EN ENO N	HSC N	使能输入有效时，在 HSC 特殊存储器位状态的基础上，配置和控制高速计数器

1. 高速计数器的工作模式与输入端子

CPU224 有 6 个高速计数器 HSC0-HSC5，使用高速计数器的时候要清楚以下几点：

(1) 不同的 CPU 型号，能使用的高速计数器的个数是不一样的。

(2) 6 个计数器可以使用 4 种计数方式，12 种工作模式，不同计数方式对应的工作模式和特征如表 6-50 所示。4 种计数方式下，计数器的功能如图 6-30～图 6-34 所示。

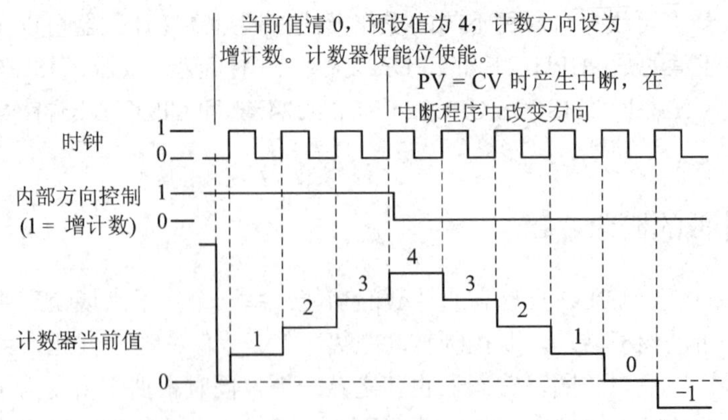

图 6-30　计数器工作在模式 0、1、2 下的功能时序图

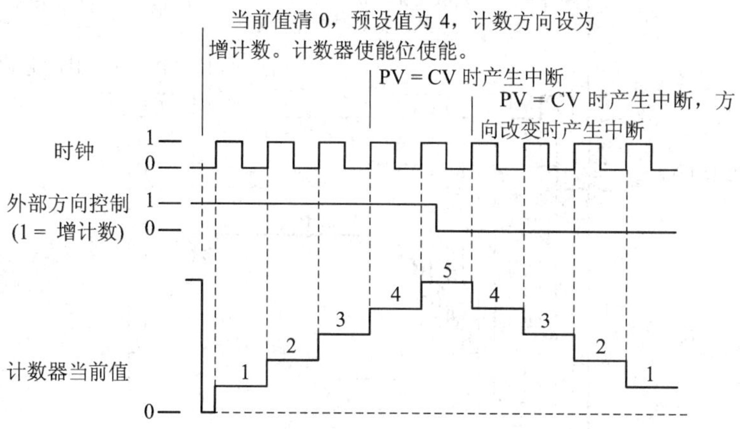

图 6-31　计数器工作在模式 3、4、5 下的功能时序图

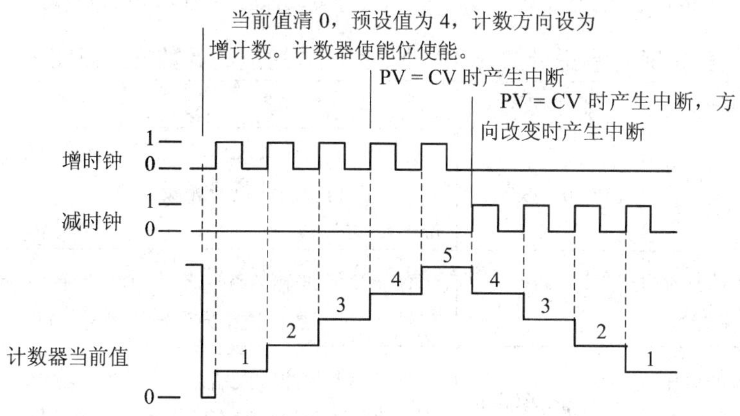

图 6-32　计数器工作在模式 6、7、8 下的功能时序图

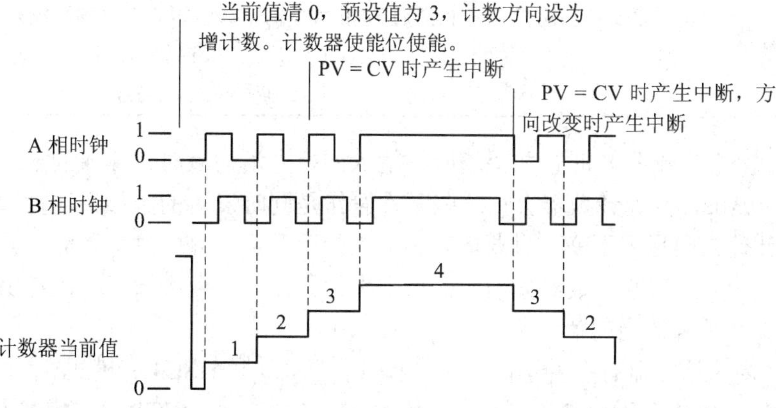

图 6-33　计数器工作在模式 9、10、11 下的功能时序图(一倍速正交模式)

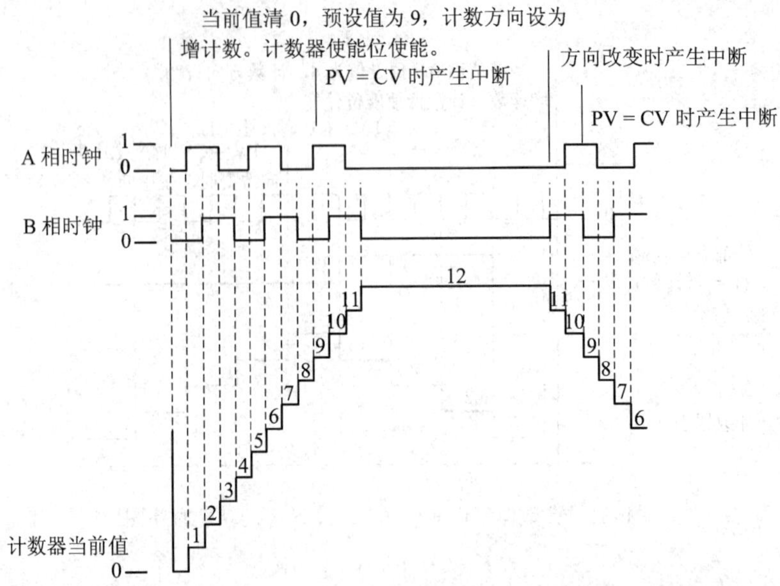

图 6-34　计数器工作在模式 0、1、2 下的功能时序图(4 倍速正交模式)

表 6-50　高速计数器 12 种工作模式对应的计数方式及特征

计数方式	工作模式	特　征
单路脉冲输入的内部方向控制加/减计数	模式 0～模式 2	只有一个脉冲输入端，通过高速计数器的控制字节的第 3 位来控制作加计数或者减计数。该位=1，加计数；该位=0，减计数
单路脉冲输入的外部方向控制加/减计数	模式 3～模式 5	有一个脉冲输入端，有一个方向控制端，方向输入信号=1 时，加计数；方向输入信号=0 时，减计数
两路脉冲输入的单相加/减计数	模式 6～模式 8	即有两个脉冲输入端，一个是加计数脉冲，一个是减计数脉冲，计数值为两个输入端脉冲的代数和
两路脉冲输入的双相正交计数	模式 9～模式 11	即有两个脉冲输入端，输入的两路脉冲 A 相、B 相，相位互差 90°(正交)，A 相超前 B 相 90°时，加计数；A 相滞后 B 相 90°时，减计数。在这种计数方式下，可选择 1x 模式(单倍频，一个时钟脉冲计一个数)和 4x 模式(四倍频，一个时钟脉冲计四个数)

使用模式 6、7 或者 8 时，如果增时钟输入的上升沿与减时钟输入的上升沿之间的时间间隔小于 0.3 μs，高速计数器会把这些事件看作是同时发生的。如果这种情况发生，当前值不变，计数方向指示不变。只要增时钟输入的上升沿与减时钟输入的上升沿之间的时间间隔大于 0.3 μs，高速计数器分别捕捉每个事件。在以上两种情况下，都不会有错误产生，计数器保持正确的当前值。

(3) 每个高速计数器有多种不同的工作模式。HSC0 和 HSC4 有模式 0、1、3、4、6、7、8、9、10；HSC1 和 HSC2 有模式 0～模式 11；HSC3 和 HSC5 只有模式 0。高速计数器的工作模式和占有的输入端子的数目有关，如表 6-51 所示。

表 6-51　高速计数器的工作模式和输入端子的关系及说明

功能及说明	占用的输入端子及其功能			
HSC0	I0.0	I0.1	I0.2	×
HSC4	I0.3	I0.4	I0.5	×
HSC1	I0.6	I0.7	I1.0	I1.1
HSC2	I1.2	I1.3	I1.4	I1.5
HSC3	I0.1	×	×	×
HSC5	I0.4	×	×	×
单路脉冲输入的内部方向控制加/减计数	脉冲输入端	×	×	×
		×	复位端	×
		×	复位端	起动
单路脉冲输入的外部方向控制加/减计数	脉冲输入端	方向控制端	×	×
			复位端	×
			复位端	起动
两路脉冲输入的单相加/减计数	加计数脉冲输入端	减计数脉冲输入端	×	×
			复位端	×
			复位端	起动
两路脉冲输入的双相正交计数	A 相脉冲输入端	B 相脉冲输入端	×	×
			复位端	×
			复位端	起动

表 6-51 中同一个输入端不能用于两种不同的功能。但是高速计数器当前模式未使用的输入端均可用于其他用途，如作为中断输入端或作为数字量输入端。例如，如果在模式 2 中使用高速计数器 HSC0，模式 2 使用 I0.0 和 I0.2，则 I0.1 可用于边沿中断或用于 HSC3。

选用某个高速计数器在某种工作方式下工作后，高速计数器所使用的输入不是任意选择的，必须按系统指定的输入点输入信号。如 HSC1 在模式 11 下工作，就必须用 I0.6 为 A 相脉冲输入端，I0.7 为 B 相脉冲输入端，I1.0 为复位端，I1.1 为起动端。

2. 使用 SM 来配置和控制 HSC 操作

高速计数器首先选择计数器，并设定工作模式，对选定好的计数器及其工作模式通过高速计数器控制字节的设置实现，此外还需要设置计数器的当前值和预设值。S7-200 PLC 还为每个高速计数器配备了一个状态字节，供 PLC 随时了解高速计数器的工作状态，所有这些都是使用特殊存储器 SM 完成的，具体高速计数器使用的特殊存储器如表 6-52 所示。

表 6-52　高速计数器的特殊存储器

要装入的值	HSC0	HSC1	HSC2	HSC3	HSC4	HSC5
状态字节	SMB36	SMB46	SMB56	SMB136	SMB146	SMB156
控制字节	SMB37	SMB47	SMB57	SMB137	SMB147	SMB157
新当前值	SMD38	SMD48	SMD58	SMD138	SMD148	SMD158
新预设值	SMD42	SMD52	SMD62	SMD142	SMD152	SMD162

高速计数器产生的事件是用中断方式来完成的，6.6 节中断指令中已经指出，一共有 14 个中断源与高速计数器事件有关。每个计数器最多可以有 3 个中断事件，分别是当前值等于预设值时产生一个中断事件；使用外部复位端的计数模式支持外部复位中断(当使用外部复位中断时，不要写入初始值，或者是在该中断程序中禁止再允许高速计数器，否则会产生一个致命错误)；支持计数方向改变中断(模式 0、1 和 2 除外)。每种中断条件都可以分别使能或者禁止。每个高速计数器都有一个状态字节，其中的状态存储位指出了当前计数方向，当前值是否大于或者等于预设值。只有在执行中断程序时，状态位才有效。监视高速计数器状态的目的是使其他事件能够产生中断以完成更重要的操作。

控制字节和状态字节都是按位进行读写的，各位的具体含义如图 6-35 和图 6-36 所示。

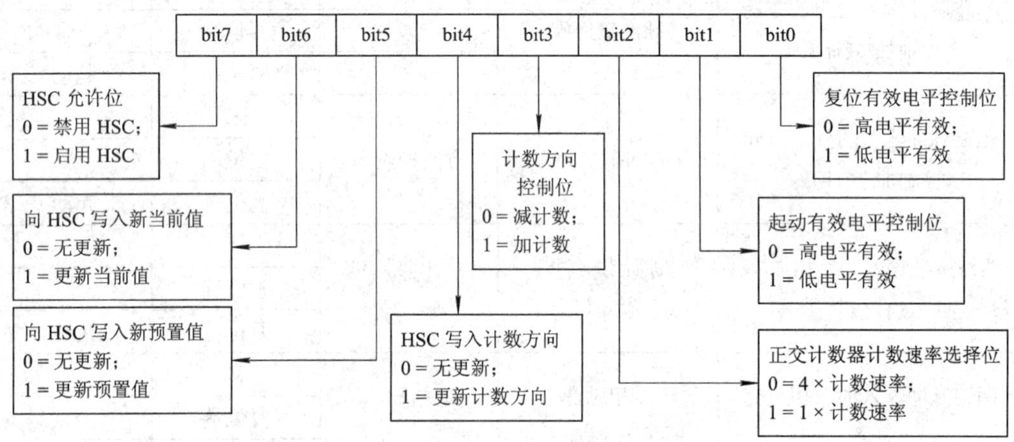

图 6-35　HSC 控制字节的各位(bit7～bit0)的含义

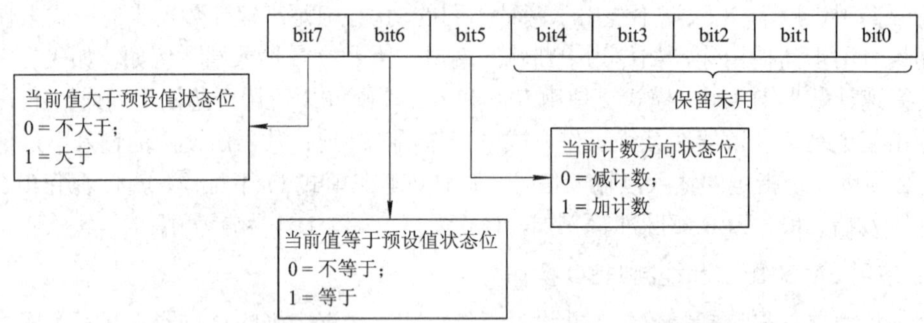

图 6-36　HSC 状态字节的各位(bit7～bit0)的含义

3. 高速计数器的程序设计

高速计数器的程序设计在结构上是由 3 部分构成的，主程序、初始化子程序和中断子程序。高速计数器在计数前需要先初始化，由于初始化操作只需要执行一次，S7-200 PLC 为减少程序扫描时间，提供结构优化的程序，通常把初始化程序放在子程序中，在主程序中用初次扫描存储器位(SM0.1＝1)调用执行初始化操作的子程序。

初始化操作需要完成以下的操作：

(1) 使用高速计数器定义指令来定义计数器的工作模式(0～11)和所选择的计数器(0～5)。

(2) 对选定的计数器设置控制字节相关的控制位，对高速计数器控制字节设置的时候，高速计数器 HSC3 和 HSC5 在 12 种工作模式中只能工作在工作模式 0，即单路脉冲输入的内部方向控制加/减计数，此种模式下在设置 HSC3 和 HSC5 的控制字节的时候低 3 位(bit2、bit1、bit0)不用设置，而 HCS0 和 HCS4 控制字的起动有效电平控制位(bit1)不用设置。

(3) 每个高速计数器在内部存储了一个 32 位当前值(CV)和一个 32 位预设值(PV)。当前值是计数器的实际计数值，而预设值是一个可选择的比较值，它用于在当前值到达预设值时触发一个中断。

(4) 高速计数器中断事件初始化，包括用中断连接指令(ATCH)将高速计数器中断事件 EVNT 与中断程序号 INT 相关联，并使能该中断事件。

4. 高数计数器初始化编程

高速计数器初始化编程可以通过 2 种方式进行，第一种方式是使用指令向导来配置计数器，要起动 HSC 指令向导，可以在命令菜单窗口中选择工具→指令向导，然后在向导窗口中选择 HSC 指令；第二种方式是在创建的子程序中通过 MOV 指令实现控制字节、当前值、预设值的设置，使用 HDEF 指令选择高速计数器和工作模式，使用 ATCH 指令建立中断事件和中断号的连接，使用 ENI 指令允许中断。

使用 S7-200 PLC 的指令向导可以实现以下编程：使用高速计数器 1，工作在模式 3 下，加计数，预设值 100，当前值 0，在当前值等于预设值的情况下触发 1 个中断事件，中断后改变预设值，并清零当前值。梯形图编程如图 6-37～图 6-39 所示。

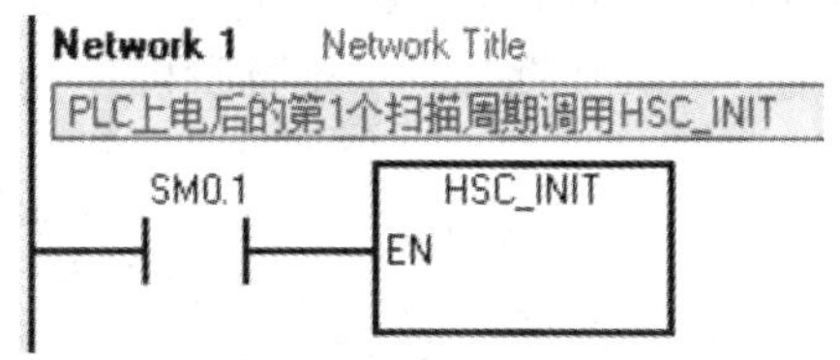

图 6-37　主程序调用高速计数器初始化子程序梯形图

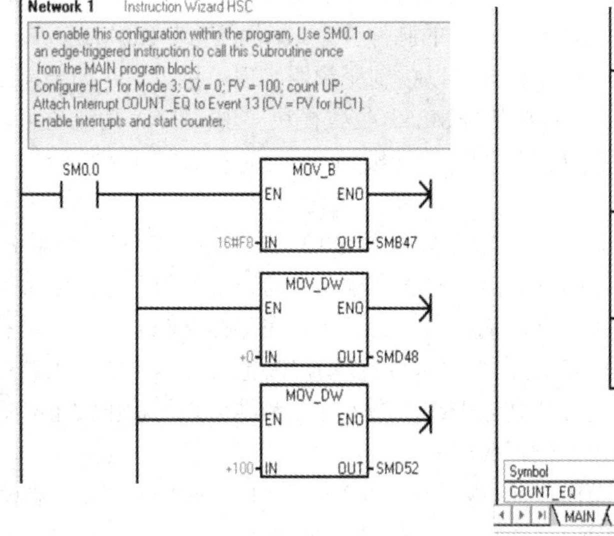

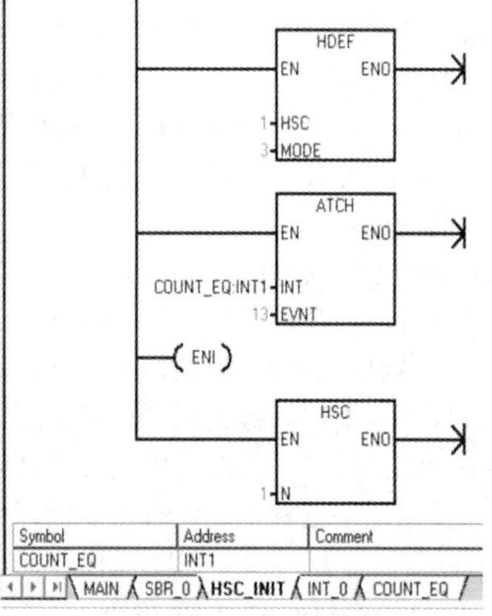

图 6-38　HSC1 的初始化子程序梯形图

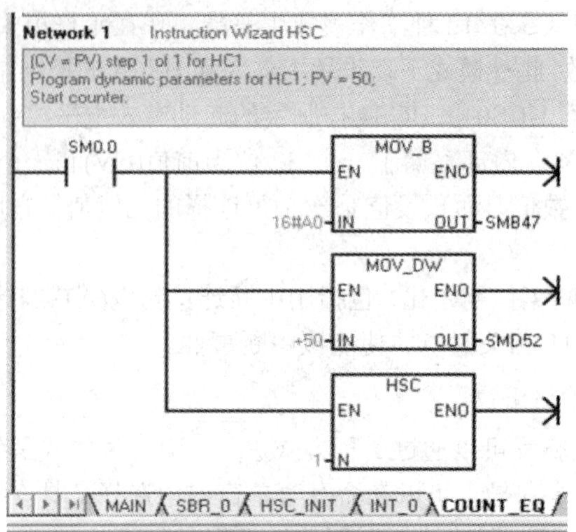

图 6-39　当前值等于预设值中断子程序梯形图

主程序：调用子程序 HSC_INIT，完成高速计数器 1 的初始化设置。

初始化子程序：设置 HSC1 的控制字节、预设值、当前值以及中断的初始化和 HSC 的起动。一旦初始化子程序在主程序中被执行后，HSC1 就可以在当前值是 0 的基础上加 1 计数了。

当前值等于预设值中断子程序：HSC1 一旦开始计数，当前值加 1，当前值等于预设值，触发中断，进入中断子程序，在中断子程序中重新设置控制字节为 16#A0，并重新设置预设值为 50，再次起动 HSC1。

6.7.3　高速脉冲输出指令

S7-200 配置有 2 台高速脉冲发生器 PTO/PWM，PTO(脉冲串)功能可输出指定个数、指定周期的方波脉冲(占空比为 50%)；PWM 功能可输出脉宽变化的脉冲信号，用户可以指定脉冲的周期和脉冲的宽度，高速脉冲输出的脉冲频率最高可达到 100 kHz，该功能可用于对电动机进行速度控制及位置控制，还可以控制变频器实现电机调速，如果需要更高的脉冲频率，可以使用 S7-200 的扩展模块 EM253 位置模块实现。PTO 功能还可以使用 HSC0 工作在模式 12 下，对 PTO 输出的脉冲自动计数，这个功能不需要外部接线是在 PLC 内部自动完成的。

PTO/PWM 生成器和输出映像寄存器共用 Q0.0 和 Q0.1。在 Q0.0 或 Q0.1 使用 PTO 或 PWM 功能时，PTO/PWM 发生器控制输出，并禁止输出点的正常使用，输出波形不受输出映像寄存器状态、输出强制、执行立即输出指令的影响。在 Q0.0 或 Q0.1 位置没有使用 PTO 或 PWM 功能时，输出映像寄存器控制输出，所以输出映像寄存器决定输出波形的初始和结束状态，即决定脉冲输出波形从高电平或低电平开始和结束，使输出波形有短暂的不连续，为了减小这种不连续有害影响，应注意：

(1) 可在使用 PTO 或 PWM 操作之前，将用于 Q0.0 和 Q0.1 的输出映像寄存器设为 0。

(2) PTO/PWM 输出必须至少有 10%的额定负载，才能完成从关闭至打开以及从打开至关闭的顺利转换，即提供陡直的上升沿和下降沿。

脉冲输出(PLS)指令功能为：使能有效时，检查用于脉冲输出(Q0.0 或 Q0.1)的特殊存储器位(SM)，然后执行特殊存储器位定义的脉冲操作。其指令格式如表 6-53 所示。

表 6-53　脉冲输出(PLS)指令格式

LAD	STL	操作数及数据类型
PLS EN　ENO Q0X	PLS　Q	Q：常量(0 或 1) 数据类型：字

1. 使用 SM 来配置和控制 PTO/PWM 操作

每个 PTO/PWM 发生器都有一个控制字节(8 位)、一个脉冲计数值(无符号的 32 位数值)和一个周期时间和脉宽值(无符号的 16 位数值)。这些值都放在特定的特殊存储区(SM)，除了控制信息外，还有用于 PTO 功能的状态位，程序运行时，根据运行状态使某些位自动置位。可以通过程序来读取相关位的状态，用此状态作为判断条件，实现相应的操作，如表 6-54 所示。

表 6-54　脉冲输出(Q0.0 或 Q0.1)的特殊存储器

要装入的值	Q0.0	Q0.1	说　明
控制字节	SMB67	SMB77	控制字节各位含义如图 6-40 所示
状态字节	SMB66	SMB76	状态字节各位含义如图 6-41 所示
输出的周期值	SMW68	SMW78	PTO/PWM 周期时间值(范围为 2～65 535)
输出的脉宽值	SMW70	SMW80	PWM 脉冲宽度值(范围为 0～65 535)
输出的计数值	SMD72	SMD82	PTO 脉冲计数值(范围为 1～4 294 967 295)
PTO 脉冲输出多段操作段号	SMB166	SMB176	多段流水线 PTO 运行中的段的编号
PTO 脉冲输出多段包络表的起始位置	SMW168	SMW178	用距离 V0 的字节偏移量表示

执行 PLS 指令时，S7-200 读这些特殊存储器位(SM)，然后执行特殊存储器位定义的脉冲操作，即对相应的 PTO/PWM 发生器进行编程，控制字节的各位含义如图 6-40 所示。

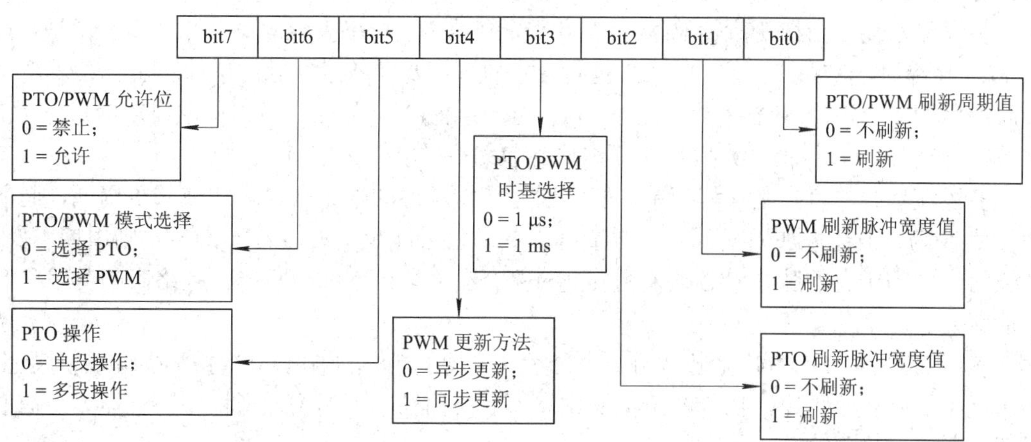

图 6-40　PTO/PWM 控制字节各位含义

如果所有控制位、周期、脉冲宽度和脉冲计数值的默认值均为零，向控制字节(SM67.7或 SM77.7)的 PTO/PWM 允许位写入零，然后执行 PLS 指令，将禁止 PTO 或 PWM 波形的生成。

编程时还可以通过程序来读取相关位的状态，用此状态作为判断条件，实现相应的操作，状态字节各位的含义如图 6-41 所示。

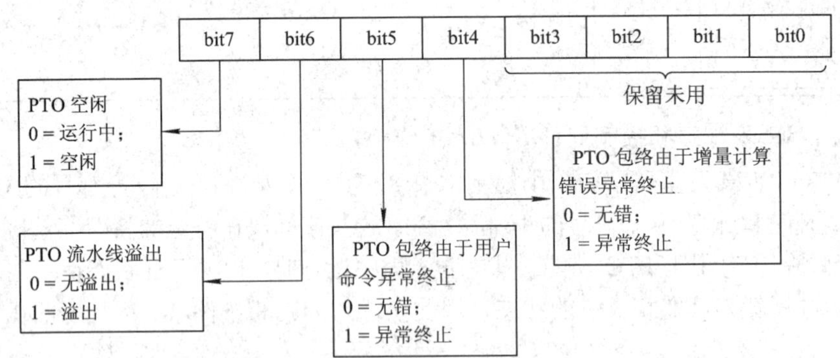

图 6-41　PTO/PWP 状态字节各位含义

2. PTO 编程

PTO 是可以指定脉冲数和周期的占空比为 50%的高速脉冲串的输出，状态字节中的最高位(空闲位)用来指示脉冲串输出是否完成。可在脉冲串完成时起动中断程序，若使用多段操作，则在包络表完成时起动中断程序。

PTO 功能可输出多个脉冲串，当前脉冲串输出完成时，新的脉冲串输出立即开始，这样就保证了输出脉冲串的连续性。PTO 功能允许多个脉冲串排队，从而形成流水线，流水线分为两种：单段流水线和多段流水线。

单段流水线是指流水线中每次只能存储一个脉冲串的控制参数，初始 PTO 段一旦起动，必须按照对第二个波形的要求立即刷新 SM，并再次执行 PLS 指令，第一个脉冲串完成，第二个波形输出立即开始，重复此这一步骤可以实现多个脉冲串的输出。

单段流水线中的各段脉冲串可以采用不同的时间基准，但有可能造成脉冲串之间的不平稳过渡。输出多个高速脉冲时，编程复杂。

多段流水线是指在变量存储区 V 建立一个包络表。包络表存放每个脉冲串的参数，执行 PLS 指令时，S7-200 PLC 自动按包络表中的顺序及参数进行脉冲串输出。包络表中每段脉冲串的参数占用 8 个字节，由一个 16 位周期值(2 字节)、一个 16 位周期增量值 Δ(2 字节)和一个 32 位脉冲计数值(4 字节)组成。包络表的格式如表 6-55 所示。

多段流水线的特点是编程简单，能够通过指定脉冲的数量自动增加或减少周期，周期增量值 Δ 为正值会增加周期，周期增量值 Δ 为负值会减少周期，若 Δ 为零，则周期不变。在包络表中的所有的脉冲串必须采用同一时基，在多段流水线执行时，包络表的各段参数不能改变。

多段流水线 PTO 初始化通常用一个子程序实现 PTO 初始化，首次扫描(SM0.1)时从主程序调用初始化子程序，执行初始化操作。以后的扫描不再调用该子程序，这样减少扫描时间，程序结构更好。

表 6-55　包络表的格式

从包络表起始地址的字节偏移	段	说　明
VBn		段数为 1～255；数值 0 产生非致命错误，无 PTO 输出
VBn+1	段 1	初始周期为 2 至 65535 个时基单位
VBn+3		每个脉冲的周期增量 Δ 为符号整数 −32768 至 32767 个时基单位
VBn+5		脉冲数为 1 至 4294967295
VBn+9	段 2	初始周期为 2 至 65535 个时基单位
VBn+11		每个脉冲的周期增量 Δ 为符号整数 −32768 至 32767 个时基单位
VBn+13		脉冲数为 1 至 4294967295
VBn+17	段 3	初始周期为 2 至 65535 个时基单位
VBn+19		每个脉冲周期增量值 Δ 为符号整数 −32768 至 32767 个时基单位
VBn+21		脉冲数为 1 至 4294967295

注：周期增量值 Δ 为整数微秒或毫秒。

PTO 初始化子程序操作步骤如下：

(1) 首次扫描(SM0.1)时将输出 Q0.0 或 Q0.1 复位(置 0)，并调用完成初始化操作的子程序。

(2) 在初始化子程序中，根据控制要求设置控制字并写入 SMB67 或 SMB77 特殊存储器。如写入 16#A0(选择微秒递增)或 16#A8(选择毫秒递增)，两个数值表示允许 PTO 功能、选择 PTO 操作、选择多段操作以及选择时基(微秒或毫秒)。

(3) 将包络表的首地址(16 位)写入在 SMW168(或 SMW178)。

(4) 在变量存储器 V 中，写入包络表的各参数值。一定要在包络表的起始字节中写入段数。在变量存储器 V 中建立包络表的过程也可以在一个子程序中完成，在此只需调用设置包络表的子程序。

(5) 设置中断事件并全局开中断。如果想在 PTO 完成后，立即执行相关功能，则须设置中断，将脉冲串完成事件(中断事件号 19)连接一中断程序。

(6) 执行 PLS 指令，使 S7-200 为 PTO/PWM 发生器编程，高速脉冲串由 Q0.0 或 Q0.1 输出。

(7) 退出子程序。

多段流水线 PTO 常用于步进电机的控制。图 6-42 所示是步进电机的控制要求，从 A 点到 B 点为加速过程，从 B 到 C 为恒速运行，从 C 到 D 为减速过程。

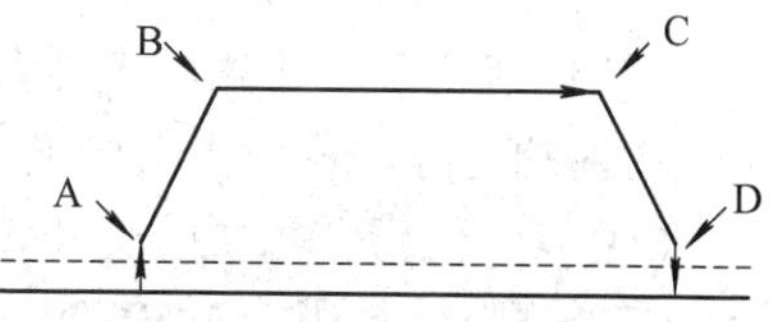

图 6-42　步进电机的控制要求

在图 6-42 中，流水线可以分为 3 段，需建立 3 段脉冲的包络表。起始和终止脉冲频率为 2 kHz，最大脉冲频率为 10 kHz，所以起始和终止周期为 500 μs，与最大频率的周期为 100 μs。1 段：加速运行，应在约 200 个脉冲时达到最大脉冲频率；2 段：恒速运行，约(4000 − 200 − 200) = 3600 个脉冲；3 段：减速运行，应在约 200 个脉冲时完成。

某一段每个脉冲周期增量值 Δ 用以下式确定：

$$周期增量值\Delta = \frac{该段结束时的周期时间 - 该段初始的周期时间}{该段的脉冲数}$$

用该式计算出 1 段的周期增量值 Δ 为 −2 μs，2 段的周期增量值 Δ 为 0，3 段的周期增量值 Δ 为 2 μs。假设包络表位于从 VB200 开始的 V 存储区中，包络表如表 6-56 所示。

表 6-56　包　络　表

V 变量存储器地址	段号	参数值	说　明
VB200		3	段数
VB201	段 1	500 μs	初始周期
VB203		−2 μs	每个脉冲的周期增量 Δ
VB205		200	脉冲数
VB209	段 2	100 μs	初始周期
VB211		0	每个脉冲的周期增量 Δ
VB213		3600	脉冲数
VB217	段 3	100 μs	初始周期
VB219		2 μs	每个脉冲的周期增量 Δ
VB221		200	脉冲数

在程序中用指令可将表中的数据送入 V 变量存储区中。

3. PWM 编程

PWM 是脉宽可调的高速脉冲输出，通过控制脉宽和脉冲的周期，实现控制任务。

1) *周期和脉宽*

周期和脉宽时基为：微秒或毫秒，均为 16 位无符号数。

周期的范围为 50～65 535 μs，或 2～65 535 ms。若周期少于 2 个时基，则系统默认为两个时基。

脉宽范围为 0～65 535 μs，或 0～65 535 ms。若脉宽≥周期，占空比=100%，输出连续接通。若脉宽=0，占空比为 0%，则输出断开。

2) *更新方式*

有两种改变 PWM 波形的方法：同步更新和异步更新。

(1) 同步更新：不需改变时基时，可以用同步更新。执行同步更新时，波形的变化发生在周期的边缘，形成平滑转换。

(2) 异步更新：需要改变 PWM 的时基时，则应使用异步更新。异步更新使高速脉冲输出功能被瞬时禁用，与 PWM 波形不同步。这样可能造成控制设备震动。

常见的 PWM 操作是脉冲宽度不同，但周期保持不变，即不要求时基改变。因此先选择适合于所有周期的时基，尽量使用同步更新。

3) *PWM 初始化和操作步骤*

(1) 用首次扫描位(SM0.1)使输出位复位为 0，并调用初始化子程序。这样可减少扫描时间，程序结构更合理。

(2) 在初始化子程序中设置控制字节。如将 16#D3(时基微秒)或 16#DB(时基毫秒)写入 SMB67 或 SMB77，控制功能为：允许 PTO/PWM 功能、选择 PWM 操作、设置更新脉冲宽度和周期数值以及选择时基。

(3) 在 SMW68 或 SMW78 中写入一个字长的周期值。

(4) 在 SMW70 或 SMW80 中写入一个字长的脉宽值。

(5) 执行 PLS 指令，使 S7-200 为 PWM 发生器编程，并由 Q0.0 或 Q0.1 输出。

(6) 可为下一输出脉冲预设控制字。在 SMB67 或 SMB77 中写入 16#D2(微秒)或 16#DA(毫秒)控制字节中将禁止改变周期值，允许改变脉宽。以后只要装入一个新的脉宽值，不用改变控制字节，直接执行 PLS 指令就可改变脉宽值。

(7) 6 退出子程序。

6.8 时钟指令

利用时钟指令可以调用系统实时时钟或根据需要设定时钟，这对控制系统运行的监视、运行记录及和实时时间有关的控制等十分方便。时钟指令有四条：读实时时钟、设定实时时钟、扩展读实时时钟指令和扩展写实时时钟指令，如图 6-43 所示。

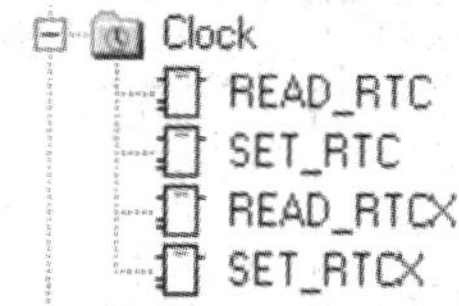

图 6-43　S7-200 PLC 实时时钟指令

6.8.1 实时时钟指令

S7-200 PLC 的实时时钟指令的指令格式和功能如表 6-57 所示。

表 6-57　时时钟指令格式

指令	LAD	STL	功能说明
读实时时钟指令	READ_RTC EN　ENO T	TODR　T	从硬件时钟中读当前时间和日期，并把它装载到一个 8 字节，起始地址为 T 的时间缓冲区中
扩展读实时时钟指令	READ_RTCX EN　ENO T	TODRX　T	从 PLC 中读取当前时间、日期和夏令时组态，并装载到从由 T 指定的地址开始的 19 字节缓冲区内
写实时时钟指令	SET_RTC EN　ENO T	TODW　T	将当前时间和日期写入硬件时钟，当前时钟存储在以地址 T 开始的 8 字节时间缓冲区中
扩展写实时时钟指令	SET_RTCX EN　ENO T	TODWX　T	写当前时间、日期和夏令时组态 到 PLC 中由 T 指定的地址开始的 19 字节缓冲区内

表 6-58 是时钟指令的有效操作数。

表 6-58　时钟指令的有效操作数

输入/输出	数据类型	操　作　数
T	BYTE	IB、QB、VB、MB、SMB、SB、LB、*VD、*LD、*AC

指令使用说明：

(1) 8 个字节缓冲区(T)的格式如表 6-59 所示。19 个字节缓冲区(TI)的格式如表 6-60 所示。所有日期和时间值必须采用 BCD 码表示。例如：对于年仅使用年份最低的两个数字，16#20 代表 2020 年；对于星期，1 代表星期日，2 代表星期一，7 代表星期六，0 表示禁用星期。

表 6-59　8 字节缓冲区的格式

地址	T	T+1	T+2	T+3	T+4	T+5	T+6	T+7
含义	年	月	日	小时	分钟	秒	0	星期
范围	00～99	01～12	01～31	00～23	00～59	00～59		0～7

表 6-60　19 字节缓冲区的格式

T 字节	描述	字 节 数 据
0	年(0～99)	当前年份(BCD 值)
1	月份(1～12)	当前月份(BCD 值)
2	日期(1～31)	当前日期(BCD 值)
3	小时(0～23)	当前小时(BCD 值)
4	分钟(0～59)	当前分钟(BCD 值)
5	秒(0～59)	当前秒(BCD 值)
6	00	保留--一直为 00
7	星期(1～7)	当前是星期几，1＝Sunday (BCD 值)
8	模式(00H～03H，08H，10H～13H，FFH)	00H＝禁止修改；01H＝EU (与 UTC 的时差＝0 小时)①；02H＝EU (与 UTC 的时差＝+1 小时)①；03H＝EU (与 UTC 的时差＝+2 小时)①；04H～07H＝ 保留；08H＝EU (与 UTC 的时差＝−1 小时)①； 09H～0FH＝ 保留；10H＝US②； 11H＝ 澳大利亚③；12H＝澳大利(塔斯马尼亚岛)④；13H＝新西兰⑤；14H～FEH＝保留；FFH＝用户指定(使用字节 9～18 中的值)
9	小时修正(0～23)	修正量，小时(BCD 值)
10	分钟修正(0～59)	修正量，分钟(BCD 值)
11	开始月份(1～12)	夏令时的开始月份(BCD 值)
12	开始日期(1～31)	夏令时的开始日期(BCD 值)
13	开始小时(0～23)	夏令时的开始小时(BCD 值)
14	开始分钟(0～59)	夏令时的开始分钟(BCD 值)
15	结束月份(1～12)	夏令时的结束月份(BCD 值)
16	结束日期(1～31)	夏令时的结束日期(BCD 值)
17	结束小时(0～23)	夏令时的结束小时(BCD 值)
18	结束分钟(0～59)	夏令时的结束分钟(BCD 值)

表 6-60 中：

① EU 约定：在 UTC 三月份的最后一个星期日的上午 1:00 向前调整时间一个小时。在 UTC 时间十月份的最后一个星期日的上午 2:00 向后调整时间一个小时。(当进行修正时，当地时间依据于与 UTC 的时差。)

② US 约定：在当地时间四月份的第一个星期日的上午 2:00 向前调整时间一个小时。在当地时间十月份的最后一个星期日的上午 2:00 向后调整时间一个小时。

③ 澳大利亚约定：在当地时间十月份的最后一个星期日上午 2:00 向前调整时间一个小时。在当地时间三月份的最后一个星期日的上午 3:00 向后调整时间一个小时。

④ 澳大利亚(塔斯马尼亚岛)约定：在当地时间十月份的第一个星期日的上午 2:00 向前调整时间一个小时。在当地时间三月份的最后一个星期日的上午 3:00 向后调整时间一个小时。

⑤ 新西兰约定：在当地时间十月份的第一个星期日的上午 2:00 向前调整时间一个小时。在当地时间三月份的第一个星期日或 3 月 15 号以后的上午 3:00 向后调整时间一个小时。

(2) S7-200 CPU 不根据日期核实星期是否正确，不检查无效日期，例如 2 月 31 日为无效日期，但可以被系统接受。所以必须确保输入正确的日期。

(3) 不能同时在主程序和中断程序中使用 TODR/TODW 指令，否则，将产生非致命错误(0007)，SM4.3 置 1。

(4) 对于没有使用过时钟指令、长时间断电或内存丢失后的 PLC，在使用时钟指令前，要通过 STEP7 软件“PLC”菜单对 PLC 时钟进行设定，然后才能开始使用时钟指令。时钟可以设定成与 PC 系统时间一致，也可用 TODW 指令自由设定。

(5) S7-200 CPU 仅在字节 8 中选择了“用户指定”模式时才使用字节 9～18。否则，返回由 STEP7-Micro/WIN 或 SET_RTCX 指令写入这些字节的最后一个数值。

6.8.2　实时时钟使用实例

编写程序，要求读时钟并以 BCD 码显示秒钟。说明：时钟缓冲区从 VB0 开始，VB5 中存放着秒钟，第一次用 SEG 指令将字节 VB100 的秒钟低四位转换成七段显示码由 QB0 输出，接着用右移位指令将 VB100 右移四位，将其高四位变为低四位，再次使用 SEG 指令，将秒钟的高四位转换成七段显示码由 QB1 输出。程序如图 6-44 所示。

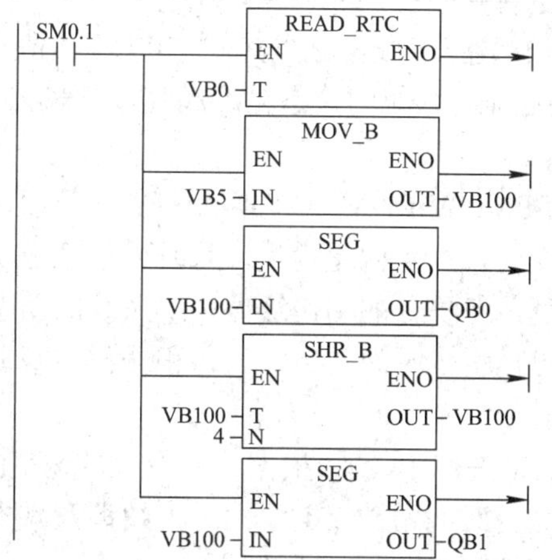

图 6-44　数码管显示实时时钟秒数的梯形图程序

6.9 PID 指令

6.9.1 PID 算法理论

在工业生产过程控制中，模拟信号 PID(由比例、积分、微分构成的闭合回路)调节是常见的一种控制方法。典型的 PID 算法包括三项：比例项、积分项和微分项。即：输出＝比例项＋积分项＋微分项。计算机在周期性地采样并离散化后进行 PID 运算，算法如下：

$$Mn = Kc\times(SPn - PVn) + Kc\times(Ts/Ti)\times(SPn - PVn) + Mx + Kc\times(Td/Ts)\times(PVn-1 - PVn)$$

其中各参数的含义已在表 6-61 中描述。

表 6-61　PID 控制回路的参数表(TBL)

地址偏移量	参数	数据格式	参数类型	说　明
0	过程变量当前 PVn	双字，实数	IN	必须在 0.0 至 1.0 范围内
4	给定值 SPn	双字，实数	IN	必须在 0.0 至 1.0 范围内
8	输出值 Mn	双字，实数	IN/OUT	在 0.0 至 1.0 范围内
12	增益 Kc	双字，实数	IN	比例常量，可为正数或负数
16	采样时间 Ts	双字，实数	IN	以秒为单位，必须为正数
20	积分时间 Ti	双字，实数	IN	以分钟为单位，必须为正数
24	微分时间 Td	双字，实数	IN	以分钟为单位，必须为正数
28	积分项前值 Mx	双字，实数	IN/OUT	0.0 和 1.0 之间(根据 PID 运算结果更新)
32	过程变量前值 PVn−1	双字，实数	IN/OUT	最近一次 PID 运算值

比例项 Kc×(SPn－PVn)：能及时地产生与偏差(SPn－PVn)成正比的调节作用，比例系数 Kc 越大，比例调节作用越强，系统的稳态精度越高，但 Kc 过大会使系统的输出量振荡加剧，稳定性降低。

积分项 Kc×(Ts/Ti)×(SPn－PVn)＋Mx：与偏差有关，只要偏差不为 0，PID 控制的输出就会因积分作用而不断变化，直到偏差消失，系统处于稳定状态，所以积分的作用是消除稳态误差，提高控制精度，但积分的动作缓慢，给系统的动态稳定带来不良影响，很少单独使用。从式中可以看出，积分时间常数增大，积分作用减弱，消除稳态误差的速度减慢。

微分项 Kc×(Td/Ts)×(PVn−1－PVn)：根据误差变化的速度(即误差的微分)进行调节，具有超前和预测的特点。微分时间常数 Td 增大时，超调量减少，动态性能得到改善，如 Td 过大，系统输出量在接近稳态时可能上升缓慢。

6.9.2　PID 指令

在 STEP7-Micro/WIN SP9V4.0 环境下，把 PID 指令归类在指令树下浮点数运算指令中，PID 指令在使能有效时，根据回路参数表(TBL)中的输入测量值、控制设定值及 PID 参数进行 PID 计算，格式如表 6-62 所示。

表 6-62　PID 指令格式

LAD	STL	说　明
PID（EN、ENO、TBL、LOOP）	PID TBL, LOOP	TBL：参数表起始地址 VB；数据类型：字节
		LOOP：回路号，常量(0～7)；数据类型：字节

6.9.3　PID 指令的应用

1. PID 控制回路选项

在很多控制系统中，有时只采用一种或两种控制回路。例如，可能只要求比例控制回路或比例和积分控制回路。通过设置常量参数值选择所需的控制回路。

如果不需要积分回路(即在 PID 计算中无“I”)，则应将积分时间 Ti 设为无限大。由于积分项 Mx 的初始值，虽然没有积分运算，积分项的数值也可能不为零。

如果不需要微分运算(即在 PID 计算中无“D”)，则应将微分时间 Td 设定为 0.0。

如果不需要比例运算(即在 PID 计算中无“P”)，但需要 I 或 ID 控制，则应将增益值 Kc 指定为 0.0。因为 Kc 是计算积分和微分项公式中的系数，将循环增益设为 0.0 会导致在积分和微分项计算中使用的循环增益值为 1.0。

2. 回路输入量的转换和标准化

每个回路的给定值和过程变量都是实际数值，其大小、范围和工程单位可能不同。在 PLC 进行 PID 控制之前，必须将其转换成标准化浮点表示法。步骤如下：

(1) 将实际从 16 位整数转换成 32 位浮点数或实数。下列指令说明如何将整数数值转换成实数。

```
XORD   AC0, AC0      //将 AC0 清 0
ITD   AIW0, AC0      //将输入数值转换成双字
DTR   AC0, AC0       //将 32 位整数转换成实数
```

(2) 将实数转换成 0.0 至 1.0 之间的标准化数值。

$$\text{实际数值的标准化数值} = \frac{\text{实际数值的非标准化数值或原始实数}}{\text{取值范围}} + \text{偏移量}$$

其中：取值范围=最大可能数值−最小可能数值=32 000(单极数值)或 64 000(双极数值)；偏移量：对单极数值取 0.0，对双极数值取 0.5。单极(0～32 000)，双极(−32 000～32 000)。

如将上述 AC0 中的双极数值(间距为 64 000)标准化：

```
/R    64000.0, AC0            //使累加器中的数值标准化
+R    0.5, AC0                //加偏移量 0.5
MOVR    AC0, VD100            //将标准化数值写入 PID 回路参数表中
```

3. PID 回路输出转换为成比例的整数

程序执行后，PID 回路输出 0.0 和 1.0 之间的标准化实数数值，必须被转换成 16 位成比例整数数值，才能驱动模拟输出。

PID 回路输出成比例实数数值 = (PID 回路输出标准化实数值 − 偏移量) × 取值范围

程序如下：

```
MOVR    VD108, AC0            //将 PID 回路输出送入 AC0。
-R    0.5, AC0                //双极数值减偏移量 0.5
*R    64000.0, AC0            //AC0 的值*取值范围，变为成比例实数数值
ROUND  AC0， AC0              //将实数四舍五入取整，变为 32 位整数
DTI      AC0, AC0             //32 位整数转换成 16 位整数
MOVW   AC0, AQW0              //16 位整数写入 AQW0
```

4. PID 指令应用编程

控制任务：一恒压供水水箱，通过变频器驱动的水泵供水，维持水位在满水位的 70%。过程变量 PVn 为水箱的水位(由水位检测计提供)，设定值为 70%，PID 输出控制变频器，即控制水箱注水调速电机的转速。要求开机后，先手动控制电机，水位上升到 70%时，转换到 PID 自动调节。

(1) PID 回路参数表，如表 6-63 所示。

表 6-63　恒压供水 PID 控制参数表

地址	参数	数　值
VB100	过程变量当前值 PVn	水位检测计提供的模拟量经 A/D 转换后的标准化数值
VB104	给定值 SPn	0.7
VB108	输出值 Mn	PID 回路的输出值(标准化数值)
VB112	增益 Kc	0.3
VB116	采样时间 Ts	0.1
VB120	积分时间 Ti	30
VB124	微分时间 Td	0(关闭微分作用)
VB128	上一次积分值 Mx	根据 PID 运算结果更新
VB132	上一次过程变量 PVn−1	最近一次 PID 的变量值

(2) I/O 分配。手动/自动切换开关为 I0.0；模拟量输入为 AIW0；模拟量输出为 AQW0。

(3) 程序结构。由主程序，子程序，中断程序构成。主程序用来调用初始化子程序，子程序用来建立 PID 回路初始参数表和设置中断，由于定时采样，所以采用定时中断(中断事件号为 10)，设置周期时间和采样时间相同(0.1 s)，并写入 SMB34。中断程序用于执行 PID 运算，I0.0=1 时，执行 PID 运算，本例标准化时采用单极性(取值范围 32 000)。

(4) PID 程序设计。主程序如图 6-45 所示。

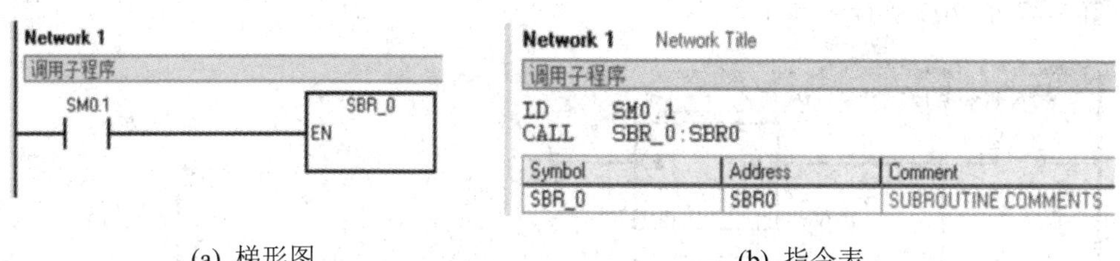

(a) 梯形图　　(b) 指令表

图 6-45　PID 主程序

参数初始化子程序建立 PID 回路参数表，设置中断以执行 PID 指令，参数初始化子程序如图 6-46 所示。

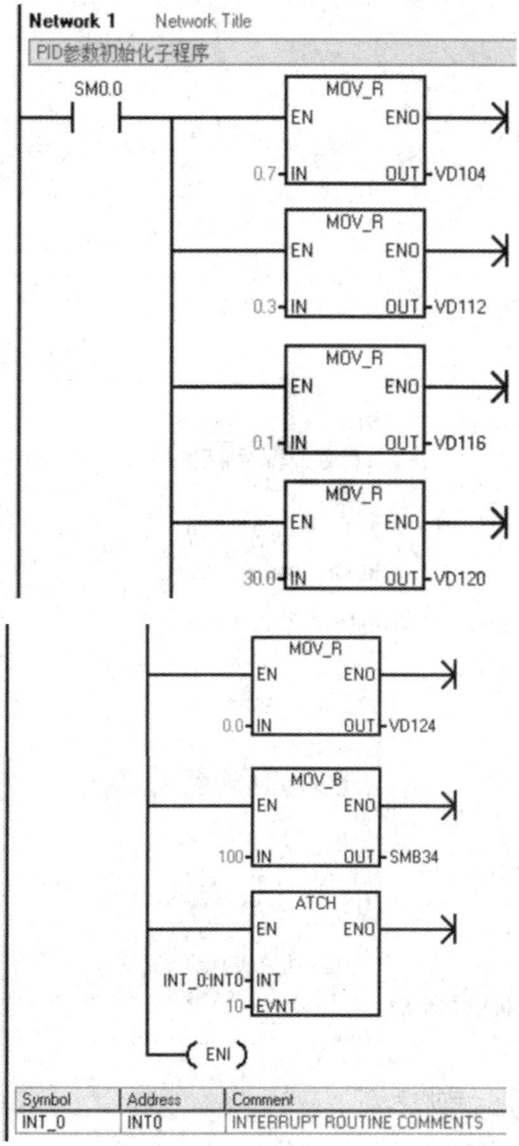

Network 1　Network Title

PID参数初始化子程序

SM0.0 — MOV_R (EN, ENO): 0.7 - IN, OUT - VD104

MOV_R (EN, ENO): 0.3 - IN, OUT - VD112

MOV_R (EN, ENO): 0.1 - IN, OUT - VD116

MOV_R (EN, ENO): 30.0 - IN, OUT - VD120

MOV_R (EN, ENO): 0.0 - IN, OUT - VD124

MOV_B (EN, ENO): 100 - IN, OUT - SMB34

ATCH (EN, ENO): INT_0:INT0 - INT, 10 - EVNT

(ENI)

Symbol	Address	Comment
INT_0	INT0	INTERRUPT ROUTINE COMMENTS

(a) 梯形图

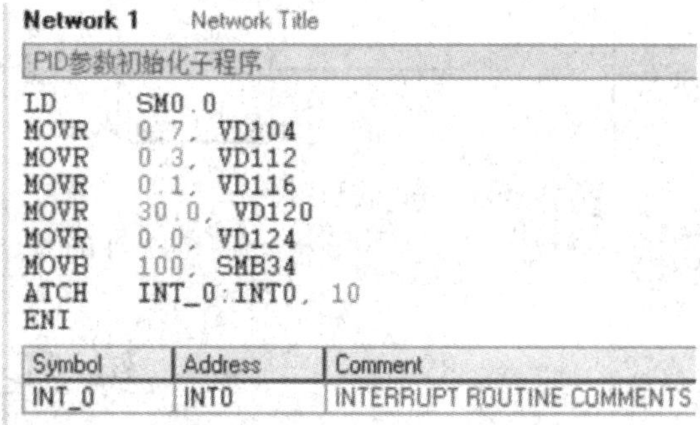

Network 1　Network Title

PID参数初始化子程序

```
LD     SM0.0
MOVR   0.7, VD104
MOVR   0.3, VD112
MOVR   0.1, VD116
MOVR   30.0, VD120
MOVR   0.0, VD124
MOVB   100, SMB34
ATCH   INT_0:INT0, 10
ENI
```

Symbol	Address	Comment
INT_0	INT0	INTERRUPT ROUTINE COMMENTS

(b) 指令表

图 6-46　PID 参数初始化子程序

图 6-47 是 PID 执行中断子程序。

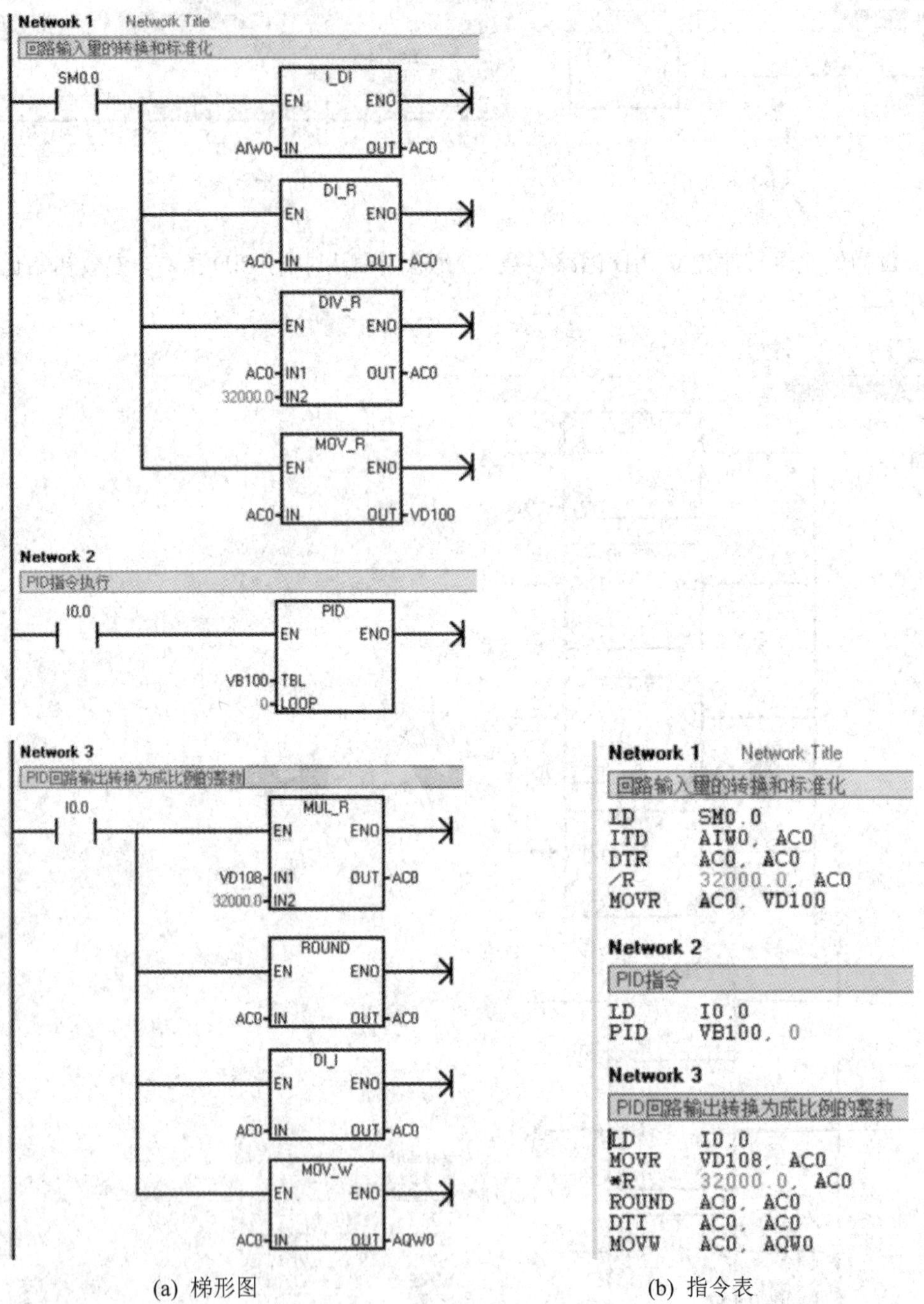

(a) 梯形图　　　　(b) 指令表

图 6-47　PID 指令执行中断子程序

练　习　题

1. S7-200 PLC 功能指令中，常用到哪些数据类型？

2. 在 S7-200 PLC 功能指令使用的数据类型中，字(W)数据和整数(I)的区别是什么？双字数据(DW)和双整数(DI)的区别是什么？

3. 以定时器 T32 为例说明，使用定时器中断需要做哪些初始化操作？

4. 假设使用 Q0.0 实现多段流水 PTO 输出，说明其初始化程序需要做哪些操作？

5. 运用算术运算指令完成算式$[(100+200)\times10]/3$的运算，并画出梯形图。

6. 编写一段程序，将 VB100 开始的 50 个字的数据传送到 VB1000 开始的存储区。

7. 编写将 VW100 的高、低字节内容互换，再将低字节内容清零，并将结果送入定时器 T37 作为定时器预置值的程序段。

8. 用两个子程序分别控制两台电动机 M1、M2 的起动和停止，通过主程序调用子程序实现对两台电机的控制，其中 I0.0、I0.2 分别控制 M1 的起动和停止，I0.1、I0.3 分别控制 M2 的起动和停止，I1.0 和 I1.1 分别作为两个子程序的使能输入端。

9. 编写程序实现以下功能：出现事故时，I0.0 的上升沿产生中断，使输出 Q1.0 立即置位，同时将事故发生的日期和时间保存在 VB10～VB17 中。

10. 编写程序完成数据采集任务，要求每 100 ms 采集一个数。

11. 编写一个输入/输出中断程序，要求实现：

(1) 从 0 到 255 的计数。

(2) 当输入端 I0.0 为上升沿时，执行中断程序 0，程序采用加计数。

(3) 当输入端 I0.0 为下降沿时，执行中断程序 1，程序采用减计数。

(4) 计数脉冲为 SM0.5。

12. 编写实现脉宽调制 PWM 的程序。要求从 PLC 的 Q0.1 输出高速脉冲，脉宽的初始值为 0.5 s，周期固定为 5 s，其脉宽每周期递增 0.5 s，当脉宽达到设定的 4.5 s 时，脉宽改为每周期递减 0.5 s，直到脉宽减为 0，以上过程重复执行。

13. 用 Q0.0 输出 PTO 高速脉冲，对应的控制字节、周期值、脉冲数寄存器分别为 SMB67、SMW68、SMD72，要求 Q0.0 输出 500 个周期为 20 ms 的 PTO 脉冲。请设置控制字节，编写能实现此控制要求的程序。

14. 定义 HSC0 工作于模式 1，I0.0 为计数脉冲输入端，I0.2 为复位端，SMB37、SMD38、SMD42 分别为控制字节、当前值、预置值寄存器。控制要求：允许计数，更新当前值，不更新预置值，设置计数方向为加计数，不更新计数方向，复位设置为高电平有效。请设置控制字节，编写 HSC0 的初始化程序。

第 7 章　PLC 控制系统的设计

目前，PLC 已广泛应用于工业控制的各个领域，相比于单片机控制系统与继电器控制系统，PLC 控制系统具有更高的可靠性，更强的抗干扰能力，且其编程简单，可维护性好，功能强，其应用场合多种多样。在充分掌握了 PLC 基本工作原理及指令系统后，可以利用 PLC 对控制系统进行设计。本章将介绍 PLC 控制系统的设计，并介绍几个控制系统的具体设计方法，最后对 PLC 控制系统的抗干扰能力与故障诊断进行简单的介绍。

7.1　PLC 控制系统的设计内容与步骤

7.1.1　PLC 控制系统的设计原则

在工业控制领域，对于不同应用场合的 PLC 控制系统，其设计方案和技术指标大体是不同的，但任何一种控制系统的设计目的均是在保证生产效率及产品质量的情况下，实现其被控对象的工艺要求，同时必须保证系统安全稳定、方便维护等要求，因此 PLC 控制系统设计的基本原则是必须一致的，可归纳为以下 5 个。

(1) 满足被控对象的控制要求。对于任何一个应用场合，PLC 控制系统均有相应的要求。满足被控对象的控制要求及技术指标要求，是 PLC 控制系统设计的基础。因此，设计人员在设计任务开始之前，首先应深入应用现场进行实地调研，与现场技术人员和实操人员进行深入探讨，共同确定设计方案，确定具体应用环境及技术细节，探讨注意事项，为更好地进行控制系统设计奠定基础。

(2) 确保系统安全可靠。在工业生产中，对于任何系统，能够长期安全、稳定、可靠地运行都是至关重要的，同样对于 PLC 控制系统而言，不能安全可靠地工作即意味着降低生产质量，延长生产周期，增加维修成本，甚至危害操作人员人身安全或设备安全，因此系统的可靠性必须放在首位。进行 PLC 控制系统的可靠性设计时需考虑硬件及软件的可靠性，设计必要的“互锁”“急停”等功能，保证危险发生时系统能够及时停止运行或操作者能够第一时间进行相关操作。系统的安全可靠决定系统设计的成败，良好的系统设计不仅需要保证正常工作时设备持续稳定运行，还需保证在发生问题时能够及时警示，不至于出现系统控制失误。

(3) 控制系统设计经济实用。控制系统的安全性与可靠性固然重要，但对于工业生产环境中的设备制造，应同时兼备经济性与实用性的特点，片面追求过高的性能指标而忽略成本是不可取的。在充分满足控制系统整体要求的前提下，应考虑人员培训与培养、设备投入与后期维护，降低工程成本及维护费用，从而扩大工程效益。

(4) 适当留有裕量。控制系统的研制与开发有一定的周期与投资，为避免由于生产规模的扩大、生产技术的发展、控制要求的提高等因素令设备无法继续使用，进而影响生产周期，在进行 PLC 选型时应充分考虑在 I/O 点数、内存容量等方面留有适当裕量，灵活扩充，从而适应新的要求。

(5) 进行高质量的软件设计。软件设计主要在于程序的编写，要求程序中添加必要的备注，结构清晰，可读性强，便于后期维护与扩展，能够占用较少的内存，减少扫描周期，提高运行速度。

7.1.2 PLC 控制系统的设计步骤

作为应用到实际工业环境的控制系统，在设计研制过程中均具严格的步骤，若设计步骤不明确，则有可能会造成后续产品质量差、工期延误甚至返工重制等后果，因此，设计并遵循严格的控制系统设计步骤至关重要。遵循系统设计要求，PLC 控制系统设计可分为以下 5 个阶段：准备阶段、设计阶段、模拟调试阶段、现场调试运行阶段及编制技术文档。下面将对各个阶段中的主要步骤进行详细介绍。

1. 准备阶段

应用 PLC 控制系统的工业控制场合多种多样，在进行控制系统设计之前的准备阶段，工程设计人员应首先深入设备应用现场进行实地调研，了解工业现场环境、设备运行流程及实际需求性能等问题，与现场技术人员深入探讨，共同拟定出项目设计方案、具体细节、技术难点及项目周期等内容，并进行相关可行性分析，为后续工程设计奠定良好的基础。

2. 设计阶段

控制系统设计阶段主要包括硬件设计和软件设计两个部分。

1) 控制系统硬件设计

(1) PLC 外围设备的选择。外围设备的选择主要包括控制柜、触摸屏、输入设备(如控制按钮、刀开关、转换开关及各类传感器等)的选择；输出设备(如接触器、电磁阀、设备信号灯或其他执行设备等)的选择。

(2) I/O 点数的确定。需根据准备阶段共同拟定的项目设计方案及上述确定的外围设备确定 PLC 的 I/O 点数。

(3) PLC 型号的选择。目前，国内外生产 PLC 设备的厂家有很多，且每个 PLC 厂家生产的 PLC 型号也分为很多类型。根据控制性能、生产效率、工艺要求、I/O 点数分配及设计裕量等因素选择经济适用的 PLC 型号至关重要。

(4) 分配 I/O 编号。在确定上述三点要求后，可根据实际情况对 I/O 设备进行实际分析，并进行地址分配，绘制输入/输出设备的硬件接线图及 I/O 分配表，绘制主电路及 PLC 的外围电路图。

2) 控制系统软件设计

PLC 的编程语言有很多种，但最基本、最常用的就是梯形图。控制系统软件设计主要在于梯形图的设计，常用方法有经验设计法、继电器控制电路转移法、顺序控制设计方法。对于较大型控制系统而言，应先根据总体控制要求，借助控制流程图或状态流程图，确定程序基本结构，然后遵循梯形图设计规则，完成可读性强、易于维护、易于升级的软件系统。

3. 模拟调试阶段

在软件系统设计完成后，进行程序局部的功能性调试。可利用仿真软件代替 PLC 硬件进行模拟调试，在仿真软件中观察输入/输出是否满足既定流程。亦可以利用 PLC 硬件，结合按钮开关或利用编程软件的强制功能模拟 PLC 连接的传感器等设备的实际信号，并通过输出位置的指示灯观察输出信号。程序在调试过程中要遵循先易后难、先局部后整体的原则，发现问题及时反馈与处理，并注意程序之间的解耦。

4. 现场调试运行阶段

现场调试阶段至关重要，将直接影响设备的正常运行及生产效率。电气控制设备安装完成后，应首先检查所有设备的型号、数量、技术参数等是否符合规范要求，检查安装是否符合相应规范要求，检查所有线路是否根据接线图进行正确且规范的连接，检查接线端子是否牢固，杜绝接触不良等现象。

在确保设备接线无问题后，即可进行现场调试。将编写好的程序下载到现场的 PLC 设备中，为防止程序错误，无法得到预期效果，甚至造成伤害，可先断开与输入、输出设备的连接，之后对基本功能进行逐步、逐段测试，保证各程序块调试正常后，再全线调试。反复调试，反复修改，使程序趋于完善，直至全部满足要求为止。之后进入试运行阶段，测试设备的整体性能。最终，经过试运行无误的程序将被固化到 EEPROM 中，以备使用。

5. 编制技术文档

产品的具体应用在某种程度上是需要以技术文档来进行说明的，清晰明确的技术文档对于生产公司及使用人员来讲均十分必要。技术文档主要应包括产品概况、设备使用说明、相关技术交底(程序清单、元件明细表、电气原理图、主回路电路图、技术参数等)、常见问题及相应的解决方法汇总等。

7.2 PLC 控制系统设计举例

本节将介绍几个 PLC 控制系统的实例设计，使读者更好地理解 S7-200 PLC 的指令系统、控制系统设计流程、硬件接线图以及软件程序的实现方法。

7.2.1 PLC 控制三相异步电动机的 Y-△(星形-三角形)降压起动系统设计

三相交流异步电动机直接起动时，起动电流能达到额定值的 4～7 倍，过大的起动电流造成电网电压波动较大，直接影响电网中其他电动机及机械设备。因此，在生产技术上，对容量较大的电动机，采用降压起动措施来限制起动电流，其中 Y-△降压起动是一种常见的降压起动方式。此方法在电动机起动时，将定子绕组按照 Y 形连接，从而降低了起动电压，减小了起动电流；根据起动过程中的时间变化，待电动机起动后，再将定子绕组改为△形，使电动机全压运行。下面给出 PLC 控制三相异步电动机 Y-△降压起动系统的设计。

1. 项目设计方案

PLC 控制三相异步电动机 Y-△降压起动，主要控制要求如下：

(1) 按下起动按钮 SB1，电动机起动，定子绕组侧以 Y 形连接起动，即接触器 KM1 和 KM2 接通，延时 10s 后，KM2 断开，KM3 接通，定子绕组侧切换成△形连接全压运行；

(2) 按下停止按钮 SB2，电动机停止运转；

(3) 热继电器 FR 在电气控制线路中作为过载保护，当电动机超负荷运行时，FR 触点动作，电动机立即停止运转；

(4) 为防止 Y-△切换过程中可能产生短路故障，需设有 Y-△互锁措施。

2. 确定外围 I/O 设备，并进行地址分配

在 PLC 控制三相异步电动机降压起动系统中，设有起动按钮 SB1、停止按钮 SB2 各一个，为防止过载运行，设有热继电器 FR 一个，所需输出设备接触器 KM1、KM2、KM3 三个。

I/O 元件的地址分配表如表 7-1 所示。

表 7-1　I/O 元件的地址分配表

编程元件	编程地址	电器元件	编程元件	编程地址	电器元件
输入元件	I0.0	起动按钮 SB1	输出元件	Q0.0	电源接触器 KM1
	I0.1	停止按钮 SB2		Q0.1	Y 形连接用接触器 KM2
	I0.2	热继电器 FR		Q0.2	△形连接用接触器 KM3

3. 硬件设计

本系统的工作电源采用 DC 24 V 输入、AC 220 V 输出的形式，根据外围 I/O 设备确定 PLC 硬件连接图如图 7-1 所示。

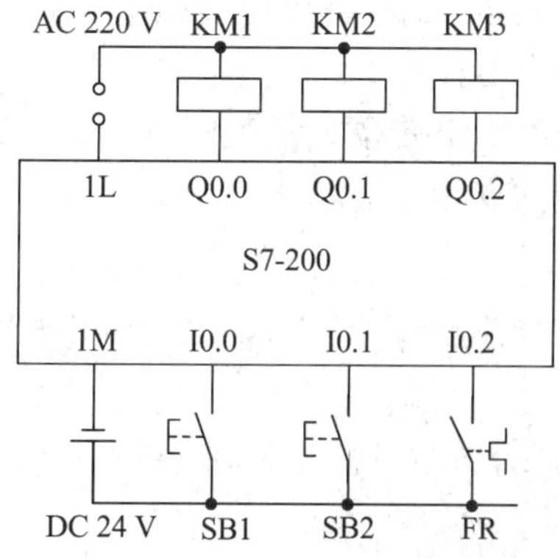

图 7-1　Y-△降压起动控制系统的 PLC 硬件连接图

4. 软件程序设计及分析

根据上述三相异步电动机 Y-△降压起动 PLC 控制系统的控制要求及输入/输出元件的地址分配结果设计 PLC 梯形图，如图 7-2 所示。起动开关 I0.0 闭合，Q0.0 与 Q0.1 接通，

电动机起动，定子绕组以 Y 形连接起动，与此同时，通电延时定时器 T37 起动，定时 10 s。延时时间到后，Q0.1 断开，Q0.2 接通。将 I0.1 与 I0.2 的常闭触点串联到网络 1、2、3 中，即当停止开关接通或过载保护开启时，电动机立即停止转动。为防止 Y-△切换过程中可能出现的短路故障，设置 Y-△互锁，即 Q0.1 常闭触点串联在网络 2 的 Q0.2 接触器前，Q0.2 常闭触点串联在网络 3 的 Q0.1 接触器前。

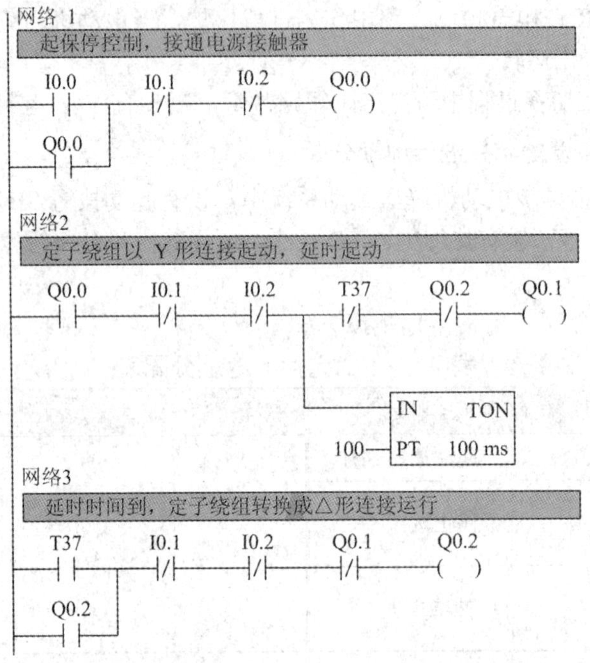

图 7-2　Y-△降压起动 PLC 控制系统的梯形图

7.2.2　基于 PLC 的三级传送带输送机控制系统设计

在工业生产中，货物的运输必不可少，为提高运输效率，常使用自动化流水线设备来代替人工搬运。流水线设备通常由若干个传送带输送机组成，每个传送带由一台电动机拖动，且为确保传送带上不滞留货物，各电动机的起停应遵循一定的顺序。下面给出基于 PLC 的三级传送带输送机控制系统的设计。

1. 项目设计方案

如图 7-3 所示，整个流水线设备由三台传送带输送机组成，分别由电动机 M1、M2、M3 驱动，主要控制要求如下：

(1) 按下起动按钮 SB1，三台电动机按照 M1、M2、M3 的顺序依次起动，每两个电动机起动之间间隔 10 s；

(2) 正常停车时，按下停止按钮 SB2，三台电动机按照 M3、M2、M1 的顺序依次停止，且每两个电动机停止之间间隔 20 s；

(3) 三台电动机均设有过载保护，当传送带发生过载故障时，为使过程损失减少至最小，设定以下停车规则，当故障传送带停车时，流水线中位于其前面的传送带立即停车，之后的传送带按原规则顺序延时停车。也就是说，若 M3 发生故障停车，则电动机 M2、

M1 按原规则顺序延时停车；若 M2 发生故障停车，则 M3 立即停车，M1 按原规则延时停车；若 M1 发生故障停车，则 M2、M3 立即停车。

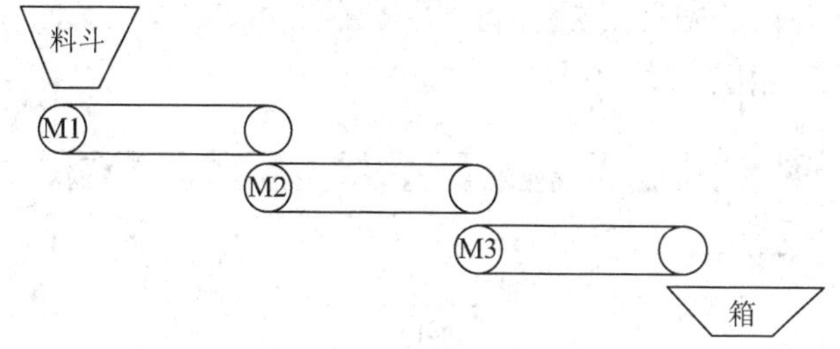

图 7-3　流水线设备图

2. 确定外围 I/O 设备，并进行地址分配

在三级传送带输送机控制系统中，设有起动按钮 SB1、停止按钮 SB2 各一个，为防止电动机过载运行，设有热继电器 FR1、FR2、FR3 三个，所需输出设备接触器 KM1、KM2、KM3 三个，分别控制三级传送带。

I/O 元件的地址分配见表 7-2。

表 7-2　I/O 元件的地址分配表

编程元件	编程地址	电器元件	编程元件	编程地址	电器元件
输入元件	I0.0	起动按钮 SB1	输出元件	Q0.0	传动带 1 接触器 KM1
	I0.1	停止按钮 SB2		Q0.1	传动带 2 接触器 KM2
	I0.3	热继电器 FR1			
	I0.4	热继电器 FR2		Q0.2	传动带 3 接触器 KM3
	I0.5	热继电器 FR3			

3. 硬件设计

本系统的工作电源采用 DC 24 V 输入、DC 24 V 输出的形式，根据外围 I/O 设备确定基于 PLC 的三级传送带输送机控制系统的硬件连接图如图 7-4 所示。

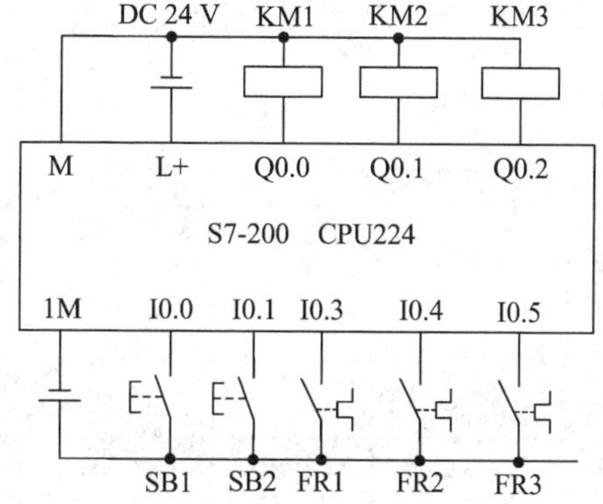

图 7-4　基于 PLC 的三级传送带输送机控制系统的硬件连接图

4. 软件程序设计及分析

根据上述三级传送带输送机控制系统的控制要求及输入/输出元件的地址分配结果设

计 PLC 梯形图，如图 7-5 所示。程序中电动机的起动与停止信号均为短信号。

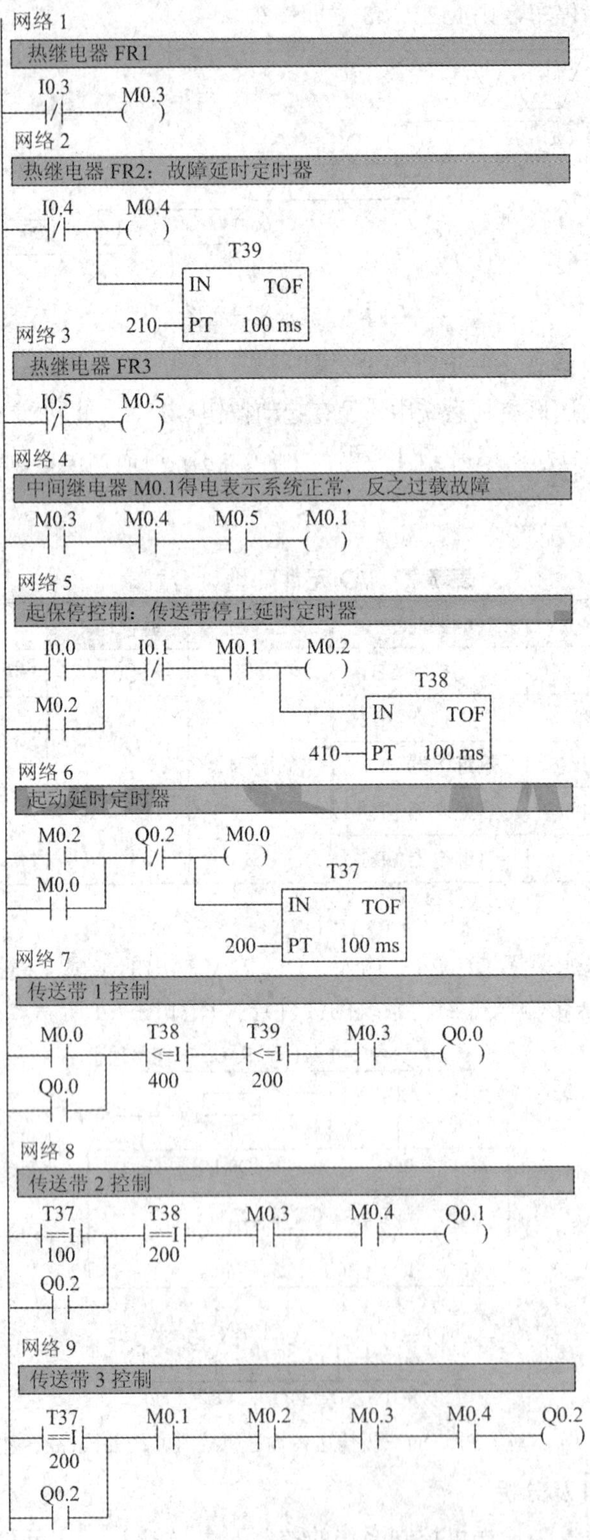

图 7-5　基于 PLC 的三级传送带输送机控制系统的梯形图

起动开关 I0.0 闭合，中间继电器 M0.2 接通并实现自锁，传送带 1 电机 Q0.0 接通，而传送带 2 的 Q0.1 和传送带 3 的 Q0.2 的接通则由通电延时定时器 T37 来实现，T37 通电延时 10s 后，M2 起动，通电延时 20s，M3 起动，实现三台电动机的延时顺序起动。

停止按钮 SB2 被按下后，网络 5 的常闭触点 I0.1 断开，中间继电器 M0.2 失电，从而使网络 9 中 M0.2 断开，Q0.2 失电，传送带 3 停止运转，与此同时，断电延时定时器 T38 开启，设定值为 410，延时 20s 后，Q0.1 失电，传动带 2 停止运转，延时 40s 后，Q0.0 失电，传送带 1 停止运转，实现延时顺序停车。

网络 1、网络 2、网络 3 使用热继电器 FR1、FR2、FR3 的常闭触点，是因为在图 7-4 所示的硬件接线图中使用热继电器以常开触点的形式接入电路。当电动机正常工作时，热继电器不工作，网络 1～3 的 I0.3、I0.4、I0.5 常闭触点处于闭合状态，中间继电器 M0.3、M0.4、M0.5 得电；当发生故障时，常闭触点断开，中间继电器 M0.3、M0.4、M0.5 失电。

当有过载故障发生时，遵循控制系统规则停车。例如，若传送带 2 发生故障，则网络 2 中常闭触点 I0.4 断开，中间继电器 M0.4 失电，其上级传送带 3 立即停车，同时起动断电延时定时器 T39，延时 10s，其下级传送带 1 停车，实现故障停车控制。

7.2.3 基于 PLC 的某机械手模拟控制系统设计

现阶段，在工业生产领域，工业机器人得到了广泛的应用，其能够代替人类完成具有大批量及高质量要求的工作，比如汽车制造业、船舶制造业、家用电器等行业。本小节将以此为例，模拟某自动化生产线中机械手的搬运操作，其任务为将生产线中某装配好的工件由上一环节的传送带运输到下一生产环节的传送带上。

1. 项目设计方案

在项目准备阶段，首先确定项目设计方案。图 7-6 为某机械手的模拟控制示意图。图中，传送带 A 运输尾端位于机械手原位正下方；传送带 B 运输首端位于传送带 A 尾端的前方 2m 处(注：此处以机械手为主体来定上、下、前、后)；光电开关传感器安装在传送带 A 尾端，用于检测工件是否在传送带 A 上运输到位；搬运机械手负责将传送带 A 运输来的工件搬运至传送带 B，并由传送带 B 运走。

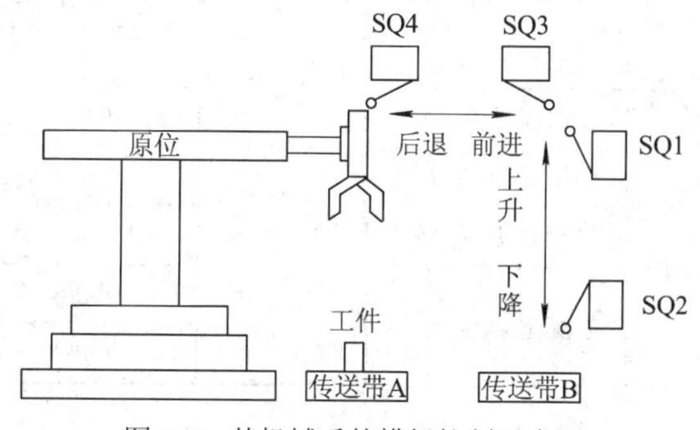

图 7-6 某机械手的模拟控制示意图

根据工程需要，具体控制要求如下：

(1) 在初始状态，机械手位于原位上，原位指示灯点亮。

(2) 按下起动按钮，传送带 A 开始运行传送工件，直至光电开关检测到工件，传送带

A 停止传送，与此同时，下降电磁阀通电，机械手下降。

(3) 机械手下降到位，触动下限位开关后，夹紧电磁阀通电，机械手爪闭合，抓紧工件。

(4) 夹紧工件后，延时 2s，上升电磁阀通电，机械手上升。上升到位后，触动上限位开关后，前移电磁阀通电，机械手连同工件前移至前限位开关处，即到达传动带 B 首端正上方，下降电磁阀接通，机械手下降。

(5) 机械手下降到位后，即到达传送带 B 首端，触动下限位开关，夹紧电磁阀复位，机械手爪放松，工件被放下。

(6) 工件被放下后，延时 2s，机械手上升，上升到位后，机械手后退，与此同时，传送带 B 开始运行，待机械手后退到位，触发后限位开关后，传送带 B 停止运动，传送带 A 开始运动，直至新工件触发光电开关，如此周而复始。

2. 确定外围 I/O 设备

在机械手抓取控制项目的过程中，所需的输入设备有：2 个按钮，分别为起动按钮和停止按钮，用以操控机械手的起动与停止；4 个限位开关，分别为上限位、下限位、前限位与后限位开关，用于控制机械手的具体位置。所需的输出设备有：1 个原位指示灯；5 个电磁阀，分别为上升、下降、前移、后退及夹紧电磁阀，用于机械手的运动控制；2 个传送带，用于传送工件。

3. 选定 PLC 的型号

根据输入设备与输出设备的数量，考虑设计裕量等因素，本例选取西门子公司的 S7-200 系列小型 PLC——CPU226。

4. 确定 I/O 元件的地址分配

I/O 元件的地址分配见表 7-3。

表 7-3　I/O 元件的地址分配表

编程元件	编程地址	电器元件	编程元件	编程地址	电器元件
输入元件	I0.0	起动按钮 SB1	输出元件	Q0.0	下降电磁阀 YV1
	I0.1	停止按钮 SB2		Q0.1	上升电磁阀 YV2
	I0.2	上限位开关 SQ1		Q0.2	前移电磁阀 YV3
	I0.3	下限位开关 SQ2		Q0.3	后退电磁阀 YV4
	I0.4	前限位开关 SQ3		Q0.4	夹紧电磁阀
	I0.5	后限位开关 SQ4		Q0.5	原位指示灯
	I0.6	传感器信号		Q0.6	传送带 A
				Q0.7	传动带 B

5. 软件程序设计及分析

通过上述分析可知，机械手抓取工件控制是一个顺序控制的过程，本例可采用两种软件设计方法来实现具体的控制功能。下面分别对使用移位寄存器指令和顺序控制继电器指令实现机械手控制进行说明。

1) 使用移位寄存器指令的设计方法

移位寄存器指令是能够指定移位寄存器长度及移位方向的移位指令，工业中可用于排序、控制产品流等。为使控制流程清晰明了，根据上述控制要求设计机械手控制流程图，如图 7-7 所示。

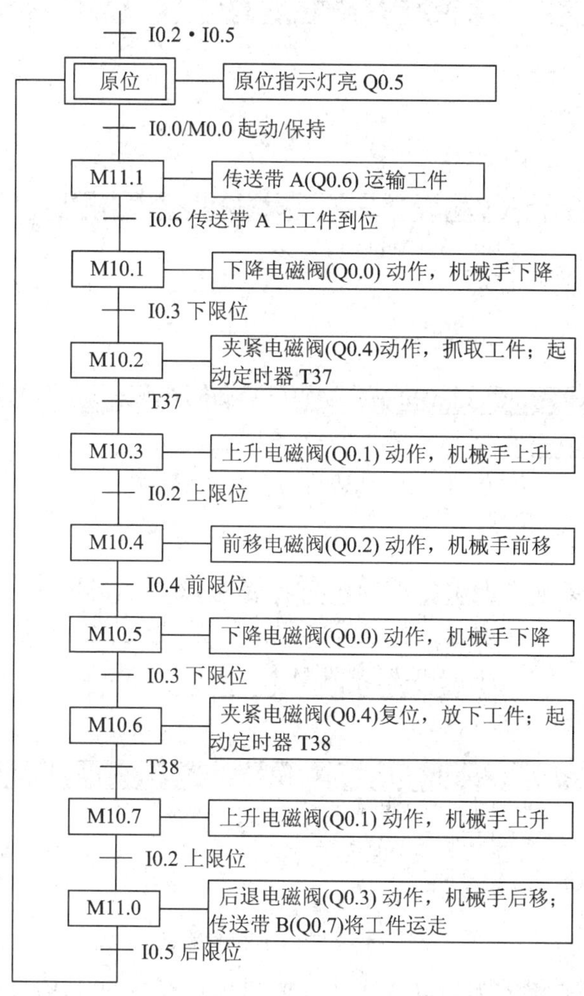

图 7-7　机械手控制流程图

本例利用移位寄存器 M10.1 到 M11.1 代表运动控制中的各步，当两步之间满足转换条件时，进入下一步工作状态。移位寄存器的数据输入端 DATA 为 M10.0。

在控制系统中，当机械手的原位为上限位与后限位的交点处，即机械手处于原位时，上限位开关 I0.2 与后限位开关 I0.5 处于接通状态，起动按钮 I0.0 被按下后，起动辅助继电器 M0.0 接通，传送带 A 起动，开始传送工件，直到光电开关 I0.6 检测到工件后停止传送，并产生传送到位辅助信号 M0.1。当上限位 I0.2、后限位 I0.5、传送到位辅助信号 M0.1 及移位寄存器各位 M10.1～M11.1 的常闭触点串联产生第一个移位脉冲 M10.0，即机械手处于原位且各步未动作时，若光电开关检测到工件到位，则将移位寄存器的数据输入端 M10.0 置 1，如图 7-8 所示。需注意的是，机械手运行的一个周期内，应有且仅有一个“1”信号在 M10.1～M11.1 各位之间移动，串联 M10.1～M11.1 的常闭触点，是为防止工件被取走后，传送带 A 运送新工件被光电开关检测到而使移位寄存器的数据输入端 DATA 再次置 1，但此时机械手尚未完成一个周期的操作流程，因而会导致程序混乱。

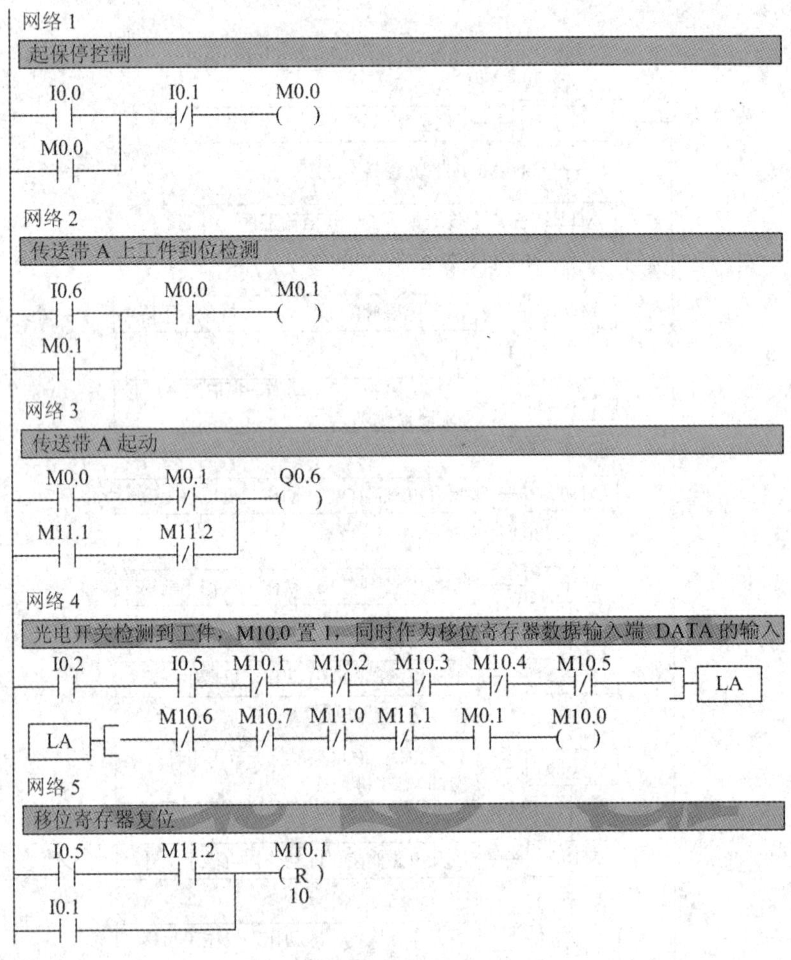

图 7-8　机械手控制梯形图

移位寄存器的数据输入端的首个移位脉冲 M10.0 产生的"1"信号在移位寄存器 M10.1 至 M11.1 中移动，实现机械手的运动控制，后续移位脉冲信号由各步中间继电器及各步转换条件串联产生。例如图 7-9 中，M10.0 的上升沿脉冲作用到移位寄存器上后，"1"信号移动至 M10.1，此时下降电磁阀(Q0.0)动作，机械手下降，当下降到位触发下限位开关(I0.3)时，将再次产生移位上升沿脉冲，使"1"信号移动到 M10.2，夹紧电磁阀(Q0.4)动作，抓紧传送带 A 上的工件，为确保已经抓牢，此处用 2 s 的定时器，定时时间到后，与 M10.2 串联的 T37 接通，产生移位上升沿脉冲，使"1"信号移动至 M10.3，以此类推，之后机械手将上升→前移→下降→放下工件→上升→后退→回到原点。当"1"信号移位至 M11.0 时，后退电磁阀(Q0.3)动作，机械手后移，与此同时，传送带 B(Q0.7)将工件运走，机械手回到原位时，后限位开关(I0.5)动作，产生移位上升沿脉冲信号，"1"信号被移动至 M11.1 中，传送带 B 停止传送。

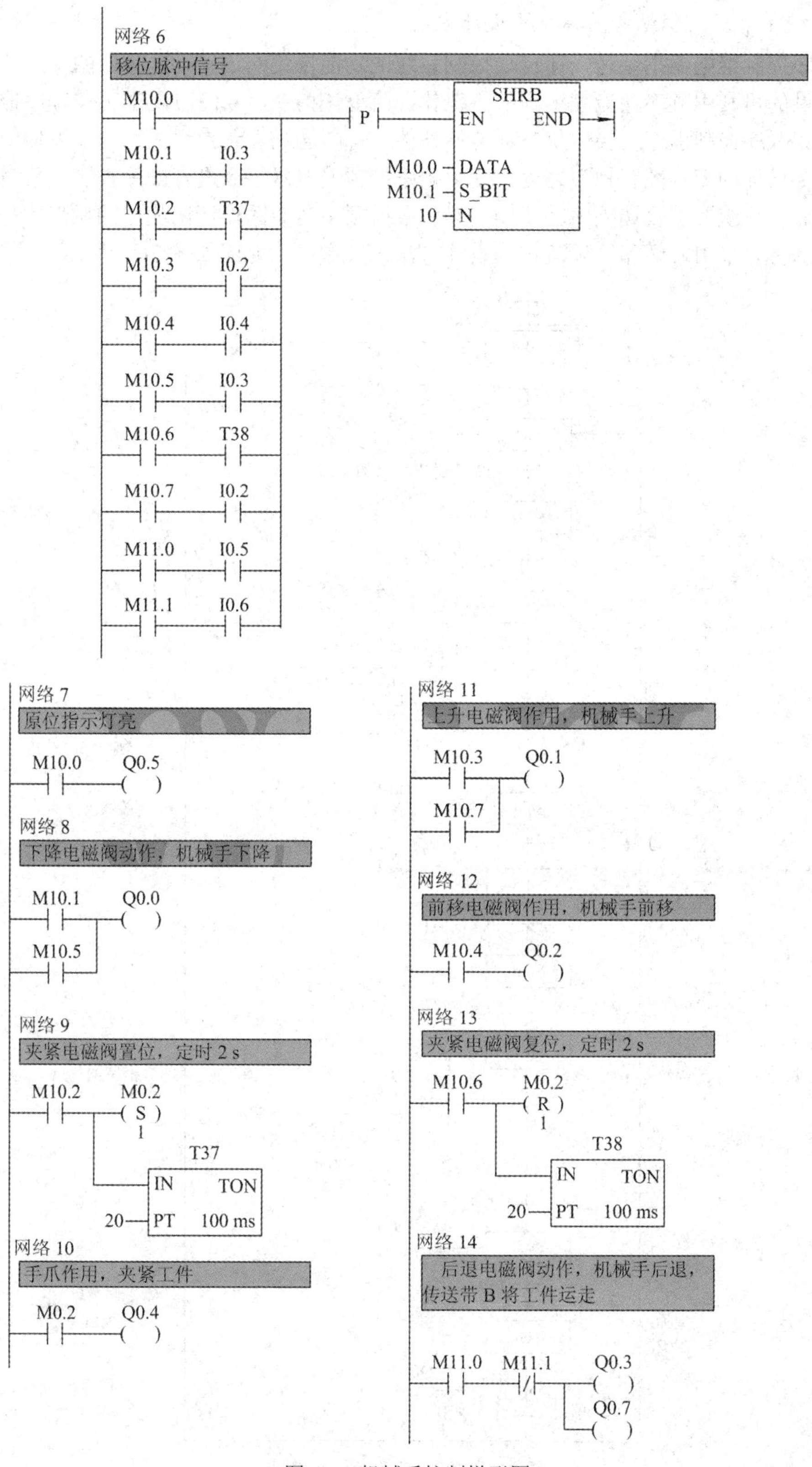

图 7-9　机械手控制梯形图

2) 使用顺序控制继电器指令的设计方法

顺序控制继电器指令是描述自动控制系统的功能性说明语言，是 PLC 的生产厂家为工程师提供的可利用顺序功能图编程的规范化、简单化指令，专门应用于工业顺序控制程序设计中。顺序控制程序主要由状态、转移条件、有向连线等元素组成，与上述使用移位寄存器指令设计的流程图有相似之处。使用顺序控制继电器指令进行顺序控制编程时，首先需根据控制系统要求设计顺序功能图，然后根据顺序功能图设计出相应的梯形图程序。机械手控制可以采用跳转和循环流程的设计方法。其顺序功能图如图 7-10 所示。

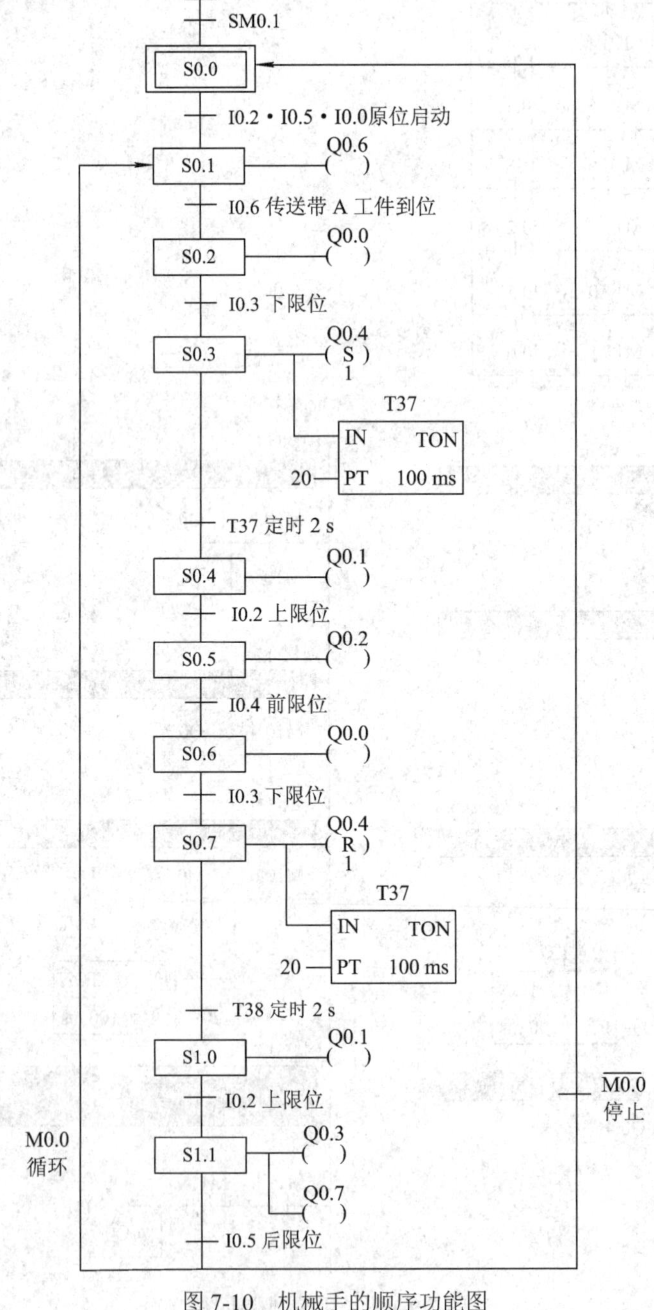

图 7-10　机械手的顺序功能图

整个控制程序由 S0.0 至 S1.1 共 10 步完成，控制过程说明如下：

在初始状态，机械手应处于原位，即上限位开关(I0.2)及后限位开关(I0.5)处于接通状态。当按下起动按钮 I0.0 后，激活 S0.1，传送带 A 开始传送工件，若光电开关 I0.6 检测到工件运输到位，则激活 S0.2，下降电磁阀 Q0.0 接通。当机械手下降至下限位开关 I0.3 处时，S0.3 被激活，夹紧电磁阀 Q0.4 接通并动作，夹紧工件，同时开启 2 s 定时器，以确保工件能够夹稳。延时时间到后，激活 S0.4，上升电磁阀 Q0.1 接通，机械手上升至上限位开关 I0.2 处，即现在机械手正抓紧工件位于传送带 A 的正上方极限位置，之后依次激活 S0.5、S0.6、S0.7，使机械手运动到传送带 B 处，夹紧电磁阀 Q0.4 复位并放松手爪，工件被放置在传送带 B 上，延时 2 s 后，激活 S1.0，上升电磁阀 Q0.1 动作，机械手上升至上限位 I0.2 接通时，激活 S1.1，此时后退电磁阀 Q0.3 与传送带 B Q0.7 同时动作，后退电磁阀后退至后限位开关处，即回到原点，传送带 B 将工件传送至下一生产流程。停止按钮 I0.1 若被接通，则返回值 S0.0 处，等待下一次设备起动；若未被接通，则激活 S0.1，等待下一个工件在传送带 A 上传送到位后，开启下一周期控制流程，如图 7-11 所示。

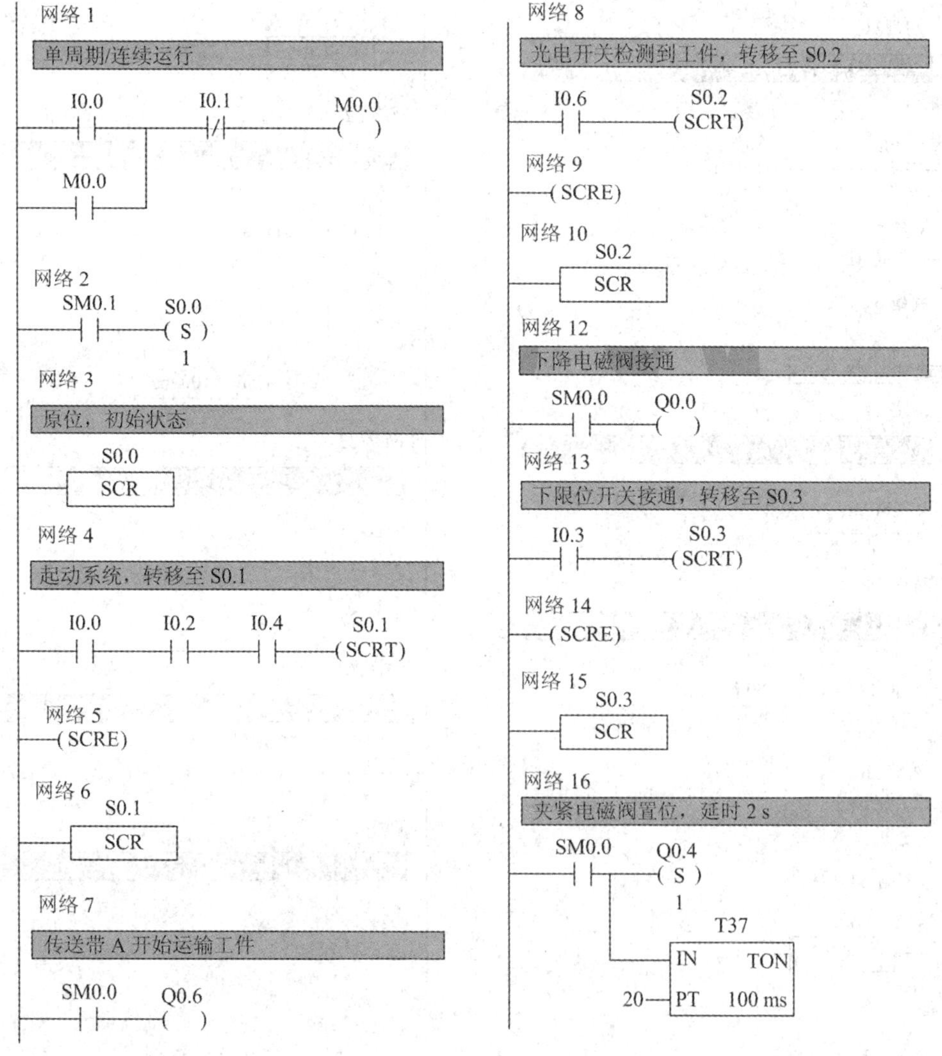

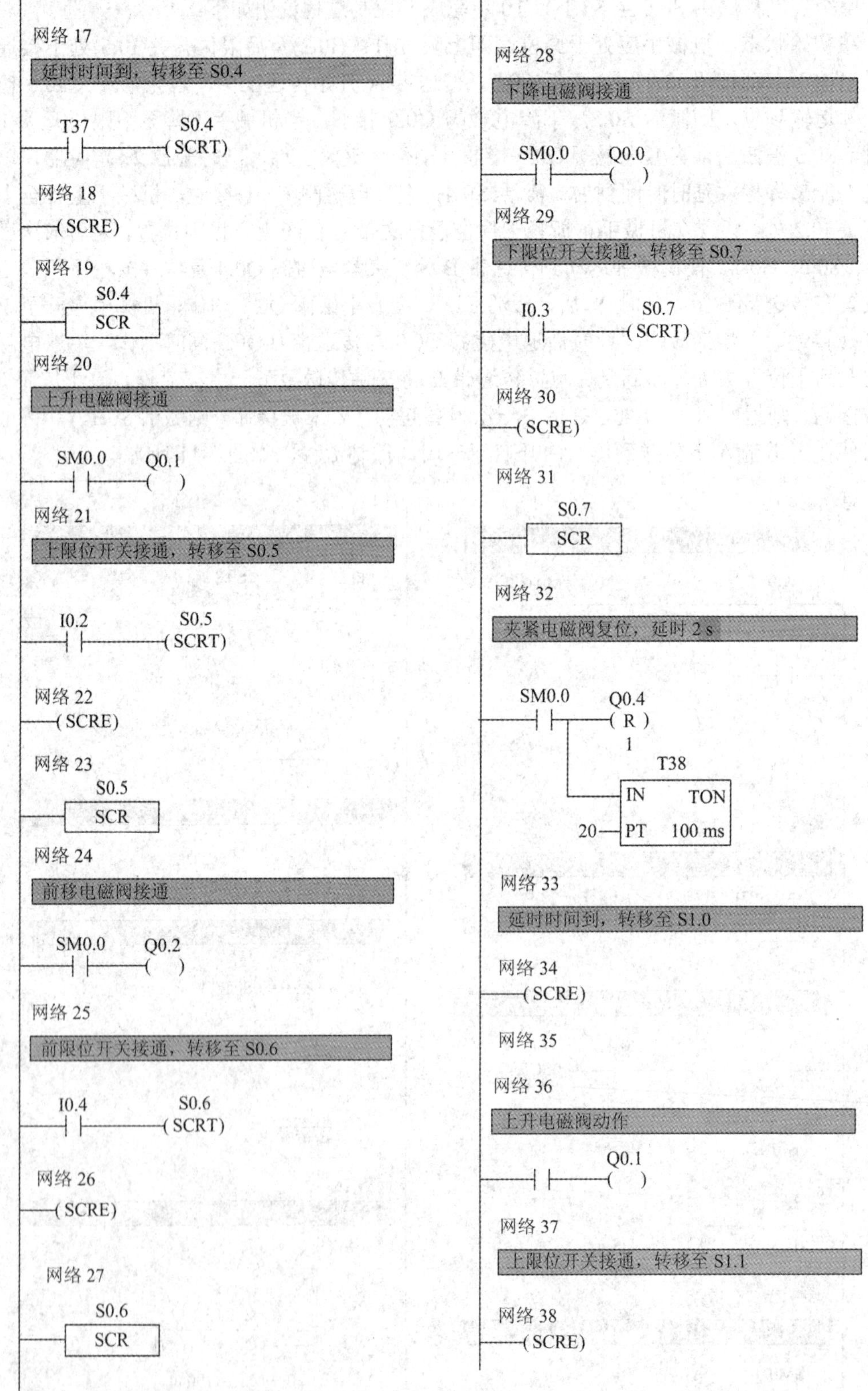

网络 17
延时时间到，转移至 S0.4
T37
S0.4
SCRT
网络 18
SCRE
网络 19
S0.4
SCR
网络 20
上升电磁阀接通
SM0.0
Q0.1
网络 21
上限位开关接通，转移至 S0.5
I0.2
S0.5
SCRT
网络 22
SCRE
网络 23
S0.5
SCR
网络 24
前移电磁阀接通
SM0.0
Q0.2
网络 25
前限位开关接通，转移至 S0.6
I0.4
S0.6
SCRT
网络 26
SCRE
网络 27
S0.6
SCR
网络 28
下降电磁阀接通
SM0.0
Q0.0
网络 29
下限位开关接通，转移至 S0.7
I0.3
S0.7
SCRT
网络 30
SCRE
网络 31
S0.7
SCR
网络 32
夹紧电磁阀复位，延时 2 s
SM0.0
Q0.4
R
1
T38
IN
TON
20
PT
100 ms
网络 33
延时时间到，转移至 S1.0
网络 34
SCRE
网络 35
网络 36
上升电磁阀动作
Q0.1
网络 37
上限位开关接通，转移至 S1.1
网络 38
SCRE

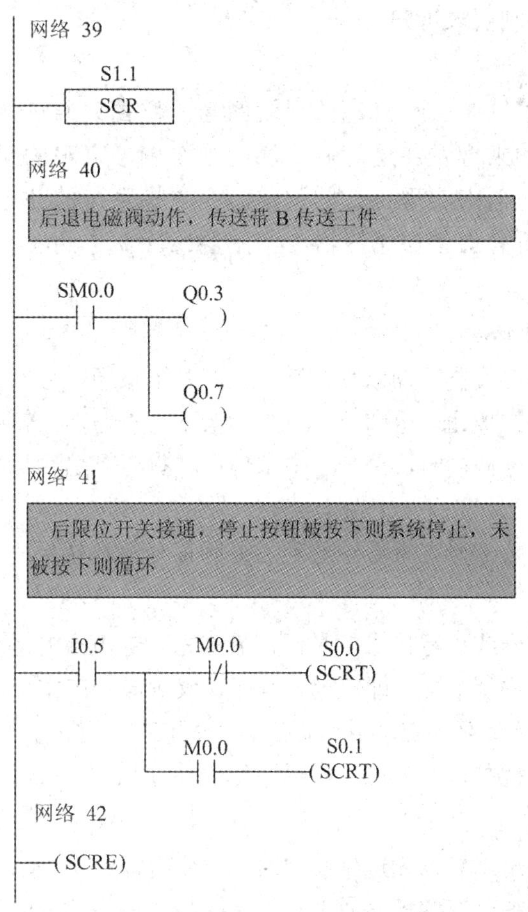

图 7-11　顺序控制梯形图

7.2.4　基于 PLC 的某电梯控制系统设计

随着社会经济的发展，越来越多的高层建筑拔地而起，而电梯作为一个垂直运输设备，在其中充当着举足轻重的角色，与人们的日常生活密不可分。电梯系统是机械结构与电器部分高度融合的大型复杂起重运输机构，是现代科学技术发展的时代产品。

经过若干年的实践与发展，以 PLC 为控制器的电梯技术已趋于成熟，PLC 因其运行稳定性高、抗干扰能力强等特点，已成为当下主流的电梯系统控制器。整套电梯设备通常由电气控制系统、拖动系统、各类传感器、曳引系统、轿厢及其相应配重、召唤系统、安全保护系统等组成。其中电气控制系统主要用到的设备有可编程控制器、变频器、交流电动机、控制柜、某些输入输出电器元件。

本例将侧重介绍电梯控制系统中的 PLC 逻辑实现部分，而对于电动机与变频器的升降速调节部分及安全保护系统等内容不在本例讨论范围内。

1. 项目设计方案

在项目准备阶段，首先确定项目设计方案，本例最终任务为设计 5 层的电梯控制系统，根据工程需要，主要控制要求可归纳为以下 5 项。

1) 电梯轿厢位置的确定

对于电梯而言，能够实时精确地获得轿厢当前位置并通过指示灯同步显示至关重要。这能够给轿厢内的乘客及各层等候电梯的乘客以最直观的感受。通常情况下，电梯控制系统采用磁感应器来实现位置的测定。在电梯系统的井道中，每层均设置有隔磁板，而在轿厢上设置有上平层感应器与下平层感应器，两者相互配合，确定电梯运行至平层。

2) 内选信号与外呼信号

通常情况下，轿厢内设置有操纵盘，其上设有若干按钮，分别为各楼层内选按钮、开关门按钮及一些安全保护按钮。电梯外设有上行及下行按钮。当轿厢内的乘客按下操纵板上的楼层按钮，确定目标楼层时，即产生内选信号，直至到达目标楼层，该信号消失。各楼层的门厅均设置上行按钮和下行按钮，当门厅中的乘客按下该按钮时，即可产生上行或下行召唤信号，称为外呼信号，直至轿厢到达外呼信号所在楼层。

3) 自动定向

当出现多个内选信号或外呼信号的时候，需首先确定电梯的运行方向后，才能够决定是否在本次行进过程中进行响应。即电梯上行时，仅顺向响应本楼层以上的上行内选信号或外呼信号，直至运行至最高层自动返回再应答下行信号，而对于比本楼层低的上行信号，则在下个循环的上行过程中进行响应。电梯下行时原理相同。

4) 电梯的减速停车控制

电梯的平层控制是指当轿厢靠近某层楼时，欲使轿厢地坎与本层门厅地坎相齐平的控制。精准平层对于电梯来讲至关重要。为减小速度与冲击力，确保平层的准确性及乘客乘坐的舒适度，轿厢平层是一个先减速后停车的过程。在轿厢顶端装有上平层和下平层两种感应器，与安装在井道上的隔磁板配合进行平层控制。轿厢上行时，当上平层感应器插入至隔磁板时，产生减速信号，轿厢开始减速运行，当下平层感应器完全插入隔磁板后，电梯已精准平层，同时发出停车开门信号，电动机停止转动并抱闸抱死。轿厢下行过程与此正好相反，运行方式以此类推，从而实现电梯停车控制。

5) 电梯的开关门

开关门控制是当轿厢到达相应楼层后，控制电机开关门的输出信号。开关门信号由轿厢内开关门按钮发出，或由门厅按钮发出，或出于安全保护考虑，由相应红外线传感器及开关门限位控制发出。

2. 选定 PLC 型号

本例中输入元件共有输入设备 31 个与输出设备 19 个，考虑设计裕量等因素，本例选取西门子公司的 S7-200 系列小型 PLC CPU226，增加 EM221 和 EM222 两个扩展模块。

3. I/O 分配

I/O 元件地址分配见表 7-4，梯形图中使用到的内部继电器见表 7-5。

表 7-4　I/O 元件地址分配表

元件	序号	编程地址	功能说明	元件	序号	编程地址	功能说明
输入元件	1	I0.0	起动按钮 SB1	输入元件	17	I2.1	5 楼内呼按钮 SB17
	2	I0.1	复位按钮 SB2		18	I2.2	1 楼感应信号
	3	I0.2	急停按钮 SB3		19	I2.3	2 楼感应信号
	4	I0.3	检修按钮 SB4		20	I2.4	3 楼感应信号
	5	I0.4	1 层上召唤按钮 SB5		21	I2.5	4 楼感应信号
	6	I0.5	2 层上召唤按钮 SB6		22	I2.6	5 楼感应信号
	7	I0.6	2 层下召唤按钮 SB7		23	I2.7	红外线信号
	8	I0.7	3 层上召唤按钮 SB8		24	I3.0	开门按钮 SB18
	9	I1.0	3 层下召唤按钮 SB9		25	I3.1	关门按钮 SB19
	10	I1.1	4 层上召唤按钮 SB10		26	I3.2	上限位开关 SQ1
	11	I1.2	4 层下召唤按钮 SB11		27	I3.3	下限位开关 SQ2
	12	I1.3	5 层上召唤按钮 SB12		28	I3.4	开门限位开关 SQ3
	13	I1.5	1 楼内呼按钮 SB13		29	I3.5	关门限位开关 SQ4
	14	I1.6	2 楼内部按钮 SB14		30	I3.6	上平层感应器
	15	I1.7	3 楼内呼按钮 SB15		31	I3.7	下平层感应器
	16	I2.0	4 楼内呼按钮 SB16				
输出元件	1	Q0.0	1 层上召唤信号指示灯	输出元件	11	Q1.3	3 层厢内指示灯
	2	Q0.1	2 层上召唤信号指示灯		12	Q1.4	4 层厢内指示灯
	3	Q0.2	2 层下召唤信号指示灯		13	Q1.5	5 层厢内指示灯
	4	Q0.3	3 层上召唤信号指示灯		14	Q2.0	厢内上行指示灯
	5	Q0.4	3 层下召唤信号指示灯		15	Q2.1	厢内下行指示灯
	6	Q0.5	4 层上召唤信号指示灯		16	Q2.2	开门继电器
	7	Q0.6	4 层下召唤信号指示灯		17	Q2.3	关门继电器
	8	Q0.7	5 层上召唤信号指示灯		18	Q2.4	上行继电器
	9	Q1.1	1 层厢内指示灯		19	Q2.5	下行继电器
	10	Q1.2	2 层厢内指示灯				

表 7-5　内部继电器表

编程地址	功能说明	编程地址	功能说明
M0.0	1 层轿厢位置	M2.4	2 层内选辅助
M0.1	2 层轿厢位置	M2.5	3 层内选辅助
M0.2	3 层轿厢位置	M2.6	4 层内选辅助
M0.3	4 层轿厢位置	M2.7	5 层内选辅助
M0.4	5 层轿厢位置	M3.0	停车信号
M0.6	开门辅助	M3.1	1 层停车
M0.7	关门辅助	M3.2	2 层停车

续表

编程地址	功能说明	编程地址	功能说明
M1.0	1 层上行辅助	M3.3	3 层停车
M1.1	2 层上行辅助	M3.4	4 层停车
M1.2	2 层下行辅助	M3.5	5 层停车
M1.3	3 层上行辅助	M3.6	上行
M1.4	3 层下行辅助	M3.7	下行
M1.5	4 层上行辅助	M4.0	禁止开门
M1.6	4 层下行辅助	M4.1	停层开门
M1.7	5 层上行辅助	M4.3	上平层感应器上升沿信号
M2.1	定向上行辅助	M4.4	下平层感应器上升沿信号
M2.2	定向下行辅助	M4.5	减速信号
M2.3	1 层内选辅助		

4. 软件程序设计及分析

1) 电梯轿厢位置的确定

在电梯系统每层楼轿厢停靠的位置，均设有感应器，当轿厢运行到该楼层时，感应器产生相应的位置感应信号，由此来确定轿厢的位置。而当轿厢离开某楼层时，该楼层位置信号由其上一层或下一层位置信号所代替。如图 7-12 所示，使用 I2.2、I2.3、I2.4、I2.5、I2.6 分别代表 1 层、2 层、3 层、4 层及 5 层感应器信号，当轿厢处于 1 层位置时，I2.2 发出 1 层感应信号，1 层轿厢位置辅助继电器 M0.0 接通，由于 1 层处于最底层，因此只能上行至 2 层，所以轿厢离开 1 层时，位置信号由 I2.3 所取代，M0.0 断开，5 层感应信号同理。2 层、3 层、4 层由于处于中间楼层，当离开该楼层时，位置信号可能由其上层所取代，亦可能被下层所取代。

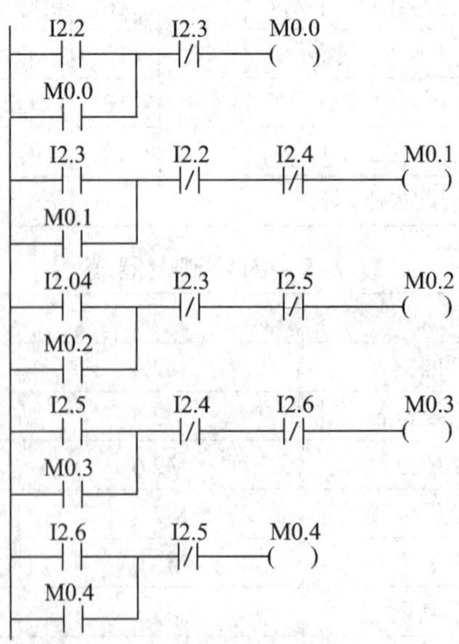

图 7-12　轿厢楼层确定梯形图

2) 内选信号与外呼信号

轿厢内部的操纵盘上设有每层楼的内选按钮及相应指示灯。当按下内选按钮且轿厢不在本楼层时，内选楼层信号被记录，内选指示灯点亮；当轿厢到达对应楼层平层开门后，内选信号被消除，同时内选指示灯熄灭。图 7-13 列举了 1 楼～5 楼的内选指示灯点亮与熄灭的情况。

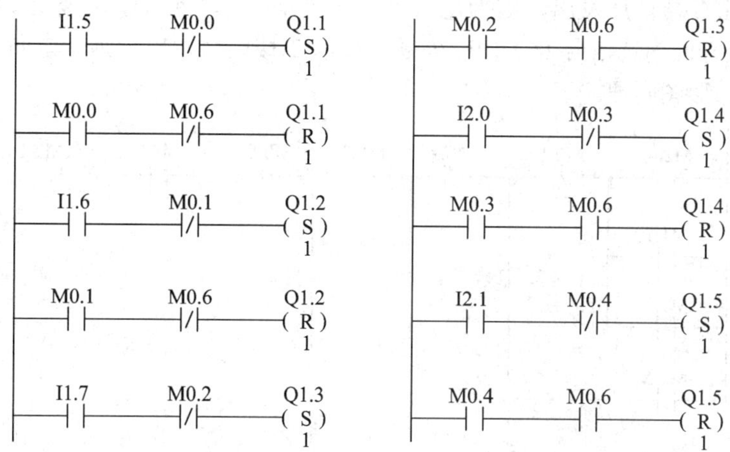

图 7-13　内选信号梯形图

对于电梯系统而言，除了该楼的顶层与底层，每层楼均设有上召唤按钮与下召唤按钮，而底层仅有上召唤按钮，顶层仅有下召唤按钮，并配有相应的指示灯。若某楼层门厅产生外呼信号，且对应此时轿厢不在本楼层时，则会亮起相应指示灯。待轿厢停至本楼层且运行方向与外呼信号方向一致时，会自动消除信号指示。此处以 3 层外呼信号为例进行讲解。如梯形图 7-14 所示，当 3 层上召唤按钮(I0.7)被按下时，若轿厢此时没在 3 层，则点亮 3 层门厅的上行指示灯；若轿厢此时正在 3 层，但其运行方向为定向下行(M1.3)，说明有 3 层内选信号或门厅下召唤信号，因此仍需点亮 3 层门厅的上行指示灯。同理，当 3 层下召唤按钮(I1.0)被按下时，若轿厢没在 3 层或在 3 层但其运行方向为定向上行(M1.4)时，则点亮下行指示灯。其他楼层梯形图与此相似，只需将输入、输出及中间继电器的地址相应改变即可。

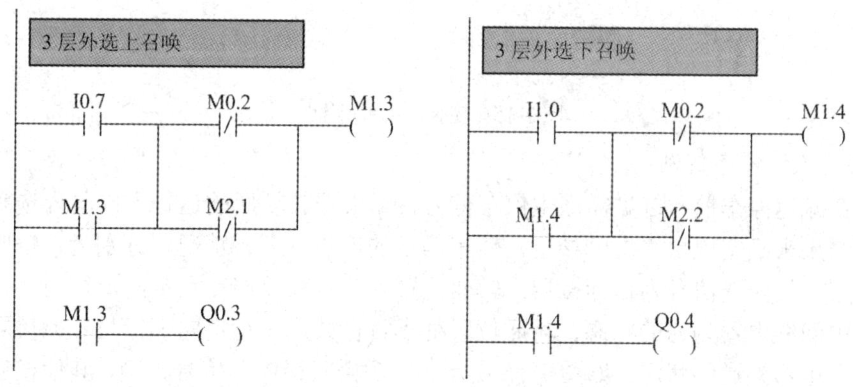

图 7-14　外选信号梯形图

3) 自动定向

根据实际情况，电梯仅有定向上行与定向下行两种情形。电梯运行过程中，接收到内选信号与外呼信号时，需将信号与电梯所处的楼层位置及运行方向相结合来确定如何响应。电梯定向上行情况一般原则为登记的内选信号或者外呼信号均高于轿厢现在所在楼层，如图 7-15 所示，若轿厢位于 1 楼，即没在 2 楼、3 楼、4 楼、5 楼，而内选信号为 2 楼或外呼信号由 2 楼门厅发出，则为定向上行；同理，若轿厢位于 1 楼或 2 楼，即没在 3 楼、4 楼、5 楼，而内选信号为 3 楼或外呼信号由 3 楼门厅发出，则为定向上行，以此类推。定向下行梯形图同理。

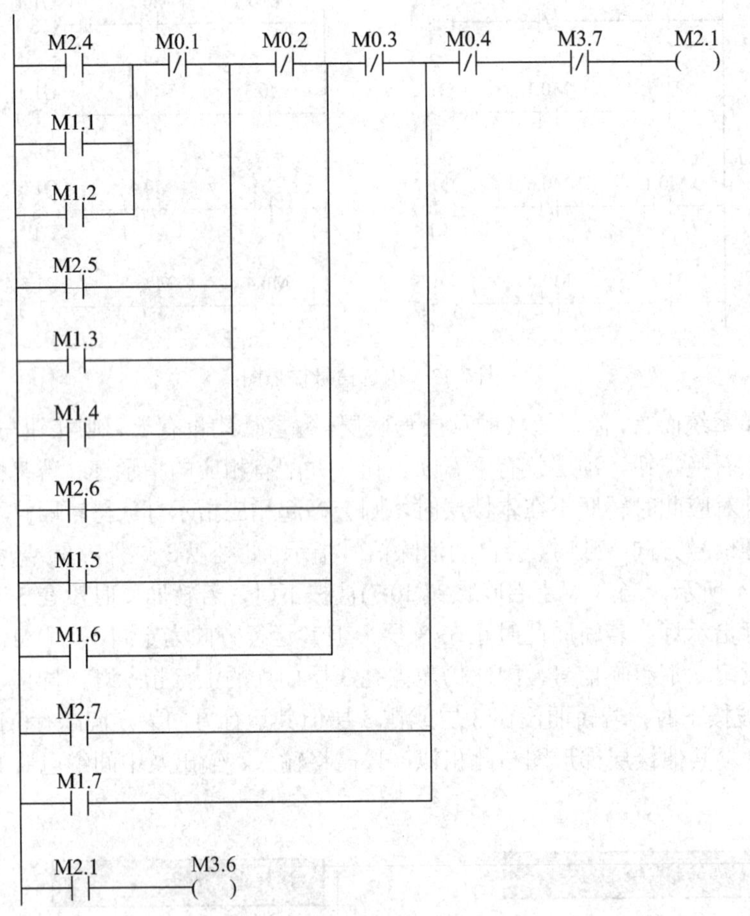

图 7-15　定向上行梯形图

4) 电梯减速停车控制

电梯在减速停车前，首先需产生停车信号，即根据其轿厢的运行方向与内选和外呼信号的综合结果来确定电梯平层的楼层。停车信号的产生有三种情况，分别为：轿厢位置处于目标楼层，且内选信号为目标楼层；轿厢位置处于目标楼层，且定向上行与目标楼层的上行辅助中间继电器为通的状态；轿厢位置处于目标楼层，且定向下行与目标楼层的下行辅助中间继电器为通的状态。如图 7-16 所示，以 3 楼获得停车信号为例，其他楼层只需改变相应中间继电器地址即可。

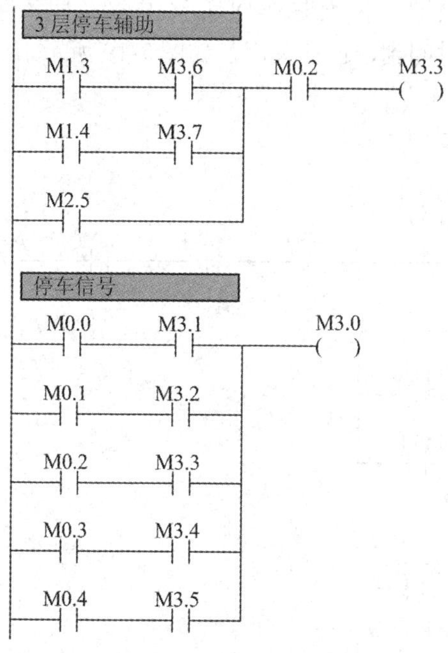

图 7-16　产生停车信号梯形图

停层信号产生后，轿厢将利用上下平层感应器进行减速停车。轿厢在定向上行(M3.6)过程中停车时，上平层感应器先被触发，产生一个上平层感应上升沿信号(M4.3)，从而产生一个减速信号(M4.5)，轿厢继续减速上行，当下平层感应器被触发，产生下平层感应上升沿信号(M4.4)时，电动机停止转动并抱闸抱死，产生停车开门信号，实现停车控制，如图 7-17 所示。轿厢下行梯形图解释类似。

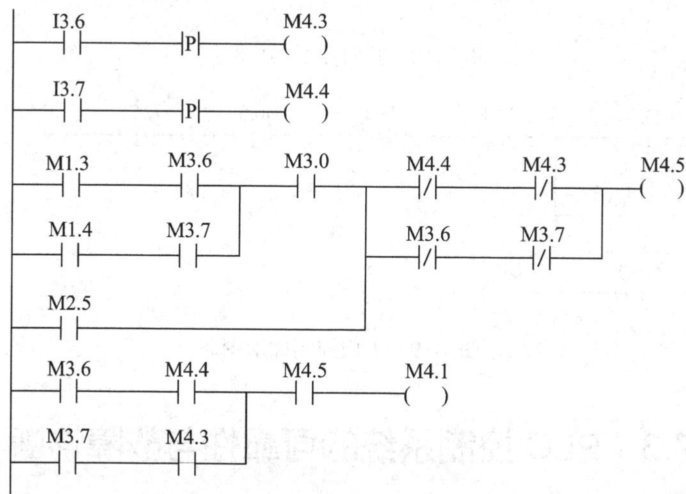

图 7-17　电梯减速停车梯形图

5) 电梯的开关门

电梯开门主要有以下 3 种：轿厢收到停层开门信号(M4.1)；电梯关门过程中，红外传感器检测到有障碍物(I2.7)，重新开门；轿厢停在某楼层时，有本楼层外呼信号，即本楼层有上召唤按钮或下召唤按钮被按下，如图 7-18 所示。电梯关门条件有：轿厢内关门按钮(I3.1)被按下；停层定时器定时时间到，自动关门，如图 7-19 所示。

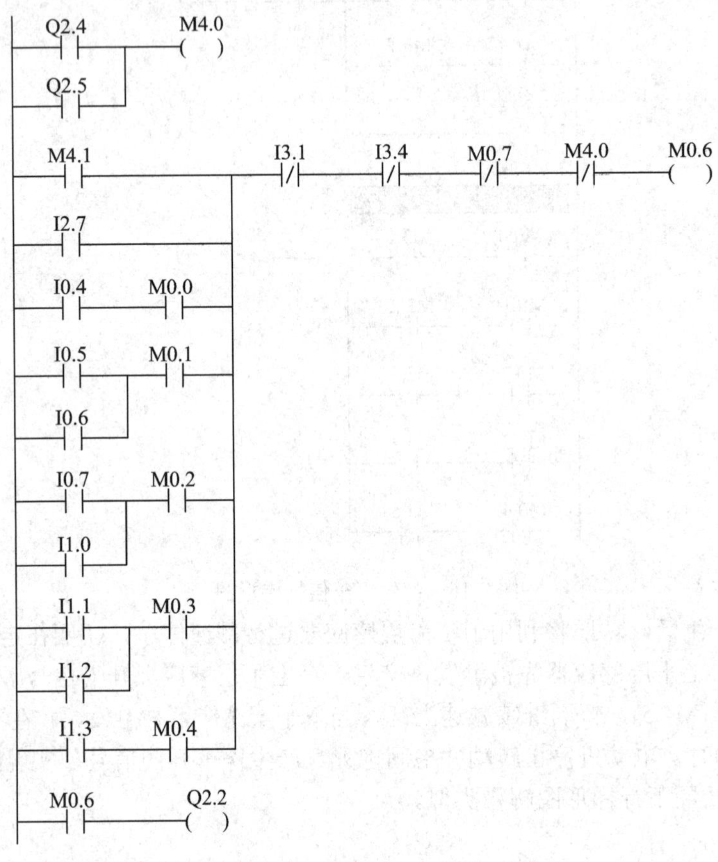

图 7-18　开门控制梯形图

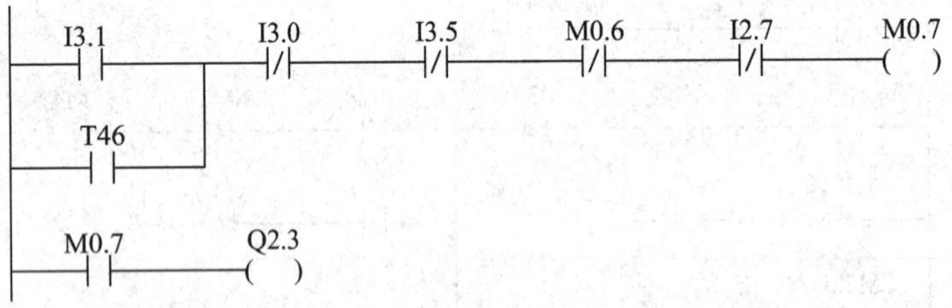

I3.1
I3.0
I3.5
M0.6
I2.7
M0.7
T46
M0.7
Q2.3

图 7-19　关门控制梯形图

7.3　PLC 控制系统的可靠性与故障诊断

PLC 是专门为在工业环境下应用而设计的控制设备，必须具有较高的可靠性与稳定性，才能够保证高效的工业生产效率、优质的生产工艺。为满足上述因素，一方面在设计安装之初，应考虑提高设备可靠性。大部分工业环境较为恶劣，存在较强的电磁干扰，或由于安装应用不当等因素，均可能使 PLC 接收到误输入从而导致误输出，轻则数据丢失，重则系统失控，因此在设计安装时将相关因素考虑在内，提高设备的可靠性至关重要。另一方面，PLC 技术逐渐成熟，但应用过程中不可避免出现故障，对控制系统的故障诊断及日常维护必不可少，出现故障，及时诊断修复，以避免产生较大的人身财产损失，真正发挥 PLC 的应用效能。

7.3.1　PLC 控制系统的可靠性设计

1. 干扰的主要来源

与其他工控设备相同，影响 PLC 控制系统的干扰源，大部分产生在电流或电压发生剧烈变化的部位，常分为外部干扰源与内部干扰源两种。工业生产周边环境存在的电力网络、电子设备、无线电设备或 PLC 控制系统周边诸如变频器、电动机等其他设备均有可能成为外部干扰源。而内部干扰则是由于系统结构布局或制造工艺所引入的。下面对其进行介绍。

(1) 电源干扰。实际中，电源干扰造成的 PLC 控制系统故障较多，主要在于 PLC 控制系统由电网供电，电网由于覆盖范围广、受到空间中电磁干扰较多，这些干扰能够通过输电线路传到电源侧。因此电网电压与频率的波动将直接影响系统可靠性。

(2) 导线引入的干扰。PLC 设备的电源线、信号线及通信线路等导线，在传输信息的同时，不可避免的有外部干扰信号侵入。此种干扰信号有差模干扰和共模干扰两种传输方式。

(3) 接地干扰。正确合理的接地处理是降低干扰的主要措施之一，但混乱的接地方式会造成各个接地点电位分布不均，接地点间存在地电位差，从而引入新的干扰，影响 PLC 控制系统正常工作。

(4) 辐射干扰。辐射干扰主要在于 PLC 设备置于电磁场空间内，与电磁场大小与频率均有关联，来源于电力网络、雷电或大气电离作用产生的干扰电波、无线电广播等外部环境，分布较为复杂。

(5) PLC 系统内部干扰。PLC 控制系统内部有各种元器件及其组成的电路，它们之间相互的电磁辐射易产生干扰，需 PLC 制造商对内部进行电磁兼容设计。

由上述可知，电源干扰、导线引入的干扰与接地干扰是 PLC 控制系统的主要干扰，需采取有效措施抑制干扰。

2. 抗干扰的主要措施

1) 电源设计

供电电源设计主要指 PLC 的 CPU 电源、I/O 模块工作所需的电源系统设计，占有极其重要的地位，主要在于电源是电磁干扰信号进入 PLC 控制系统的主要途径。通常情况下，PLC 供电回路采用 220 V，50 Hz 的市电，用电基数大，电网的瞬间变化是不断发生的，因此会产生一定的干扰传至 PLC 控制系统中。为最大限度地提升 PLC 控制系统的可靠性与抵御能力，通常在电源设计时采用一定保护措施，例如隔离变压器、滤波器、不间断电源(简称 UPS)等。在干扰严重的场合，下述抗干扰措施可同时使用。

(1) 隔离变压器。隔离变压器是指输入与输出绕组之间带电气隔离的变压器，由其输出端直接给 PLC 系统或其他用电设备供电，抑制从电源线上引入的共模干扰，提供了较纯净的电源电压，保证用电环境的安全，提高了抗干扰能力。隔离变压器二次侧给 PLC 供电时采用双绞线，减少电源线间的干扰。

(2) 使用滤波器。滤波技术是抑制电磁干扰的重要方法之一，具有共模滤波、差模滤波及高频干扰的抑制功能。在 PLC 的交流输入端接入滤波器，抑制线与线间及线与地间的干扰，能过滤电源中大部分毛刺，在一定频率范围内具有抗干扰作用。注意滤波器必须进行良好的接地。

(3) UPS 供电系统。UPS 是 Uninterruptible Power Supply 的缩写，即不间断供电电源，它能提供高质量电源给负载，以防实时控制中，突然断电引起系统无法正常工作，且 UPS 具有较强的隔离抗干扰能力，是 PLC 控制系统的理想电源。通常情况下，当市电正常供电时，UPS 可起到稳压器与滤波器的作用，使设备正常工作；而当市电突然中断时，UPS 供电系统能自动切换到输出状态，保证负载正常运行，且转化过程为零时间转化，保证设备不间断运行。

2) I/O 电路设计

在 PLC 控制系统中，输入输出信号线亦有可能引入干扰，为抑制此现象，须注意的事项如下：

数字量输入信号自身通断一般不会对 PLC 控制系统产生干扰，但输入线易受外部干扰并以传导的方式进入 PLC 内部，引起波动。因此输入输出线最好铺设在封闭的电缆槽内，且不同类型信号的 I/O 线不能放在同一根多芯电缆内。与此同时，放置时尽量远离干扰源，如电机电缆、变频器电缆、动力电缆、高电压电缆、高辐射区域等，此方法最为有效。也可给 I/O 线套上加铁氧体磁环以减少共模干扰。

数字量输出端连接负载常为电磁阀、接触器等感性负载，此类负载在其工作线圈接通与断开时，会产生强烈的脉冲噪声通过辐射或传导的方式向外发射，从而影响其他电路正常工作。对于直流感性负载，在负载两端反向并联续流二极管，正常时不导通，关断接点开关后，线圈产生反向电压，使二极管导通，防止感应电动势击穿 PLC 内部电路元器件，如图 7-20 所示。对于交流感性负载，需在负载两端并联 RC 阻容吸收电路，电容耐压应大于电源的峰值电压，阻容吸收电路越接近负载，抗干扰能力越强，如图 7-21 所示。

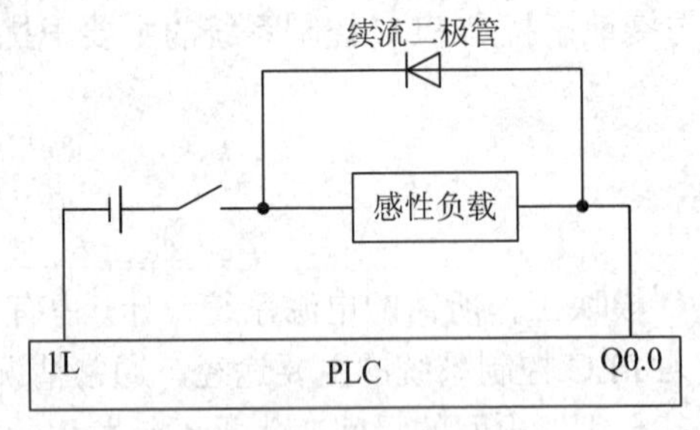

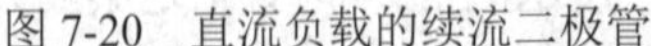

图 7-20　直流负载的续流二极管

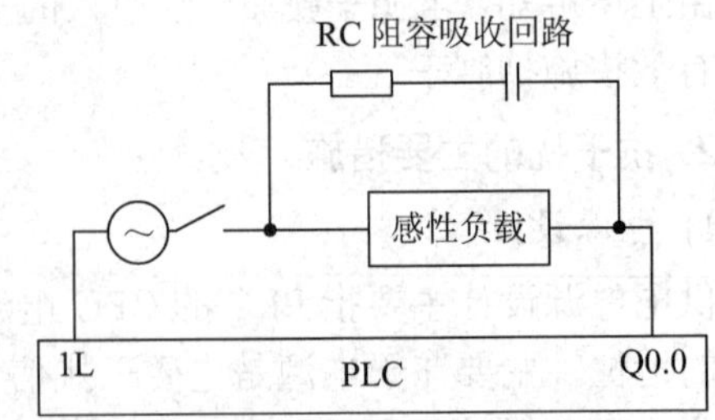

图 7-21　交流负载的 RC 阻容吸收回路

模拟量信号是连续变化的信号，在传输过程中易受外界影响而产生信号漂移等现象，影响信号准确性。信号的电缆一般要选用屏蔽双绞电缆，距离最长可达 200 m。模拟量信号分为电压型与电流型，若 I/O 信号距离 PLC 较远，应采用 4～20 mA 或 0～10 mA 的电流传输方式，而不适用易受干扰的电压信号传输。对于模拟量信号来讲，传输频率不是很高，因此建议将模拟量信号的屏蔽层单端接地处理，不形成回流，减少电磁干扰。

接线时需注意，PLC 的输入线与输出线不允许用同一根电缆，且应与电源线保持一定距离，并使用屏蔽电缆。输入接线通常不超过 30 m，对于环境干扰较小的场合可适当延长。对于超过 300 m 的长距离场合，建议采用中间继电器将信号进行转换或使用远程 I/O 来控制。

3) 合理接地

接地处理是任何设备与系统正常工作时必须采取的一种措施，理想的接地是控制系统所有接地点与大地间阻抗为 0，但较难实现，接地的目的通常由两个，一是为了安全，二是抑制干扰，正确合理的接地处理是保证 PLC 控制系统可靠工作的重要措施之一。

PLC 控制系统具有多种形式的接地，主要可分为：

(1) 保护地。保护接地是为了保证人身安全、设备安全而设置的地线。工业环境中，PLC 控制柜、配电柜等用电设备外壳或设备内电子器件的机壳正常工作时虽不带电，但均应接地保护，避免由于各种原因(如绝缘损坏等)而带电造成的人身伤害。

(2) 信号地。为保证 PLC 控制系统的电子设备的信号具有稳定且统一的电位而设置的公共基准地线。其可分为数字地与模拟地，前者是开关量(数字量)信号的零电位，后者是模拟量信号的零电位。

(3) 交流地。指交流供电电源 N 线，通常是产生噪声的主要地方，良好的接地设计十分必要。

(4) 屏蔽地。为防止磁场感应或静电感应而设置的接地措施。

为抑制电源端及输入输出端的干扰，须对 PLC 控制系统进行对应的接地设计，针对不同形式的接地主要有下述注意事项。

PLC 控制系统常采用单点接地方式，即只有一个接地点，当系统中存在多个电路时，每个电路均设置独立子接地系统，子接地系统互相连接后，设置一个接地参考点，单点接地可用于降低设备的电流效应。实际应用中，根据情况可选择共用地线串联单点接地或独立地线并联单点接地。

数字地与模拟地尽量分开处理。主要在于数字信号变化相对较快，而模拟信号需要较干净的参考点，为防止数字地与模拟地接在一起时，数字地的噪声影响到模拟地，尽量将两者隔离处理。

可采用浮地接法，即将系统中电路的各部分地线浮置，不与大地相接，具有一定抗干扰能力。系统与地平面的绝缘电阻需大于 50 MΩ，一旦绝缘性能下降就会带来干扰。通常采用机壳接地，系统浮地，可使整体抗干扰能力增强，安全可靠。

当信号线为单点接地时，低频电缆的屏蔽层也需采用单点接地的方式，防止出现地线电位差而形成“地环路”，影响系统正常工作。尤其信号线中间出现接头时，屏蔽层注意牢固连接且绝缘处理，避免出现多点接地情况。信号源接地时，屏蔽层需在信号侧接地，而不接地时，屏蔽层需在 PLC 侧接地。

PLC 控制系统的接地最好采用专用接地方式，一般接地线电阻不应超过 4 Ω，长度最长不超过 20 m，截面积应大于 2 mm^2，接地系统应保证有足够的机械强度且具有耐腐蚀性。

7.3.2　PLC 控制系统的故障诊断与日常维护

在工业生产过程控制中，PLC 以其可靠性高、抗干扰能力强得到广泛的应用。且本身具有较完善的自诊断系统，上电后，首先运行自诊断程序，检查 PLC 各部件是否正常工作，一旦出现故障或异常，操作人员能够通过相应指示灯找到故障部位及时更换或排除，具体故障处理方法可参考西门子 S7-200 系列故障处理指南。但 PLC 控制系统通常除了 PLC 设备，还需各种输入输出等外部设备，实践证明，PLC 设备本身故障率并不高，而其他外部设备故障率比 PLC 要高，作为控制系统的组成部分之一，外部设备一旦发生故障，PLC 一般不能进行诊断，因此不会自动停机，使故障范围扩大，损坏设备，甚至危害到人身安全。因此需要技术人员对 PLC 控制系统进行详细的了解，且定期对 PLC 控制系统进行检查与日常维护，保障控制系统高效稳定运行，延长系统使用寿命。下面从这两方面来进行介绍。

1. PLC 控制系统的故障诊断

PLC 控制系统故障可分为软件故障与硬件故障两部分。其中硬件故障多于软件故障，而硬件故障中外围设备故障概率多于 PLC 本身故障概率。

1) 软件故障

为提高控制系统的可靠性及便于发生故障时及时定位故障点，梯形图程序在编写时需实现故障的自诊断与自处理功能。软件故障时，梯形图需发出相应警告并按照相关程序做出响应，操作人员通过故障指示灯进行故障判断。若 PLC 电源正常、其余各指示灯也正常指示，但系统不能正常工作，优先检查梯形图程序是否有误，有误则排除相应故障，无误则继续排查硬件故障。

2) 硬件故障

(1) PLC 主机系统故障。主要分为电源系统故障及通信网络系统故障。为保证 PLC 工作可靠性，延长其使用寿命，需按照厂家要求环境对其进行安装与维护。例如环境温度需在 0～55℃范围内；相对湿度需在 35%～85%范围内；周围无易燃或腐蚀性的气体，无过量灰尘等；避免太阳光直射或水溅射；避免过度冲击等。电源系统因其持续工作，电流或电压波动冲击较多，而通信网络系统较易受到外部环境干扰，因此引发故障。二者皆为 PLC 主机系统故障，且外部环境是较大诱因。

(2) PLC 的输入/输出模块故障。I/O 模块是 PLC 控制系统的重要组成部分，是体现控制系统性能的关键部分，因此也是出现故障较多的环节。减少 I/O 模块故障需减少外部干扰对其影响，要分析干扰因素，对干扰源进行隔离或屏蔽处理。

(3) 现场控制设备故障。因项目需求，现场控制设备往往较多较杂，是整个 PLC 控制系统中最容易发生故障的地方。例如继电器、接触器、开关、传感器、仪表等。此类故障多是由于现场环境恶劣、长期磨损或缺乏长期维护而导致的设备老化、机械磨损或失灵等。也有像传感器与仪表等故障，主要反映在信号不正常，多数原因在于控制系统中信号干扰较大。因此这类设备在安装时信号线注意单端可靠接地，并与动力电缆应分开敷设，根据实际环境需要，可外供 24 V 开关电源，且必须在 PLC 内部设置软件滤波相关程序。

PLC 控制系统庞大，涉及设备较多，故障原因较多，但其自身硬件损坏概率较低，多为外部现场控制设备及相关接口信号故障。这需要操作人员熟悉现场设备，一旦出现故障，应能第一时间查清故障原因，待故障排除后再试运行，以保障安全。

2. PLC 控制系统的日常维护

虽然 PLC 是一种可靠性与稳定性均较高的控制器，由其构成的控制系统能长期稳定工作，但由于其构成元器件主要为半导体器件，会被环境影响，且会随着使用时长的增加而损坏或老化，因此定期的检查与维护至关重要。首先相关维护人员应熟悉整套控制系统的工艺流程，熟知系统各项说明与注意事项，掌握维护流程与检测工具的使用方法，同时定期检查维护时重点注意下述情况：

(1) 关键设备维护。PLC 控制系统的日常维护与定期保养时间间隔一般以 6 个月至 1 年为宜。当外部环境条件较恶劣时，应适当缩短保养时间间隔。保养时，需对 PLC 控制系统中的关键设备进行着重检查，如不满足设备使用说明书中规定的标准，应立即核实相关型号、对部件进行调整或更换。如 PLC 电源系统属于易损的消耗设备，同时在系统中占据重要地位，需在供电电源端子和 I/O 端子处测量电压的波动范围是否在标准范围内。系统中连接设备起到承上启下的作用，对于通过缆线连接的地方，应注意是否有老化、短路等现象，避免对 PLC 控制系统造成损害。

(2) 生产环境检查。对于构成 PLC 控制系统的主要构成元器件，半导体器件极易受环境影响，维护时检查环境温度是否在 0～55℃范围内，相对湿度是否在 35%～85%范围内，是否极易受到灰尘、铁屑、水渍等的干扰，设备安放处通风情况是否良好等。总之，日常维护中，定期对 PLC 控制系统进行清洁工作，及时清理设备上的灰尘，保障工作环境的干净，注意防水、防潮、防尘等保护工作。夏季时，关注设备通风散热情况，以确保 PLC 控制系统处于稳定工作状态。

(3) 设备安装状况检查。PLC 控制系统涉及设备较多，连接较多，日常维修时，亦应注意设备是否固定牢固、电缆连接器是否完全插入拧紧、固定螺丝是否松动、端子排是否紧固等。

练　习　题

1. PLC 控制系统设计的基本原则是什么？

2. PLC 控制系统设计的主要步骤包含什么？

3. 如何提高 PLC 控制系统的抗干扰能力？

4. PLC 控制系统对安装环境有何要求？

5. PLC 控制系统故障诊断主要关注哪几方面？

6. 使用 PLC 控制方法实现三相异步电动机 M1 的直接起动与三相异步电动机 M2 的 Y-△起动，具体控制要求为：

(1) 按下起动开关 SB1，电动机 M1 起动工作；

(2) 运行 5s 后，电动机 M2 以 Y-△降压方式起动，即定子绕组侧先以 Y 形链接起动，延时 5s 后，以三角形方式全压运行；

(3) 按下停止按钮 SB2，电动机 M1 和 M2 同时停止运转；

(4) 设置必要的过载保护与安全保护。

要求：编写元器件 I/O 分配表，完成本题的硬件接线图及梯形图。

7. 送料小车控制系统自动往返四地控制示意图如图 7-22 所示，一个工作周期的控制流程如下所示：

(1) 按下起动按钮 SB1，电动机正转，送料小车前进，运行至 B 地，碰到限位开关 SQ2 后，小车电动机停转，卸料 20 min 后，小车电动机反转，送料小车后退。

(2) 送料小车回到 A 地后，碰到限位开关 SQ1，电动机停转，装料 30 min 后，第二次前进至 C 地，碰到限位开关 SQ3，电动机停转卸料 30 min 后，电动机反转，送料小车后退。

(3) 重复上述过程，送料小车回到 A 地，装料 40 min 后，第三次前进至 D 地，碰到限位开关 SQ4 后，电机停转卸料 40 min 后返回 A 地碰到限位开关 SQ1，小车停止，延时 20 min 后，重复上述动作。

要求：编写元器件 I/O 分配表，完成送料小车往返的硬件接线图及梯形图。

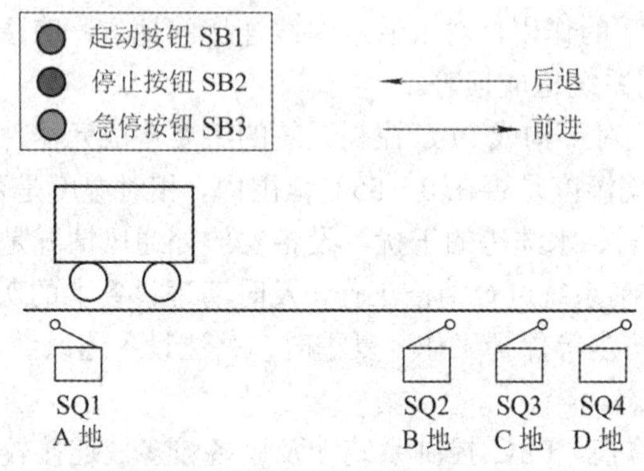

图 7-22　第 7 题图

8. 7.2.3 节的机械手模拟控制系统中，使用移位寄存器的设计方法，当按下停止按钮时，移位寄存器复位，即机械手立即停止工作；而使用顺序控制继电器指令的设计方法，当按下停止按钮时，机械手的动作仍会继续进行，直到完成一周期动作，回到原位后，才会停止工作。使用移位寄存器方式能够实现完成周期性动作后才停止工作吗？使用顺序控制继电器指令能够实现按下停止按钮立即停止动作吗？如果可以，请分别进行梯形图的实现。

9. 在知识竞赛中，为能够公正准确的判断抢答者的座位号，往往设计抢答器，示意图如图 7-23 所示，现利用 PLC 设计抢答器控制系统，具体控制要求如下：

(1) 抢答器共设置 SB3、SB4、SB5、SB6 四个按钮，供 4 组成员抢答。

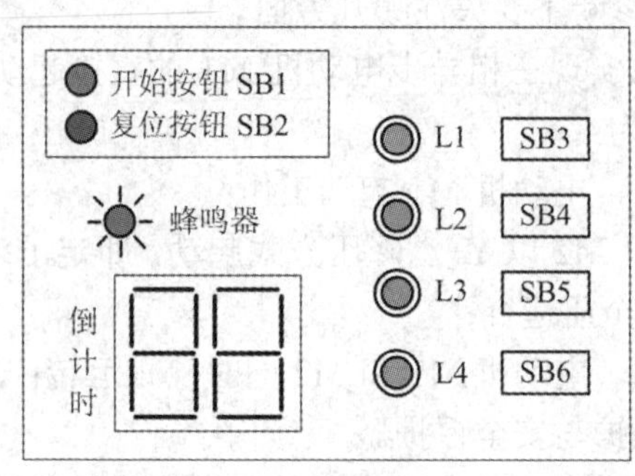

图 7-23　第 9 题图

(2) 主持人按下开始按钮 SB1，各队人员开始抢答，此时按键有效。

(3) 设置抢答时间 30s，通过显示器显示剩余时间。规定时间内抢答，任何一对首先按下抢答按键(即 SB3、SB4、SB5、SB6 中任何一个)，LED 数码管显示当前抢答成功组别，蜂鸣器发出声音，且其他组按键无效。若超过规定时间无人作答，剩余时间归零，系统自动复位。

(4) 主持人确定答案后，按复位按钮 SB2 使系统复位，开始新一轮抢答。

要求：编写元器件 I/O 分配表，完成抢答器的硬件接线图及梯形图。

10. 在日常生活中，十字路口交通信号灯十分必要，现利用 PLC 设计一个简易的交通信号灯控制系统，具体控制要求如下：

(1) 按下起动按钮 SB1 后，东西方向绿灯亮 30s 后灭，黄灯亮 5s 后闪 5s 灭，红灯亮 40s 后绿灯又亮 30s 后灭，如此循环。

(2) 对应地，南北方向先红灯亮 40s，紧接着绿灯亮 30s 后灭，黄灯亮 5s 后闪 5s 灭，红灯又亮，如此循环。

(3) 当按下停止按钮 SB2 时，交通信号灯系统立即停止。

要求：编写元器件 I/O 分配表，建议完成交通信号灯的硬件接线图及梯形图。

第 8 章　西门子其他型号 PLC 简介

8.1　西门子 LOGO!系列 PLC 简介

8.1.1　西门子 LOGO!系列产品概述

LOGO!系列产品是西门子公司于 1996 年研制开发的一种创新型通用逻辑控制模块，它取代了继电器，具有自动化编程功能，并且现在已发展成为模块化的标准组件产品。该模块本身集成了“与”“或”“非”等 8 种基本功能以及定时器、计数器和模拟量处理等 40 多种特殊功能。LOGO!通过采用内部功能块编程的方式来代替传统继电器开关的外部接线方案，在一个体积很小的模块之中，用户可以任意调用所需要的各种功能块来编辑自己的应用程序，从而实现需要很多定时器、继电器、时钟和接触器搭配才能实现的控制任务，可以省去系统设备控制柜中的多种低压电器元件。同时，由于 LOGO!控制模块的继电器输出点具有最大 10 A 的电流承载能力，因此它还可直接连接各种执行元件，如小电机、照明设备等。与传统继电器方案相比，LOGO! 的解决方案具有减少连接配线、缩短设备配线时间、节省控制柜空间、便于维护等优点。LOGO!产品有很好的抗振性和很强的电磁兼容性(EMC)，完全符合工业标准，能够应用于各种气候条件。新版 LOGO!8.2 产品的特点如下：

(1) 具有 8 款主机模块，支持不同的电压类型；集成 40 多种可调用功能块。

(2) 基本型主机集成显示屏，支持 6 行文本显示，并提供三种背光颜色(白、橙、红)。

(3) 集成以太网口，可进行程序上传/下载，可连接西门子 PLC 和触摸屏，并支持 OPC 及 Modbus TCP/IP 通信。

(4) 集成数据保持功能，可在断电情况下保持当前数据。

(5) 模块允许的工作环境温度扩展至 −20～+55℃。

(6) 集成 Web Server，可轻松实现手机、电脑等移动设备的远程控制。

(7) 提供 LOGO ! App，支持参数监控、修改及趋势跟踪等操作。

(8) 支持数据记录功能，可通过 LOGO ! 存储指定的生产或过程数据。

(9) 支持 Micro SD 卡作为外置存储卡，实现程序复制及数据记录存储。

(10) 支持网络时间协议(NTP)功能，实现时间和数据同步。

(11) 编程软件 LOGO! Soft Comfort V8.2 充分兼容旧版本程序，可轻松实现编程及仿真调试。

(12) 网页组态软件 LOGO! Web Editor 可实现用户自定义网页，用户无须具备 HTML 编程经验。

(13) 工具 LOGO ! Access Tool 可在 MS Excel 中远程查看 LOGO !运行数据。

8.1.2　西门子 LOGO!系列产品模块及功能

LOGO! 系列为客户提供了多种解决方案，应用范围为从小型家用设备、简单的自动化任务至涉及总线系统集成的复杂工程任务。各种 LOGO!主机模块、扩展模块、LOGO! TDE 以及通信模块都能提供高度灵活和适应的系统来满足用户的特定任务要求。

1. 主机模块

LOGO！主机模块有两个电压等级：等级 1≤24 V，即 12 VDC、24 VDC、24 VAC；等级 2>24 V，即 115 VAC/VDC 至 240 VAC/VDC。

LOGO! 主机模块有两种型号：LOGO! 基本型(带显示)，有 8 个输入和 4 个输出；LOGO! 经济型(不带显示)，有 8 个输入和 4 个输出。图 8-1 所示为 LOGO! 主机模块的两种型号。

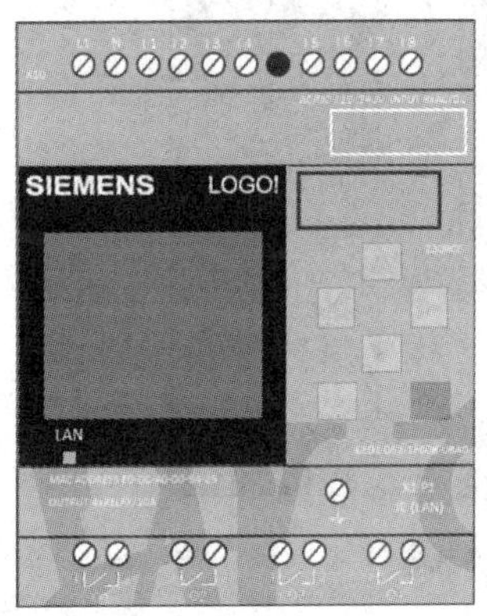

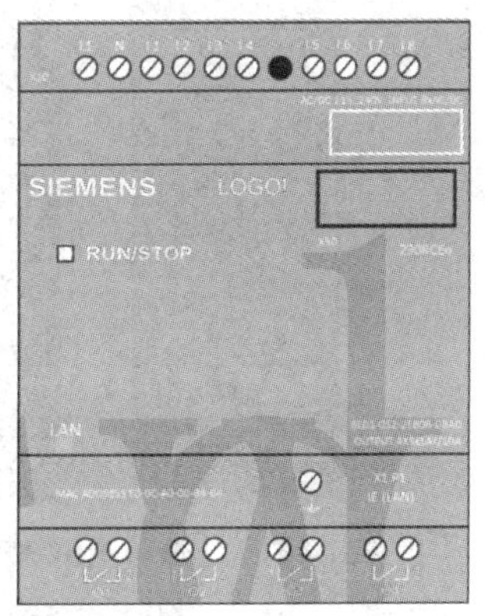

图 8-1　LOGO! 主机模块的两种型号

每个模块均带有一个扩展接口和一个以太网接口，提供 400 个程序块，用于创建电路程序，并提供 44 个预配置的标准功能块和特殊功能块，用于创建电路程序。基本型主机模块中的操作面板可以显示信息文本、棒图、I/O 变量和功能块参数，并可以直接修改参数。这两种主机模块支持采用以太网的方式进行程序上传/下载，支持 Micro SD 卡作为外置存储卡，并集成了数据保持功能，可确保在设备突然掉电的情况下保存当前变量值。

2. 扩展模块

通过增加灵活的扩展功能模块，可以使 LOGO! 主机模块的最大配置达到 24DI、20DO、8AI、8AO。扩展模块如图 8-2(a)(b)所示。

(1) LOGO! DM8 数字量扩展模块适用于 12 VDC、24 VAC/VDC 和 115 VAC/VDC～240VAC/VDC，带 4 个输入和 4 个输出。

(2) LOGO! DM16 数字量扩展模块适用于 24 VDC 和 115 VAC/VDC～240 VAC/VDC，带 8 个输入和 8 个输出。

(3) 一些 LOGO! 模拟量扩展模块适用于 24 VDC，而一些适用于 12 VDC，这取决于特定的模块。每种型号都带有两个模拟量输入、两个 PT100 输入、两个 PT100/PT1000 输入(两个 PT100、两个 PT1000 或者一个 PT100 加上一个 PT1000)或者两个模拟量输出。

注意：每个数字量/模拟量扩展模块都具备两个连接到其他模块的扩展接口。

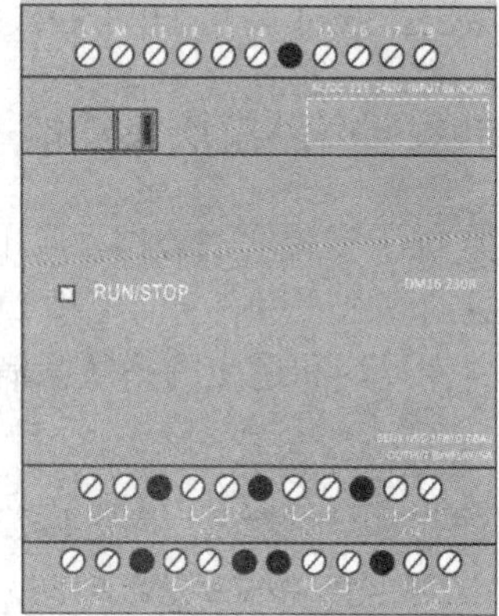

(a) 数字量扩展模块

(b) 模拟量扩展模块

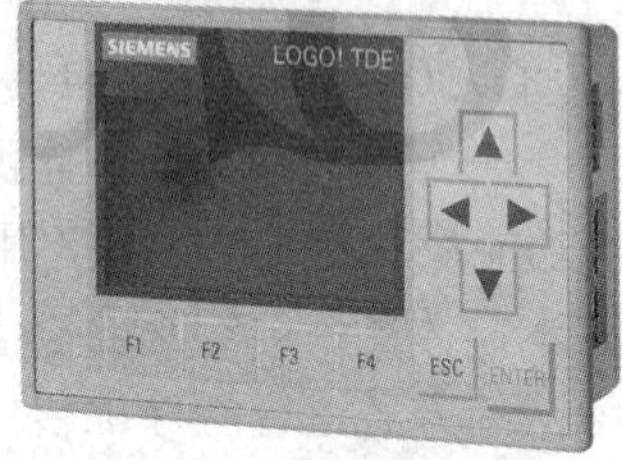

(c) 显示模块

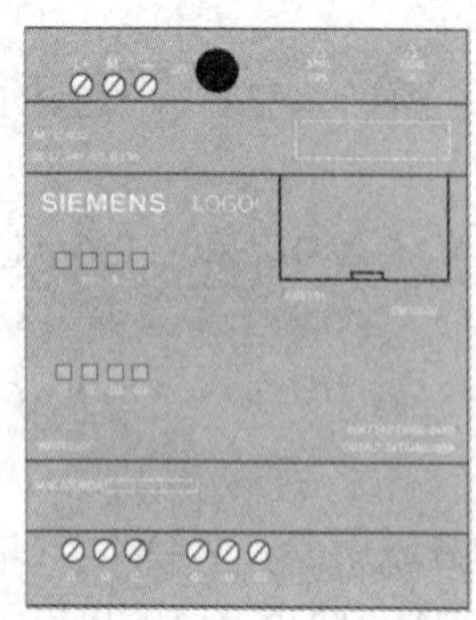

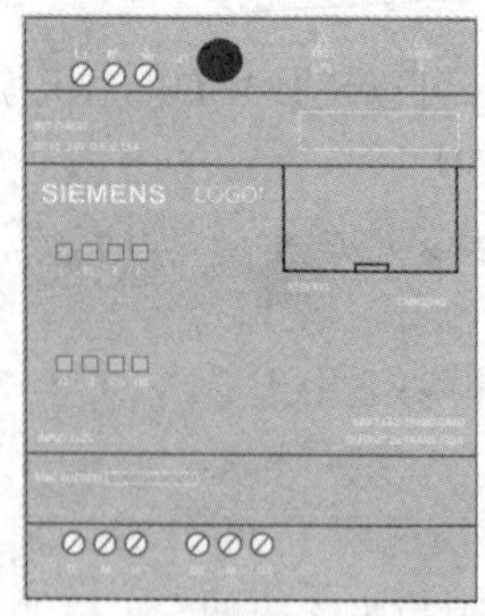

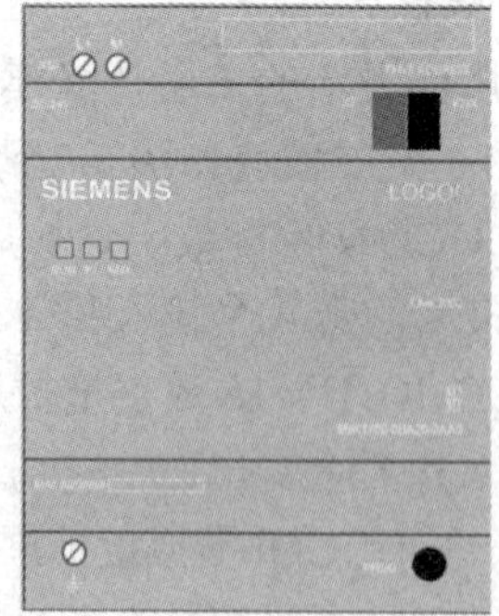

(d) 通信模块

图 8-2　扩展模块、显示模块和通信模块

3. 显示模块

显示模块 LOGO! TDE 提供了附加的一个显示屏，并且显示屏比 LOGO!基本型更宽。它具备 4 个可以如输入一样编入电路程序的功能键。与 LOGO!基本型类似的是，它也具备 4 个光标键、1 个 Esc 键和 1 个 Enter 键，可以在电路程序中对这些按键进行编程，并使用这些按键在 LOGO! TDE 中进行菜单切换。该显示模块带有两个以太网接口，可将其中任一接口连接到主机模块、PC 或其他 LOGO! TDE。用户可从 LOGO! Soft Comfort 为 LOGO! TDE 创建并下载一个上电画面。该画面会在 LOGO!TDE 初始上电时短时显示。也可以从 LOGO! TDE 向 LOGO! Soft Comfort 中上传一个上电画面。LOGO! TDE 共有三个主菜单命令，分别用于主机模块的 IP 地址选择、所连主机模块的远程设置以及 LOGO! TDE 的独立设置。显示模块如图 8-2(c)所示。

4. 通信模块

LOGO! 通信模块能够将 LOGO! 主机模块连接到不同总线系统的通信模块中。通信模块如图 8-2(d)所示。

1) LOGO! 通信模块(CM)AS-i

每个 LOGO! 都可利用通信模块将智能从站集成到 AS-i 系统中。采用其模块化接口，可以根据功能将不同基本模块集成在系统中。与此类似，可以通过更换基本单元，快速、方便地适应新要求。该接口模块为系统提供 4 点输入和 4 点输出。这些输入和输出在硬件意义上实际并不存在，它们是通过总线上的接口表现出来的。

2) LOGO! 通信模块(CM)EIB/KNX

CM EIB/KNX 是一个将 LOGO! 模块连接到 EIB 总线的通信模块，它实现作为逻辑模块 LOGO! (12/24VDC 或 115/240 VDC)的从站功能。

CM EIB/KNX 是在 EIB 总线上的一个总线设备，通过 EIB 数据点的数据交换，使 LOGO! 能和其他 EIB 设备进行通信。它传送 EIB 数据点到 LOGO! 并传送 LOGO! 功能到 EIB。CM EIB/KNX 可以将被组态数据点的当前状态提供给 LOGO!，因而能链接后者的逻辑功能和定时元素。此外，EIB 数据点还能链接到本地 LOGO! 的输入/输出，CMEIB/KNX 模块在 EIB 总线上传送输出信号状态的每一个变化。

LOGO! 主机模块和 CM EIB/KNX 模块的通信结合提供用户运行 EIB 总线上的分布式控制器功能，可以快速、简易地设定或修改参数和逻辑操作，而不需要编程设备。

8.1.3 西门子 LOGO! 系列产品软件

1. LOGO! Soft Comfort

PC 上的编程软件包——LOGO! Soft Comfort V8.2，其功能更强大，界面更友好，兼容旧版本程序，支持 Windows(包括 Windows XP、Windows 7、Windows 8 或 Windows 10)、MAC OS X 和 Linux 等多种操作系统。用户在该软件中通过选择、拖曳和连接等功能，即可简便、轻松、快捷地创建梯形图和功能块图。用户可以在 PC 上充分利用离线模拟功能，同时还能够在模拟调试期间进行程序转化和调试。另外，所有必要的注释和切换程序设置等都附带有专业的说明。

西门子 LOGO！PLC 使用 LOGO! Soft Comfort 编程软件进行调试，将西门子 LOGO！通过编程电缆与装有编程软件的电脑进行连接，然后通过编程软件的“在线”功能，可以观察程序逻辑的运行状态。用户通过编程软件编写相关的程序逻辑，在软件中监视程序的工作状态，并结合实际控制系统中设备的动作进行调试。

2. LOGO! Web Editor

网页组态软件——LOGO! Web Editor V1.0 可用于用户自定义网页，使用户无须具备 HTML 编程经验，即可在软件编辑器窗口中自定义网页。该软件提供了丰富的网页组态元素，如文本域、IO 域、图形视图、超链接、棒图及滑动条等，可为用户提供更加出色、便捷的远程操作性能。所有必需的数据包括图片、按钮样式等可以存储在 Micro SD 卡上。

3. LOGO! Access Tool

通过数据远程监控工具——LOGO! Access Tool V2.0，用户可以实现以下功能：在 MS Excel 中远程查看 LOGO! 主机模块中的运行数据；可以设置数据同步周期；可以显示历史数据；可以起动或停止数据同步；等等。

8.2　西门子 S7-200 SMART 系列 PLC 简介

8.2.1　西门子 S7-200 SMART PLC 产品概述

SIMATIC S7-200 SMART 是西门子公司经过大量市场调研，为中国客户量身定制的一款高性价比的小型 PLC 产品。西门子 S7-200 SMART 是 PLC S7-200 的升级版，于 2012 年 7 月发布。与 S7-200 相比，它在性能、硬件配置和软件组态方面都有提高，也得到了用户的广泛认可。在实际的工程项目中，客户出于经济性和可靠性的考虑，逐步地选择 S7-200 SMART 系列 PLC 取代之前使用的 S7-200 系列。在 S7-200 SMART 的应用中，用户需要使用编程软件 STEP7-Micro/WIN SMART 来进行程序逻辑设计。西门子 SIMATIC S7-200 SMART 产品具有如下特点：

(1) 机型丰富，选择更多。该产品提供了不同类型、I/O 点数丰富的 CPU 模块，单体 I/O 点数最高可达 60 点，可满足大部分小型自动化设备的控制需求。另外，CPU 模块配备标准型和经济型供用户选择，对于不同的应用需求，产品配置更加灵活，能最大限度地控制成本。

(2) 选件扩展，精确定制。新颖的信号板设计可扩展通信端口、数字量通道、模拟量通道。在不额外占用电控柜空间的前提下，信号板扩展能更加贴合用户的实际配置，提升产品的利用率，同时降低用户的扩展成本。

(3) 高速芯片，性能卓越。配备西门子专用高速处理器芯片，基本指令的执行时间可达 0.15 μs，在同级别小型 PLC 中遥遥领先。一颗强有力的“芯”，能让用户在应对烦琐的程序逻辑、复杂的工艺要求时表现得从容不迫。

(4) 以太互联，经济便捷。CPU 标配的以太网接口支持 PROFINET、TCP、UDP、Modbus TCP 等多种工业以太网通信协议。通过此接口还可与其他 PLC、触摸屏、变频器、伺服驱动器、上位机等联网通信。利用一根普通的网线即可将程序下载到 PLC 中，省去了专用编程电缆，经济、快捷。

(5) 多轴运控，灵活自如。CPU 模块本体最多集成 3 路高速脉冲输出，频率高达 100 kHz，支持 PWM/PTO 输出方式以及多种运动模式，能轻松驱动伺服驱动器。CPU 集成的 PROFINET 接口可以连接多台伺服驱动器，配以方便易用的 SINAMICS 运动库指令，快速实现设备调速、定位等运控功能。

(6) 采用通用 SD 卡，快速更新。本机集成的 Micro SD 卡插槽，可实现远程维护程序的功能。使用市面上通用的 Micro SD 卡能够轻松更新程序，恢复出厂设置，升级固件，全面提高客户满意度，并大幅降低售后成本。

(7) 软件友好，编程高效。在继承西门子编程软件强大功能的基础上，该产品融入了更多的人性化设计，如新颖的带状式菜单、全移动式界面窗口、方便的程序注释功能、强大的密码保护等，在带来强大功能的同时，大幅提高了开发效率，缩短了产品的上市时间。

(8) 完美整合，无缝集成。SIMATIC S7-200 SMART 可编程控制器、SIMATIC SMART LINE 触摸屏，SINAMICS V20 变频器和 SINAMICS V90 伺服驱动系统完美整合，为 OEM 客户带来了高性价比的小型自动化解决方案，满足客户对于人机交互、控制、驱动等功能的全方位需求，其典型方案如图 8-3 所示。

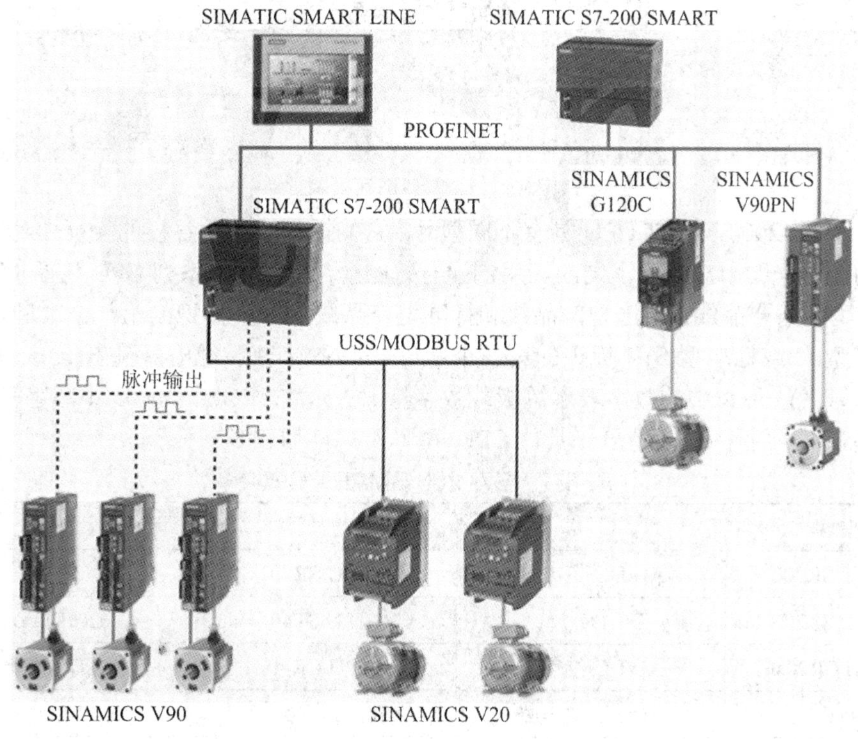

图 8-3　西门子 S7-200 SMART 小型自动化解决方案

8.2.2　西门子 S7-200 SMART 产品模块及功能

为更好地满足应用需求，S7-200 SMART 系列包括 CPU 主模块、扩展模块、信号板和通信模块。可将这些扩展模块与标准 CPU 型号(SR20、ST20、SR30、ST30、SR40、ST40、SR60 或 ST60)搭配使用，为 CPU 增加附加功能。

1. CPU 主模块

全新的 S7-200 SMART 带来两种不同类型的 CPU 模块，标准型和经济型，全方位满足不同行业、不同客户、不同设备的各种需求。CPU 模块具备 20 I/O、30 I/O、40 I/O、60 I/O 四种配置，其中标准型 CPU 可扩展 6 个扩展模块和 1 个信号板，适用于 I/O 点数较多，逻辑控制较为复杂的应用；CR 经济型 CPU 模块直接通过单机本体满足相对简单的控制需求。S7-200 SMART PLC 主模块外观结构图如图 8-4 所示。

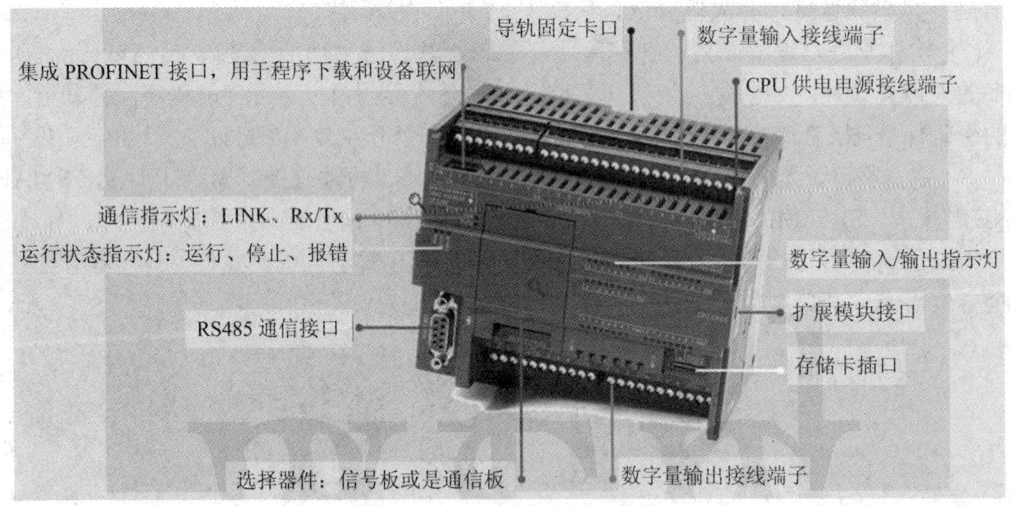

图 8-4　CPU 外形结构图

西门子 S7-200 SMART CPU 具有不同型号，它们提供了各种各样的特征和功能，这些特征和功能可帮助用户针对不同的应用创建有效的解决方案。该系列 CPU 包括 14 个 CPU 型号，分为两条产品线：经济型产品线和标准型产品线。CPU 标识的第一个字母表示产品线，经济型(C)或标准型(S)；标识的第二个字母表示交流电源/继电器输出(R)或直流电源/直流晶体管(T)；标识中的数字表示总板载数字量 I/O 计数。I/O 计数后的小写字符“s”(仅限串行端口)表示新的经济型号。具体 CPU 型号及规格如表 8-1 所示。

表 8-1　S7- 200 SMART CPU

CPU 型号	规 格	CPU 型号	规 格
CPU SR20	AC/DC/继电器	CPU SR40	AC/DC/继电器
CPU ST20	DC/DC/DC	CPU ST40	DC/DC/DC
CPU CR20s	AC/DC/继电器	CPU CR40	AC/DC/继电器
CPU SR30	AC/DC/继电器	CPU CR40s	AC/DC/继电器
CPU ST30	DC/DC/DC	CPU SR60	AC/DC/继电器
CPU CR30s	AC/DC/继电器	CPU ST60	DC/DC/DC
		CPU CR60s	AC/DC/继电器
		CPU CR60s	AC/DC/继电器

2. 信号板

S7-200 SMART 系列的 CPU 有信号板，这是 S7-200 所没有的。信号板直接安装在 SR/ST CPU 本体正面，无需占用电控柜空间，安装、拆卸方便快捷。对于少量的 I/O 点数扩展及更多通信端口的需求，全新设计的信号板能够提供更加经济、灵活的解决方案。SMART 产品的信号板及规格如表 8-2 所示。

表 8-2　信号板型号及规格

SB 型号	规　格
SB DT04	2 点数字量输入/2 点数字量输出
SB AE01	1 点模拟量输入
SB AQ01	1 点模拟量输出
SB CM01	RS485/RS232
SB BA01	电池板

3. 扩展模块

S7-200 SMART 扩展模块有：数字量扩展模块、模拟量扩展模块、温度采集扩展模块和通信扩展模块，典型产品如表 8-3 所示。

表 8-3　扩展模块及规格

EM 型号	规　格	EM 型号	规　格
EM DE08	8 点数字量输入	EM AE04	4 点模拟量输入
EM DT08	8 点数字量输出	EM AQ02	2 点模拟量输出
EM DR08	8 点继电器型数字量输出	EM AE08	8 点模拟量输入
EM DE16	16 点数字量输入	EM AQ04	4 点模拟量输出
EM QR16	16 点继电器型数字量输入	EM AM06	4 点模拟量输入/2 点模拟量输出
EM QT16	16 点晶体管型数字量输入	EM AR02	2 点 16 位 RTD
EM DT16	8 点数字量输入/8 点数字量输出	EM AR04	4 点 16 位 RTD
EM DR16	8 点数字量输入/8 点数字量输出	EM AT04	4 点 16 位 TC
EM DT32	16 点数字量输入/16 点数字量输出	EM AM03	2 点模拟量输入/1 点模拟量输出
EM DR32	16 点数字量输入/16 点数字量输出	EM DP01	PROFIBUS-DP SMART

4. 通信能力

S7-200 SMART SR/ST CPU 模块本体集成 1 个 PROFINET 接口和 1 个 RS485 接口，通过扩展 CM01 信号板或者 EM DP01 模块，其通信端口数量最多可增至 4 个，可满足小型自动化设备与触摸屏、变频器及其他第三方设备进行通信的需求，下面分别对其进行说明。

1) *以太网通信*

在西门子 PLC S7-200 SMART 的 CPU 上，集成有 PROFINET 接口，支持多种协议，高效连接各种设备。通过这个端口，可以实现下面的功能：程序的上传与下载；作为 PROFINET 控制器，可与变频器或伺服驱动器进行通信，多最支持 8 台设备；作为

PROFINET 智能设备，支持与 PROFINET 控制器通信；与最多支持 8 台的西门子 HMI-SMART LINE 系列触摸屏设备进行通信；通过交换机与多台以太网设备进行通信，实现数据的快速交互，包含 8 个主动 GET/PUT 连接、8 个被动 GET/PUT 连接；支持开放式以太网通信，例如 TCP、UDP、ISO-on-TCP 各有 8 个主动连接和 8 个被动连接。

2) 串口通信

西门子 PLC S7-200 SMART 的 CPU 本体上集成有 1 个 RS485 接口，可以与变频器、触摸屏等第三方设备实现串口通信，串口支持的协议包括 Modbus RTU、USS、自由口通信等。如果需要额外的串口，可通过扩展 CM01 信号板来实现，信号板支持 RS232/RS485 自由转换。

3) PROFIBUS 通信

西门子 PLC S7-200 SMART 可以支持 PROFIBUS-DP 从站和 MPI 从站通信。具体的实现方式是：配置 EM DP01 扩展模块将 S7-200 SMART CPU 作为 PROFIBUS-DP 从站连接到 PROFIBUS 通信网络中，通过模块上的旋转开关来设置 PROFIBUS-DP 的从站地址。该模块支持 9600 b/s 到 12 Mb/s 之间的任一传输速率，最大允许 244 输入字节和 244 输出字节。

4) 与上位机的通信

PC Access SMART 是专门为 S7-200 SMART PLC 开发的 OPC 服务器协议，用于小型 PLC 与上位机交互的 OPC 软件。开发人员通过 PC Access SMART 软件，可以轻松通过上位机读取 S7-200 SMART 的数据，从而实现设备监控或者进行数据存档管理。

5) 运动控制

S7-200 SMART 晶体管输出类型 CPU 模块本体最多提供三轴 100 kHz 高速脉冲输出，通过强大灵活的设置向导可组态为 PWM 输出或运动控制输出，为步进电机或伺服电机的速度和位置控制提供了统一的解决方案，满足小型机械设备的精确定位需求。

S7-200 SMART CPU 提供了三种开环运动控制方法：

(1) 脉冲串输出(PTO)：内置在 CPU 的速度和位置控制。此功能仅提供脉冲串输出，方向和限值控制必须通过应用程序使用 PLC 中集成的或由扩展模块提供的 I/O 来提供。请参见脉冲输出 PLS 指令。

(2) 脉宽调制(PWM)：内置在 CPU 的速度、位置或负载循环控制。若组态 PWM 输出，CPU 将固定输出的周期时间，通过程序控制脉冲的持续时间或负载周期。可通过脉冲持续时间的变化来控制应用的转速或位置。请参见脉冲输出 PLS 指令。

(3) 运动轴：内置于 CPU 中，用于速度和位置控制。此功能提供了带有集成方向控制和禁用输出的单脉冲串输出，还包括可编程输入，并提供包括自动参考点搜索等多种操作模式。

8.2.3　西门子 S7-200 SMART PLC 编程软件

STEP7-Micro/WIN SMART 是 S7-200 SMART 的编程组态软件，能流畅运行在 Windows 7/Windows 10 操作系统上，支持 LAD(梯形图)、STL(语句表)、FBD(功能块图)编程语言，

部分语言之间可自由转换，安装文件较小。在沿用 STEP7-Micro/WIN 编程理念的同时，更多的人性化设计使编程更容易上手，项目开发更加高效。其特点如下：

(1) 全面支持 Windows 7 和 Windows 10 操作系统的全新菜单设计。编程软件支持 Windows 7 或 Windows 10(32 位和 64 位两种版本)操作系统。全新菜单设计，摒弃了传统的下拉式菜单，采用了新颖的带状式菜单设计，所有菜单选项一览无余，形象的图标显示，操作更加方便快捷。双击菜单即可隐藏，给编程窗口提供更多的可视空间。该编程软件至少需要 350 MB 的空闲硬盘空间。

(2) 全移动式窗口设计。软件界面中的所有窗口均可随意移动、并提供八种拖拽放置方式。主窗口、程序编辑窗口、输出窗口、变量表、状态图等窗口均可按照用户的习惯进行组合，最大限度的提高编程效率。

(3) 变量定义与程序注释。用户可根据工艺流程自定义变量名，支持中文变量名，并且直接通过变量名进行调用，完全享受高级编程语言的便利。特殊功能寄存器通过地址调用后会自动命名，下次使用时可直接调用变量名。STEP7-Micro/WIN SMART 提供了完善的注释功能，能为程序块、编程网络、变量添加注释，大幅提高程序的可读性。当鼠标移动到指令块时，自动显示各管脚支持的数据类型。

(4) 新颖的设置向导。STEP7-Micro/WIN SMART 集成了简易快捷的向导设置功能，只需按照向导提示设置每一步的参数即可完成复杂功能的设定。新的向导功能允许用户直接对其中某一步的功能进行设置，修改已设置的向导便无需重新设置每一步。向导设置支持的功能有：HSC(高速计数)、运动控制、PID、PWM(脉宽调制)、文本显示、GET/PUT、数据日志和 PROFINET。

(5) 状态监控。在 STEP7-Micro/WIN SMART 状态图中，可监测 PLC 每一路输入/输出通道的当前值，同时可对每路通道进行强制输入操作来检验程序逻辑的正确性。状态监测值既能通过数值形式，也能通过比较直观的波形图来显示，二者可相互切换。另外，对 PID 和运动控制操作，STEP7-Micro/WIN SMART 通过专门的操作面板可对设备运行状态进行监控。

(6) 便利的指令库。用户在 PLC 编程中，一般将多次反复执行的相同任务编写成一个子程序，将来可以直接调用。使用子程序可以更好地组织程序结构，便于调试和阅读。STEP7-Micro/WIN SMART 提供便利的指令库功能，将子程序转化成指令块，与普通指令块一样，直接拖拽到编程界面就能完成调用。指令库功能提供了密码保护功能，防止库文件被随意查看或修改。Micro/WIN SMART 软件安装后自动集成 Modbus RTU 通信库、Modbus TCP 通信库、开放式用户通信库、PN Read Write Record 库、SINAMICS 库和 USS 通信库。另外，西门子公司提供了大量完成各种功能的指令库，均可轻松添加到软件中。

8.3　西门子 S7-300/400 系列 PLC 简介

8.3.1　西门子 S7-300 PLC 产品概述

西门子 S7-200 为 SIMATIC 叠装结构的 PLC，在 S7 系列中，中小型的 PLC 有 S7-300，

中高档性能的 PLC 有 S7-400。S7-300/400 PLC 是由西门子的 S5 系列发展而来，是西门子公司最具竞争力的产品。S7-300 采用模块化结构设计，便于灵活组合，能满足中等性能的要求。S7-400 的 CPU 功能强大，更有种类齐全的功能模板，用户能根据需要组合成不同的专用系统，从而可广泛应用在通用机械、汽车制造、立体仓库、工具机床、过程控制、仪表控制装置、控制设备、专用机床等行业。SIMATIC S7-300、S7-400 在 STEP 标准软件包支持下，为其提供了功能强大的支持和帮助，以便用户进行硬件组态、软件编程在线仿真调试和故障诊断等。

(1) S7-300 PLC 具有高速的指令处理功能，指令的处理时间在 0.1～0.6 μs 之间，相对于小型 PLC 处理指令时间大大缩短，提高了处理速度。

(2) 拥有人机界面(HMI)。S7-300 PLC 里面有集成人机界面，非常方便用户使用，这样就可以减少人机对话的编程量。

(3) 浮点数运算。运用此功能可以更有效地实现复杂的算术运算。

(4) 方便用户的参数赋值。软件工具带标准用户接口，可以给所有模块进行参数赋值。

(5) 具有很强的诊断功能，S7-300 PLC 的中央处理器(CPU)能够自我诊断，可以智能连续的检测系统是否有故障，也能记录系统运行中的错误。

(6) 具有很高级别的安全加密和口令保护功能，可以有效保护用户的信息安全，防止信息被窃取和利用。

8.3.2　西门子 S7-300 系统的基本组成

S7-300 为标准模块式结构化 PLC，各种模块相互独立，并安装在固定的机架(导轨)上，构成一个完整的 PLC 应用系统，如图 8-5 所示。

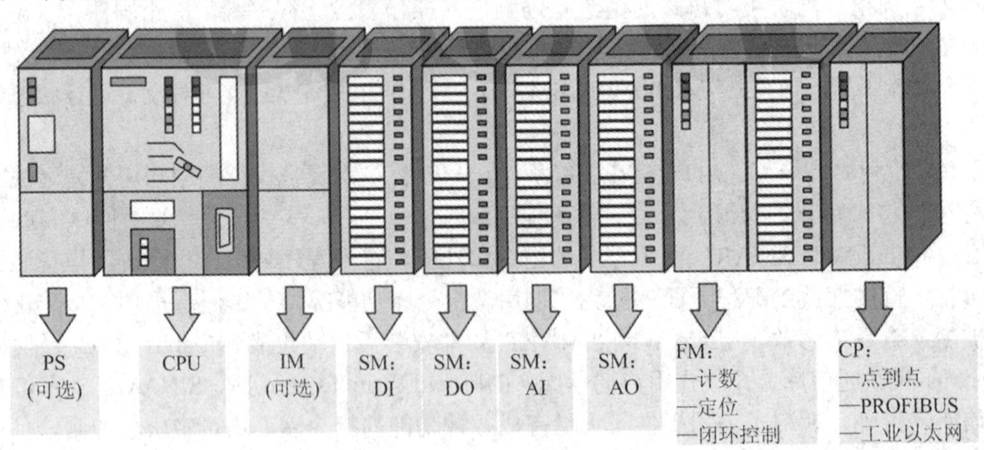

图 8-5　标准型 S7-300 的硬件结构

1. 中央处理器单元(CPU)

CPU 模块除执行用户程序外，还为 S7-300 背板总线提供 5 V 电源，在 MPI(多点接口)网络中，通过 MPI 与其他 PLC 或编程设备进行通信。SIMATIC S7-300 提供了多种性能不同的 CPU 模块，以满足用不同的要求。CPU 模块可分为紧凑型、标准型、革新型、户外型、故障安全型和特种型 CPU。

紧凑型：CPU312C、CPU313C、CPU313-2PtP、CPU313C-2DP、CPU314-2PtP、CPU314-2DP。

标准型：CPU313、CPU314、CPU315、CPU315-2DP。

革新型：CPU312、CPU314、CPU315-2DP、CPU317-2DP。

户外型：CPU312 IFM、CPU314 IFM、CPU314(户外型)。

故障安全型：CPU315F、CPU315F-2DP、CPU317F-2DP。

特种型：CPU317T-2DP、CPU317-2PN/DP。

1) 状态与故障显示 LED

(1) SF(系统出错/故障显示，红色)：CPU 硬件故障或软件错误时亮。

(2) BATF(电池故障，红色)：电池电压低或没有电池时亮。

(3) DC 5 V(+5 V 电源指示，绿色)：5 V 电源正常时亮。

(4) FRCE(强制，黄色)：至少有一个 I/O 被强制时亮。

(5) RUN(运行方式，绿色)：CPU 处于 RUN 状态时亮；重新起动时以 2 Hz 的频率闪亮；HOLD(单步、断点)状态时以 0.5 Hz 的频率闪亮。

(6) STOP(停止方式，黄色)：CPU 处于 STOP，HOLD 状态或重新起动时常亮。

(7) BUSF(总线错误，红色)。

2) 模式选择开关

(1) RUN-P(运行-编程)位置：运行时还可以读出和修改用户程序，改变运行方式。

(2) RUN(运行)位置：CPU 执行、读出用户程序，但是不能修改用户程序。

(3) STOP(停止)位置：不执行用户程序，可以读出和修改用户程序。

(4) MRES(清除存储器)：不能保持。将钥匙开关从 STOP 状态搬到 MRES 位置，可复位存储器，使 CPU 回到初始状态。

复位存储器操作：通电后从 STOP 位置扳到 MRES 位置，“STOP” LED 熄灭 1 s，亮 1 s，再熄灭 1 s 后保持亮。放开开关，使它回到 STOP 位置，然后又回到 MRES，“STOP” LED 以 2 Hz 的频率至少闪动 3 s，表示正在执行复位，最后“STOP” LED 一直亮。

2. 信号模块(SM)

信号模块使不同级的过程信号电平和 S7-300 的内部信号电平相匹配，用于数字量和模拟输入/输出。对于每个模块都配有自编码的螺紧型前连接器，外部的过程信号可以很方便在信号模块的前连接器上。

1) 数字量模块

SM321 数字量输入模块主要有 4 种模块可供选择，即直流 16 点输入、直流 32 点输入、交流 8 点输入、交流 16 点输入模块。另外，还提供了直流 16 点输入带过程诊断和中断的模块、直流 8 点输入带源输入模块，交流 32 点输入模块。

SM322 数字量输出模块有 7 种型号输出模块可供选择，即 16 点晶体管输出、32 点晶体管输出、16 点晶闸管输出、8 点晶体管输出、8 点晶闸管输出、8 点继电器输出和 16 点继电输出模块。选择使用模块时，因每个模块的端子共地情况不同，应根据模块输出类型和现场输出出信号负载回路的供电情况选择。

SM323 数字量 IO 模块有两种类型，一种是带有 8 个共地输入端和 8 个共地输出端，另一种是带有 16 个共地输入端和 16 个共地输出端，两种模块特性相同。

2) 模拟量模块

SM331 模拟量输入模块目前有三种规格型号，即 8AI×12 位模块、8AI×16 位模块和 2AI×12 位模块。其中具有 12 位的输入模块除通道数不一样外，其工作原理、性能、参数设置等各方面都完全一样。

SM332 模拟量输出模块目前有三种规格型号，即 4AO×12 位模块、2AO×12 位模块、SM332 模拟量输出模块 4AO×16 位模块。其中具有 12 位的输出模块除通道数不一样外，其工作原理、性能、参数、设置等各方面都完全一样。

SM334 模拟量输入/输出模块有两种规格：一种是有 4AI/2AO 的模拟量模块，其输入、输出精度为 8 位；另一种也是有 4AI/2AO 的模拟量模块，其输入、输出精度为 12 位。输入量范围为 0～10 V 或 0～20 mA，输出范围为 0～10 V 或 0～20 mA。

3. 通信处理器(CP)

用于连接网络和点对点连接，减少了 CPU 的通信任务。常用的通信处理器包括：PROFIBUS-DP 处理器 CP342-5、PROFIBUS-FMS 处理器 CP343-5 和工业以太网处理器 CP343-1。

4. 功能模块(FM)

功能模块用于实时性要求高、存储器容量要求大的过程信号处理任务。例如，计数器模块可直接连接增量编码器，实现连续、单向和循环计数；步进电机控制模块可以和步进电机配套使用，实现设备的定位任务；PID 控制模块能够实现温度、压力和流量等的闭环控制。

5. 负载电源模块(PS)

PS307 电源模块将 AC 120 V/230 V 转换为 DC 24 V 的工作电压，为 S7-300/400、传感器和执行器供电。输出电流有 2 A、5 A 或 10 A 三种。电源模块安装在 DIN 导轨上的插槽 1 位置上。

6. 接口模块(IM)

接口模块用于多机架配置时连接主机架(CR)和扩展机架(ER)。S7-300 通过分布式的主机(CR)和 3 个扩展机架(ER)，可以操作多达 32 个模块。

经常使用的接口模块名称和性能：

IM360/IM361 接口模块是最为理想的扩展方案；

IM360 插入到 CR(中央机架，CPU 所在的机架)；

IM361 插入到 ER(扩展机架，扩展信号模块所在的机架)；

使用 IM360/IM361 接口模块最多可以扩展 3 个机架，即一个传统的 PLC 系统最多处理 32 个信号模块。

8.3.3 西门子 S7-400 PLC 系统简介

S7-400 与 S7-300 结构基本一致，也具有上述六个基本部件。但是 S7-400 是具有中高性能的 PLC，采用模块化无风扇设计，扩展能力和通信能力很强，对模块数量限制的上限远远大于 S7-300，适用于对高可靠性要求很高的大型复杂的控制系统。信号模块的更换可以热插拔，而不必暂停生产。

S7-400 PLC 有三大类型：标准 S7-400、S7-400H 硬件冗余系统和 S7-400F/FH 系统。

标准 S7-400 PLC 广泛适用于过程工业和制造业，具有大数据量的处理能力，能协调整个生产系统，支持等时模式，可灵活、自由地系统扩展，支持带电热插拔，具有不停机添加/修改分布式 I/O 等特点。

S7-400H 硬件冗余系统非常适用于过程工业，可降低故障停机成本，具有双机热备份，避免停机，可无人值守运行，且双 CPU 切换时间低于 100ms，同时还有先进的事件同步冗余机制。

S7-400F/FH 系统是基于 S7-400H 冗余系统的，实现了对人身、机器和环境的最高安全性，符合 IEC 61508 中的 SIL3 安全规范，标准程序与故障安全程序在一块 CPU 中同时运行。

8.3.4　西门子 S7-300/400 PLC 的设计软件

1. STEP7

STEP7 是 S7-300/400 系列 PLC 进行组态和编程的设计软件包，它所支持的 PIC 编程语言非常丰富。该软件的标准版支持 STL(语句表)、LAD(梯形图)及 FBD(功能块图)3 种基本编程语言，并且在 STEP7 中可以相互转换。专业版附加对 GRAPH(顺序功能图)、SCL(结构化控制语言)、HiGraph(图形编程语言)、CFC(连续功能图)等编程语言的支持。不同的编程语言可供不同知识背景的人员采用。除了某些专用模块和少量专用指令、专用功能有区别外，S7-400 应用 STEP7 组态和编程与 S7-300 并无多大区别。

STEP7 是一个强大的工程工具，用于整个项目流程的设计。从项目实施的计划配置、实施模块测试、集成测试调试到运行维护阶段，都需要不同功能的工程工具。STEP7 工程工具包含了整个项目流程的各种功能要求：CAD/CAE 支持、硬件组态、网络组态、仿真、过程诊断等。

STEP7 标准软件包提供一系列的应用程序。

1) SIMATIC 管理器

SIMATIC Manager(SIMATIC 管理器)可以集中管理一个自动化项目的所有数据，可以分布式地读/写各个项目的用户数据。其他的工具都可以在 SIMATIC 管理器中根据需要而起动。

2) Symbol Editor(符号编辑器)

使用 Symbol Editor(符号编辑器)，可以管理所有的共享符号。其具有以下功能：可以为过程 I/O 信号、位存储和块设定符号名和注释；为符号分类；导入/导出功能可以使 STEP7 生成的符号表供其他的 Windows 工具使用。

3) 硬件诊断

硬件诊断功能可以提供可编程序控制器的状态概况。其中可以显示符号，指示每个模板是否正常或有故障。双击故障模板，可以显示有关故障的详细信息。例如，显示关于模板的订货号、版本、名称以及模板故障的状态，显示来自诊断缓存区的报文等。

4) 硬件组态

硬件组态工具可以为自动化项目的硬件进行组态和参数设置。可以对机架上的硬件进行配置，设置其参数及属性。通过在对话框中提供的有效选项，系统可以防止非法输入。

5) NetPro(网络组态)

NetPro 工具用于组态通信网络连接，包括网络连接的参数设置和网络中各个通信设备的参数设置。选择系统集成的通信或功能块，可以轻松实现数据的传送。

2. TIA Portal

TIA Portal(Totally Integrated Automation)又称为“博途”，寓意为全集成自动化的入口，是西门子重新定义自动化的概念及标准的自动化工具平台。集成驱动与过程控制将是未来发展的重点方向，尤其是对新的硬件体系的支持。TIA Portal 主要由 STEP7 与 WinCC 两部分组成。

1) TIA Portal STEP7

TIA Portal 中的 STEP7 包含 SIMATIC STEP7 Basic 和 SIMATIC STEP7 Professional 两个版本。SIMATIC STEP7 Basic 属于基本版，只能用于 S7-1200 控制器的编程设计；SIMATIC STEP7 Professional 属于专业版，可用于 S7-1200、S7-1500、S7-300/400、WinAC。专业版 TIA STEP7 与以往的 STEP7 编程方式有所不同。西门子的大部分用户还在使用 STEP7 V5.x 系列软件，虽然此软件会不断更新，但是 TIA Portal 已成为开发的重点，并逐渐取代原有的 STEP7，原有的 STEP7 项目也可以移植到 TIA Portal 中。

2) TIA Portal WinCC

TIA Portal 中的 WinCC 是应用于组态 SIMATIC 面板、SIMATIC 工业 PC、标准 PC 及 SCADA 系统的工程组态软件。其配套的可视化运行软件为 WinCC Runtime 高级版或 SCADA 系统的 WinCC Runtime 专业版。

(1) WinCC Basic：WinCC 基本版，用于组态精简系列面板。包含在 STEP7 基本版或 STEP7 专业版产品中。

(2) WinCC Comfort：WinCC 精智版，用于组态所有面板(包括精简面板、精智面板和移动面板)。

(3) WinCC Advanced：WinCC 高级版，用于通过“TIA 博途-WinCC Runtime 高级版”可视化软件组态的所有面板和 PC。

(4) WinCC Professional：WinCC 专业版，用于组态 SCADA 系统，配套 WinCC Runtime 专业版使用。WinCC 专业版也可以组态面板和基于 PC 系统的可视化工作。WinCC Runtime 专业版是一种用于运行单站系统或多站系统(包括标准客户端或 Web 客户端)的 SCADA 系统。

8.4 西门子 S7-1200 系列 PLC 简介

8.4.1 西门子 S7-1200 PLC 产品概述

西门子 S7-1200 PLC 是在 2009 年推出的小型 PLC，定位于 S7-200 PLC 和 S7-300 PLC

产品之间。从 2013 年 10 月 1 日起，SIMATIC S7-200 将逐渐停产。发出逐步淘汰声明后，产品在 2014 年 10 月 1 日之前仍以新组件的形式提供。自此之后的 9 年内，仍然可以作为备件购买。对于新应用，推荐将 SIMATIC S7-1200 产品与 STEP7 BASIC 组态软件一起部署。SIMATIC S7-1200 系列的问世，标志着西门子在原有产品系列基础上拓展了产品版图，代表了未来小型可编程控制器的发展方向，引领自动化潮流。SIMATIC S7-1200 PLC 充分满足中小型自动化的系统需求，考虑了系统、控制器、人机界面和软件的无缝整合和高效协调的需求。SIMATIC S7-1200 产品技术综述如下：

1. S7-1200 的外形及安装

(1) 安装简单方便。所有的 SIMATIC S7-1200 硬件都具有内置安装夹，能够方便地安装在一个标准的 35 mm DIN 导轨上。这些内置的安装夹可以咬合到某个伸出位置，以便在需要进行背板悬挂安装时提供安装孔。SIMATIC S7-1200 硬件可进行竖直安装或水平安装。

(2) 可拆卸的端子。所有的 SIMATIC S7-1200 硬件都配备了可拆卸的端子板。因此只需要进行一次接线即可，从而在项目的起动和调试阶段节省了宝贵的时间。除此之外，它还简化了硬件组件的更换过程。

(3) 紧凑的结构。所有的 SIMATIC S7-1200 硬件在设计时都力求紧凑，以节省在控制柜中的安装占用空间。例如，CPU 1215C 的宽度仅有 130 mm，CPU 1214C 的宽度仅有 110 mm，CPU 1212C 和 CPU 1211C 的宽度也仅有 90 mm。通信模块和信号模块的体积也十分小巧，使得这个紧凑的模块化系统大大节省了空间，从而在安装过程中为用户提供了最高的效率和灵活性。

2. 通信模块

SIMATIC S7-1200 最多可以添加三个通信模块，支持 PROFIBUS 主从站通信，RS485 和 RS232 通信模块为点对点的串行通信提供连接及 I/O 连接主站。对该通信的组态和编程采用了扩展指令或库功能、USS 驱动协议、Modbus RTU 主站和从站协议，它们都包含在 SIMATIC STEP7 Basic 工程组态系统中。

3. 简单远程控制应用

新的通信处理器 CP 1242-7 可以通过简单 HUB(集线器)、移动电话网络或 Internet 同时监视和控制分布式的 S7-1200 单元。

4. 集成 PROFINET 接口

集成的 PROFINET 接口用于编程、HM 通信和 PLC 间的通信。此外它还通过开放的以太网协议支持与第三方设备的通信。该接口带一个具有自动交叉网线(auto-cross-over)功能的 RJ45 连接器，提供 10/100 Mb/s 的数据传输速率，支持 TCP/IP native、ISO-on-TCP 和 S7 通信协议。

5. 集成工艺

(1) 高速输入。SIMATIC S7-1200 控制器带有多达 6 个高速计数器。其中 3 个输入为 100 kHz，3 个输入为 30 kHz，用于计数和测量。SIMATIC S7-1217C 支持 6 路高速计数，其中 4 路最快支持 1 MHz，支持 PWM/PTO 最快 1 MHz 输出。

(2) 高速输出。SIMATIC S7-1200 控制器集成了四个 100 kHz 的高速脉冲输出，用于步进电机或伺服驱动器的速度和位置控制。(使用 PLCopen 运动控制指令)这四个输出都可以输出脉宽调制信号来控制电机速度、阀位置或加热元件的占空比。

6. 存储器

为用户指令和数据提供高达 150 KB 的共用工作内存。同时还提供了高达 4 MB 的集成装载内存和 10 KB 的掉电保持内存。SIMATIC 存储卡可选，通过不同的设置可用作编程卡、传送卡和固件更新卡三种功能。通过它可以方便地将程序传输至多个 CPU。该卡还可以用来存储各种文件或更新控制器系统的固件。注意：对 V3.0 及之后的版本不适用。

8.4.2　西门子 S7-1200 系统的基本组成

S7-1200 控制器使用灵活、功能强大，可用于控制各种各样的设备以满足用户的自动化需求。S7-1200 结构紧凑、组态灵活。CPU 将微处理器、集成的电源、输入和输出电路、内置 PROFINET 和高速运动控制 I/O 结合在一个紧凑的外壳中，创造出一款功能强大的控制器，使它成为控制各种应用的完美解决方案。S7-1200 系统产品提供了各种模块和插入式板，用于通过附加 I/O 或其他通信协议来扩展其功能，如图 8-6 所示。

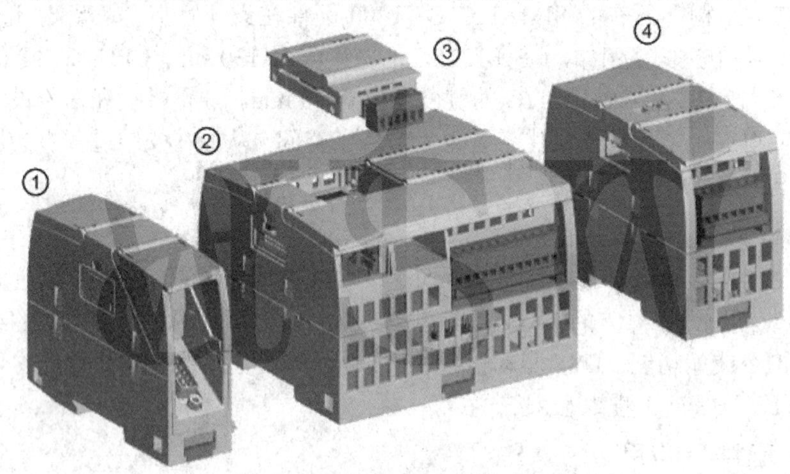

图 8-6　S7-1200 CPU 扩展系统图

在图 8-6 中，①是通信模块(CM)或通信处理器(CP)，②是 S7-1200 CPU 主模块，③是信号板(SB)(包括数字信号板和模拟信号板)、通信板(CB)或电池板(BB)，④是信号模块(SM)(包括数字信号模块、模拟信号模块、热电偶信号模块、RTD 信号模块和工艺信号模块)。

1. CPU 模块

SIMATIC S7-1200 系统有五种不同型号的 CPU 模块，分别为 CPU1211C、CPU1212C、CPU1214C、CPU1215C 和 CPU1217C。CPU 主模块的本机数字量、模拟量 I/O 点数及 CPU 电源和 I/O 类型见表 8-4。

西门子 S7-1200 CPU 有三种工作模式：STOP 模式、STARTUP 模式和 RUN 模式。CPU 前面的状态 LED 指示当前工作模式。

(1) 在 STOP 模式下，CPU 不执行任何程序，而用户可以下载项目。RUN/STOP LED 为黄色常亮。

(2) 在 STARTUP 模式下，CPU 会执行任何起动逻辑(如果存在)。在起动模式下，CPU

不会处理中断事件。RUN/STOP LED 为绿色和黄色交替闪烁。

(3) 在 RUN 模式下，扫描周期重复执行。在程序循环阶段的任何时刻都可能发生中断事件，CPU 也可以随时处理这些中断事件。用户可以在 RUN 模式下下载项目的某些部分。RUN/STOP LED 为绿色常亮。

表 8-4　S7-1200 五种 CPU 模块

<table>
<tr><th>S7-1200</th><th>CPU 数字量 I/O</th><th>CPU 模拟量 I/O</th><th>CPU 电源和 I/O 类型</th></tr>
<tr><td>CPU1211C</td><td>6 路输入/4 路输出</td><td>2 路输入</td><td rowspan="4">CPU 电源/输入类型/输出类型具有三种选项：
· DC/DC/DC
· AC/DC/继电器
· DC/DC/继电器</td></tr>
<tr><td>CPU1212C</td><td>8 路输入/4 路输出</td><td>2 路输入</td></tr>
<tr><td>CPU1214C</td><td>14 路输入/10 路输出</td><td>2 路输入</td></tr>
<tr><td>CPU1215C</td><td>14 路输入/10 路输出</td><td>2 路输入/2 路输出</td></tr>
<tr><td>CPU1217C</td><td>10 点漏型/源型输入
4 点 1.5V 差分输入
6 点 MOSFET 源型输出
4 点 1.5V 差分输出</td><td>2 路输入/2 路输出</td><td>仅具有 DC/DC/DC 类型</td></tr>
</table>

2. 扩展板和信号模块

SIMATIC S7-1200 的每一种模块都可以进行扩展，以完全满足用户的系统需要。可在任何 CPU 的前方加入一个信号板，轻松扩展数字或模拟量 I/O，同时不影响控制器的实际大小。可将信号模块连接至 CPU 的右侧，进一步扩展数字量或模拟量 I/O 容量。CPU1211C 不能连接信号模块，CPU1212C 可连接 2 个信号模块，CPU1214C、CPU1215C 和 CPU1217C 可连接 8 个信号模块。扩展版和信号模块的产品型号及其功能见表 8-5。

表 8-5　S7-1200 扩展版和信号模块的产品

扩展板	I/ O 信号模块
SB 1221 数字量输入信号板	SM 1221 数字量输入模块
SB 1222 数字量输出信号板	SM 1222 数字量输出模块
SB 1223 数字量输入/ 输出信号板	SM 1223 数字量输入/ 直流输出模块
SB 1231 热电偶和热电阻模拟量输入信号板	SM 1223 数字量输入/ 交流输出模块
SB 1231 模拟量输入信号板	SM 1231 模拟量输入模块
SB 1232 模拟量输出信号板	SM 1232 模拟量输出模块
CB 1241 RS485 通信信号板	SM 1231 热电偶和热电阻模拟量输入模块
BB 1297 电池板	SM 1234 模拟量输入/ 输出模块

1) 扩展板

在 CPU 的前方支持一个插入式扩展板，可以选择下面三种里的一个进行扩充：

(1) 信号板可以为 CPU 提供附加 I/O。

(2) 通信板可以为 CPU 增加其他通信端口。

(3) 电池板可以为 CPU 提供长期的实时时钟备份。

2) 信号模块

信号模块连接在 CPU 右侧，可以为 CPU 增加以下功能：

(1) 数字量 I/O 扩充。

(2) 模拟量 I/O 扩充。

(3) RTD 和热电偶扩展。

3. 通信功能

SIMATIC S7-1200 CPU 本体模块除了提供一个 PROFINET 端口用于通过 PROFINET 网络通信外，还可使用附加模块基于 PROFIBUS、GPRS、LTE、WAN、RS485、RS232、RS422、IEC、DNP3、USS 和 MODBUS 网络和协议进行设备之间的通信。在 CPU 控制器的左侧均可连接多达 3 个通信扩展模块，便于实现端到端的串行通信。通信扩展相关的功能模块见表 8-6。

表 8-6　通信扩展相关的功能模块

名　称	型　号	功能或接口
通信模块	CM 1241 RS232	RS232
	CM 1241 RS422/485	RS422/485
	CM 1243-5	PROFIBUS 主站
	CM 1242-5	PROFIBUS 从站
	CM 1243-2	AS-i 主站
	CM 1278	I/O 主站模块
	CSM 1277	紧凑型交换机模块
通信处理器	CP 1242-7 GPRS V2	GPRS 接口
	CP 1243-7 LTE -US	LTE 接口
	CP 1243-7 LTE -EU	LTE 接口
	CP 1243-1	IE 接口
	CP 1243-8 IRC	IE 和串行接口
TS 适配器	TS Adapter IE Basic	
	TS Adapter IE Advanced	
	TS Module GSM	
	TS Module RS232	
	TS Module Modem	
	TS Module ISDN	

8.4.3　西门子 S7-1200 PLC 的设计软件

STEP7(TIA Portal)是用于组态 SIMATIC S7-1200、S7-300/400 和 WinAC 控制器系列的工程组态软件。STEP7 (TIA Portal) 有 2 种版本，具体使用哪个版本取决于可组态的控制器系列：

(1) STEP7 Basic 用于组态 S7-1200；

(2) STEP7 Professional 用于组态 S7-1200、S7-1500、S7-300/400 和 WinAC。

SIMATIC STEP7 Basic(与硬件分开订购)是西门子公司开发的高集成度工程组态系统，包括面向任务的 HMI 智能组态软件 SIMATIC WinCC Basic。软件在安装时将自动激活，并不需要额外的 USB 许可证密钥。上述两个软件集成在一起，也称为 TIA(Totally Integrated Automation，全集成自动化)Portal，它提供了直观易用的编辑器，用于对 S7-1200 和精简系列面板进行高效组态。该编程软件提供 LAD(梯形图)、FBD(功能块图)和 SCL(结构化控制语言)程序编辑器，但是不支持 STL(语句表)编程。除了支持编程以外，STEP7 Basic 还为硬件和网络组态、诊断等提供通用的工程组态框架。

STEP7 Basic 的操作直观、上手容易、 使用简单，使用户能够对项目进行快速而简单的组态。由于具有通用的项目视图、用于图形化工程组态的最新用户接口技术、 智能的拖放功能以及共享的数据处理等，有效地保证了项目的质量。

由于 STEP7 Basic(包括 SIMATIC WinCC Basic)具有面向任务的智能编辑器，界面十分直观，因此它可以作为一个通用的工程组态软件框架，对 S7-1200 控制器进行编程和调试。功能强大的 HMI 软件 WinCC Basic 用于对精简系列面板进行高效的组态。

用户可以在两种不同的视图中选择一种最适合的视图：

(1) 在 Portal(门户)视图中，可以概览自动化项目的所有任务。初学者可以借助面向任务的用户指南，以及最适合其自动化任务的编辑器来进行工程组态。

(2) 在项目视图中，整个项目(包括 PLC 和 HMI 设备)按多层结构显示在项目树中。可以使用拖放功能为硬件分配图标。用户可以在同一个工程组态软件框架下同时使用 HMI 和 PLC 编辑器，大大提高了效率。

该软件采用了面向任务的理念，所有的编辑器都嵌入到一个通用框架中。用户可以同时打开多个编辑器。 只需轻点鼠标，便可以在编辑器之间切换。软件能自动保持数据的一致性，可确保项目的高质量。 经修改的应用数据在整个项目中自动更新。 交叉引用的设计保证了变量在项目的各个部分以及在各种设备中的一致性，因此可以统一进行更新。系统自动生成图标并分配给对应的 I/O。数据只需输入一次，无需进行额外的地址和数据操作，从而降低了发生错误的风险。

8.5　西门子 S7-1500 系列 PLC 简介

8.5.1　西门子 S7-1500 PLC 产品概述

西门子公司在 2013 年推出了 S7-1500 PLC，新一代的 SIMATIC S7-1500 控制器通过其多方面的革新，以其最高的性价比，在提升客户生产效率、缩短新产品上市时间、提高客户关键竞争力方面树立了新的标杆，并以其卓越的产品设计理念为实现工厂的可持续发展提供强有力的保障。SIMATIC S7-1500 CPU 属于西门子自动化控制领域内的高级控制器，具有以下几方面特点。

1. 高性能

(1) CPU 最快位处理速度达 1 ns。

(2) 采用百兆级背板总线确保极端的响应时间。

(3) 强大的通信能力，CPU 本体支持最多三个以太网网段。

(4) 支持最快 125 μs 的 PROFINET 数据刷新时间。

2. 高效的工程组态

(1) 统一编程调试平台，程序通用，拓展性强。

(2) 支持 IEC 61131-3 编程语言(LAD/FBD、STL、SCL 和 Graph)。

(3) 借助 ODK，S7-1500 可直接运行高级语言算法(C/C++)。

S7-1500F 控制器可执行标准和故障安全任务，同一网络可实现标准和故障安全通信。

3. 集成运动控制功能

(1) 可直接在控制器中对简单到复杂的运动控制任务进行编程(例如速度控制轴、凸轮传动)。

(2) 可借助 I/O 模块实现各种工艺功能(例如 PTO)。

(3) S7-1500T 进一步扩充 S7-1500 产品线，支持高端运动控制功能(绝对同步，凸轮控制)。

4. 开放性

(1) 集成标准化的 OPC UA 通信协议，连接控制层和 IT 层，实现与上位 SCADA/MES/ERP 或者云端的安全高效通信。

(2) 通过 PLC SIM Adv 可将虚拟 PLC 的数据与仿真软件对接。虚拟调试提前预知错误，减少现场调试时间。

5. 集成信息安全

(1) 集成复制保护和专有技术保护功能可确保知识产权不受侵犯。

(2) 改进保护功能，能够防止篡改并抵御网络威胁(身份验证)。

6. 可靠诊断

(1) 借助 1∶1 LED 通道分配，可在现场快速定位错误。

(2) 发生故障时无需编程就可通过编程软件、HMI、Web Server 等途径快速实现通道级诊断。

(3) 使用标准化的 ProDiag 功能，可高效分析过程错误，甚至在 HMI 中直接查看出现错误的程序段，大大减少调试与生产停机时间。

7. 创新型设计

(1) CPU 自带面板支持诊断、初始调试和维护。变量状态、IP 地址分配、备份、趋势图显示，读取程序循环时间，支持自定义页面，支持多语言。

(2) 智能多功能型 I/O 模块，优化的产品线，方便选型与备品备件。

8.5.2　西门子 S7-1500 系统的基本组成

S7-1500 PLC 的硬件系统主要包括本机模块及分布式模块等。本机模块包括电源模块

CPU 模块、信号模块、通信模块和工艺模块等，分布式模块如 ET 200SP 和 ET 200MP 等。S7-1500 PLC 的中央机架上最多可以安装 32 个模块，而 S7-300 最多只能安装 11 个。S7-1500 自动化系统外观与 S7-300 PLC 相似，如图 8-7 所示。广义的 I/O 模块包括信号模块(数字量模块和模拟量模块)、工艺模块和通信模块等，用于连接输入/输出设备，或实现网络连接等功能。

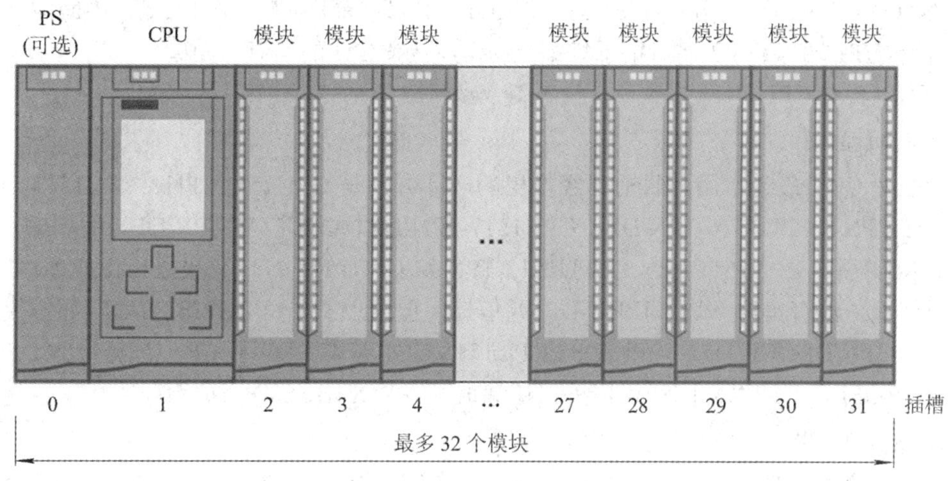

①—电源；②—CPU；③—I/O 模块；④—导轨

图 8-7　S7-1500 自动化系统结构图

1. 电源模块

S7-1500 PLC 电源模块是 S7-1500 PLC 系统中的一员。S7-1500 PLC 有两种电源：系统电源(PS)和负载电源(PM)。

1) 系统电源(PS)

系统电源(PS)通过 U 型连接器连接到背板总线，并专门为背板总线提供内部所需的系统电源，这种系统电源可为模块电子元件和 LED 指示灯供电。当 CPU 模块、PROFIBUS 通信模块、 Ethernet 通信模块、接口模块等模块，没有连接到 DC 24 V 电源上，系统电源可为这地模块供电。

2) 负载电源(PM)

负载电源与背板总线没有连接，用于给模板的输入输出回路供电。此外，可以根据需要使用负载电源为 CPU 和系统提供 24 V DC。

3) 为模板供电的配置方式

电源为 S7-1500 PLC 模版供电的配置方式有三种。

(1) 只通过 CPU 给背板总线供电。通过负载电源向 CPU 提供 24 V DC，再由 CPU 为背板总线供电。

(2) 只通过系统电源 PS 给背板总线供电。位于 CPU 左侧 0 号槽的系统电源通过背板总线为 CPU 供电。

(3) 通过 CPU 和系统电源 PS 给背板总线供电。负载电源向 CPU 提供 24 V DC，CPU 和系统电源为背板总线提供允许的电源电压。

2. CPU 模块

S7-1500 PLC 的 CPU 有 20 多个型号，分为标准 CPU(如 CPU1511-1PN)、紧凑型 CPU(如 CPU1512C-1PN)、分布式模块 CPU(如 CPU1510SP-1PN)、工艺型 CPU(如 CPU1511T-1PN)、故障安全 CPU 模块(如 CPU1511F-1PN)和开放式控制器(如 CPU1515SP PC)等。S7-1500 PLC 的 CPU 都配有显示面板，可以拆卸。显示面板上面的指示灯分别是运行状态指示灯(RUN/STOP LED)、错误指示灯(ERROR LED)和维修指示灯(MAINT LED)，中间的是网络端口指示灯(P1 端口和 P2 端口指示灯)。显示屏显示 CPU 的信息。操作按钮与显示屏配合使用，可以查看 CPU 内部的故障、设置 IP 地址等。

1) 标准型 CPU

标准型 CPU 最为常用，目前已经推出的产品分别是 CPU1511-1PN、CPU1513-1PN、CPU1515-2PN、CPU1516-3PN/DP、CPU1517-3PN/DP、CPU1518-4PN/DP 和 CPU1518-4 PN/DP MFP 等。CPU1511-1PN、CPU1513-1PN 和 CPU1515-2PN 只集成 PROFINET 或以太网通信口，没有集成 PROFIBUS-DP 通信口，但可以扩展 PROFIBUS-DP 通信模块。CPU1516-3PN/DP、CPU1517-3PN/DP、CPU1518 的外观 4PNDP 和 CPU1518-4 PN/DP MFP 除集成 PROFINET 或以太网通信口外，还集成了 PROFIBUS-DP 通信口。

2) 紧凑型 CPU

目前紧凑型 CPU 只有 2 个型号，分别是 CPU1511C-1PN 和 CPU1512C-1PN。紧凑型 CPU 基于标准型控制器，集成了离散量、模拟量输入输出和高达 400 kHz(4 倍频)的高速计数功能。还可以如标准型控制器一样扩展 25 mm 和 35 mm 的 I/O 模块。

3) 分布式模块 CPU

分布式模块 CPU 是一款兼备 S7-1500 PLC 的突出性能与 ET 200 SP I/O 简单易用、身形小巧于一身的控制器。为对机柜空间有大小要求的机器制造商或者分布式控制应用提供了完美的解决方案。分布式模块 CPU 分为 CPU 1510 SP-1PN 和 CPU 1512 SP-1PN。

4) 开放式控制器(CPU1515 SP PC)

开放式控制器(CPU1515 SP PC)是将 PC-based 平台与 ET 200 SP 控制器功能相结合的可靠、紧凑的控制系统。可以用于特定的 OEM 设备以及工厂的分布式控制。控制器右侧可直接扩展 ET 200 SP I/O 模块。CPU1515 SP PC 开放式控制器使用双核 1 GHz、AMD G Series APU T40E 处理器，2 G/4 G 内存，使用 8 G/16 G CFast 卡作为硬盘，Windows7 嵌入版 32 位或 64 位操作系统。目前 CPU1515 SP PC 开放式控制器有多个订货号供选择。

5) S7-1500 PLC 软控制器

S7-1500 PLC 软件控制器采用 Hypervisor 技术，在安装到 SIEMENS 工控机后，将控机的硬件资源虚拟成两套硬件，其中一套运行 Windows 系统，另一套运行 S7-1500 PLC 实时系统，两套系统并行运行，通过 SIMATIC 通信的方式交换数据。软 PLC 与 S7-1500 硬 PLC 代码 100%兼容，其运行独立于 Windows 系统、可以在软 PLC 运行时重启 Windows。目前 S7-1500 PLC 软控制器具有 2 个型号，分别是 CPU1505S 和 CPU1507S。

6) S7-1500 PLC 故障安全 CPU

故障安全自动化系统(F 系统)用于具有较高安全要求的系统。F 系统用于控制过程，确保中断后这些过程可立即处于安全状态。也就是说，F 系统用于控制过程，在这些过程中发生即时中断不会危害人身或环境。故障安全 CPU 除了拥有 S7-1500 PLC 所有特点外，还集成了安全功能，支持到 SIL3 安全完整性等级，其将安全技术轻松地和标准自动化无缝集成在一起。故障安全 CPU 目前已经推出两大类：S7-1500F CPU 和 ET 200 SP F CPU。

7) S7-1500 PLC 工艺型 CPU

S7-1500T 均可通过工艺对象控制速度轴、定位轴、同步轴、外部编码器、凸轮、凸轮轨迹和测量输入，支持标准 Motion Control(运动控制)功能。目前推出的工艺型 CPU 有 CPU151T-1PN、CPU1515 T-2PN、CPU1517T-3PN/ DP 和 CPUI517TF-3PN/DP 等型号。

3. 信号模块

信号模块(SM)通常作为控制器与过程之间的接口。控制器将通过所连接的传感器和执行器检测当前的过程状态，并触发相应的响应。信号模块分为数字量输入(DI)模块、数字量输出(DO)模块、模拟量输入(AI)模块和模拟量输出(AO)模块、数字量输入/输出混合模块和模拟量输入/输出混合模块，模块的宽度有 35mm 标准型和 25mm 紧凑型之分。与 S7-300/400 的信号模块相比，S7-1500 的信号模块种类更加优化，集成更多功能并支持通道级诊断，采用统一的前连接器，具有预接线功能，电源线与信号线分开走线，使设备更加可靠。

4. 通信模块

S7-1500PLC 的通信模块包括 CM 通信模块和 CP 通信处理器模块。CM 通信模块主要用于小数据量通信场合，而 CP 通信处理器模块主要用于大数据量的通信场合。通信模块主要有 CM PtP 点对点接口模块、CM1542-5 PROFIBUS 通信模块和 CP1543-1 PROFTINET/工业以太网通信模块，所提供的接口形式有 RS232、RS422 或 RS485、PROFIBUS 和工业以太网接口。

5. 工艺模块

工艺模块中具有硬件级的信号处理功能，可对各种传感器进行快速计数、测量和位置记录，支持定位增量式编码器和 SSI 绝对值编码器。S7-1500 PLC 的工艺模块目前有 Count 技术模块和 TM PosInput 定位模块两种。

6. 通信模块

西门子传统的分布式模块为 ET200 系列，例如 ET200M、ET200S、ET200iS、ET200X、ET200B 以及 ET200L 等分布式设备，通常直接连接现场设备，并通过 PROFIBUS 网络作为 S7-300/400 PLC 的从站构成 PLC 控制系统。而对于 S7-1500 PLC，所支持的分布式模块有 ET200MP 和 ET200SP，这些设备可通过 PROFINET 与 S7-1500 PLC 相连。与 S7-300/400 的分布式设备相比，S7-1500 的分布式设备不再局限于从站的概念，功能也更加强大。

8.5.3　西门子 S7-1500 PLC 的设计软件

SIMATIC S7-1500 无缝集成到 TIA 博途平台中，该平台是一个适用于所有自动化任务的创新型工程组态软件平台，适应了工业 4.0 的发展方向，引领工业自动化产品走到了工业 4.0 标准的前沿。因此，在使用 SIMATIC S7-1500 进行工程组态时就可以应用 TIA 博途中的所有先进功能。TIA 博途软件架构主要包含：组态应用于控制器及外部设备程序编辑的 STEP7、组态应用于设备可视化的 WinCC、应用于驱动装置的 StartDrive、应用于运动控制的 SCOUT 和应用于智能电机管理系统的 SIMOCODE ES 等。

1. STEP7

STEP7(TIA Portal)工程组态软件用于组态 SIMATIC 控制器系列 S7-1200、S7-1500、S7-300/400 和各种软件控制器 (WinAC)。STEP7(TIA Portal)有 2 种版本，具体使用取决于可组态的控制器系列。

(1) STEP7 Basic，用于组态 S7-1200。

(2) STEP7 Professional，用于组态 S7-1200、S7-1500、S7-300/400 和软件控制器(WinAC)。

2. WinCC

WinCC (TIA Portal) 是使用 WinCC Runtime Advanced 或 SCADA 系统 WinCC Runtime Professional 可视化软件组态 SIMATIC 面板、SIMATIC 工业 PC 以及标准 PC 的工程组态软件。

WinCC (TIA Portal)有 4 种版本，具体使用取决于以下可组态的操作员控制系统。

(1) WinCC Basic，用于组态精简系列面板。WinCC Basic 包含在每款 STEP7 Basic 和 STEP7 Professional 产品中。

(2) WinCC Comfort，用于组态所有面板(包括精智面板和移动面板)。

(3) WinCC Advanced，用于通过 WinCC Runtime Advanced 可视化软件组态所有面板和 PC。WinCC Runtime Advanced 一个是基于 PC 单站系统的可视化软件。WinCC Runtime Advanced 可购买带有 128、512、2k、4k、8k 和 16k 个外部变量(带过程接口的变量)的许可。

(4) WinCC Professional，用于组态 SCADA 系统，配套 WinCC Runtime Professional 使用。WinCC Professional 也可以组态面板和基于 PC 系统的可视化工作。WinCC Runtime Professional 是一种用于构建组态范围从单站系统到多站系统(包括标准客户端或 Web 客户端)的 SCADA 系统。WinCC Runtime Professional 可购买带有 128、512、2k、4k、8k、64k、100k、150k 和 256k 个外部变量(带过程接口的变量)的许可。

3. StartDrive

在 TIA 博途统一的工程平台上实现 SINAMICS 驱动设备的系统组态、参数设置、调试和诊断。

4. Scout

在 TIA 博途统一的工程平台上实现 SIMOTION 运动控制器的工艺对象配置、用户编程、调试和诊断。

5. SIMOCODE ES

智能电机管理系统，量身打造电机保护、监控、诊断及可编程控制功能；支持 PROFINET、PROFIBUS、Modbus RTU 等通信协议。

练　习　题

1. 通过扩展功能模块，可使 LOGO!主机模块的最大配置达到几个 DI、几个 DO、几个 AI 和几个 AO？

2. 介绍西门子 LOGO!联网通信网络。

3. 西门子 S7-200 SMART 产品包括哪些模块？

4. 西门子 S7-200 SMART CPU 模块有哪两条产品线？说出两产品线 CPU 标识字母的区别？CPU 模块具备哪四种配置？

5. 介绍一下西门子 S7-300 根据选择开关可以设定 PLC 哪几种工作模式？

6. 西门子 S7-300/400 PLC 的专业版设计工具 STEP7 支持哪些编程语言？

7. 西门子 S7-1200 CPU 有哪几种工作模式？

8. 介绍一下 S7-1200 CPU 扩展系统的结构和相应模块。

9. 西门子 S7-1500 PLC 电源模块有哪两种？

10. 介绍西门子 TIA 博途软件架构主要包含的内容及其作用。

第 9 章　可编程控制系统通信

PLC 通信是指 PLC 与上位机之间，PLC 与 PLC 之间，PLC 与现场设备或远程 I/O 口之间的信息交换。随着工业自动化技术的不断进步，借助于 PLC 的通信功能进行网络控制的应用越多。同时，对西门子 PLC 的编程也需要利用 PLC 的通信口。本章介绍西门子 S7-200 PLC 编程软件的使用方法和 PLC 通信的概念和应用。

9.1　网络通信协议基础

9.1.1　PLC 的通信方式

PLC 之间或 PLC 与其他设备之间进行数据接收或发送是通过数据通信完成的，数据分为数字数据和模拟数据两种。对于不同的 PLC 数据，数据通信传输方式不同。

按照传输数据的时空顺序分类，数据通信的传输方式可以分为串行数据通信和并行数据通信两种。

1. 串行数据通信

串行数据通信是指以数据二进制数的位为单位的传输方式。在这种数据传输方式中，数据传输在一个传输方向上只用一根通信线，这根通信线既作为数据线，又作为通信联络控制线。数据和联络信号在这根线上按位进行传输。串行数据通信通常用于速度要求不高的远距离传输。在工业通信中，一般都采用串行通信。

1) 同步通信方式和异步通信方式

串行数据通信按其传输的信息格式可分为同步通信方式和异步通信方式两种。

(1) 同步通信方式。同步通信的信息格式如图 9-1 所示。

同步字符 (1～2 个字符)	数据字符 (5～8 位)	数据字符 (5～8 位)		数据字符 (5～8 位)	校验字符

图 9-1　同步通信信息格式

同步通信方式下的信息格式由同步字符、固定长度的数字字符块以及校验字符组成数据帧。其中，同步字符的主要功能是通知接收方开始接收数据。同步字符的编码由不同通信系统的通信双方约定，开始通信之前，收发双方约定同步字符的编码形式和同步字符的个数。通信开始后，接收方首先搜索同步字符，即从串行位流中拼接字符，与事先约定的同步字符进行比较，若比较结果相同则说明同步字符已经到来，接收方开始接收数据，并按规定的数据长度将接收到的数据拼接成一个个数据字符，直到所有数据传输完毕。最后，经校验处理，确认合格后，即完成一个帧信息的接收。

在同步通信方式中，为保证发送方和接收方完全的同步，要求收发双方使用同一时钟。在近距离通信中，可采用在传输线中增加一根时钟信号线来解决；在远距离通信中，可采用锁相技术，通过调制解调方式从数据流中提取同步信号，使接收方得到和发送方时钟频率完全相同的接收时钟信号。由于同步通信方式不需要在每个数据字符前后加起始位和停止位，而只需在数据字符前加 1～2 个同步字符，所以传输效率高，但是由于硬件复杂，因此一般用于数据传输速率大于 2 Mb/s 的高速通信场合。

(2) 异步通信方式。异步通信是指相邻两个字符数据之间的停顿时间长短不一。在异步通信中，收发的每一个字符数据由 4 部分按顺序组成，其信息格式如图 9-2 所示。

起始位 1 位	字符代码数据位 5～8 位	奇偶校验位 0～1 位	停止位 1，1.5，2 位

图 9-2　异步通信信息格式

在异步通信方式中，通信开始前，收发双方要把采集的信息格式和数据传输速率做统一规定。通信时，发送方把要发送的代码数据拼装成以起始位开始、停止位结束、代码数据的低位在前、高位在后的串行字符格式进行发送。在每个串行字符之间允许有不定长的空闲位，一直到要发送的代码数据结束。起始位“0”作为联络信号，通知接收方开始接收数据，停止位“1”和空闲位“1”告知接收方一个串行字符数据传送结束。通信开始后，接收方不断检测传输线，查看是否有起始的数据位和奇偶校验位以及停止位。经过校验处理后，把接收到的代码数据位部分拼装成一个代码数据。一个串行字符接收完成后，接收方又继续检测传输线，监视“0”位的到来和开始接收下一个串行字符代码。

异步通信按字符传输，发送方每发送一个字符，就用起始位通知接收方，以此来重新核对接收双方的同步。即使接收方和发送方的时钟频率略有偏差，也不会因偏差的积累而导致错位。此外，字符之间的空闲位也为这种偏差提供缓冲，所以异步通信的可靠性很高。但是，由于异步通信方式需要花费时间来传送起始位、停止位等附加的非有效信息位，因此异步通信的传输效率较低，一般适用于低速通信的场合。

2) 串行数据传输模式

串行数据在通信线路上的传输具有方向性，按照数据传送方向可将串行通信分为单工通信、半双工通信和全双工通信。

(1) 单工通信。单工通信是指通信数据只能沿一个固定方向传输，而不能反向传输，即传输是单向的，如图 9-3(a)所示。常见的无线电广播、电视广播等就属于单工通信类型。

(2) 半双工通信。半双工通信是指在一条传输线上相互进行通信的两台设备，既可以作为发送设备，也可以作为接收设备。数据流可以实现双向的通信，但不能在两个方向上同时进行，必须轮流交替地进行，即同一时刻里，信息只能有一个传输方向，如图 9-3(b)所示。日常生活中的步话机通信，对讲机通信等就属于半双工通信。

(3) 全双工通信。全双工通信有两条传输线，相互通信的两台设备双方能够同时进行数据的发送和接收，如图 9-3(c)所示。

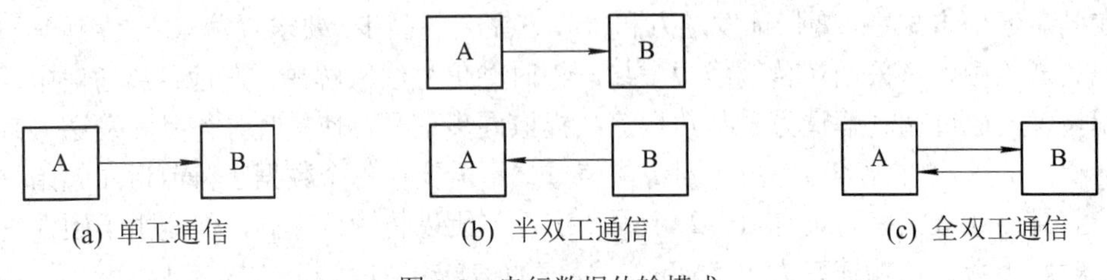

(a) 单工通信　(b) 半双工通信　(c) 全双工通信

图 9-3　串行数据传输模式

2. 并行数据通信

并行数据通信是数据以一个字或者字节为单位在多条并行的通道上同时传输的方式。

在并行传输通信中，数据在多根传输线上同时传输，一个数据的每个数据比特都有自己的传输线路，因此数据的位数决定了传输线的根数。并行数据通信，除了传输数据的数据线之外，还需要数据通信联络用的控制线(如应答线、选通线等)。比如传输 8 个数据位(1 个字节)或者 16 个数据位(1 个字)，除了需要 8 根或者 16 根数据线、1 根公共线之外，还需要通信双方联络用的应答线及选通线。

并行数据通信的数据传输过程如下：发送方发送数据前，首先判断接收方发出的应答线的状态，依此决定是否可以发送数据。发送方确定可以发送数据后，把数据发到数据线上，并在选通线上输出一个状态信号给接收方，表示数据线上的数据有效。接收方接收数据前，先判断发送方发送的选通线状态，以决定是否可以接收数据。接收方在确定可以接收数据后，从数据线上接收数据，并在应答线上输出一个状态信号给发送方，表示可以再发数据。

由于并行数据通信时，每次传送的数据位数多，速度快，所以当传输距离较短时，采用并行方式可以提高传输效率。但是，由于并行通信时用的通信线多、成本高，故不宜进行远距离通信。

9.1.2　PLC 的常用通信接口

PLC 与上位机之间以及 PLC 与 PLC 之间的数据传输可以采用串口通信和并行通信两种方式。由于串行通信方式使用线路少、成本低、适宜远程传输，因此在实际应用中被广泛采用。在工业网络中经常采用的串行通信接口标准有 RS232、RS422 以及 RS485 标准。

1. RS232C 串行通信接口

RS232C 接口标准是目前计算机和 PLC 中最常用的一种串行通信接口。RS232C 标准(协议)的全称是 EIA-RS232C 标准，定义是：数据终端设备(DTE)和数据通信设备(DCE)之间串行二进制数据交换接口技术标准。其中 EIA (Electronic Industry Association)代表美国电子工业协会，RS(Recommended Standard)代表推荐标准，232 是标识号，C 代表 RS232 的最新一次修改(1969)，在这之前有 RS232A、RS232B。该标准对串行通信接口的连接电缆、机械特性、电气特性、信号功能及传送过程等做了明确规定。

RS232C 采用负逻辑，用−5～−15 V 表示逻辑“1”，用+5～+15 V 表示逻辑“0”。噪

声容限为 2 V，即要求接收器能识别低至+3 V 的信号作为逻辑“0”，高到−3 V 的信号作为逻辑“1”。RS232C 标准对接口的电气特征所作规定如表 9-1 所示。

表 9-1　RS232C 电气特性

驱动器输出电平	逻辑 1：−5～−15 V 逻辑 0：+5～+15 V
不带负载时的驱动器输出电平	−25～+25 V
驱动器时的输出阻抗	>300 Ω
输出短路电流	<0.5 A
驱动器转换速率	<30 V/μs
接收器输入阻抗	3～7 kΩ
接收器输入电压的允许范围	−25～+25 V
输入开路时接收器的输出	逻辑 1
输入经 300 Ω 接地时接收器的输出	逻辑 1
+3 V 输入时接收器的输出	逻辑 0
−3 V 输入时接收器的输出	逻辑 1
最大负载电容	2500 pF

RS232C 只能进行一对一的通信，RS232C 可使用 9 针或 25 针的 D 型连接器，表 9-2 列出了 RS232C 接口各引脚信号的定义以及 9 针与 25 针引脚的对应关系。PLC 一般使用 9 针的连接器。

表 9-2　RS232C C 接口引脚信号的定义

引脚号 (9 针)	引脚号 (25 针)	信号	方向	功　能
1	8	DCD	IN	数据载波检测
2	3	RxD	IN	接收数据
3	2	TxD	OUT	发送数据
4	20	DTR	OUT	数据终端装置(DTE)准备就绪
5	7	GND		信号公共参考地
6	6	DSR	IN	数据通信装置(DCE)准备就绪
7	4	RTS	OUT	请求传送
8	5	CTS	IN	清除传送
9	22	CI(RI)	IN	振铃指示

RS232C 的电气接口采用单端驱动、单端接收的电路，容易受到公共地线上的电位差和外部引入的干扰信号的影响，同时还存在以下不足之处：传输速率较低，最高传输速度速率为 20 kb/s。传输距离短，最大通信距离为 15 m。接口的信号电平值较高，易损坏接口电路的芯片，又因为与 TTL 电平不兼容故需使用电平转换电路方能与 TTL 电路

连接。

2. RS422 串行通信接口

RS422 标准全称是“平衡电压数字接口电路的电气特性”，是一种以平衡方式传输的标准。该标准属于 EIA 于 1977 年推出的串行通信标准 RS499 的子集，对 RS232C 的电气特性进行了改进。

RS422 标准是双端发送和双端接收，根据两条传输线之间的电位差值来决定逻辑状态。由于 RS422 采用平衡驱动差分接收电路，如图 9-4 所示，从根本上取消了信号地线，大大减小了地电平所带来的共模干扰。

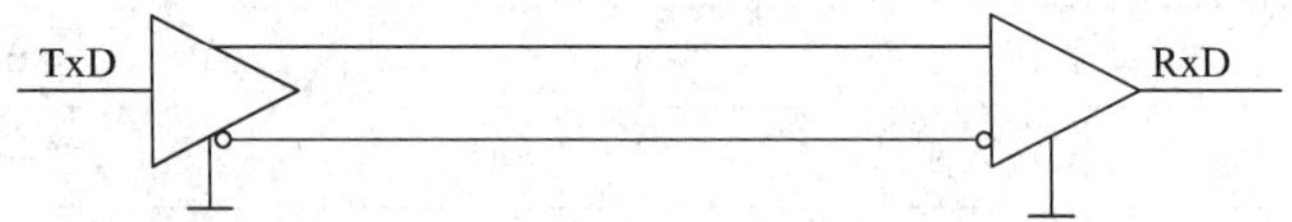

图 9-4　平衡驱动差分接收电路

平衡驱动器相当于两个单端驱动器，其输入信号相同，两个输出信号互为反向信号，图中小圆圈表示反向。外部输入的干扰信号以共模方式出现，两极传输线上的共模干扰信号相同，因接收器是差分输入，共模信号可以相互抵消。只要接收器有足够的共模干扰能力，就能从干扰信号中识别出驱动器输出的有用信号，从而克服外部干扰的影响。

由于接收器采用高输入阻抗和发送驱动器比 RS232 更强的驱动能力，故允许在相同传输线上连接多个接收节点，最多可接 10 个节点。即一个主设备(Master)，其余为从设备(Salve)。从设备之间不能通信，所以 RS422 支持点对多的双向通信。RS422 四线接口由于采用单独的发送和接收通道，因此不必控制数据方向，各装置之间任何必需的信号交换均可以按软件方式(XON/XOFF 握手)或硬件方式(一对单独的双绞线)实现。

RS422 的最大传输距离为 4000 英尺(约 1219 米)，最大传输速率为 10 Mb/s。其平衡双绞线的长度与传输速率成反比，在 100 kb/s 速率以下，才可能达到最大传输距离。只有在很短的距离下才能获得最高速率传输。一般 100 米长的双绞线上所能获得的最大传输速率仅为 1 Mb/s。

3. RS485 串行通信接口

RS485 接口是在 RS422 的基础上发展而来的，所以 RS485 的许多电气规定与 RS422 相仿。如都采用平衡传输方式等。RS485 可以采用二线与四线方式，二线制可实现真正的多点双向通信。

RS485 采用平衡发送和差分接收，因此具有抑制共模干扰的能力。加上总线收发器具有高灵敏度，能检测低至 200 mV 的电压，故传输信号能在千米以外得到恢复。RS485 采用半双工工作方式，任何时候只能有一点处于发送状态，因此，发送电路必须由使能信号加以控制。RS485 用于多点互连时非常方便，可以省掉许多信号线。应用 RS485 可以联网构成分布式系统，其允许最多并联 32 台驱动器和 32 台接收器。

RS485 与 RS422 的不同还在于其共模输出电压是不同的，RS485 是 −7 V 至 +12 V 之间，而 RS422 在 −7 V 至 +7 V 之间，RS485 满足所有 RS422 的规范，所以 RS485 的驱动器可以用在 RS422 网络中。RS485 与 RS422 一样，其最大传输距离约为 1219 m，最大传输速率为 10 Mb/s。一般 100 m 长的双绞线其最大传输速率仅为 1 Mb/s。

由于 RS485 接口具有较高的传输速率、较好的抗干扰性能、较长的传输距离和多站能力，并且具有硬件设计简单、控制方便、成本低廉等优点，所以它在工厂自动化、工业控制等领域广泛应用。

9.2　S7-200 网络通信实现

9.2.1　S7-200 网络通信概述

1. 通信设备

1) 通信电缆

S7-200 的通信电缆主要有 PC/PPI 电缆和网络电缆两种。

(1) PC/PPI 电缆。S7-200 PLC 通过 PC/PPI 电缆连接计算机及其他通信设备，PLC 主机侧是 RS485 接口，计算机侧是 RS232 接口，电缆中部是 RS485/RS232 适配器，在适配器上有 4 个或 5 个 DIP 开关，用于设置数据传输速率、字符数据格式以及设备模式。

当数据从 RS232 传送到 RS485 时，PC/PPI 电缆是发送模式；当数据从 RS485 传送到 RS232 时，PC/PPI 电缆是接收模式。如果 RS232 检测到有数据发送时，电缆立即从接收模式切换到发送模式。当 RS232 发送线处于闲置时间超过电缆切换时间时，电缆又切换到接收模式。

如果在自由通信时使用了 PC/PPI 电缆，则为保证数据从 RS485 传送到 RS232，在用户程序中必须考虑从发送模式到接收模式的延迟，即电缆切换时间。电缆的切换时间如表 9-3 所示。

表 9-3　不同数据传输速率电缆的切换时间

数据传输速率/(b/s)	切换时间/ms
38400	0.5
19200	1
9600	2
4800	4
2400	7
600	28

(2) 网络电缆。网络电缆是 PROFIBUS-DP 网络使用的 RS485 标准屏蔽双绞线电缆，它允许在一个网络段上最多连接 32 台设备。根据数据传输速率不同，网络段的最大电缆长度可以达到 1200 m。PROFIBUS-DP 网络段中不同数据传输速率对应的最大长度如表 9-4 所示。

表 9-4　不同数据传输速率对应的最大电缆长度

网络段最大电缆长度	数据传输速率
1200 m	9600～937 500 b/s
1000 m	187.5 kb/s
400 m	500 kb/s
200 m	1～1.5 Mb/s
100 m	3～12 Mb/s

2) 网络中继器

在 PROFIBUS-DP 网络中，一个网络段的最大长度为 1200 m，用网络中继器可以有效增加传输距离。一个 PROFIBUS-DP 网络中，每个中继器可以最多带 32 个设备。最多可以有 9 个中继器，但是网络的最大长度不能超过 9600 m。

3) 网络连接器

网络连接器用于将多个设备连接到网络中。网络连接器有两种类型：一种仅提供连接到主机的接口，另一种在连接器上增加编程接口。带有编程接口的连接器可以把编程器或者操作员面板直接增加到网络中，编程接口在传递主机信号的同时，为这些设备提供电源，而不需要另加电源。

2. 通信端口

在 S7-200 PLC 中，CPU 的通信端口为与 RS485 兼容的 9 针微型 D 型连接器，它符合欧洲标准 EN50170 中所定义的 PROFIBUS 标准。在 S7-200 PLC 系列中，CPU226 有 2 个 RS485 端口，分别定义为端口 0 和端口 1。CPU221、CPU222 和 CPU224 均有一个 RS485 串行通信端口，定义为端口 0。RS485 通信端口的引脚排列如表 9-5 所示。

表 9-5　RS485 通信端口的引脚排列

引脚号	PROFIBUS 名称	端口 0/端口 1
1	屏蔽	逻辑地
2	24 V 地	逻辑地
3	RS485 信号 B	RS485 信号 B
4	发送申请	RTS(TTL)
5	5 V 地	逻辑地
6	+5 V	+5 V、100 Ω 串联电阻
7	+24 V	+24 V
8	RS485 信号 A	RS485 信号 A
9	不用	10 位信号选择

3. 网络层次结构

为满足不同控制需要，西门子 PLC 网络一般采用多级网络形式。西门子 S7 系列的网络金字塔由 4 级组成，由下到上依次是：过程测量与控制级、过程监控级、工厂与过程管理级、公司管理级。S7 系列的网络结构如图 9-5 所示。

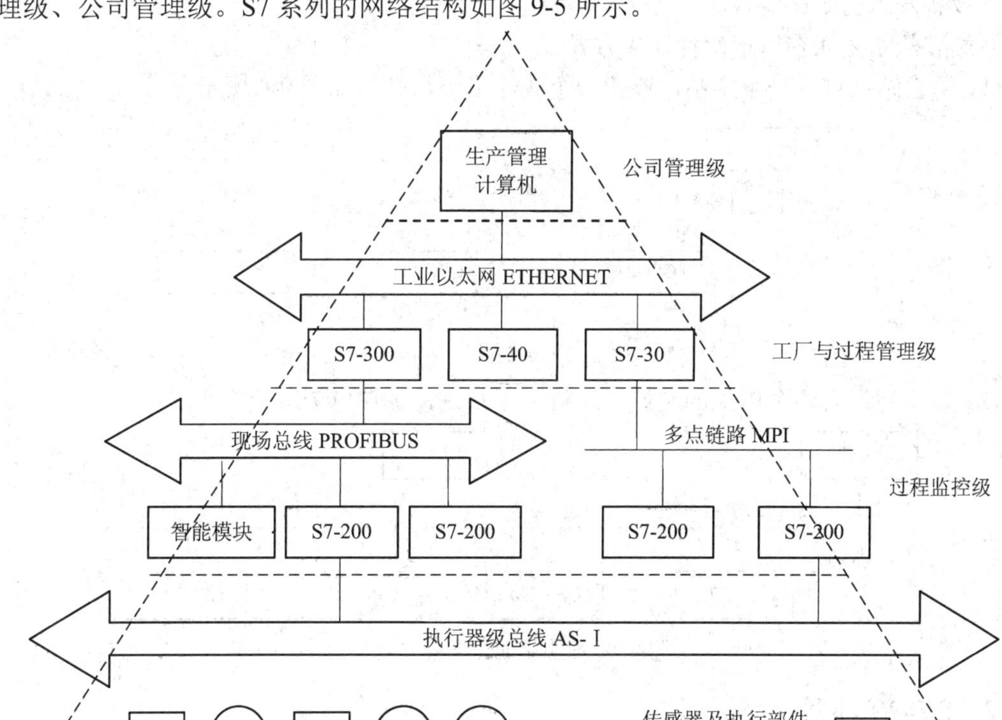

图 9-5　S7 系列的网络结构图

金字塔的 4 级网络由以下 3 级总线复合而成：

最低一级为 AS-I 级总线，负责与现场传感器和执行器的通信，也可以是远程 I/O 总线(负责 PLC 与分布式 I/O 模块之间的通信)。

中间一级是 PROFIBUS 级总线，它是一种新型总线，采用令牌方式和主从轮询方式相结合的存取控制方式，可实现现场、控制和监控 3 级的通信。中间级也可采用主从轮询存取方式的主从式多点链路。

最高一级为工业以太网(Ethernet)，使用通用协议，负责传送生产管理信息。

4. 字符数据格式

S7-200 PLC 采用异步串行通信方式，可以在通信组态时设置 10 位或者 11 位的数据格式传送字符。

(1) 10 位字符数据：1 个起始位，8 个数据位，无校验位，1 个停止位。数据传输速率一般为 9600 b/s。

(2) 11 位字符数据：1 个起始位，8 个数据位，1 个校验位，1 个停止位。数据传输速率一般为 9600 b/s 或者 19200 b/s。

5. 通信连接方式

在 S7-200 PLC 的通信网络中，可以把上位机、人机界面 HMI 作为主站。主站可以对网络中的其他设备发出初始化请求，从站只是响应来自主站的初始化请求，不能对网络中的其他设备发出初始化请求。

主站和从站之间有以下两种连接方式：

(1) 单主站：只有一个主站，连接一个或者多个从站，如图 9-6 所示。

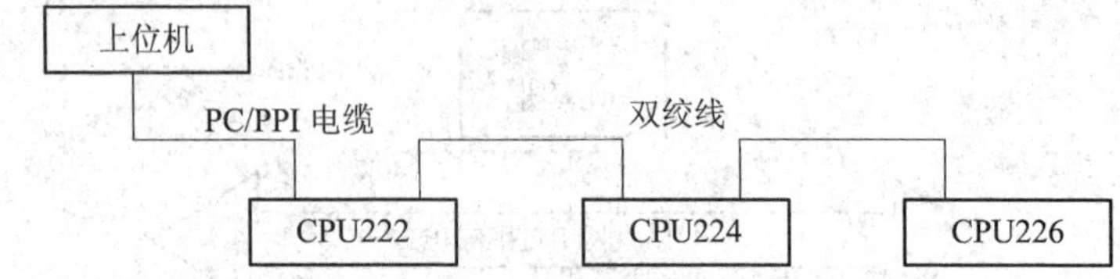

图 9-6　单主站通信连接方式

(2) 多主站：有两个以上的主站，连接多个从站，如图 9-7 所示。

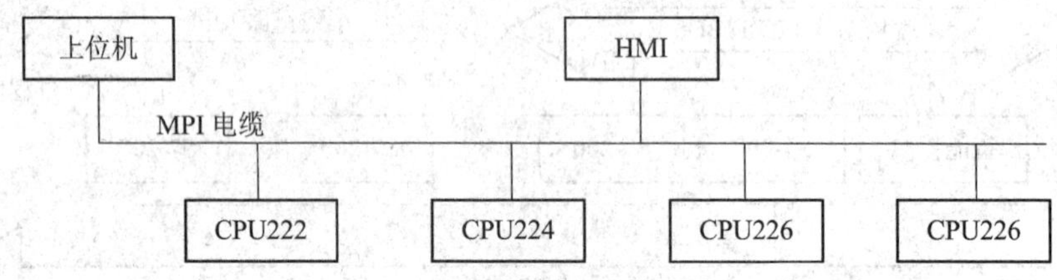

图 9-7　多主站通信连接方式

9.2.2　S7-200 网络通信协议

S7-200 支持的通信协议很多，如点对点接口协议 PPI、多点接口协议 MPI、PROFIBUS-DP 协议、自由口通信协议、AS-I 协议、USS 协议、Modbus 协议以及以太网协议等。其中 PPI、MPI、PROFIBUS 是 S7-200 CPU 所支持的通信协议，其他通信协议需要有专门的 CP 模块或 EM 模块支持。带有扩展模块 CP243-1 和 CP243-1 IT 的 S7-200 CPU 也能运行在以太网上。

1. PPI 协议

PPI 协议(点对点接口协议)是西门子公司通信协议，专门用于 S7-200 系列 PLC，是一种主从设备协议，采用 PC/PPI 电缆，将 S7-200 系列 PLC 与装有 STEP7-Micro/WIN 编程软件的主设备连接起来。主设备给从属装置发送请求，从属设置进行响应。PPI 协议网络通信结构如图 9-8 所示。

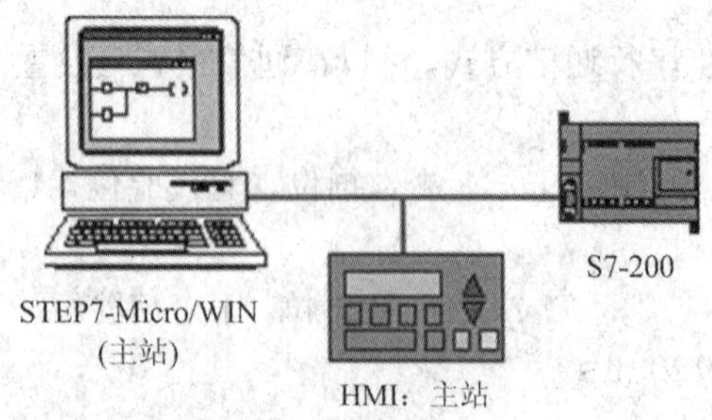

图 9-8　PPI 协议网络通信结构

在 PPI 协议网络中，主站可以是其他 PLC 主机(如 S7-300PLC)、编程器或者人机界面 HMI 等，网络中所有的 S7-200 都默认为从站。从站不发出信息，而是一直等到主站发送或轮询时才做出响应。主站与从站的通信通过 PPI 协议管理的共享连接进行。PPI 不限制与任何一个从站进行通信的数量，但是在网络中最多只能有 32 个主站。

如果在程序中指定某个 S7-200 PLC 为 PPI 主站模式，则在 RUN 模式时可作为主站。激活 PPI 主站模式后，可使用网络读取指令或者网络写入指令从其他 S7-200 PLC 读取数据或者将数据写入其他 S7-200 PLC。同时，它仍将作为从站对来自其他主站的请求进行响应。

PPI 高级协议允许网络设备建立设备之间的逻辑连接，所有 S7-200 PLC CPU 均支持 PPI 和高级协议，而 PPI 高级协议是用于从站连接到 PROFIBUS-DP 网络的 EM277 模块所支持的唯一 PPI 协议。对于 PPI 高级协议，每台设备所提供的连接数目是有限的。S7-200 PLC CPU 与 EM277 模块所支持的连接数目如表 9-6 所示。

表 9-6　S7-200 PLC CPU 与 EM277 模块所支持的连接数目表

模　块		波　特　率	连接数
S7-200 CPU	端口 0	9.6 kb/s、19.2 kb/s 或 187.5 kb/s	4
	端口 1	9.6 kb/s、19.2 kb/s 或 187.5 kb/s	4
EM277 模式		9.6 kb/s～12 Mb/s	每个模块 6 个

2. MPI 协议

MPI 协议(多点接口协议)可以是主-主协议，也可以是主-从协议，是一种适用于小范围、少数站点间通信的网络，在网络结构中属于单元级和现场级，适用于 SIMATIC S7、M7 和 C7 系统，用于上位机和少量 PLC 之间的近距离通信，通过电缆和接头将 PLC 的 MPI 编程口相互连接以及与上位机网口的编程口(MPI/DP 口)连接即可实现。

与 S7-200 CPU 通信时，STEP7-Micro/WIN 建立主-从连接，如图 9-9 所示。MPI 协议不能与作为主站的 S7-200 CPU 通信。

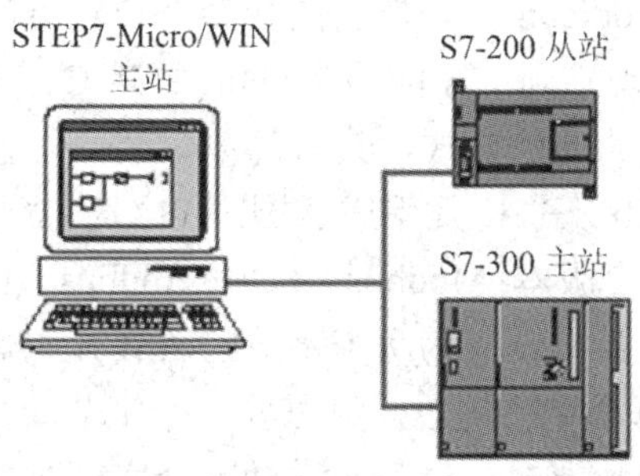

图 9-9　MPI 协议网络通信结构

若网络中的 PLC 都是 S7-300/400，则 S7-300/400 都默认为网络主站，建立主-主网络连接；若有 S7-200 PLC，则建立主-从网络连接。由于 S7-200 PLC 在 MPI 网络只默认为从站，因此 S7-200 PLC 之间不能通信。MPI 协议总是在两个相互通信的设备之间建立连接，主站根据需要在短时间内建立一个连接，也可以无限期地保持连续断开。运行时，另一个主站不能干涉两个设备已经建立的连接，且设备之间的通信将受限于 S7-200 PLC CPU 或 EM277 模块所支持的连接数目。

PLC 之间通过 MPI 通信可分以下两种方式：

(1) 全局数据包(GD)通信方式。以这种通信方式实现 PLC 之间的数据交换时，只需关心数据的发送区和接收区。这种通信方式只适合 S7-300/400 PLC 之间相互通信。

(2) 调用系统功能的通信方式。如果是不需要组态连接的通信方式，则这种通信方式适合于 S7-200/300/400 PLC 之间通信；如果是需要组态连接的通信方式，则这种通信方式适用于 S7-400 PLC 之间以及 S7-400 PLC 与 S7-300 PLC 之间的 MPI 通信。

3. PROFIBUS 协议

PROFIBUS 协议用于分布式 I/O 的高速通信。在 S7-200 中，CPU222、CPU224 和 CPU226 都可以通过增加 EM277 PROFIBUS-DP 扩展模板，支持 PROFIBUS-DP 网络协议。PROFIBUS-DP 网络通常有一个主站和多个 I/O 从站，如图 9-10 所示。主站初始化网络，验证网络上的从属装置和配置是否相符，可以将输出数据连续地写入从属装置，以及从中读出输入数据。如果网络中有第 2 个主站，则它智能访问第 1 个主站的从站。

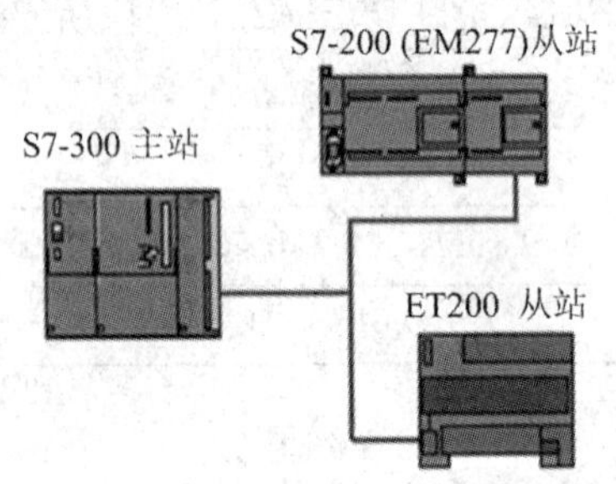

图 9-10　PROFIBUS 协议网络通信结构

4. Modbus 协议

1) Modbus 协议

Modbus 是美国 Modicon 公司(即现在的 Schneider Electric 公司)于 1979 年开发的一种通信协议，其目的是采用一根双绞线实现多个设备之间的通信。Modbus 很快就成为自动化工业领域事实上的标准，Modicon 公司把它向社会公开发布，不收任何专利费用。通过 Modbus 协议，可以轻松地实现不同厂家的控制设备(如 PLC、变频器和 DCS)之间的通信。

Modbus 协议采用问答式的通信方式，具有简单、硬件便宜、通用性强、使用方便等优点，容易开发和实现。Modbus RTU 几乎成了国产 PLC 和变频器首选的通信协议。

目前使用的 Modbus 有三个版本：Modbus ASCII、Modbus RTU 和 Modbus/TCP。Modbus ASCII 协议需要将一个字节的数据转换为两个字节的 ASCII 码后发送。Modbus RTU 协议的数据以二进制进行编码，每个字节的数据只需要一个字节的通信量。

Modbus RTU 通信采用主从方式，最多传送 255 个字节的数据，主设备与一个或多个从设备进行通信。比较典型的主设备是 PLC、PC、DCS(集散控制系统)或者 RTU(远程终端单元)。Modbus RTU 的从设备一般是现场设备。当 Modbus RTU 主设备想要从一台从设备得到数据的时候，主设备发送一条包含该从设备的站地址、所需要的数据以及一个用于检测错误的 CRC 校验码。网络上所有其他设备都可以接收到这条信息，但是只有地址被指定的从设备才会作出响应。Modbus 网络上的从设备不能发起通信，它们只能在主设备对它说话的时候回答。

Modbus /TCP 可以被理解为以太网上的 Modbus。Modbus /TCP 不过是采用 TCP/IP 标准，简单地把 Modbus 信息包打包压缩而已。这样 Modbus /TCP 设备就可以通过以太网和光纤网络进行连接和通信。与 RS485 接口相比，Modbus /TCP 还允许使用更多的地址，可以采用多主站架构，传送速率可以达到 Gb/s 的水平。Modbus /TCP 网络的从站数量仅受限于网络物理层的能力，从站的数量一般在 1024 个左右。

Modbus RTU 采用 16 位的循环冗余校验码(CRC)，通过一个对数据进行“或”运算以及移位运算的复杂程序，由主设备产生 CRC，并且由接收设备进行检查。如果双方计算出的 CRC 值不符，则从设备会要求重新传送信息。Modbus RTU 协议分为 Modbus RTU 主站协议和 Modbus RTU 从站协议。Modbus 通信是由功能码来控制的，主站直接访问从站的数据区。

2) Modbus 报文传输模式

串行链路上的 Modbus 协议有 ASCII 和 RTU(远程终端单元)这两种报文传输模式。同一 Modbus 网络上所有的站都必须选择相同的传输模式和串口参数。

(1) ASCII 模式：报文帧的每个 8 字节都转换为两个 ASCII 字符发送。ASCII 模式的报文格式如图 9-11 所示。

:	地址	功能代码	数据字节数	数据 1	…	数据 n	LRC 高字节	LRC 低字节	回车	换行

图 9-11　ASCII 模式的报文格式

报文中的每个 ASCII 字符都由十六进制字符组成，传输的每个字符包含一个起始位、七个数据位、一个奇偶校验位和一个停止位。如果没有校验位，则有两个停止位。Modbus 协议需要对数据进行校验，串行协议中除了奇偶校验外，ASCII 模式采用纵向冗余校验(LRC)，计算 LRC 时不包括开始的冒号符、LRC 本身和回车换行符。

(2) RTU 模式：报文以字节为单位进行传输，一个字节由两个十六进制数组成。在同样的传输速率下，传输效率比 ASCII 模式的高。

传输的每个字节包含一个起始位、八个数据位(先发送最低的有效位)，奇偶校验位、停止位与 ASCII 模式的相同，报文最长为 256 字节。

Modbus 的 RTU 模式报文的最后两个字节是循环冗余校验码(CRC)。其校验方式是将整个报文的所有字节(不包括最后两个字节)按规定的方式进行位移并进行 XOR(异或)计算。接收方在收到该字符串时按同样的方式进行计算，并将结果与收到的循环冗余校验码进行比较，如果一致则认为通信正确；如果不一致，则认为通信有误，从站将发送 CRC 错误应答。Modbus RTU 采用 CRC-16 的冗余校验方式。

Modbus RTU 通信帧的基本结构是：从站地址为 0～247，它和功能码均占一个字节，命令帧中 PLC 地址区的起始地址和 CRC 各占一个字，数据以字或字节为单位(与功能码有关)，以字为单位时高字节在前、低字节在后，但是 CRC 的低字节在前、高字节在后。RTU 模式的报文格式如图 9-12 所示。

地址	功能代码	数据 1	…	数据 n	CRC 高字节	CRC 低字节

图 9-12　RTU 模式的报文格式

5. 自由口通信协议

SIMATIC S7-200 系列 PLC 有广泛的应用领域，根据不同的应用要求，PLC 有不同的通信功能，特别是 S7-200 的通信接口 Port 0 具有的自由口通信模式，为其灵活的组网通信提供了有力支持。

自由口模式通信是指用户程序在自定义的协议下，通过端口 0 控制 PLC 主机与其他带编程口的智能设备(如打印机、条形码阅读器、显示器等)进行通信。

自由口模式下，主机处于 RUN 方式时，用户可以用接收中断、发送中断和相关的通信指令来编写程序控制通信口的运行；当主机处于 STOP 方式时，自由口通信被终止，通信口自动切换到正常的 PPI 协议运行。

6. USS 协议

USS 协议(Universal Serial Interface Protocol，通用串行接口协议)是 SIEMENS 公司所有传动产品的通用通信协议，它是一种基于串行总线进行数据通信的协议。USS 协议是主-从结构的协议，规定了在 USS 总线上可以有一个主站和最多 30 个从站。总线上的每个从站都有一个站地址(在从站参数中设定)，主站依靠它识别每个从站。每个从站也只对主站发来的报文做出响应并回送报文，从站之间不能直接进行数据通信。

另外，还有一种广播通信方式，主站可以同时给所有从站发送报文，从站在接收到报文并做出相应的响应后可不回送报文。

1) 使用 USS 协议的优点

(1) 对硬件设备要求低，减少了设备之间的布线；

(2) 无须重新连线就可以改变控制功能；

(3) 可通过串行接口设置或改变传动装置的参数；

(4) 可实时地监控传动系统。

2) 常用 USS 主站的性能对比

常用 USS 主站的性能对比表如表 9-7 所示。可见，S7-200 CPU22X 具有较好的性能。

表 9-7　常用 USS 主站的性能对比

产 品	通信接口	最大通信传输速率/(kb/s)
CPU22X	9 芯 D 型插头	115.2
CPU31XC-PTP	15 芯 D 型插头	19.2
CPU340-C	15 芯 D 型插头	9.6
CPU341-C	15 芯 D 型插头	19.2

3) 常用 USS 从站的性能对比

常用 USS 从站的性能对比如表 9-8 所示。

表 9-8　常用 USS 从站的性能对比

产品	PKW 区	PZD 区	Bico	终端电阻	通信接口	最大通信传输速率/(kb/s)
MM3/ECO	3 固定	2 固定	NO	NO	9 芯 D 型插头或端子	19.2
MM410/420	0，3，4，127	0～4	YES	NO	端子	57.6
MM430/440	0，3，4，127	0～8	YES	NO	端子	115.2
Simoreg 6RA70	0，3，4，127	0～16	YES	YES	9 芯 D 型插头或端子	115.2
Simovert 6SE70	0，3，4，127	0～16	YES	YES	9 芯 D 型插头或端子	115.2

4) USS 通信硬件连接

(1) 在条件许可的情况下，USS 主站尽量选用直流型 CPU(针对 S7-200 系列)。

(2) 一般情况下，USS 通信电缆采用双绞线即可(如常用的以太网电缆)，如果干扰比较大，可采用屏蔽双绞线。

(3) 在采用屏蔽双绞线作为通信电缆时，如果把具有不同电位参考点的设备互连会在互连电缆中产生不应有的电流，从而造成通信口的损坏。要确保通信电缆连接的所有设备，或是共用一个公共电路参考点，或是相互隔离，以防止不应有的电流产生。屏蔽线必须连接到机箱接地点或 9 针连接的插针 1。建议将传动装置上的 0 V 端子连接到机箱接地点。

(4) 尽量采用较高的传输速率，通信速率只与通信距离有关，与干扰没有直接关系。

(5) 终端电阻的作用是防止信号反射，并不是抗干扰。在通信距离很近、传输速率较低或点对点的通信的情况下，可不用终端电阻。在多点通信的情况下，一般也只需在 USS 主站上加终端电阻就可以取得较好的通信效果。

(6) 当使用交流型 CPU22X 和单相变频器进行 USS 通信时，CPU22X 和变频器的电源必须接成同相位的。

(7) 建议使用 CPU226(或 CPU224+EM277)来调试 USS 通信程序。

(8) 不要带电插拔 USS 通信电缆，尤其是正在通信过程中，否则极易损坏传动装置和 PLC 的通信端口。如果使用大功率传动装置，则即使传动装置掉电，也要等几分钟，让电容放电后，再去插拔通信电缆。

9.2.3　S7-200 网络通信配置

本节主要以使用 PPI 通信协议的 S7-200 网络为例进行说明。PPI 通信协议是西门子公司专为 S7-200 PLC 开发的一个通信协议，既支持单主站网络，也支持多主站网络。

1. 单主站 PPI 网络

对由 STEP7-Micro/WIN 和 S7-200 CPU 组成的单主站网络，STEP7-Micro/WIN 和 S7-200 CPU 可以通过 PC/PPI 电缆或安装在 STEP7-Micro/WIN 中的通信处理器(CP 卡)连接。其中，STEP7-Micro/WIN 以及人机接口(HMI)设备作为网络主站，S7-200 CPU 是从站，对来自主站的请求做出响应。对于单主站 PPI 网络，需要将 STEP7-Micro/WIN 配置为使用 PPI 协议，而且尽量不要选择多主站网络选框和 PPI 高级选框。单主站 PPI 网络示意图如图 9-13 所示。

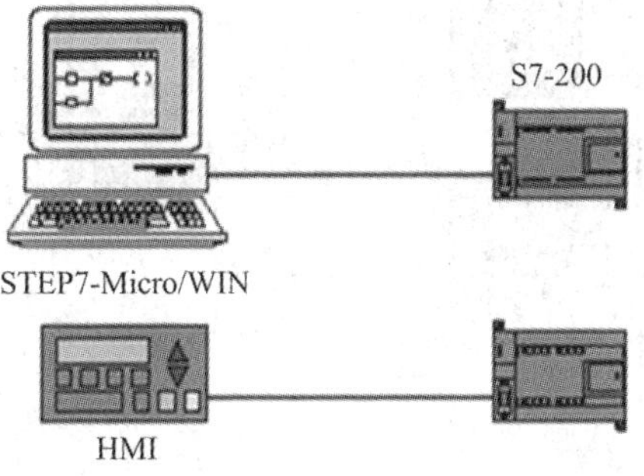

图 9-13　单主站 PPI 网络示意图

2. 多主站 PPI 网络

多主站 PPI 网络又可细分为单从站和多从站网络两种。

单从站多主站网络示意图如图 9-14(a)所示。图中，STEP7-Micro/WIN 和 HMI 设备是网络的主站，S7-200 CPU 是从站。STEP7-Micro/WIN 和 HMI 设备同时作为主站，共享资源，但是它们必须有不同的网络地址。如果使用 PPI 多主站电缆，那么该电缆将作为主站，并使用 STEP7-Micro/WIN 提供给它的网络地址。

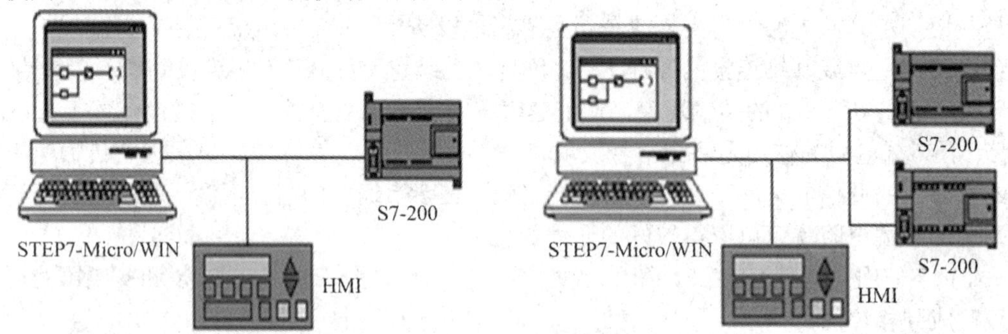

(a) 单从站多主站 PPI 网络示意图　　(b) 多从站多主站 PPI 网络示意图

图 9-14　多主站 PPI 网络示意图

多从站多主站网络示意图如图 9-14(b)所示。图中，STEP7-Micro/WIN 和 HMI 设备是网络的主站，可以对任意 S7-200 CPU 从站读写数据，STEP7-Micro/WIN 和 HMI 设备共享网络资源，网络中的主站和从站设备都有不同的网络地址。如果使用 PPI 多主站电缆，那么该电缆将作为主站，并且使用 STEP7-Micro/WIN 提供给它的网络地址。

对于单/多从站与多主站组成的网络，需要配置 STEP7-Micro/WIN 使用 PPI 协议，而且，要尽量选中多主站网络选框和 PPI 高级选框。如果使用的电缆是 PPI 多主站电缆，电缆无须配置即会自动调整为适当的设置，因此多主站网络选框和 PPI 高级选框可以忽略。

3. 复杂 PPI 网络

点对点通信的多主站复杂 PPI 网络结构示意图如图 9-15 所示。其中，在图 9-15(a)所示网络结构中，STEP7-Micro/WIN 和 HMI 设备通过网络读写 S7-200 CPU，同时 S7-200 CPU 之间使用网络读写指令相互读写数据，即点对点通信。在图 9-15(b)所示网络结构中，每个 HMI 监控一个 S7-200 CPU，S7-200 CPU 之间使用网络读写指令相互读写数据。

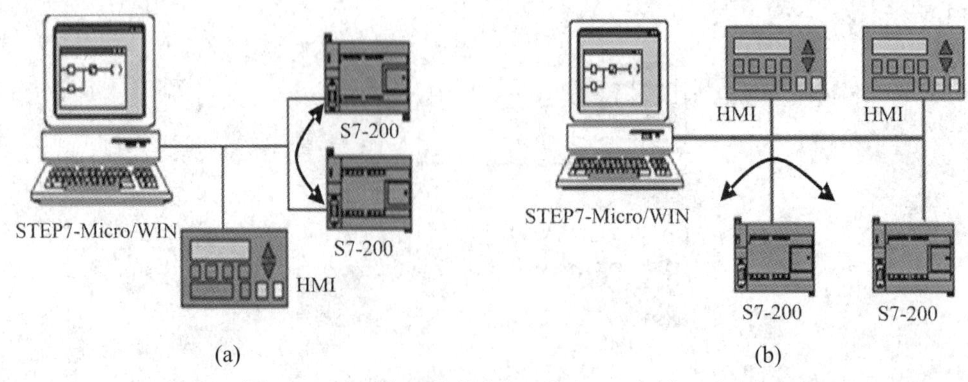

(a)　　(b)

图 9-15　点对点通信的多主站复杂 PPI 网络示意图

9.3　S7-200 通信指令和应用

西门子 S7-200 PLC 提供的通信指令主要有网络读与网络写指令、发送与接收指令、获取/设定口地址指令等。

9.3.1　网络读与写指令

1. 网络读写指令工作条件

为了在S7-200网络通信中，使用网络读/网络写指令实现读写其他S7-200 CPU的数据，必须满足以下条件：

(1) 在用户程序中允许 PPI 主站模式；

(2) 使 S7-200 CPU 作为 RUN 模式下的主站设备。

S7-200 网络通信的协议类型如表 9-9 所示，网络通信的协议类型由 S7-200 的特殊继电器 SMB30 和 SMB130 的低 2 位决定的。在 S7-200 的特殊继电器 SM 中，SMB30 控制自由端口 0 的通信方式，SMB130 控制自由端口 1 的通信方式，用户可以对 SMB30 和 SMB130 进行读写操作。

表 9-9　网络通信协议类型表

SMB30.1/SMB130.1	SMB30.0/SMB130.0	协议类型(端口 0 或端口 1)
0	0	点到点接口协议(PPI 从站模式)
0	1	自由口协议
1	0	PPI 主站模式
1	1	保留(缺省值为 PPI 从站模式)

通过网络通信协议类型表可以看出，要满足能执行网络读/网络写指令的条件(即 PLC 的 CPU 为 PPI 主站模式)，需要将 SMB30/SMB130 的低 2 位设置为 2#10 即可。

2. 网络读写指令格式

网络读/网络写指令(NETR/NETW)的指令格式如图 9-16 所示。

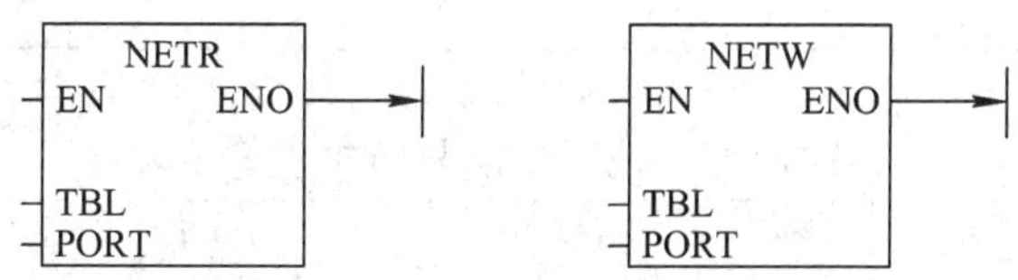

图 9-16　网络读/网络写指令格式

网络读(NETR)指令，在梯形图中以指令盒形式表示，当允许输入 EN 有效时，初始化通信操作，通过指令指定的端口 PORT，从远程设备上接收数据，并将接收到的数据存储在指定的数据表 TBL 中。

在语句表 STL 中，NETR 指令的指令格式为

NETR TBL，PORT

NETR 指令可从远程站最多读取 16 个字节信息。

网络写(NETW)指令，在梯形图中以功能框形式表示，当允许输入 EN 有效时，初始化通信操作，通过指令指定的端口 PORT，将数据表 TBL 中的数据发送到远程设备。

在语句表 STL 中，NETW 指令的指令格式为

NETW TBL，PORT

NETW 指令可向远程站最多写入 16 个字节信息。

在程序中，用户可以使用任意数目的 NETR/NETW 指令，但在同一时间最多只能有 8 条 NETR/NETW 指令被激活。例如，在用户选定的 S7-200 CPU 中，可以有 2 条 NETR 指令和 6 条 NETW 指令，或 4 条 NETR 指令和 4 条 NETW 指令在同一时间被激活。

3. 网络读写指令的 TBL 参数

TBL 表示数据缓冲区首地址，操作数可以为 VB、MB、*VD 或*AC 等，数据类型为字节；PORT 是操作端口，0 用于 CPU 221/222/224 的 PLC，0 或 1 用于 CPU 226/226XM 的 PLC，数据类型为字节。

数据表 TBL 参数格式如表 9-10 所示，TBL 首字节标志位含义如表 9-11 所示。

表 9-10　数据表 TBL 参数格式

<table>
<tr><th>地址</th><th>字节名称</th><th colspan="8">功 能 描 述</th></tr>
<tr><td rowspan="2">字节 0</td><td rowspan="2">状态字节</td><td colspan="8">反映网络通信指令的执行状态及错误码</td></tr>
<tr><td>D</td><td>A</td><td>E</td><td>0</td><td>E1</td><td>E2</td><td>E3</td><td>E4</td></tr>
<tr><td>字节 1</td><td>远程站地址</td><td colspan="8">远程站地址(被访问的 PLC 地址)</td></tr>
<tr><td>字节 2～字节 5</td><td>远程站的数据区指针</td><td colspan="8">被访问数据的间接指针，指针可以指向 I、Q、M 或 V 数据区</td></tr>
<tr><td>字节 6</td><td>数据长度</td><td colspan="8">数据长度 1～16(远程站点被访问数据的字节数)</td></tr>
<tr><td>字节 7～字节 22</td><td>数据字节 0～数据字节 15</td><td colspan="8">接收或发送数据区，1～16 个字节，其长度在字节 6 中定义。执行 NETR 后，从远程读到的数据放在这个数据区；执行 NETW 后，要发送到远程站数据要放在这个数据区</td></tr>
</table>

表 9-11　TBL 首字节标志位含义

标志位	定义	说　明
D	操作已完成标志位	0=未完成，1=功能完成
A	操作已排队标志位	0=无效，1=有效
E	错误标志位	0=无错误，1=有错误

续表

标志位		定义	说　明
错误码 E1E2E3E4	0	无错误	
	1	时间溢出错误	远程站点无响应
	2	接收错误	奇偶校验出错，响应时帧或校验和出错
	3	离线错误	相同的站地址或无效的硬件引发冲突
	4	队列溢出错误	激活超过了 8 个 NETR/NETW 指令
	5	违反通信协议	没有在 SMB30 或 SMB130 中允许 PPI，就试图执行 NETR/NETW 指令
	6	非法参数	NETR/NETW 表中包含非法或无效的参数值
	7	没有资源	远程站点正在忙中，如在上传或下载程序处理中
	8	第 7 层错误	违反应用协议
	9	信息错误	错误的数据地址或不正确的数据长度
	A～F	未用	为将来的使用保留

4. 网络读写指令应用实例

实例描述：某瓶装酱油生产线，其生产线主要包括瓶提升机、理瓶机、空气输送机、盖提升机、贴标机及装箱机等工序。其中，装箱机工序是将成品的瓶装酱油送给某台装箱机上进行打包。如图 9-17 所示，是某瓶装酱油装箱机生产线的示意图，主要有 3 台装箱机和 1 台分流机组成。装箱机主要功能是把 24 瓶酱油包装在一个纸箱中，分流机主要控制瓶装酱油流向各个装箱机。3 台装箱机分别由 3 台 CPU222 控制，分流机由 CPU224 控制，在 CPU224 上还安装了 TD200 操纵器接口。

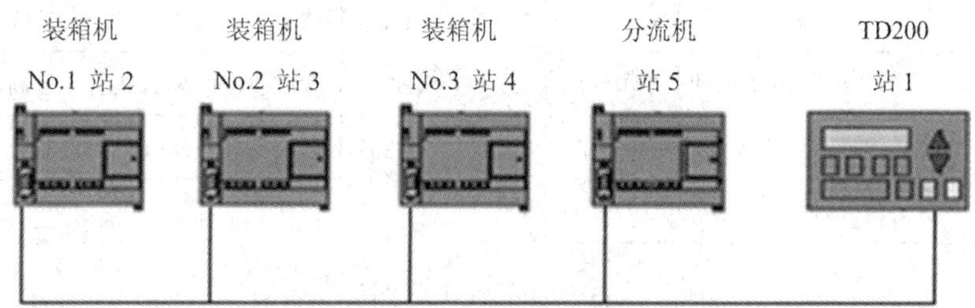

图 9-17　瓶装酱油装箱机网络配置示意图

分流机 CPU224(站 5)用 NETR 指令连续地读取各个装箱机的控制字节和包装数量，主要负责将瓶装酱油、黏结剂和纸箱分配给不同的装箱机，每当某个装箱机包装完 24 箱(每箱 24 瓶酱油)时，分流机用 NETW 指令发送一条信息，复位该装箱机的计数器。其中，在每台装箱机的 CPU222(站 2、站 3、站 4)中，VB100 存放控制字节，如图 9-18 所示。VW101(VB101 和 VB102)存放包装完的纸箱数(计数器的当前值)。

图 9-18 中，F 表示错误指示，F=1，装箱机检测到错误。EEE 代表错误码，主要功能是识别出现的错误类型。G 用于描述黏结剂供应慢，当 G=1，时 30 分钟内必须增加黏结

剂。B 用于描述纸箱供应慢，当 B=1 时，30 分钟内必须增加。T 用于描述有无可打包的瓶装酱油，当 T=1 时，表示无产品。

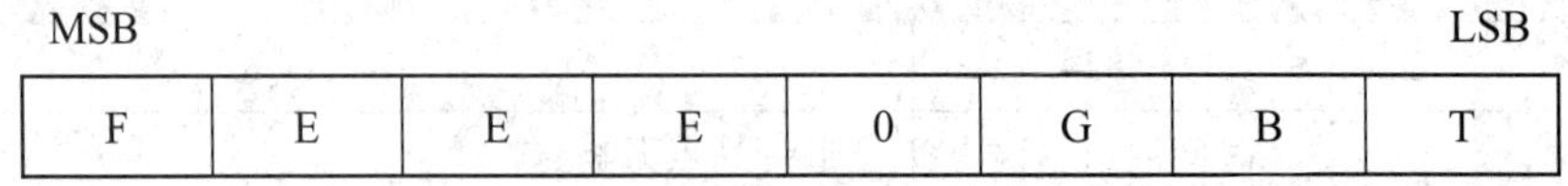

图 9-18　VB100 中控制字节位

在分流机的 CPU224(站 5)中，为了能在 PPI 主站模式下接收和发送数据，设置了接收缓冲区和发送缓冲区。对站 2 其接收缓冲区首地址为 VB200，发送缓存区首地址为 VB300；站 3 的接收缓冲区首地址为 VB210，发送缓存区首地址为 VB310；站 4 的接收缓冲区首地址为 VB220，发送缓存区首地址为 VB320。

实例中，分流机的程序应包括控制程序、与 TD200 的通信程序以及与其他站的通信程序，而各个装箱机只有控制程序。此处仅以分流机(站 5)与装箱机 No.1(站 2)间的通信程序为例说明，其他程序可以根据控制要求编写。

图 9-19 所示是分流机和装箱机 No.1 网络通信的 TBL 数据表格式。对于另外两个装箱机，分流机的网络通信的 TBL 数据表格式，只是首地址与装箱机 No.1 不同，偏移地址与装箱机 No.1 完全相同。

读取装箱机 No.1 的分流机接收缓冲区

	7				0
VB200	D	A	E	0	错误代码
VB201	远程站地址 = 3				
VB202 ⋮ VB205	&VB100 指向 远程站的数据区指针				
VB206	数据长度 = 3 字节				
VB207	存放装箱机 No.1 的控制字节				
VB208	存放装箱机 No.1 的计数器高位字节				
VB209	存放装箱机 No.1 的计数器低位字节				

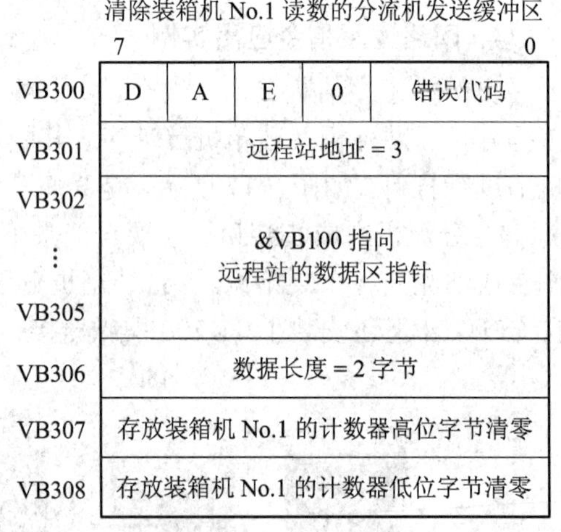
清除装箱机 No.1 读数的分流机发送缓冲区

	7				0
VB300	D	A	E	0	错误代码
VB301	远程站地址 = 3				
VB302 ⋮ VB305	&VB100 指向 远程站的数据区指针				
VB306	数据长度 = 2 字节				
VB307	存放装箱机 No.1 的计数器高位字节清零				
VB308	存放装箱机 No.1 的计数器低位字节清零				

图 9-19　装箱机 No.1 的 TBL 数据

分流机网络读写装箱机 No.1(站 2)的梯形图和语句表程序清单如图 9-20 所示。

分流机(站 5)与装箱机 No.1(站 2)间的通信程序的工作过程如下：

(1) 网络 1 完成通信初始化设置。在第一个扫描周期，使能 PPI 主站模式，并且对所有接收缓冲区和发送缓冲区进行清零。

(2) 网络 2 实现对远程站 2 的网络写操作。装箱机 No.1 完成包装 24 箱任务时，复位包装箱数存储器。

(3) 网络 3 实现对远程站 2 的网络读操作。如果不是第一个扫描周期并且没有错误发生时，读取装箱机 No.1 的状况和完成箱数。

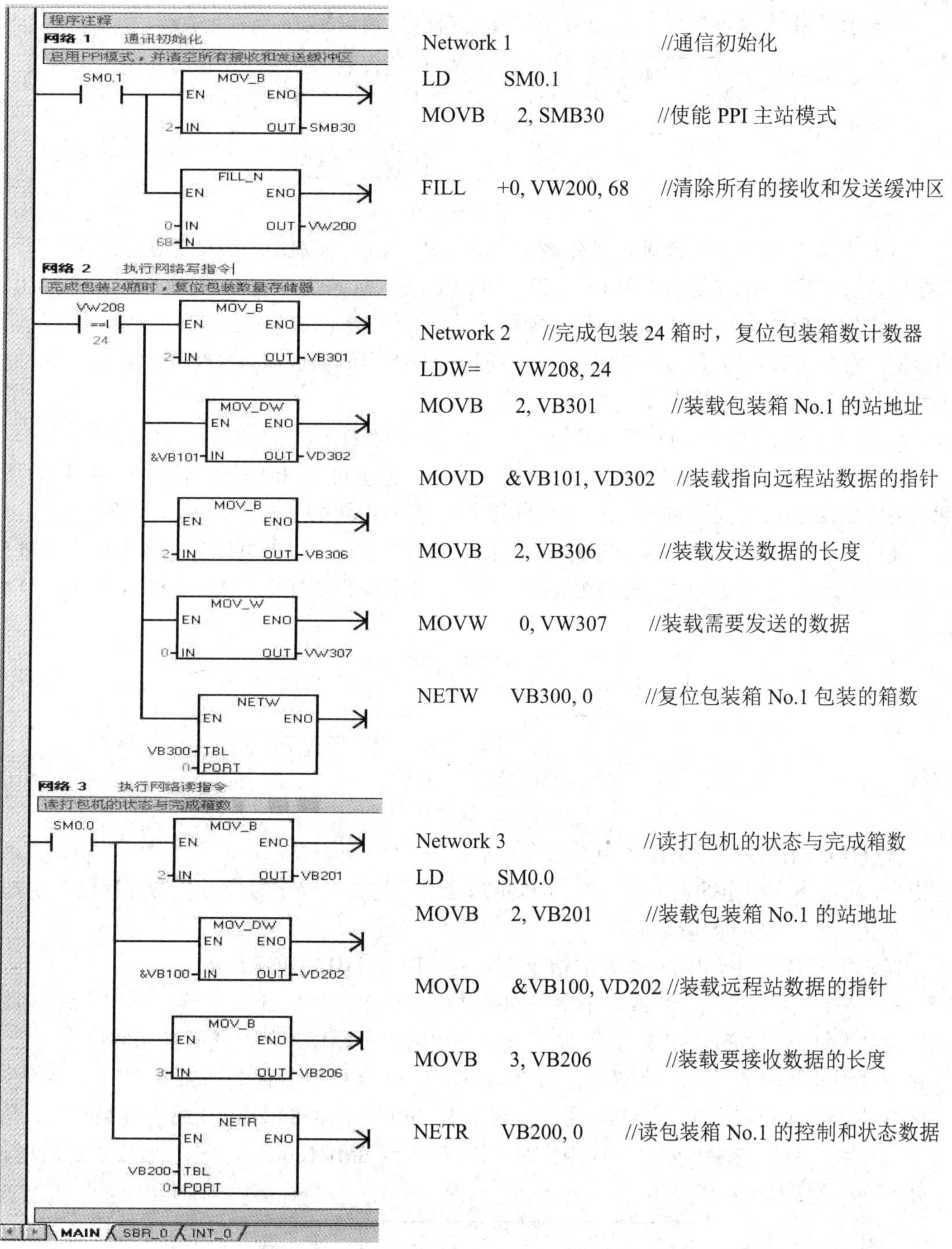

图 9-20　网络读写指令应用实例程序图

9.3.2　发送与接收指令

1. 发送/接收指令格式

发送/接收指令(XMT/RCV)的指令格式如图 9-21 所示。

发送/接收指令执行条件：S7-200 被定义为自由口通信模式。

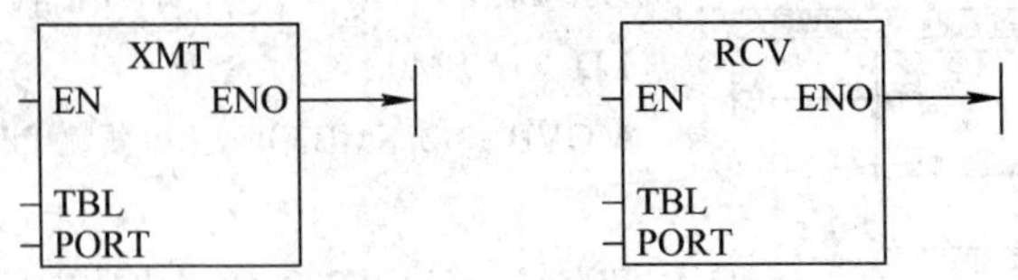

图 9-21　发送与接收指令

TBL 是数据缓冲区首地址，操作数可以为 VB、MB、SMB、*VD、*LD 或*AC 等，数据类型为字节；PORT 为操作端口，CPU226/CPU226XM 可为 0 或 1，其他 CPU 只能为 0。

发送(XMT)指令，在梯形图中以功能框形式表示，当允许输入 EN 有效时，初始化通信操作，将发送数据缓冲区(TBL)中的数据通过指令指定的通信端口 (PORT)发送出去，发送完成时将产生一个中断事件。

在语句表 STL 中，XMT 指令的指令格式为：XMT TBL，PORT。

XMT 指令可以传送一个或多个字节的缓冲区，最多可达 255 个字节，发送数据的缓冲区格式如图 9-22 所示。如果有一个中断服务程序连接到发送结束事件上，在发送完缓冲区的最后一个字符时，端口 0 会产生中断事件 9，端口 1 会产生中断事件 26。通过监视 SM4.5 或 SM4.6 信号，也可以判断发送是否完成。当端口 0 和端口 1 发送空闲时，SM4.5 或 SM4.6 置 1。

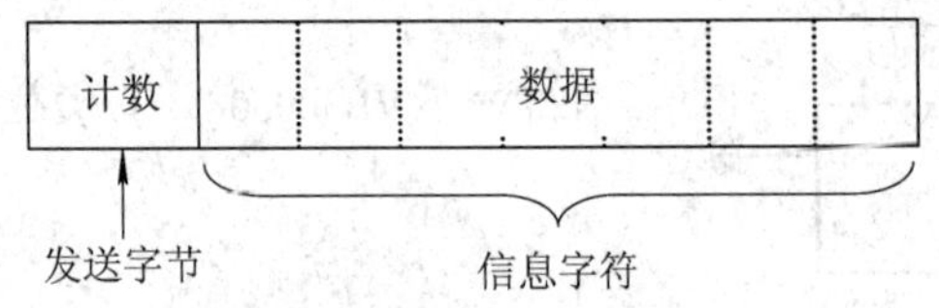

图 9-22　发送缓冲区格式

接收(RCV)指令，在梯形图中以指令盒形式表示，当允许输入 EN 有效时，初始化通信操作，通过指令指定的通信指定端口(PORT)接收信息并存储于接收数据缓冲区(TBL)中。接收完成也将产生一个中断事件。

在语句表 STL 中，RCV 指令的指令格式为：RCV TBL，PORT。

RCV 指令可以接收一个或多个字符的缓冲区，最多可达 255 个字节。RCV 指令接收数据的缓冲区格式，如图 9-23 所示。如果有一个中断服务程序连接到接收信息完成事件上，在接收完缓冲区的最后一个字符时，S7-200 的端口 0 会产生中断事件 23，端口 1 会产生中断事件 24。也可以不使用中断，通过监视 SMB86 或 SMB186(端口 0 或端口 1)来接收信息。当接收指令未被激活或已经被中止时，SMB86 或 SMB186 为 1；当接收正在进行时，SMB86 或 SMB186 为 0。

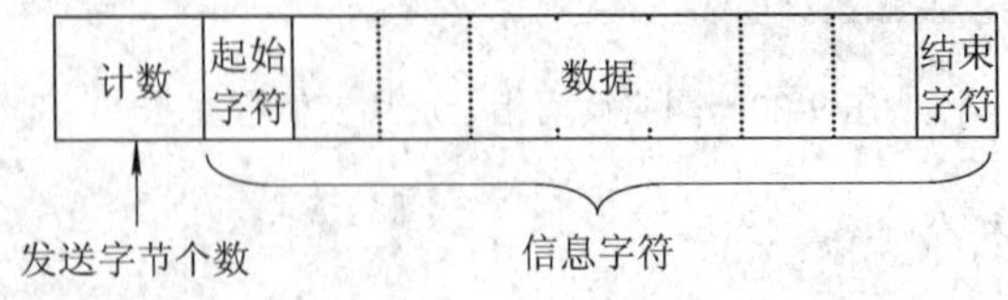

图 9-23　接收缓冲区格式

注意，为了保证在自由口通信模式下实现接收同步，保证信息接收的安全可靠，在使用 RCV 指令时，用户必须指定一个起始条件和一个结束条件。

RCV 指令允许用户选择接收信息的起始和结束条件如表 9-12 所示。

表 9-12　接收缓冲区字节(SMB86～SMB94 和 SMB186～SMB194)

<table>
<tr><th>端口 0</th><th>端口 1</th><th>中 断 描 述</th></tr>
<tr><td>SMB86</td><td>SMB186</td><td>接收信息状态字节
MSB　　　　　　　　LSB
| N | R | E | 0 | 0 | T | C | P |
N 为 1 表示用户通过发送禁止命令终止接收信息功能；
R 为 1 表示因输入参数错误或无起始和结束条件终止接收信息功能；
E 为 1 表示收到结束字符；
T 为 1 表示因超时终止接收信息功能；
C 为 1 表示因超出最大字符数终止接收信息功能；
P 为 1 表示因奇偶校验错误终止接收信息功能</td></tr>
<tr><td>SMB87</td><td>SMB187</td><td>接收信息控制字节
MSB　　　　　　　　LSB
| EN | SC | EC | IL | C/M | TMR | BK | 0 |
EN：每次执行 RCV 指令时检查禁止/允许接收信息位，0 表示禁止接收信息，1 表示允许接收信息；
SC：是否用 SMB88 或 SMB188 的值检测起始信息，0 表示忽略，1 表示使用；
EC：是否用 SMB89 或 SMB189 的值检测结束信息，0 表示忽略，1 表示使用；
IL：是否用 SMW90 或 SMW190 的值检测空闲状态，0 表示忽略，1 表示使用；
C/M：0 表示定时器是内部字符定时器，1 表示定时器是信息定时器；
TMR：是否用 SMW92 或 SMW192 的值终止接收，0 表示忽略，1 表示终止接收；
BK：是否用中断条件作为信息检测的开始，0 表示忽略，1 表示使用</td></tr>
<tr><td>SMB88</td><td>SMB188</td><td>信息字符的开始</td></tr>
<tr><td>SMB89</td><td>SMB189</td><td>信息字符的结束</td></tr>
<tr><td>SMW90</td><td>SMW190</td><td>空闲线时间段按 ms 设定。空闲线时间溢出后接收的第一个字符是新的信息的开始字符。SMB90/SMB190 是最高有效字节，SMB91/SMB191 是最低有效字节</td></tr>
<tr><td>SMW92</td><td>SMW192</td><td>中间字符/信息定时器溢出值按毫秒设定。如果超过这个时间段，则终止接收信息。SMB92/SMB192 是最高有效字节，SMB93/SMB193 是最低有效字节</td></tr>
<tr><td>SMB94</td><td>SMB194</td><td>要接收的最大字符数(1～255 字节)。注意，这个范围必须设置到所希望的最大缓冲区大小，即使信息的字符数始终达不到</td></tr>
</table>

2. 自由口通信模式

有发送/接收指令执行的条件可知，要想执行发送/接收指令，S7-200 必须被定义为自由口通信模式。在这种通信模式下，用户程序通过使用接收中断、发送中断、发送指令和接收指令来控制通信口的操作。

当 S7-200 PLC 的方式开关处于 RUN 位置时，SM0.7=1，可选择自由口模式。

当 S7-200 PLC 的方式开关处于 TERM 位置时，SM0.7=0，应选择 PPI 协议模式。

当 S7-200 PLC 的方式开关处于 STOP 方式时，自由口模式被禁止，通信口自动切换到 PPI 协议模式，重新建立与编程设备的正常通信。

由 S7-200 网络通信的协议类型表 9-9 可知，要将 PPI 通信转变为自由口通信模式，必须使 SMB30/SMB130 的低 2 位设置为 2#01。

3. 发送/接收指令应用实例

实例描述：PLC 与 PC 通信，PLC 接收 PC 机发送的一串字符，直到接收到换行字符为止，PLC 又将接收到的信息发送回 PC 机。要求：传输速率为 9600 b/s，8 位字符，无校验，接收和发送使用同一个数据缓冲区，首地址为 VB100。

实现以上功能的主程序以及三个中断程序如图 9-24 所示。

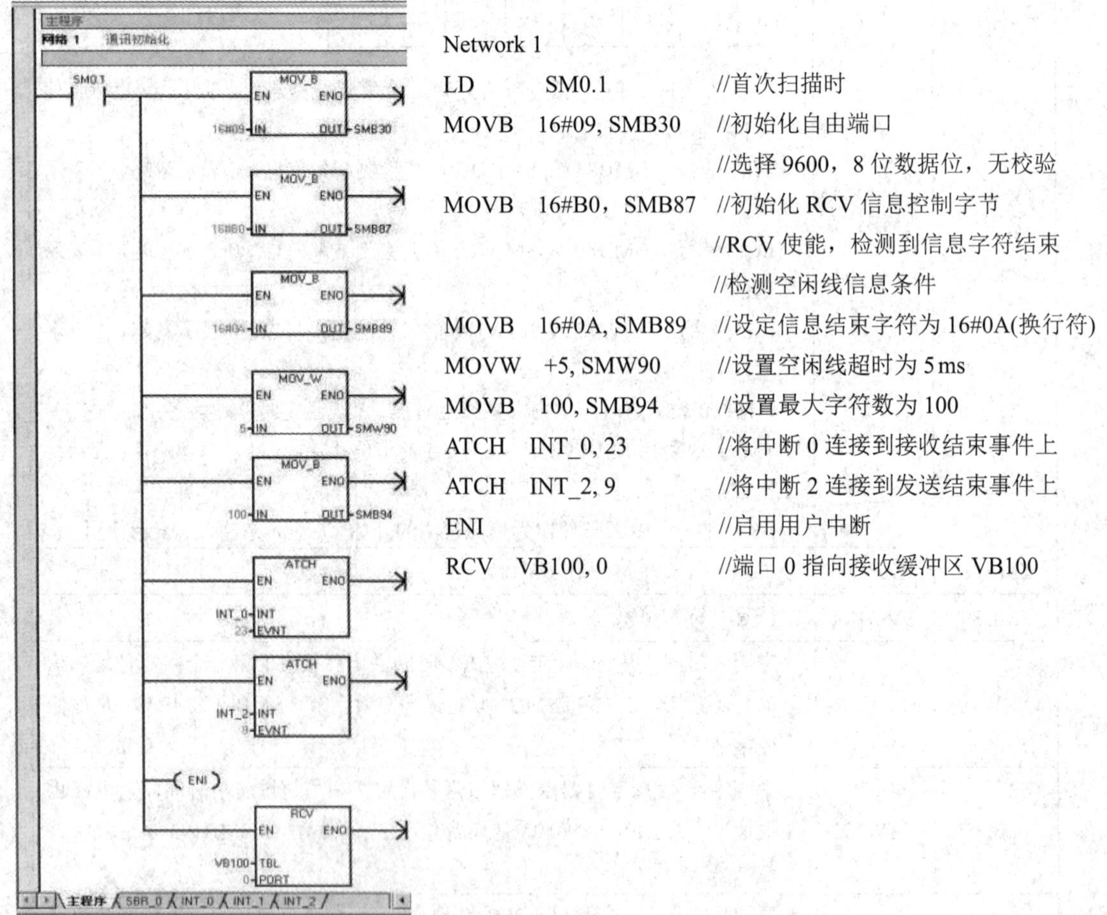


```
Network 1
LD      SM0.1               //首次扫描时
MOVB    16#09, SMB30        //初始化自由端口
                            //选择 9600，8 位数据位，无校验
MOVB    16#B0，SMB87        //初始化 RCV 信息控制字节
                            //RCV 使能，检测到信息字符结束
                            //检测空闲线信息条件
MOVB    16#0A, SMB89        //设定信息结束字符为 16#0A(换行符)
MOVW    +5, SMW90           //设置空闲线超时为 5 ms
MOVB    100, SMB94          //设置最大字符数为 100
ATCH    INT_0, 23           //将中断 0 连接到接收结束事件上
ATCH    INT_2, 9            //将中断 2 连接到发送结束事件上
ENI                         //启用用户中断
RCV     VB100, 0            //端口 0 指向接收缓冲区 VB100
```

(a) 主程序

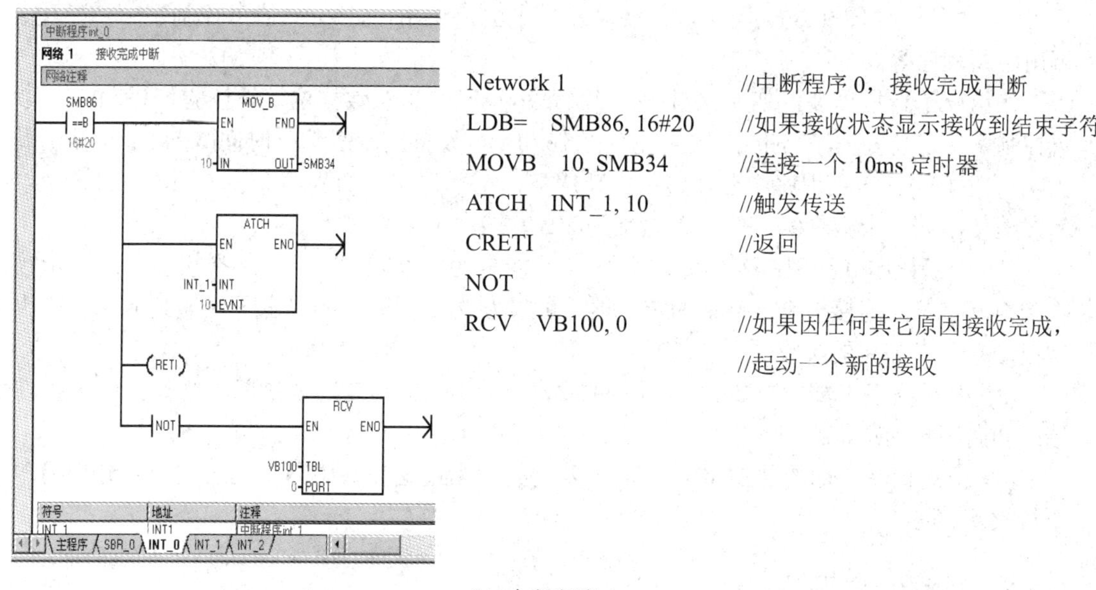


```
Network 1                 //中断程序 0，接收完成中断
LDB=   SMB86, 16#20       //如果接收状态显示接收到结束字符
MOVB   10, SMB34          //连接一个 10ms 定时器
ATCH   INT_1, 10          //触发传送
CRETI                     //返回
NOT
RCV    VB100, 0           //如果因任何其它原因接收完成，
                          //起动一个新的接收
```

(b) 中断程序 0

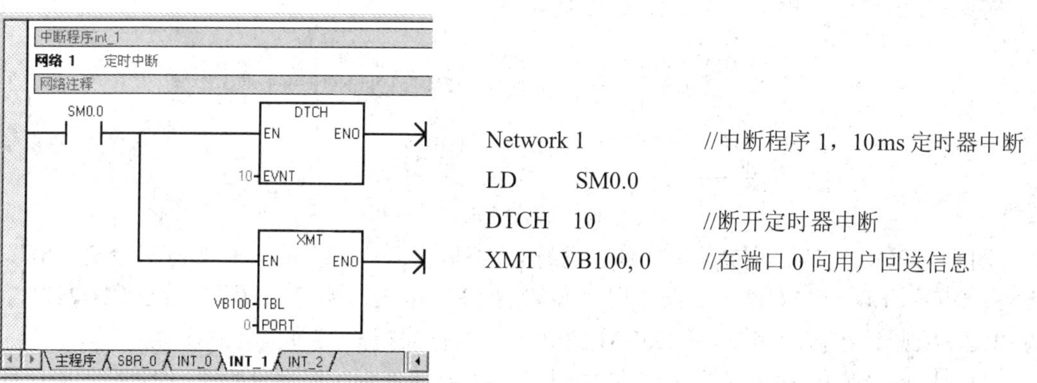


```
Network 1                 //中断程序 1，10ms 定时器中断
LD      SM0.0
DTCH    10                //断开定时器中断
XMT     VB100, 0          //在端口 0 向用户回送信息
```

(c) 中断程序 1

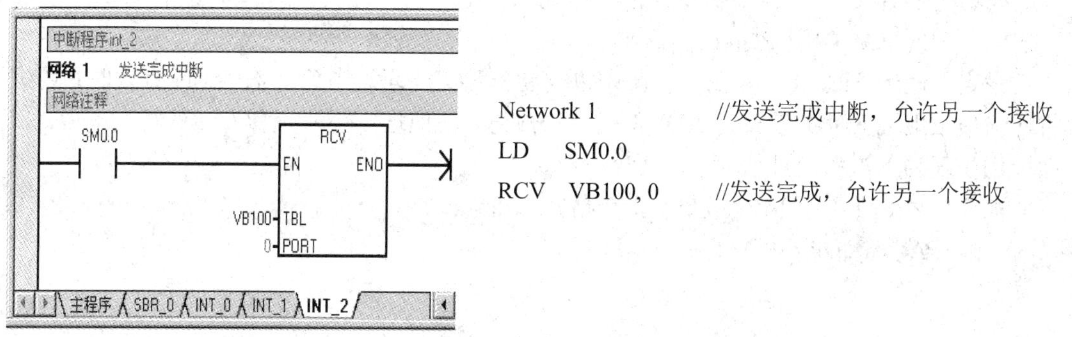


```
Network 1                 //发送完成中断，允许另一个接收
LD     SM0.0
RCV    VB100, 0           //发送完成，允许另一个接收
```

(d) 中断程序 2

图 9-24　发送/接收指令应用实例程序图

(1) 主程序如图 9-24(a)所示，主要功能是自由口初始化、RCV 信息控制字节初始化、调用中断程序等。

在第一个扫描周期，初始化自由口(设置 9600 b/s，8 位数据位，无校验位)和 RCV 信息控制字节，设置程序结束字符(换行字符 16#0A)，设置空闲线超时时间(5 ms)以及设置最大字符数(100)。在主程序中还设置了中断服务，用于调用中断程序 0 和中断程序 2。接收和发送使用同一个数据缓冲区，首地址为 VB100。

(2) 中断程序 0 如图 9-24(b)所示，主要功能是为接收完成中断，如果接收状态显示接收到换行字符，连接一个 10 ms 的定时器，触发发送后返回。如果由于任何其他原因接收完成，起动一个新的接收。

(3) 中断程序 1 如图 9-24(c)所示，主要功能是为 10 ms 定时器中断。断开定时器，在端口 0 向用户回送信息。

(4) 中断程序 2 如图 9-24(d)所示，主要功能是为发送完成中断。发送完成，允许另一个接收。

9.3.3　获取/设定通信口地址指令

获取/设定通信口地址指令如图 9-25 所示。

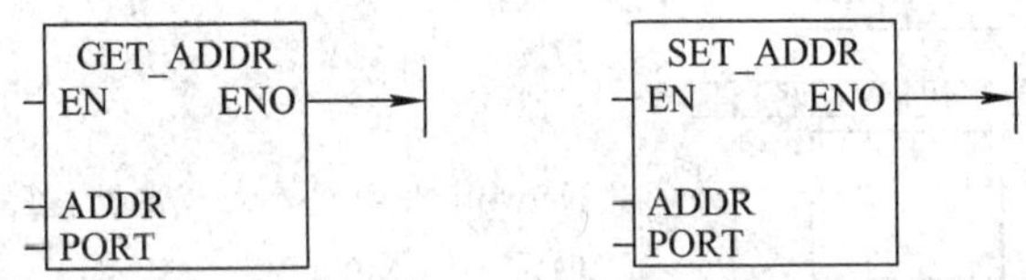

图 9-25　获取/设定通信口地址指令

图 9-25 中，ADDR 是通信口地址，操作数可以为 VB、MB、SB、SMB、LB、AC、常数、*VD、*LD 或*AC 等，数据类型为字节；PORT 是操作端口，0 用于 CPU 221/222/224 的 PLC，0 或 1 用于 CPU 226 / 226XM 的 PLC，数据类型为字节。

获取口地址(GPA)指令，在梯形图中以指令盒形式表示，当允许输入 EN 有效时，用来读取 PORT 指定的 CPU 口的站地址，并将数值放入 ADDR 指定的地址中。

在语句表 STL 中，GPA 指令的指令格式如下：

GPA　ADDR，PORT

设定口地址(SPA)指令，在梯形图中以功能框形式表示，当允许输入 EN 有效时，用来将通信口站地址 PORT 设置为 ADDR 指定的数值。新地址不能永远保存，重新上电后，口地址仍恢复为上次的地址值。

在语句表 STL 中，SPA 指令的指令格式如下：

SPA　ADDR，PORT

练　习　题

1. 串行数据通信与并行数据通信有什么区别？
2. PLC 常用的通信接口有哪些？

3. S7-200 PLC 的通信指令有哪些？

4. 什么是自由口通信？

5. 用 NETR 指令实现两台 PLC 之间的数据通信，用 2 号机的 IB0 控制 1 号机的 QB0。1 号机为主站，站地址为 2，2 号机为从站，站地址为 3，编程用的计算机的站地址为 0。

6. 一台 CPU 224 作为本地 PLC，用另一台 CPU 224 作为远程 PLC，本地 PLC 接收来自远程 PLC 的 20 个字符，接收完成后，信息又发回对方。

要求：有一外部脉冲控制接收任务的开始，并且任务完成后用显示灯显示。

参数设置：自由口通信模式。

通信协议：传输速率为 9600 b/s，无奇偶校验，每字符 8 位。

接收和发送用同一缓冲区，首地址为 VB100。不设立超时时间。

参 考 文 献

[1] 胡学林．可编程控制器教程：基础篇[M]．2 版．北京：电子工业出版社，2014.

[2] 廖常初．PLC 编程及应用[M]．5 版．北京：机械工业出版社，2019.

[3] 李长久．PLC 原理及应用技术[M]．2 版．北京：电子工业出版社，2018.

[4] 田淑珍．S7-200 PLC 原理及应用[M]．2 版．北京：电子工业出版社，2014.

[5] 刘文贵．电气控制与 PLC[M]．北京：中国水利水电出版社，2015.

[6] 徐国林．PLC 应用技术[M]．北京：机械工业出版社，2017.

[7] 姜建芳．西门子 S7-300/400 PLC 工程应用技术[M]．北京：机械工业出版社，2012.

[8] 西门子公司．S7-200 SMART 可编程控制器产品样本，2018.

[9] 西门子公司．LOGO! 设备手册，2017.

[10] 西门子公司．S7-1200 可编程控制器产品样本，2019.

[11] 西门子公司．TIA 博途与 SIMATIC S7-1500 可编程控制器产品样本，2019.

[12] 陈建明，王亭岭．电气控制与 PLC 应用[M]．4 版．北京：电子工业出版社，2019.

[13] 张发玉．可编程序控制器应用技术[M]. 2 版．西安：西安电子科技大学出版社，2013.

[14] 赵景波．实例讲解西门子 S7-200 PLC 从入门到精通[M]．北京：电子工业出版社，2019.

[15] 梅丽凤．电气控制与 PLC 应用技术[M]．北京：机械工业出版社，2017.

[16] 刘风春，王林，周晓丹．可编程序控制器原理与应用基础[M]．北京：机械工业出版社，2016.

[17] 王永华．现代电气控制及 PLC 应用技术[M]. 北京：北京航空航天大学出版社，2016.

[18] 王存旭，迟新利，张玉艳，等．可编程序控制器原理及应用[M]．北京：高等教育出版社，2013.

[19] 张永飞，蒋秀玲．PLC 程序设计与调试[M]．大连：大连理工大学出版社，2017.

[20] 周亚军．电气控制与 PLC 原理及应用[M]．2 版. 西安：西安电子科技大学出版社，2018.

[21] 段峻．电气控制与 PLC 应用技术项目化教程[M]．西安：西安电子科技大学出版社，2017.